Höhere Mathematik auf Deutsch und Ukrainisch
Вища математика німецькою та українською мовами

Andreas Johann · Irina Sidorenko · Oleg Burdo

Höhere Mathematik auf Deutsch und Ukrainisch
Вища математика німецькою та українською мовами

Band 1: Grundlagen und Lineare Algebra
Том 1: Основні поняття та лінійна алгебра

Andreas Johann
Department Mathematik
Technische Universität München
München, Deutschland

Irina Sidorenko
Department Mathematik
Technische Universität München
München, Deutschland

Oleg Burdo
Institut für Kernforschung
Kyjiw, Ukraine

ISBN 978-3-662-71574-1 ISBN 978-3-662-71575-8 (eBook)
https://doi.org/10.1007/978-3-662-71575-8

Die Deutsche Nationalbibliothek verzeichnet diese Publikation in der Deutschen Nationalbibliografie; detaillierte bibliografische Daten sind im Internet über https://portal.dnb.de abrufbar.

Planung/Lektorat: Veronika Erdmann
Springer Spektrum ist ein Imprint der eingetragenen Gesellschaft Springer-Verlag GmbH, DE und ist ein Teil von Springer Nature.
Die Anschrift der Gesellschaft ist: Heidelberger Platz 3, 14197 Berlin, Germany

Vorwort
Передмова

Herzlich willkommen zur Höheren Mathematik!

Dieses Buch wurde für Studentinnen und Studenten in ingenieurwissenschaftlichen und naturwissenschaftlichen Studiengängen entwickelt. Das Buch besteht aus zwei Bänden. Band 1 behandelt mathematische Grundlagen und die Lineare Algebra. Band 2 behandelt die Analysis in einer und in mehreren Variablen sowie Gewöhnliche Differentialgleichungen. Beide Bände zusammen umfassen den typischen Stoff einer Mathematik-Vorlesung für Ingenieure oder Naturwissenschaftler im ersten Studienjahr an einer deutschsprachigen Universität oder Fachhochschule.

Die Grundlage dieses Buches bilden die Vorlesungen über Höhere Mathematik, die Andreas Johann über viele Jahre an der Technischen Universität München gehalten hat. Hieraus haben die Verfasser gemeinsam ein Buch entwickelt, das sowohl deutschen als auch ukrainischen Standards genügt.

Insbesondere soll dieses Buch zweisprachigen Lesern den Einstieg ins Studium erleichtern. Zum einfachen Erlernen des fachsprachlichen Vokabulars wurden Fachbegriffe[1] farblich markiert und mit einer Zahl versehen. So lässt sich der entsprechende Begriff in der jeweils anderen Sprache schnell auffinden. Am Ende des Buches befindet sich ein zweisprachiger Index. Dieser kann sowohl zum Suchen der Seite genutzt werden, auf der ein Begriff erklärt wird, als auch als Fachwörterbuch.

Ласкаво просимо до Вищої математики!

Цю книжку розроблено для студентів інженерних і науково-технічних спеціальностей. Підручник складається з двох томів. Том 1 присвячений основам математики та лінійній алгебрі. Том 2 охоплює математичний аналіз функцій однієї та кількох змінних, а також звичайні диференціальні рівняння. Обидва томи разом складають типовий матеріал лекцій з математики для інженерів і науковців на першому року навчання в німецькомовних університетах і закладах вищої освіти прикладного профілю (Fachhochschule).

Основу цієї книжки становлять лекції з вищої математики, які Андреас Йоханн читав протягом багатьох років у Мюнхенському технічному університеті. На основі зазначених лекцій автори спільно розробили підручник, який відповідає як німецьким, так і українським стандартам.

Зокрема, ця книжка покликана полегшити двомовним читачам початок навчання. Для сприяння вивченню фахової лексики, фахові терміни[1] позначено кольором і пронумеровано. Це дає можливість легко знайти відповідний термін іншою мовою. Наприкінці книжки міститься двомовний предметний покажчик. Його можна використовувати для пошуку сторінки з поясненнями відповідного терміну, а також як фаховий словник.

Das Bildungssystem in Deutschland
Система освіти в Німеччині

Im Folgenden soll ein kurzer Überblick über das Bildungssystem in Deutschland gegeben werden. Das deutsche Bildungssystem ist sehr vielfältig. Daher kann dieser Überblick keinen Anspruch auf Vollständigkeit erheben. Der Fokus liegt

Нижче наведено стислий огляд системи освіти в Німеччині. Німецька система освіти є дуже різноманітною. Тому цей огляд не може претендувати на вичерпність. Основну увагу приділено підготовці, вступу та процесу навчання

auf dem Weg zum Studium, der Zulassung zum Studium und dem Studium selbst.

у закладі вищої освіти.

Das Bildungssystem ist in Deutschland auf der Ebene der Bundesländer organisiert. Trotz einiger Unterschiede gibt es jedoch eine übergreifende fünfstufige Struktur:

- *Primarbereich:* Dieser Bereich umfasst im Wesentlichen die 1. bis 4. Klasse der Grundschule. In einigen Bundesländern werden auch die Klassen 5 und 6 in diesen Bereich integriert.
- *Sekundarbereich I:* Dieser Bereich folgt auf den Primarbereich und umfasst den Unterricht bis zur 10. Klasse. Als Abschluss sind sowohl der Hauptschulabschluss (nach der 9. Klasse) als auch der Realschulabschluss (nach der 10. Klasse) möglich. Am Gymnasium erfolgt der nahtlose Übergang in die gymnasiale Oberstufe.
- *Sekundarbereich II:* Nach Abschluss des Sekundarbereichs I am Gymnasium, der Gesamtschule oder der Realschule ist der Übergang in die gymnasiale Oberstufe möglich. Diese beginnt je nach Bundesland in der 10. oder 11. Klasse und dauert 3 Jahre bis zur 12. oder 13. Klasse.

  Der Abschluss der gymnasialen Oberstufe ist das Abitur. Hiermit erwirbt man die Allgemeine Hochschulreife. Dadurch ist man qualifiziert, an jeder deutschen Universität oder Fachhochschule jedes beliebige Fach zu studieren.

  Neben der gymnasialen Oberstufe gibt es noch weitere Möglichkeiten, die Allgemeine Hochschulreife, die Fachgebundene Hochschulreife oder die Fachhochschulreife zu erwerben. Hierzu zählen das Berufliche Gymnasium, die Fachoberschule (FOS), die Berufsoberschule (BOS) oder die Berufsfachschule.

  Zum Sekundarbereich II gehören außerdem die Berufsschule und die Ausbildung im Betrieb.

  Mit dem Abschluss des Sekundarbereichs II endet in der Regel die Schulpflicht. Je nach Bundesland gibt es hier unterschiedliche Regelungen, die teilweise vom Alter abhängen.
- *Tertiärbereich:* In den Tertiärbereich fällt das Studium an einer Universität oder Fachhochschule. Während sich das Studium an einer Universität an wissenschaftlichen Standards orientiert, ist das Studium an einer Fachhochschule praxisbezogener.

Систему освіти в Німеччині організовано на рівні федеральних земель. Попри окремі відмінності, існує загальна п'ятирівнева структура:

- *Початкова освіта (Primarbereich):* цей рівень охоплює 1 - 4 класи початкової школи. У деяких федеральних землях 5-й і 6-й класи також інтегровано в цей рівень.
- *Перший ступінь середньої освіти (Sekundarbereich I):* цей ступінь слідує за початковою школою і включає в себе навчання до 10-го класу. Його можна завершити як Hauptschulabschluss (після 9-го класу), або як Realschulabschluss (після 10-го класу). Плавний перехід до другого ступеня середньої освіти (Oberstufe) забезпечує Гімназія.
- *Другий ступінь середньої освіти (Sekundarbereich II):* після закінчення першого ступеня середньої освіти в гімназії, загальноосвітній школі (Gesamtschule) або реальній школі (Realschule) можна перейти до другого ступеня середньої освіти в гімназії (Oberstufe). Залежно від федеральної землі, він починається в 10-му або 11-му класі і триває три роки – до 12-го або 13-го класу.

  Останній ступінь навчання в гімназії називається Abitur. Він надає атестат про повну загальну середню освіту (Allgemeine Hochschulreife). Така кваліфікація дозволяє вивчати будь-який предмет у будь-якому німецькому університеті та закладі вищої освіти.

  Окрім закінчення гімназії, є також можливість здобути інші атестати (Allgemeine Hochschulreife, Fachgebundene Hochschulreife або Fachhochschulreife). Такі атестати можна отримати у профільній гімназії (Berufliche Gymnasium) та профільних старших середніх школах різних типів (Fachoberschule (FOS), Berufsoberschule (BOS), Berufsfachschule).

  Другий ступінь середньої освіти включає також професійно-технічну школу (Berufsschule) та навчання на підприємстві (Ausbildung).

  Обов'язкова шкільна освіта зазвичай закінчується після закінчення старшої середньої школи. Залежно від федеральної землі існують різні правила, деякі з яких залежать від віку.
- *Вища освіта (Tertiärbereich):* вища освіта включає навчання в університеті або закладі вищої освіти прикладного профілю (Fachhochschule). У той час, як навчання в університеті спрямоване на академічні стандарти, навчання у закладі вищої освіти прикладного профілю більш зосереджене на практиці.

Die Regeln für den Zugang zum Studium hängen stark von der gewählten Hochschule und dem gewählten Studienfach ab. Die Allgemeine Hochschulreife berechtigt zwar prinzipiell zum Studium. Es können jedoch noch weitere Zulassungsvoraussetzungen wie ein Numerus clausus (Zulassung nur mit einem bestimmten Notendurchschnitt) oder ein Eignungsfeststellungsverfahren hinzukommen. Für einige ingenieurwissenschaftliche Studiengänge ist zudem der Nachweis eines Praktikums notwendig.

Правила вступу значною мірою залежать від обраного закладу вищої освіти та обраного предмета. Атестат про повну загальну середню освіту дає принципове право на навчання у закладах вищої освіти. Проте можуть існувати додаткові вимоги до вступу, такі як numerus clausus (вступ тільки з певним середнім балом) або процедура оцінювання здібностей. Для деяких інженерних програм також вимагається підтвердження проходження виробничої практики.

Insbesondere bei Studienbewerbern ohne deutschen Schulabschluss muss die Gleichwertigkeit mit einem deutschen Schulabschluss geprüft werden. Hinzu kommt der Nachweis von Sprachkenntnissen. Eine gute Informationsquelle zum Thema Hochschulzugang ist die Internetseite des Deutschen Akademischen Austauschdienstes DAAD. Diese wird oft auch von den Zulassungsstellen der Hochschulen genutzt.

Зокрема, абітурієнти, які не мають німецької освіти, повинні пройти перевірку на еквівалентність рівню освіти з німецьким атестатом про повну загальну середню освіту. Також потрібно підтвердити знання мови. Надійним джерелом інформації стосовно вступу до університету є веб-сайт Німецької служби академічних обмінів DAAD. На нього також часто спираються приймальні комісії університетів.

In den meisten ingenieurwissenschaftlichen und naturwissenschaftlichen Fächern gliedert sich das Studium in ein Bachelorstudium (Dauer: 3 bis 4 Jahre) und ein Masterstudium (Dauer: 1 bis 2 Jahre). Bei aufeinander aufbauenden Studiengängen dauern Bachelorstudium und Masterstudium zusammen in der Regel 5 Jahre.

У більшості інженерних та науково-технічних дисциплін освітні програми поділяються на бакалаврат (тривалістю від 3-х до 4-х років) і магістратуру (тривалістю від 1-го до 2-х років). Якщо ступені здобувати послідовно, то курс навчання на бакалавраті та магістратурі в цілому триває 5 років.

Einige Hochschulen bieten zudem Diplomstudiengänge an. Diese fassen das Bachelorstudium und Masterstudium zusammen und dauern in der Regel 5 Jahre. Diese Studiengänge bieten die Möglichkeit, den traditionsreichen Titel "Diplom-Ingenieur" zu erwerben. In der Praxis ist dieser Titel äquivalent zum Master.

Деякі університети також пропонують дипломні програми. Вони поєднують програми бакалаврату та магістратури і в цілому тривають 5 років. Ці програми дають можливість отримати традиційне звання дипломованого інженера (Diplom-Ingenieur). На практиці це звання є еквівалентним ступеню магістра.

Der Tertiärbereich umfasst neben den Universitäten und Fachhochschulen auch Berufsakademien, Fachakademien und Fachschulen. Voraussetzung ist hier oftmals eine abgeschlossene berufliche Ausbildung.

Окрім університетів до рівня вищої освіти також належать різноманітні профільні заклади вищої освіти (Fachhochschulen, Berufsakademien, Fachakademien, Fachschulen).

- *Quartärbereich:* Dieser Bereich umfasst alle Formen von Weiterbildung nach dem Ende einer abgeschlossenen ersten Bildungsphase. Hierzu zählt beispielsweise die Promotion. Unter dem Schlagwort "Lebenslanges Lernen" erlangt dieser Bereich zunehmend an Bedeutung.

- *Підвищення професійного рівня (Quartärbereich):* цей рівень включає всі форми подальшої освіти та підвищення кваліфікації після отримання вищої освіти. Сюди входить, наприклад, докторантура. Ця сфера освіти набуває дедалі більшого значення під гаслом "навчання впродовж життя".

Das Bildungssystem in der Ukraine
Система освіти в Україні

Das ukrainische Bildungssystem ist dem europäischen nachempfunden, weist aber einige Besonderheiten auf. Die allgemeine Schulbildung beginnt im Alter von 6 Jahren und umfasst 11 oder 12 Schuljahre. Die vollständige Sekundarschulbildung in der Ukraine besteht aus drei Stufen: Primarstufe, grundlegende Sekundarstufe und allgemeine oder fachgebundene Sekundarstufe. Die Gesamtdauer der Sekundarschulbildung hängt von der jeweiligen Art der Ausbildung und der Bildungseinrichtung ab.

Система освіти в Україні побудована за зразком європейської, але має деякі особливості. Загальна середня освіта розпочинається у 6 років і має 11-річний або 12-річний термін навчання. Повну середню освіту в Україні здобувають на трьох рівнях: початковому, базовому середньому та загальному або профільному середньому. Тривалість здобуття повної середньої освіти на кожному її рівні залежить від форми здобуття освіти та виду закладів освіти.

Das *Hochschulgesetz* der Ukraine garantiert ukrainischen Staatsbürgern das Recht auf unentgeltliche Hochschulbildung an allen staatlichen Hochschulen, unabhängig von Geschlecht, Ethnie, Nationalität, sozialem oder vermögensrechtlichem Status, Art oder Charakter der Beschäftigung, Weltanschauung, Parteizugehörigkeit, religiöser Einstellung, Glaubensbekenntnis, Gesundheitszustand, Wohnort oder anderen Umständen.

Закон України *Про вищу освіту* гарантує право на безоплатну вищу освіту в усіх державних закладах вищої освіти громадянам України, незалежно від статі, раси, національності, соціального і майнового стану, роду та характеру занять, світоглядних переконань, належності до партій, ставлення до релігії, віросповідання, стану здоров'я, місця проживання та інших обставин.

Der Hochschulzugang erfolgt auf Wettbewerbsbasis entsprechend der jeweiligen Eignung und ist unabhängig von der Art der Bildungseinrichtung und den Quellen der Studienfinanzierung. Der gleichberechtigte Zugang zur Hochschulbildung wird durch das System der Externen Unabhängigen Bewertung (EUB) der akademischen Leistungen von Absolventen des allgemeinen Sekundarschulsystems gewährleistet. Hierbei bedeuten "extern" und "unabhängig", dass die Bewertung nicht von einer bestimmten Schule oder Hochschule durchgeführt wird, sondern vom Ukrainischen Zentrum für die Bewertung der Bildungsqualität (UZBBQ) in Zusammenarbeit mit den lokalen Bildungsbehörden. Die Ergebnisse der EUB gelten zugleich als staatliches Abschlusszeugnis und als Aufnahmeprüfung für die Hochschule.

Вступ до закладів вищої освіти відбувається на конкурсних засадах відповідно до здібностей і незалежно від форми навчального закладу та джерел оплати за навчання. Рівному доступу до здобуття вищої освіти сприяє система Зовнішнього Незалежного Оцінювання (ЗНО) навчальних досягнень випускників системи загальної середньої освіти. "Зовнішнє" та "незалежне" означає, що оцінювання проводиться не на базі будь-якого середнього або вищого навчального закладу, а Українським центром оцінювання якості освіти (УЦОЯО) у співпраці з місцевими органами управління освітою. Результати ЗНО зараховують як результати державної підсумкової атестації та як результати вступних іспитів до закладів вищої освіти.

Ein wichtiges Merkmal des ukrainischen Bildungssystems ist ein breites Spektrum an Vorbereitungskursen, die an fast allen Hochschulen sowohl in Präsenz (tagsüber nach der Schule oder am Wochenende) als auch im Fernstudium (online) angeboten werden. Die Vorbereitungskurse bieten eine Vertiefung des Wissensstandes über den Schulstoff hinaus, eine bestmögliche Vorbereitung auf die Aufnahmeprüfung sowie eine deutliche Erhöhung der Punktzahl im Wettbewerb um die Aufnahme an der gewählten Hochschule. Die Vorbereitungskurse werden für Schüler ab der 9. beziehungsweise 10. Schulklasse angeboten.

Важливою особливістю української системи освіти є широка мережа підготовчих курсів, що є доступними майже при всіх закладах вищої освіти як у очній (пополудні після школи або у вихідні), так і в заочній (онлайн) формах викладання. Підготовчі курси пропонують поглиблення знань за межами шкільної програми, допомагають якісно підготуватися до складання вступних випробувань і істотно підвищити свій конкурсний бал для вступу до обраного закладу вищої освіти. Працюють групи підготовчих курсів, починаючи з рівня учнів 9-10 класів середньої освіти.

Um Studienbewerber bei der Wahl des Studienfachs zu unterstützen, werden von den einzelnen akademischen Abteilungen der Hochschulen Orientierungskurse zu ihren jeweiligen Fachrichtungen angeboten. Die Kurse bieten sowohl Informationen über die Fachrichtungen, Fakultäten und Fachbereiche als auch eine umfassende Zulassungsberatung.

Щоби надати абітурієнтові можливість зваженого вибору вищої освіти, на базі наукових кафедр закладів вищої освіти працюють курси орієнтації за спеціальностями. Там слухачі курсів отримують інформацію про спеціальності, факультети та кафедри та всебічні консультації стосовно вступу.

Seit 2014 wird die Integration der ukrainischen Hochschulbildung in den europäischen Raum durch die Umsetzung der Bestimmungen und Grundsätze des Bologna-Prozesses vollzogen. Die Struktur der Hochschulbildung besteht aus fünf Stufen mit entsprechenden akademischen Graden: Junior-Bachelor, Bachelor, Master, Doktor der Philosophie (entspricht in Deutschland der Promotion) und Doktor der Wissenschaften (entspricht in Deutschland der Habilitation). Mit dem erfolgreichen Abschluss des Bildungsprogramms jeder Stufe und der bestandenen Zertifizierung (amtliche Überprüfung aller Unterlagen) erhält man eine Urkunde (Diplom) über den entsprechenden akademischen Grad.

З 2014 року інтеграція вищої освіти України до Європейського простору здійснюється шляхом реалізації положень і принципів Болонського процесу. Структура вищої освіти складається з п'яти рівнів з відповідними науковими ступенями: молодший бакалавр, бакалавр, магістр, доктор філософії (відповідає рівню Promotion у Німеччині), доктор наук (відповідає рівню Habilitation в Німеччині). Особі, яка успішно виконала відповідну освітню програму та пройшла атестацію (офіційну перевірку всіх документів), видається документ (диплом) про вищу освіту за відповідними науковими ступенями.

Ab dem Bachelor beinhaltet das Diplom als integralen Bestandteil den Europäischen Diplomzusatz (European Diplo-

Починаючи зі ступеня бакалавра, невід'ємною частиною диплома є додаток європейського зразка, що містить

ma Supplement), der standardisierte Informationen über den jeweiligen Abschluss enthält. Derartige europäische Diplome sind den Diplomen anderer Länder des Bologna-Prozesses, insbesondere Deutschlands, vollständig gleichwertig und ermöglichen grundsätzlich die Teilnahme an allen weiterführenden Wissenschafts- und Bildungsprogrammen, insbesondere die Fortsetzung des Studiums an allen europäischen Hochschulen. Allerdings ist zu beachten, dass die tatsächliche Zulassung zu einer Hochschule im europäischen Ausland maßgeblich von deren spezifischen Anforderungen abhängt und dass die jeweilige Hochschule zusätzliche Anforderungen stellen kann.

структуровану інформацію про завершення відповідного ступеня. Такі дипломи європейського зразка повністю дорівнюють дипломам країн Болонського процесу, зокрема в Німеччині, і принципово дозволяють надалі брати участь у всіх науково-освітніх програмах та продовжувати навчання в усіх інших європейських закладах освіти. Проте слід мати на увазі, що фактичний вступ до закладу вищої освіти в іншій європейській країні завжди визначають виключно вимоги відповідного закладу, який може передбачати додаткові умови.

Danksagung
Подяка

Dieses Buch geht auf eine Initiative von Nikoo Azarm vom Springer-Verlag zurück. Mit ihrer Idee eines zweisprachigen Mathematik-Buches auf Deutsch und Ukrainisch hat sie die Verfasser sofort begeistert. Dank gilt zudem dem Springer-Verlag für die wohlwollende Unterstützung während der gesamten Entstehungsphase dieses Buches. Ganz besonders sei in diesem Zusammenhang Anja Groth und Veronika Erdmann gedankt.

Ця книга є результатом ініціативи Нікоо Азарм (Nikoo Azarm) з Springer-Verlag. Її ідея двомовного підручника з математики німецькою та українською мовами одразу ж зацікавила авторів. Ми також дякуємо Springer-Verlag за доброзичливу підтримку впродовж усього процесу створення цієї книжки. Ми вдячні всім, хто долучився до роботи над цією книжкою. Зокрема, висловлюємо особливу вдячність Ані Грот (Anja Groth) та Вероніці Ердман (Veronika Erdmann).

Die Verfasser danken insbesondere Igor Girka, korrespondierendes Mitglied der Nationalen Akademie der Wissenschaften der Ukraine, Doktor der Physik und Mathematik, Dekan der Fakultät für Physik und Technologie in den Jahren 2005 bis 2023, Professor am Institut für Bildung und Forschung “Fakultät für Physik und Technologie” der Nationalen W.-N.-Karazin-Universität Charkiw, für seine beständige Unterstützung, fundierte wissenschaftliche Diskussionen und umfangreiche redaktionelle Arbeit. Die Verfasser danken ferner Swjatoslaw Reznik, leitender Forscher in der Abteilung für Theoretische Kernfusion am Institut für Kernforschung der Nationalen Akademie der Wissenschaften der Ukraine, für seine Hilfe bei der Übersetzung sowie für ergiebige Diskussionen über nicht-triviale mathematische und sprachliche Probleme. Darüber hinaus danken die Verfasser Harry Klaus für seine tatkräftige Unterstützung bei der Übersetzung.

Автори висловлюють щиру вдячність Ігорю Гірці, члену-кореспонденту Національної академії наук України, доктору фіз.-мат. наук, деканові фізико-технічного факультету з 2005-го по 2023 рік, професору навчально-наукового інституту “Фізико-технічний факультет” Харківського національного університету імені В. Н. Каразіна, за незмінну підтримку, змістовні наукові обговорення та істотну редакторську роботу. Автори також вдячні Святославу Living Резнику, старшому науковому співробітнику відділу теорії ядерного синтезу Інституту ядерних досліджень Національної академії наук України, за допомогу в перекладі та за плідні обговорення нетривіальних математико-лінгвістичних проблем. Крім того, автори висловлюють подяку Гаррі Клаусу за щиру допомогу з перекладом.

Einen besonderen Dank richten die Verfasser an ihre Familien für deren Geduld und anhaltende Unterstützung.

Автори висловлюють особливу подяку своїм сім’ям за терпіння та постійну підтримку.

Die Verfasser haben sich entschlossen, sämtliche Tantiemen aus dem Verkauf dieses Buches an ukrainische Hilfsorganisationen zu spenden. Sie danken dem Springer-Verlag für diese Möglichkeit.

Усі авторські гонорари від продажу цієї книжки автори вирішили передати українським гуманітарним організаціям. Вони дякують Springer-Verlag за цю можливість.

München, Kyjiw und Charkiw, im März 2025

Мюнхен, Київ і Харків, березень 2025

Andreas Johann *Irina Sidorenko* *Oleg Burdo*
Андреас Йоханн *Ірина Сидоренко* *Олег Бурдо*

Inhalt / Зміст

Kapitel / Розділ 1
Grundlagen
Основні поняття

1.1 Logik
Логіка

Aussagenlogik
Логіка висловлювань

Im Folgenden rechnen wir mit Wahrheitswerten[1]. Wir verwenden das Symbol[2] **1** für den Wahrheitswert "wahr[3]" und das Symbol **0** für den Wahrheitswert "falsch[4]".

Надалі ми обчислюємо значення істинності[1]. Ми застосовуємо позначення[2] **1** для значення істинності "вірне[3]" та позначення **0** для значення істинності "хибне[4]".

Definition 1.1
Eine Aussage[1] ist ein sprachliches Gebilde[2], das objektiv[3] wahr oder falsch ist.

Визначення 1.1
Висловлювання[1] - це мовне твердження[2], яке є об'єктивно[3] вірним або хибним.

Beispiel:
Die Wahrheitswerte der folgenden Aussagen können wir unmittelbar angeben:

- "5 ist eine Primzahl[1]." (wahr)
- "$1+1=3$" (falsch)
- "Leonardo da Vinci wurde im Jahr 1452 geboren." (wahr)

Schwieriger ist das folgende Beispiel:

- "Morgen wird die Sonne scheinen."

Diese Aussage ist entweder objektiv wahr oder objektiv falsch. Allerdings können wir heute noch nicht wissen, welchen Wahrheitswert sie hat. Das entscheidet sich erst morgen. Dennoch handelt es sich im mathematischen Sinne um eine Aussage.

Приклад:
Значення істинності наступних висловлювань ми можемо вказати безпосередньо:

- "5 є простим числом[1]." (вірно)
- "$1+1=3$" (хибно)
- "Леонардо да Вінчі народився в 1452 році." (вірно)

Наступний приклад є більш складним:

- "Завтра світитиме сонце."

Це висловлювання є або об'єктивно вірним, або об'єктивно хибним. Однак сьогодні ми ще не можемо знати, яке значення істинності воно має. Це буде відомо лише завтра. Тим не менш, у математичному розумінні це є висловлювання.

Beispiel:
Die folgenden Beispiele sind keine Aussagen:

- "Wie geht es dir?"

Приклад:
Наступні приклади не є висловлюваннями:

- "Як справи?"

A. Johann et al., *Höhere Mathematik auf Deutsch und Ukrainisch*
Вища математика німецькою та українською мовами,
https://doi.org/10.1007/978-3-662-71575-8_1

Linguistisch[1] ist das keine Aussage, sondern eine Frage[2]. Einer Frage kann kein Wahrheitswert zugeordnet werden.

Лінгвістично[1] це є не висловлюванням, а запитанням[2]. Запитанню не може бути надано значення істинності.

- "Kuchen schmeckt besser als Brot."

- "Пиріг смакує краще за хліб."

Linguistisch ist das eine Aussage. Ihr Wahrheitswert ist allerdings subjektiv[1] und nicht objektiv: Einigen Menschen schmeckt Kuchen besser, anderen Menschen schmeckt Brot besser.

Лінгвістично це є висловлюванням. Однак його значення істинності є суб'єктивним[1], а не об'єктивним: декому більш смакує пиріг, декому - хліб.

Ziel: Mit Hilfe von Wahrheitswerttabellen[1] definieren wir Rechenoperationen[2] für Aussagen.

Мета: за допомогою таблиць істинності[1] ми визначаємо операції обчислення [2] для висловлювань.

Definition 1.2

Seien A und B Aussagen. Dann definieren wir:

- *Negation*[1] $\neg A$

Визначення 1.2

Нехай A та B - це висловлювання. Тоді ми визначаємо:

- *Заперечення*[1] $\neg A$

A	**1**	**0**
$\neg A$	**0**	**1**

Die Negation einer wahren Aussage ist falsch. Die Negation einer falschen Aussage ist wahr.

Заперечення вірного висловлювання є хибним. Заперечення хибного висловлювання є вірним.

- *Konjunktion*[1] $A \wedge B$ *(Sprechweise: "A und B")*

- *Кон'юнкція*[1] $A \wedge B$ *(кажуть: "A і B")*

A	**1**	**1**	**0**	**0**
B	**1**	**0**	**1**	**0**
$A \wedge B$	**1**	**0**	**0**	**0**

Die Konjunktion $A \wedge B$ ist genau dann[1] *wahr, wenn sowohl A als auch B wahr sind.*

Кон'юнкція $A \wedge B$ є вірною тоді і тільки тоді[1]*, коли як A, так і B є вірними.*

- *Disjunktion*[1] $A \vee B$ *(Sprechweise: "A oder B")*

- *Диз'юнкція*[1] $A \vee B$ *(кажуть: "A або B")*

A	**1**	**1**	**0**	**0**
B	**1**	**0**	**1**	**0**
$A \vee B$	**1**	**1**	**1**	**0**

Die Disjunktion $A \vee B$ ist genau dann wahr, wenn mindestens eine der beiden Aussagen A oder B wahr ist.

Диз'юнкція $A \vee B$ є вірною тоді і тільки тоді, коли принаймні одне з двох висловлювань A чи B є вірним.

- *Implikation*[1] $A \Rightarrow B$ *(Sprechweise: "wenn A, dann B")*

- *Імплікація*[1] $A \Rightarrow B$ *(кажуть: "якщо A, то B")*

A	**1**	**1**	**0**	**0**
B	**1**	**0**	**1**	**0**
$A \Rightarrow B$	**1**	**0**	**1**	**1**

Die Implikation $A \Rightarrow B$ ist insbesondere immer dann wahr, wenn die Prämisse[1] *A falsch ist. Hierzu ein Beispiel:*

Sei A = "Es regnet" und B = "Die Erde wird nass". Dann ist die Aussage $A \Rightarrow B$ = "Wenn es regnet, dann wird die Erde nass" auch dann wahr, wenn es nicht regnet.

Зокрема, імплікація $A \Rightarrow B$ завжди є вірною, навіть якщо передумова[1] *A є хибною. До цього такий приклад.*

Нехай A = "Йде дощ" і B = "Земля стає вологою". Тоді висловлювання $A \Rightarrow B$ = "Коли йде дощ, земля стає вологою" є вірним, навіть коли дощ не йде.

- *Äquivalenz*[1] $A \Leftrightarrow B$ *(Sprechweise: "A genau dann, wenn B")*

- *Еквівалентність*[1] $A \Leftrightarrow B$ *(кажуть: "A тоді і тільки тоді, коли B")*

A	**1**	**1**	**0**	**0**
B	**1**	**0**	**1**	**0**
$A \Leftrightarrow B$	**1**	**0**	**0**	**1**

Die Äquivalenz $A \Leftrightarrow B$ ist genau dann wahr, wenn A und B den gleichen Wahrheitswert haben.

Еквівалентність $A \Leftrightarrow B$ є вірною тоді і тільки тоді, коли A і B мають однакові значення істинності.

Bemerkung: Analog zur Regel "Punktrechnung (Multiplikation und Division) vor Strichrechnung (Addition und Subtraktion)" haben auch die logischen Rechenoperationen unterschiedlich starke Priorität[1]. Wir sortieren sie von der niedrigsten[2] Priorität (links) zur höchsten[3] Priorität (rechts):

Зауваження: аналогічно до правила "обчислення з крапками (множення і ділення) перед обчисленнями з рисками (додавання і віднімання)" логічні операції обчислення також мають різні ступені пріоритету[1]. Ми впорядковуємо їх від найнижчого[2] пріоритету (ліворуч) до найвищого[3] пріоритету (праворуч) в такий спосіб:

$$\Leftrightarrow \quad \Rightarrow \quad \vee \quad \wedge \quad \neg$$
$$\longrightarrow$$

Darüber hinaus kann die Reihenfolge von Rechenoperationen durch Klammern[1] festgelegt werden.

Крім того, порядок виконання операцій обчислення може бути встановлений за допомогою дужок[1].

Beispiel:
Seien A, B, C, D Aussagen. Wir betrachten die folgende Aussage:

Приклад:
Нехай A, B, C, D - це висловлювання. Ми розглядаємо таке висловлювання:

$$\neg A \vee \neg B \wedge C \Rightarrow D$$

Wenn wir die Priorität der Rechenoperationen explizit mit Hilfe von Klammern schreiben, so lautet diese Aussage:

Якщо ми явно записуємо пріоритети операцій обчислення за допомогою круглих дужок, це висловлювання виглядає так:

$$\big((\neg A) \vee ((\neg B) \wedge C)\big) \Rightarrow D$$

Beispiel:
Seien A und B Aussagen. In Abhängigkeit[1] von ihren Wahrheitswerten wollen wir den Wahrheitswert der folgenden Aussage berechnen:

Приклад:
Нехай A і B - це висловлювання. В залежності[1] від їх значень істинності ми хочемо обчислити значення істинності наступного висловлювання:

$$\neg\big((A \wedge B) \wedge \neg A\big)$$

Wir beginnen mit den Aussagen A und B. Daraus berechnen wir die Konjunktion $A \wedge B$ und die Negation $\neg A$. Die Konjunktion dieser beiden Aussagen ist $(A \wedge B) \wedge \neg A$. Zum Schluss bilden wir die Negation $\neg\big((A \wedge B) \wedge \neg A\big)$.

Ми починаємо з висловлювань A і B. Надалі ми обчислюємо кон'юнкцію $A \wedge B$ і заперечення $\neg A$. Кон'юнкцією цих двох отриманих висловлювань є $(A \wedge B) \wedge \neg A$. Наприкінці ми виконуємо заперечення $\neg\big((A \wedge B) \wedge \neg A\big)$.

Wir berechnen die einzelnen Rechenschritte[1] mit Hilfe einer Wahrheitswerttabelle:

Ми виконуємо окремі кроки обчислення[1] за допомогою таблиці істиності:

A	**1**	**1**	**0**	**0**
B	**1**	**0**	**1**	**0**
$A \wedge B$	**1**	**0**	**0**	**0**
$\neg A$	**0**	**0**	**1**	**1**
$(A \wedge B) \wedge \neg A$	**0**	**0**	**0**	**0**
$\neg\big((A \wedge B) \wedge \neg A\big)$	**1**	**1**	**1**	**1**

Unabhängig[1] von den Wahrheitswerten der Aussagen A und B ist diese Aussage immer wahr.

Незалежно[1] від значень істинності висловлювань A і B це висловлювання завжди є вірним.

Definition 1.3

Eine Aussage, die immer wahr ist, bezeichnen wir als Tautologie[1].

Визначення 1.3

Висловлювання, яке завжди є вірним, називають тавтологією[1].

Beispiel:

Wir haben im letzten Beispiel gezeigt, dass die folgende Aussage eine Tautologie ist:

Приклад:

В останньому прикладі ми показали, що наступне висловлювання є тавтологією:

$$\neg\big((A \wedge B) \wedge \neg A\big)$$

Bemerkung: Mathematische Sätze[1] sind immer wahr. Somit sind sie Tautologien. In der Aussagenlogik[2] können wir jeden Satz mit Hilfe einer Wahrheitswerttabelle beweisen[3].

Зауваження: математичні теореми[1] є завжди вірними. Тому вони є тавтологіями. У логіці висловлювань[2] ми можемо довести[3] кожну теорему за допомогою таблиці істинності.

Im Folgenden beweisen wir einige Sätze der Aussagenlogik.

Надалі ми доводимо деякі теореми логіки висловлювань.

Satz 1.4 (Satz vom ausgeschlossenen Dritten)

Sei A eine Aussage. Dann gilt:

Теорема 1.4 (Закон виключеного третього)

Нехай A - це висловлювання. Тоді є вірним таке:

$$A \vee \neg A$$

Beweis:

In Abhängigkeit von A berechnen wir den Wahrheitswert der zu beweisenden Aussage $A \vee \neg A$:

Доведення:

Залежно від A ми обчислюємо значення істинності висловлювання, яке треба довести, а саме $A \vee \neg A$:

A	**1**	**0**
$\neg A$	**0**	**1**
$A \vee \neg A$	**1**	**1**

Die Aussage $A \vee \neg A$ ist immer wahr und somit eine Tautologie. Damit ist der Satz bewiesen.

Висловлювання $A \vee \neg A$ є завжди вірним і відтак є тавтологією. Що й треба було довести.

■

Satz 1.5 (Verneinungsregeln)

Seien A und B Aussagen. Dann gilt:

Теорема 1.5 (Властивості заперечення)

Нехай A і B - це висловлювання. Тоді вірним є таке:

$$\begin{aligned} &\text{(i)} && \neg(\neg A) \Leftrightarrow A \\ &\text{(ii)} && \neg(A \wedge B) \Leftrightarrow (\neg A \vee \neg B) \\ &\text{(iii)} && \neg(A \vee B) \Leftrightarrow (\neg A \wedge \neg B) \\ &\text{(iv)} && \neg(A \Rightarrow B) \Leftrightarrow (A \wedge \neg B) \end{aligned}$$

Bemerkung: Aussage (i) besagt, dass wir die Aussage $\neg(\neg A)$ immer durch die äquivalente[1] Aussage A ersetzen dürfen. Die Negation der Aussage $\neg A$ ist somit die Aussage A. Die Aussagen (ii) bis (iv) geben die Negation der Konjunktion $A \wedge B$, der Disjunktion $A \vee B$ und der Implikation $A \Rightarrow B$ an.

Зауваження: висловлювання (i) зазначає, що висловлювання $\neg(\neg A)$ ми завжди можемо замінити еквівалентним[1] висловлюванням A. Таким чином, заперечення висловлювання $\neg A$ є висловлюванням A. Висловлювання (ii) - (iv) встановлюють заперечення кон'юнкції $A \wedge B$, диз'юнкції $A \vee B$ та імплікації $A \Rightarrow B$.

Beweis:
In Abhängigkeit von A und B zeigen wir, dass jede der Aussagen (i) bis (iv) eine Tautologie ist.

Доведення:
Залежно від A і B ми доводимо, що кожне з висловлювань (i) - (iv) є тавтологією.

(i)

A	**1**	**0**
$\neg A$	**0**	**1**
$\neg(\neg A)$	**1**	**0**
$\neg(\neg A) \Leftrightarrow A$	**1**	**1**

(ii)

A	**1**	**1**	**0**	**0**
B	**1**	**0**	**1**	**0**
$A \wedge B$	**1**	**0**	**0**	**0**
$\neg(A \wedge B)$	**0**	**1**	**1**	**1**
$\neg A$	**0**	**0**	**1**	**1**
$\neg B$	**0**	**1**	**0**	**1**
$\neg A \vee \neg B$	**0**	**1**	**1**	**1**
$\neg(A \wedge B) \Leftrightarrow (\neg A \vee \neg B)$	**1**	**1**	**1**	**1**

(iii)

A	**1**	**1**	**0**	**0**
B	**1**	**0**	**1**	**0**
$A \vee B$	**1**	**1**	**1**	**0**
$\neg(A \vee B)$	**0**	**0**	**0**	**1**
$\neg A$	**0**	**0**	**1**	**1**
$\neg B$	**0**	**1**	**0**	**1**
$\neg A \wedge \neg B$	**0**	**0**	**0**	**1**
$\neg(A \vee B) \Leftrightarrow (\neg A \wedge \neg B)$	**1**	**1**	**1**	**1**

(iv)

A	**1**	**1**	**0**	**0**
B	**1**	**0**	**1**	**0**
$A \Rightarrow B$	**1**	**0**	**1**	**1**
$\neg(A \Rightarrow B)$	**0**	**1**	**0**	**0**
$\neg B$	**0**	**1**	**0**	**1**
$A \wedge \neg B$	**0**	**1**	**0**	**0**
$\neg(A \Rightarrow B) \Leftrightarrow (A \wedge \neg B)$	**1**	**1**	**1**	**1**

■

Quantorenlogik
Логіка кванторів

Die Quantorenlogik[1] (oder Prädikatenlogik[2]) ermöglicht es, Aussagen der folgenden Form[3] zu untersuchen:

Логіка кванторів[1] (або логіка предикатів, логіка відношень, кількісна логіка[2]) дає можливість досліджувати висловлювання наступної форми[3]:

(a) "Es gibt eine Lösung[1] x der Gleichung[2] $x^2 = 1$."

(a) "Існує розв'язок[1] x рівняння[2] $x^2 = 1$."

(b) "Alle Teiler[1] von 4 sind auch Teiler von 8."

(b) "Усі дільники[1] 4 також є дільниками 8."

Hierzu bringt man die Aussagen in die folgende Form:

Задля цього висловлюванням надають таку форму:

(a) "Es gibt ein x, für das gilt: $x^2 = 1$."

(a) "Існує x, для якого є вірним: $x^2 = 1$."

(b) "Für alle x gilt: x ist Teiler von $4 \Rightarrow x$ ist Teiler von 8."

(b) "Для всіх x є вірним таке: x є дільником $4 \Rightarrow x$ є дільником 8."

Definition 1.6

Eine Aussageform[1] (oder Prädikat[2]) ist eine Aussage $A(x_1, x_2, \ldots)$, in der eine oder mehrere Variablen[3] $x_1, x_2, \ldots$ vorkommen.

Wenn man in die Variablen $x_1, x_2, \ldots$ einer Aussageform $A(x_1, x_2, \ldots)$ konkrete Werte[1] einsetzt, so wird diese wahr oder falsch.

Die Anzahl[1] n der Variablen, die in einer Aussageform $A(x_1, x_2, \ldots, x_n)$ vorkommen, bezeichnet man als deren Stellenzahl[2].

Die Gesamtheit[1] aller möglichen Werte, die in eine Variable eingesetzt werden dürfen, bezeichnet man als Individuenbereich[2].

Визначення 1.6

Відношення[1] (або предикат[2]) - це висловлювання $A(x_1, x_2, \ldots)$, у якому з'являються одна чи декілька змінних[3] $x_1, x_2, \ldots$.

Коли змінним $x_1, x_2, \ldots$ предиката $A(x_1, x_2, \ldots)$ надають певні значення[1], він стає вірним або хибним.

Число[1] n змінних, які з'являються у предикаті $A(x_1, x_2, \ldots, x_n)$, називають містністю або арністю[2].

Сукупність[1] усіх можливих значень, які можна надавати змінній, називають областю визначення, базовою областю, базовою множиною або універсумом[2].

Bemerkung: Im Folgenden wollen wir den Individuenbereich hinreichend groß wählen. Er soll mindestens alle Zahlen[1], sonstigen mathematischen Objekte[2] und Objekte aus den Anwendungen[3] der Mathematik (Physik[4], Chemie[5], Biologie[6], Informatik[7], Ingenieurwissenschaften[8], ...) enthalten.

Зауважння: надалі ми хочемо обрати область визначення достатньо великою. Вона має містити принаймні всі числа[1], інші математичні об'єкти[2] та об'єкти з застосувань[3] математики (фізики[4], хімії[5], біології[6], інформатики[7], інженерно-технічних наук[8], ...).

Beispiel:

Beispiele für 1-stellige[1] Aussageformen (in der Variablen x) sind:

- $x^2 = 1$
- "x ist Teiler von 4 $\Rightarrow$ x ist Teiler von 8."

Beispiele für 2-stellige Aussageformen (in den Variablen x, y) sind:

- $x < y$
- "x ist ein Teiler von y."

Приклад:

Приклади 1-місних[1] предикатів (зі змінною x):

- $x^2 = 1$
- "x є дільником 4 $\Rightarrow$ x є дільником 8."

Приклади 2-місних предикатів (зі змінними x, y):

- $x < y$
- "x є дільником y."

Definition 1.7

Sei $A(x)$ eine Aussageform.

- *Die folgende Allaussage[1] ist genau dann[2] wahr, wenn die Aussage $A(x)$ für jeden Wert x aus dem Individuenbereich wahr ist:*

Визначення 1.7

Нехай $A(x)$ - це предикат.

- *Наступне висловлювання загальності[1] є вірним тоді і тільки тоді[2], коли висловлювання $A(x)$ є вірним для кожного значення x з області визначення:*

$$\forall x\colon A(x)$$

Sprechweise: "Für alle x gilt: $A(x)$"

Das Symbol "$\forall$" bezeichnen wir als Allquantor[1].

Кажуть: "Для кожного x виконується: $A(x)$"

Позначення "$\forall$" називають квантором загальності[1].

- *Die folgende Existenzaussage[1] ist genau dann wahr, wenn die Aussage $A(x)$ für mindestens einen Wert x aus dem Individuenbereich wahr ist:*

- *Наступне висловлювання існування[1] є вірним тоді і тільки тоді, коли висловлювання $A(x)$ є вірним принаймні для одного значення x з області визначення:*

$$\exists x\colon A(x)$$

Sprechweise: "Es gibt ein x, für das gilt: $A(x)$"

Das Symbol "$\exists$" bezeichnen wir als Existenzquantor[1].

Кажуть: "Існує x, для якого виконується: $A(x)$"

Позначення "$\exists$" називають квантором існування[1].

Bemerkung: Für Quantoren[1] gilt die folgende Priorität (links: niedrigste Priorität, rechts: höchste Priorität):

Зауваження: для кванторів[1] застосовують наступні пріоритети (ліворуч: найнижчий, праворуч: найвищий):

$$\Leftrightarrow \quad \Rightarrow \quad \exists \quad \forall \quad \vee \quad \wedge \quad \neg$$
$$\longrightarrow$$

Beispiel:

(a) Wir schreiben die Existenzaussage "Es gibt ein x, für das gilt: $x^2 = 1$." mit Hilfe des Existenzquantors:

Приклад:

(a) Записуємо висловлювання існування "Існує x, для якого виконується: $x^2 = 1$." за допомогою квантора існування:

$$\exists x\colon x^2 = 1$$

Für den Wert $x = 1$ ist die Aussageform $x^2 = 1$ wahr. Somit ist die Existenzaussage $\exists x\colon x^2 = 1$ wahr.

Для значення $x = 1$ предикат $x^2 = 1$ є вірним. Тому висловлювання існування $\exists x\colon x^2 = 1$ також є вірним.

(b) Sei $A(x) =$ "x ist Teiler von 4." und $B(x) =$ "x ist Teiler von 8." Wir schreiben die Allaussage "Für alle x gilt: x ist Teiler von 4 $\Rightarrow$ x ist Teiler von 8." mit Hilfe des Allquantors:

(b) Нехай $A(x) =$ "x є дільником 4." і $B(x) =$ "x є дільником 8." Записуємо висловлювання загальності "Для кожного x виконується: x є дільником 4 $\Rightarrow$ x є дільником 8." за допомогою квантора загальності:

$$\forall x\colon A(x) \Rightarrow B(x)$$

Um zu beweisen, dass diese Allaussage wahr ist, müssen wir für alle Werte x aus dem Individuenbereich zeigen, dass $A(x) \Rightarrow B(x)$. Es gilt:

Щоб довести, що це висловлювання загальності є вірним, ми повинні показати, що для кожного x з області визначення $A(x) \Rightarrow B(x)$. Виконується таке:

x	1	2	3	4	8	sonst / інакше
$A(x)$	**1**	**1**	**0**	**1**	**0**	**0**
$B(x)$	**1**	**1**	**0**	**1**	**1**	**0**
$A(x) \Rightarrow B(x)$	**1**	**1**	**1**	**1**	**1**	**1**

Bemerkung: Der Individuenbereich enthält unendlich[1] viele Werte. Daher kann es sehr schwierig sein zu beweisen, dass eine Allaussage wahr ist. Um zu beweisen, dass eine Allaussage falsch ist, genügt hingegen ein Gegenbeispiel[2].

Зауваження: область визначення містить нескінченне[1] число значень. Тому довести, що висловлювання загальності є вірним, дуже складно. Але, щоб довести, що висловлювання загальності є хибним, достатньо лише навести контрприклад[2].

Beispiel:

Wir betrachten die folgende Allaussage:

Приклад:

Розглядаємо наступне висловлювання загальності:

$$\forall x\colon x^2 = 1$$

Für den Wert $x = 2$ ist die Aussageform $x^2 = 1$ falsch. Somit ist die Allaussage $\forall x\colon x^2 = 1$ falsch.

Для значення $x = 2$ предикат $x^2 = 1$ є хибним. Тому висловлювання загальності $\forall x\colon x^2 = 1$ є хибним.

Satz 1.8 (Verneinungsregeln für Quantoren)
Sei $A(x)$ eine Aussageform. Dann gilt:

Теорема 1.8 (Правила заперечення для кванторів)
Нехай $A(x)$ - це предикат. Тоді є вірним таке:

$$\text{(v)} \quad \neg(\forall x\colon A(x)) \Leftrightarrow \exists x\colon \neg A(x)$$
$$\text{(vi)} \quad \neg(\exists x\colon A(x)) \Leftrightarrow \forall x\colon \neg A(x)$$

Beispiel:

Wir negieren die Allaussage $\forall x\colon A(x) \Rightarrow B(x)$:

Приклад:

Ми заперечуємо висловлювання загальності $\forall x\colon A(x) \Rightarrow B(x)$:

$$\neg\big(\forall x\colon A(x) \Rightarrow B(x)\big)$$

Die Verneinungsregel (v) für Quantoren ergibt:

Правило заперечення (v) для кванторів призводить до:

$$\Leftrightarrow \quad \exists x\colon \neg(A(x) \Rightarrow B(x))$$

Mit der Verneinungsregel (iv) für die Implikation erhalten wir:

Згідно з правилом заперечення (iv) для імплікації ми отримуємо:

$$\Leftrightarrow \quad \exists x\colon A(x) \wedge \neg B(x)$$

In Worten lautet diese Aussage: “Es gibt ein x, für das gilt: x ist Teiler von 4 und x ist kein Teiler von 8.”

На словах це висловлювання звучить так: “Існує x, для якого виконується: x є дільником 4 і x не є дільником 8.”

Diese Existenzaussage ist die Negation einer wahren Aussage und somit falsch.

Це висловлювання існування є запереченням вірного висловлювання і тому є хибним.

Bemerkung: In Aussagen, die mehrere Quantoren enthalten, kann die Reihenfolge[1] von zwei direkt aufeinanderfolgenden Quantoren vertauscht werden, wenn beides Allquantoren sind oder wenn beides Existenzquantoren sind:

Зауваження: у висловлюваннях, які містять декілька кванторів, порядок[1] двох послідовних кванторів можна змінити, якщо обидва є кванторами загальності чи кванторами існування:

$$\forall x\, \forall y\colon A(x,y) \Leftrightarrow \forall y\, \forall x\colon A(x,y)$$
$$\exists x\, \exists y\colon A(x,y) \Leftrightarrow \exists y\, \exists x\colon A(x,y)$$

Die Reihenfolge von Allquantor und Existenzquantor darf nicht vertauscht werden.

Порядок квантора загальності та квантора існування міняти не можна.

Beispiel:

In diesem Beispiel bestehe der Individuenbereich ausschließlich aus den natürlichen Zahlen[1] $1,2,3,4,5,\ldots$. Wir betrachten die Aussage:

Приклад:

У цьому прикладі область визначення складається виключно з натуральних чисел[1] $1,2,3,4,5,\ldots$. Ми розглядаємо висловлювання:

$$\forall x\, \exists y\colon y > x$$

Diese Aussage besagt: “Zu jeder natürlichen Zahl x gibt es eine natürliche Zahl y, die größer als x ist.” Das ist eine wahre Aussage.

Це висловлювання зазначає: “Для кожного натурального числа x існує натуральне число y, яке є більшим за x.” Це висловлювання є вірним.

Wenn wir die Reihenfolge der Quantoren vertauschen, so erhalten wir die Aussage:

Коли ми міняємо порядок кванторів, ми отримуємо висловлювання:

$$\exists y\, \forall x\colon y > x$$

Diese Aussage besagt: “Es gibt eine natürliche Zahl y, die größer als alle natürlichen Zahlen x ist.” Das ist eine falsche Aussage. Somit sind beide Aussagen nicht äquivalent[1].

Це висловлювання зазначає: “Існує натуральне число y, яке є більшим за всі натуральні числа x.” Це висловлювання є хибним. Відтак, ці два висловлювання не є еквівалентними[1].

1.2 Mengen
Множини

Definition 1.9

Unter einer Menge[1] A verstehen wir eine Gesamtheit[2] von unterscheidbaren[3] Objekten[4]. Diese Objekte heißen Elemente[5] von A. Für jedes beliebige Objekt x steht eindeutig[6] fest, ob es ein Element von A ist.

Визначення 1.9

Під множиною[1] A ми розуміємо сукупність[2] певних[3] об'єктів[4]. Ці об'єкти називають елементами[5] A. Для кожного довільного об'єкту x однозначно[6] визначено, чи є він елементом A.

Schreibweise: Falls x Element von A ist, schreiben wir:

Записують: якщо x є елементом A, ми пишемо:

$$x \in A$$

Falls x nicht Element von A ist, schreiben wir:

Якщо x не є елементом A, ми пишемо:

$$x \notin A$$

Notation: Mit Hilfe von Mengen kann der Individuenbereich[1] I eines Quantors[2] explizit angegeben werden:

Примітка: за допомогою множин область визначення[1] I квантора[2] можна задати в явному вигляді:

$$\forall x \in I\colon A(x) \quad \Leftrightarrow \quad \forall x\colon (x \in I \Rightarrow A(x))$$

Sprechweise: “Für alle x aus I gilt: $A(x)$.”

Кажуть: “Для кожного x з I виконується: $A(x)$.”

$$\exists x \in I\colon A(x) \quad \Leftrightarrow \quad \exists x\colon (x \in I \wedge A(x))$$

Sprechweise: “Es gibt ein x aus I, für das gilt: $A(x)$.”

Кажуть: “Існує x з I, для якого виконується: $A(x)$.”

Frage: Wie gibt man eine Menge A an?

Питання: як задати множину A?

Die einfachste Möglichkeit, um eine Menge A zu definieren, ist die aufzählende Mengenschreibweise[1]. Hierzu werden die Elemente $x_1, x_2, x_3, \ldots$ durch Komma[2] getrennt zwischen Mengenklammern[3] geschrieben:

Найпростішим способом визначення множини A є перелік нумерованої множини[1]. Для цього елементи $x_1, x_2, x_3, \ldots$ записують через кому[2] у фігурних дужках[3]:

$$A = \{x_1, x_2, x_3, \ldots\}$$

Diese Schreibweise ist immer dann sinnvoll, wenn A nur endlich viele[1] Elemente hat.

Такий запис є доречним лише тоді, коли A має скінченне число[1] елементів.

Beispiel:

Приклад:

$$A_1 = \{-1, -5, 37, \sqrt{2}\}$$
$$A_2 = \{\square, \heartsuit, \clubsuit\}$$

Die Menge, die kein Element enthält, bezeichnen wie als leere Menge[1]:

Множину, яка не містить жодного елемента, називають порожньою множиною[1]:

$$\emptyset = \{\}$$

Eine weitere Möglichkeit, um eine Menge zu definieren, ist die beschreibende Mengenschreibweise[1]. Hierzu betrachten wir eine Aussageform[2] $A(x)$. Die Menge A aller Objekte x, für die die Aussageform $A(x)$ wahr[3] ist, schreiben wir folgendermaßen:

Іншим способом визначення множини є описове завдання множини[1]. Для цого ми розглядаємо предикат[2] $A(x)$. Множину A всіх об'єктів x, для яких предикат $A(x)$ є вірним[3], записуємо в такий спосіб:

$$A = \{x \mid A(x)\}$$

Sprechweise: "Die Menge aller x, für die $A(x)$ gilt."

Кажуть: "Множина всіх x, для яких виконується $A(x)$."

Beispiel: **Приклад:**

$$A_3 = \{x \mid x^2 = 1\}$$

Die Aussageform $x^2 = 1$ ist nur für $x = -1$ und $x = 1$ wahr. Somit enthält die Menge A_3 die beiden Elemente -1 und 1. In aufzählender Mengenschreibweise erhalten wir $A_3 = \{-1, 1\}$.

Предикат $x^2 = 1$ є вірним лише для $x = -1$ та $x = 1$. Тому множина A_3 містить два елементи -1 та 1. Шляхом переліку нумерованої множини ми отримуємо $A_3 = \{-1, 1\}$.

Notation: Analog zu Quantoren kann auch in der beschreibenden Mengenschreibweise der Individuenbereich I explizit angegeben werden:

Примітка: аналогічно кванторам, область визначення I можна задати в явному вигляді шляхом описового завдання множини:

$$A = \{x \in I \mid A(x)\} = \{x \mid x \in I \wedge A(x)\}$$

Definition 1.10 **Визначення 1.10**

Seien A, B Mengen. Wir definieren:

Нехай A, B - це множини. Ми визначаємо:

- *Die Mengen A, B heißen gleich[1], falls sie die gleichen Elemente enthalten:*

- *Множини A, B називають рівними[1], якщо вони містять однакові елементи:*

$$A = B \quad \Leftrightarrow \quad \forall x\colon (x \in A \Leftrightarrow x \in B)$$

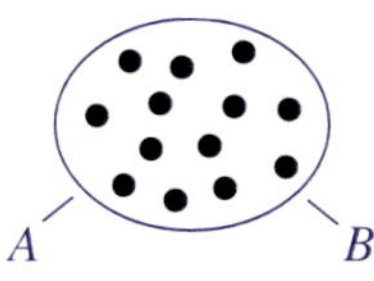

Abbildung / Рисунок 1.1
Wir veranschaulichen die Gleichheit[1] zweier Mengen $A = B$ mit Hilfe eines Venn Diagramms[2]: Beide Mengen enthalten die gleichen Elemente
Ми ілюструємо рівність[1] двох множин $A = B$ за допомогою діаграм Венна[2]: обидві множини містять однакові елементи.

- *Die Mengen A, B heißen ungleich[1], falls sie nicht die gleichen Elemente enthalten:*

- *Множини A, B називають нерівними[1], якщо вони містять різні елементи:*

$$A \neq B \quad \Leftrightarrow \quad \neg(A = B) \quad \Leftrightarrow \quad \exists x\colon (x \in A \wedge x \notin B) \vee (x \notin A \wedge x \in B)$$

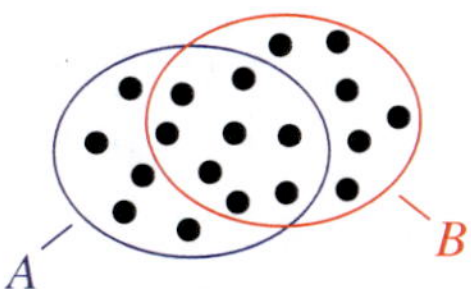

Abbildung / Рисунок 1.2
Ungleiche Mengen $A \neq B$ enthalten nicht die gleichen Elemente
Нерівні множини $A \neq B$ містять різні елементи

- *Falls alle Elemente von A auch Elemente von B sind, so heißt A Teilmenge[1] von B und B heißt Obermenge[2] von A:*

- *Якщо всі елементи A також є елементами B, тоді A називають підмножиною[1] B, а B називають надмножиною[2] A:*

$$A \subseteq B \quad \Leftrightarrow \quad \forall x\colon (x \in A \Rightarrow x \in B)$$

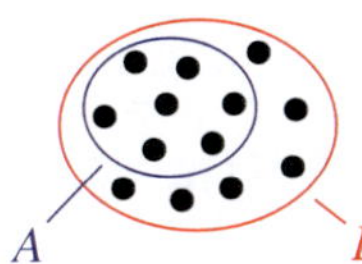

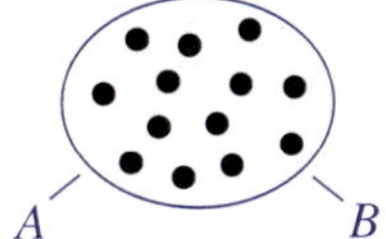

Abbildung / Рисунок 1.3
Falls $A \subseteq B$, sind alle Elemente von A auch Elemente von B. Es ist möglich, dass B Elemente enthält, die keine Elemente von A sind (links). Ebenso ist es möglich, dass alle Elemente von B auch Elemente von A sind (rechts). Dann gilt $A = B$
Якщо $A \subseteq B$, то всі елементи A також є елементами B. Може бути, що B містить елементи, які не є елементами A (ліворуч). Крім того може бути, що всі елементи B також є елементами A (праворуч). Тоді маємо $A = B$

- *Falls A keine Teilmenge von B ist, so schreibt man:*

- *Якщо A не є підмножиною B, то пишуть:*

$$A \not\subseteq B \quad \Leftrightarrow \quad \neg(A \subseteq B) \quad \Leftrightarrow \quad \exists x\colon (x \in A \wedge x \notin B)$$

- *Falls A Teilmenge von B ist und beide Mengen nicht gleich sind, so heißt A echte Teilmenge[1] von B und B heißt echte Obermenge[2] von A:*

- *Якщо A є підмножиною B і обидві множини не є рівними, то A називають власною підмножиною[1] B, а B називають власною надмножиною[2] A:*

$$A \subset B \quad \Leftrightarrow \quad (A \subseteq B \wedge A \neq B) \quad \Leftrightarrow \quad \big(\forall x\colon (x \in A \Rightarrow x \in B)\big) \wedge \big(\exists x\colon (x \notin A \wedge x \in B)\big)$$

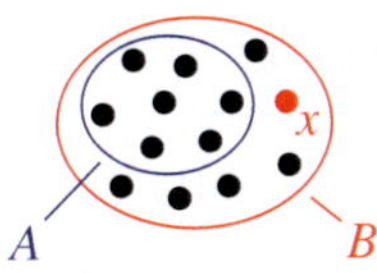

Abbildung / Рисунок 1.4
Falls $A \subset B$, so enthält die echte Obermenge B ein Element x, das kein Element von A ist
Якщо $A \subset B$, то власна надмножина B містить елемент x, який не є елементом A

Beispiel: **Приклад:**

$$\{1,2,3\} = \{3,1,2\}$$
$$\{2\} \subseteq \{1,2,3\}$$
$$\{2\} \subset \{1,2,3\}$$

Da die leere Menge $\emptyset$ keine Elemente enthält, gilt für jede Menge A:

Оскільки порожня множина $\emptyset$ не містить жодного елемента, то для кожної множини A є вірним таке:

$$\emptyset \subseteq A$$

Falls $A \neq \emptyset$, gilt zudem:

Якщо $A \neq \emptyset$, є вірним також:

$$\emptyset \subset A$$

Definition 1.11

Eine Menge A heißt endlich[1], falls sie nur endlich viele Elemente enthält. Die Anzahl ihrer Elemente bezeichnen wir als die Mächtigkeit[2] von A:

Визначення 1.11

Множину A називають скінченною[1], якщо вона містить лише скінченне число елементів. Це число елементів називають потужністю[2] A:

$$|A|$$

Falls die Menge A nicht endlich ist, heißt sie unendlich[1]:

Якщо множина A не є скінченною, її називають нескінченною[1]:

$$|A| = \infty$$

Beispiel:

Приклад:

$$\begin{aligned}
\left|\{-1, -5, 37, \sqrt{2}\}\right| &= 4 \\
\left|\{1, 2, 3, 1\}\right| &= \left|\{1, 2, 3\}\right| = 3 \\
\left|\{\square, \heartsuit, \clubsuit\}\right| &= 3 \\
\left|\{x \mid x^2 = 1\}\right| &= \left|\{-1, 1\}\right| = 2 \\
\left|\{x \mid x > 1\}\right| &= \infty
\end{aligned}$$

Definition 1.12

Seien A, B Mengen. Wir definieren die folgenden Mengenoperationen[1]:

- *Die Durchschnittsmenge[1] $A \cap B$ enthält alle Objekte x, die sowohl Element von A als auch Element von B sind:*

Визначення 1.12

Нехай A, B - це множини. Ми визначаємо такі операції з множинами[1]:

- *Перетин множин[1] $A \cap B$ містить усі об'єкти x, які є елементами як A, так і B:*

$$A \cap B = \{x \mid x \in A \wedge x \in B\}$$

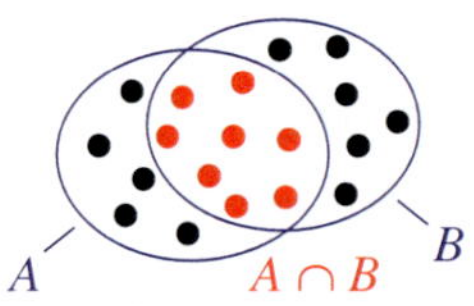

Abbildung / Рисунок 1.5
Die Durchschnittsmenge $A \cap B$
Перетин множин $A \cap B$

Falls $A \cap B = \emptyset$, so heißen die Mengen A und B disjunkt[1].

Якщо $A \cap B = \emptyset$, то множини A і B називають неперетинними[1].

- *Die Vereinigungsmenge*[1] *$A \cup B$ enthält alle Objekte x, die Element von A oder Element von B oder Element von beiden Mengen sind:*

- *Об'єднання множин*[1] *$A \cup B$ містить усі об'єкти x, які є елементами або A, або B, або обох множин:*

$$A \cup B = \{x \mid x \in A \vee x \in B\}$$

Abbildung / Рисунок 1.6
Die Vereinigungsmenge $A \cup B$
Об'єднання множин $A \cup B$

- *Die Differenzmenge*[1] *$B \setminus A$ (Sprechweise: "B ohne A") enthält alle Elemente von B, die kein Element von A sind:*

- *Різниця множин або відносне доповнення*[1] *$B \setminus A$ (кажуть: "B без A") містить усі елементи B, які не є елементами A:*

$$B \setminus A = \{x \mid x \in B \wedge x \notin A\}$$

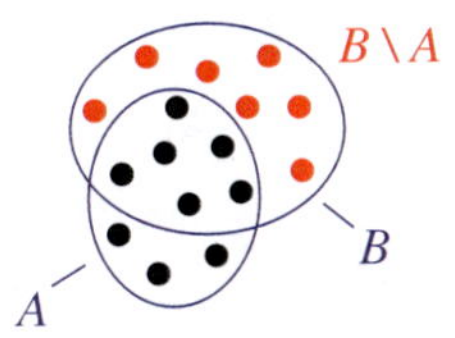

Abbildung / Рисунок 1.7
Die Differenzmenge $B \setminus A$
Різниця множин $B \setminus A$

Spezialfall: Im Fall $A \subseteq B$ bezeichnet man die Differenzmenge auch als Komplementmenge[1] *von A bezüglich B:*

Особливий випадок: якщо $A \subseteq B$ різницю множин A називають також (абсолютним) доповненням множини[1] *B:*

$$\overline{A_B} = B \setminus A$$

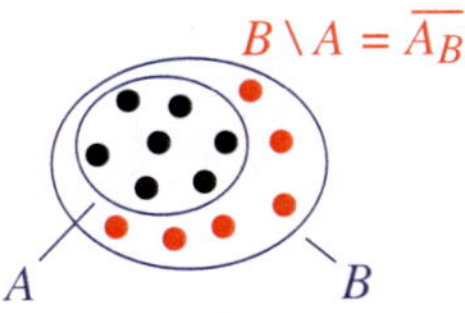

Abbildung / Рисунок 1.8
Die Komplementmenge $\overline{A_B}$
Доповнення множини $\overline{A_B}$

Beispiel:
Seien $A = \{1,2,3,4,5\}$ und $B = \{2,4,6\}$. Dann gilt:

Приклад:
Нехай $A = \{1,2,3,4,5\}$ і $B = \{2,4,6\}$. Тоді маємо:

$$A \cap B = \{2,4\}$$

$$A \cup B = \{1,2,3,4,5,6\}$$
$$A \setminus B = \{1,3,5\}$$
$$B \setminus A = \{6\}$$

Beispiel:
Für jede Menge A gilt:

Приклад:
Для кожної множини є вірним таке:

$$A \cap \emptyset = \emptyset$$
$$A \cup \emptyset = A$$

Satz 1.13 (Rechenregeln für Mengenoperationen)
Seien A,B,C Mengen. Dann gilt:

Теорема 1.13 (Правила операцій над множинами)
Нехай A,B,C - це множини. Тоді виконуються:

Kommutativgesetze[1]*:*

Комутативні закони[1]*:*

$$\text{(i)} \quad A \cap B = B \cap A$$
$$\text{(ii)} \quad A \cup B = B \cup A$$

Assoziativgesetze[1]*:*

Асоціативні закони[1]*:*

$$\text{(iii)} \quad (A \cap B) \cap C = A \cap (B \cap C)$$
$$\text{(iv)} \quad (A \cup B) \cup C = A \cup (B \cup C)$$

Distributivgesetze[1]*:*

Дистрибутивні закони[1]*:*

$$\text{(v)} \quad (A \cap B) \cup C = (A \cup C) \cap (B \cup C)$$
$$\text{(vi)} \quad (A \cup B) \cap C = (A \cap C) \cup (B \cap C)$$

Seien nun $A,B \subseteq C$. Dann gelten die folgenden Rechenregeln für die Komplementmenge:

Тепер нехай $A,B \subseteq C$. Тоді виконуються наступні правила обчислення доповнення множини:

$$\text{(vii)} \quad A \cup \overline{A_C} = C$$
$$\text{(viii)} \quad A \cap \overline{A_C} = \emptyset$$
$$\text{(ix)} \quad \overline{\left(\overline{A_C}\right)_C} = A$$
$$\text{(x)} \quad \overline{A_C} \cap \overline{B_C} = \overline{(A \cup B)_C}$$
$$\text{(xi)} \quad \overline{A_C} \cup \overline{B_C} = \overline{(A \cap B)_C}$$
$$\text{(xii)} \quad A \subseteq B \Leftrightarrow \overline{A_C} \supseteq \overline{B_C}$$
$$\text{(xiii)} \quad A = B \Leftrightarrow \overline{A_C} = \overline{B_C}$$

Bislang haben wir die Durchschnittsmenge $A_1 \cap A_2$ und die Vereinigungsmenge $A_1 \cup A_2$ nur für jeweils zwei Mengen A_1, A_2 definiert. Die folgende Definition verallgemeinert dies

Поки що ми визначили перетин $A_1 \cap A_2$ і об'єднання $A_1 \cup A_2$ лише для двох множин A_1, A_2. Наступне визначення узагальнює їх на будь-яке число множин.

auf beliebig viele Mengen.

Definition 1.14
Sei $I = \{i_1, i_2, i_3, \ldots\}$ eine Menge. Zu jedem $i \in I$ sei eine Menge A_i gegeben. Dann definieren wir:

Визначення 1.14
Нехай $I = \{i_1, i_2, i_3, \ldots\}$ - це множина. Нехай для кожного $i \in I$ дана одна множина A_i. Тоді ми визначаємо:

$$\bigcap_{i \in I} A_i = A_{i_1} \cap A_{i_2} \cap A_{i_3} \cap \ldots = \{x \mid \forall i \in I\colon x \in A_i\}$$
$$\bigcup_{i \in I} A_i = A_{i_1} \cup A_{i_2} \cup A_{i_3} \cup \ldots = \{x \mid \exists i \in I\colon x \in A_i\}$$

Beispiel:

Приклад:

$$\bigcap_{i \in \{1,2,3,4\}} A_i = A_1 \cap A_2 \cap A_3 \cap A_4$$
$$\bigcup_{i \in \emptyset} A_i = \{x \mid \underbrace{\exists i \in \emptyset\colon x \in A_i}_{\text{falsch / хибно}}\} = \emptyset$$

1.3 Zahlenbereiche
Числові множини

Die natürlichen Zahlen
Натуральні числа

Definition 1.15
Die Menge der natürlichen Zahlen[1] bezeichnen wir mit $\mathbb{N}$:

Визначення 1.15
Множину натуральних чисел[1] ми позначаємо через $\mathbb{N}$:

$$\mathbb{N} = \{1, 2, 3, 4, 5, \ldots\}$$

1 2 3 4 5 6 7

Abbildung / Рисунок 1.9
Die natürlichen Zahlen $\mathbb{N}$ auf dem Zahlenstrahl[1]
Натуральні числа $\mathbb{N}$ на числовому промені[1]

Die Menge der natürlichen Zahlen mit Null[1] bezeichnen wir mit $\mathbb{N}_0$:

Множину натуральних чисел з нулем[1] ми позначаємо через $\mathbb{N}_0$:

$$\mathbb{N}_0 = \{0, 1, 2, 3, 4, 5, \ldots\}$$

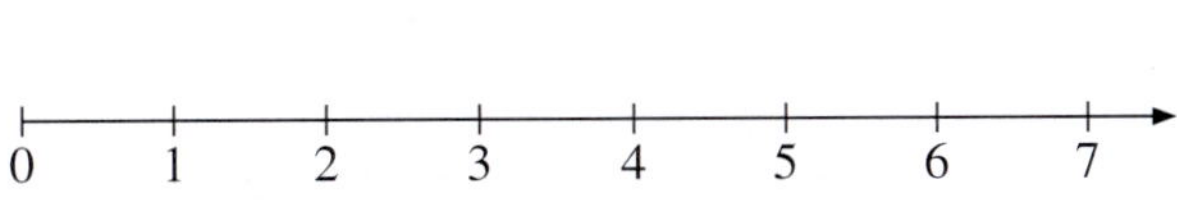

Abbildung / Рисунок 1.10
Die natürlichen Zahlen mit Null $\mathbb{N}_0$ auf dem Zahlenstrahl
Натуральні числа з нулем $\mathbb{N}_0$ на числовому промені

Definition 1.16 (Grundrechenarten)

Seien $n,m \in \mathbb{N}$ oder $\mathbb{N}_0$. Dann definieren wir:

- *Addition[1] (Sprechweise: "n plus m"):*

$$n+m$$

Die Zahlen n und m bezeichnet man als Summanden[1] und $n+m$ als Summe[2].

- *Subtraktion[1] (Sprechweise: "n minus m"):*

$$n-m$$

Die Zahl n bezeichnet man als Minuend[1], die Zahl m als Subtrahend[2] und $n-m$ als Differenz[3].

- *Multiplikation[1] (Sprechweise: "n mal m"):*

$$n \cdot m$$

Die Zahlen n und m bezeichnet man als Faktoren[1] und $n \cdot m$ als Produkt[2].

- *Division[1] (Sprechweise: "n durch m" oder "n geteilt durch m"):*

$$n : m = n/m = \frac{n}{m}$$

Die Zahl n bezeichnet man als Zähler[1] (oder Dividend[2]), die Zahl m als Nenner[3] (oder Divisor[4]) und $n : m$ als Quotient[5]. Schreibt man den Quotienten in der Form $\frac{n}{m}$, so bezeichnet man ihn auch als Bruch[6].

Bemerkung: Seien n,m natürliche Zahlen. Dann sind auch ihre Summe $n+m$ und ihr Produkt $n \cdot m$ natürliche Zahlen:

$$n,m \in \mathbb{N} \quad \Rightarrow \quad n+m \in \mathbb{N} \quad \wedge \quad n \cdot m \in \mathbb{N}$$

Das Gleiche gilt für die natürlichen Zahlen mit Null:

$$n,m \in \mathbb{N}_0 \quad \Rightarrow \quad n+m \in \mathbb{N}_0 \quad \wedge \quad n \cdot m \in \mathbb{N}_0$$

Sprechweise: Die Menge der natürlichen Zahlen $\mathbb{N}$ (beziehungsweise die Menge der natürlichen Zahlen mit Null $\mathbb{N}_0$) sind abgeschlossen[1] unter Addition und Multiplikation.

Die Menge der natürlichen Zahlen $\mathbb{N}$ (beziehungsweise die Menge der natürlichen Zahlen mit Null $\mathbb{N}_0$) sind jedoch nicht abgeschlossen unter Subtraktion $n-m$ oder Division $n : m$.

Визначення 1.16 (Основні арифметичні дії)

Нехай $n,m \in \mathbb{N}$ або $\mathbb{N}_0$. Тоді ми визначаємо:

- *Додавання[1] (кажуть: "n плюс m"):*

Числа n та m називають доданками[1], а число $n+m$ називають сумою[2].

- *Віднімання[1] (кажуть: "n мінус m"):*

Число n називають зменшуваним[1], число m називають від'ємником[2], а число $n-m$ називають різницею[3].

- *Множення[1] (кажуть: "n помножити на m"):*

Числа n та m називають множниками[1], а число $n \cdot m$ називають добутком[2].

- *Ділення[1] (кажуть: "n на m" або "n поділити на m"):*

Число n називають чисельником[1] (або діленим[2]), число m називають знаменником[3] (або дільником[4]), а число $n : m$ називають часткою[5]. Якщо частка записана у вигляді $\frac{n}{m}$, її називають дробом[6].

Зауваження: нехай n,m - це натуральні числа. Тоді їх сума $n+m$ та їх добуток $n \cdot m$ теж є натуральними числами:

Те ж саме є вірним для натуральних чисел з нулем:

Кажуть: множина натуральних чисел $\mathbb{N}$ (а також множина натуральних чисел з нулем $\mathbb{N}_0$) є замкненими[1] відносно додавання і множення.

Проте, множина натуральних чисел $\mathbb{N}$ (а також множина натуральних чисел $\mathbb{N}_0$) не є замкненими відносно віднімання $n-m$ або ділення $n : m$.

Beispiel:
Seien $n,m \in \mathbb{N}$. Manchmal ist die Differenz $n-m$ eine natürliche Zahl und manchmal nicht:

Приклад:
Нехай $n,m \in \mathbb{N}$. Іноді різниця $n-m$ є натуральним числом, а іноді ні:

$$4-2=2 \in \mathbb{N}$$
$$2-4=-2 \notin \mathbb{N}$$

Ebenso ist der Quotient $n:m$ manchmal eine natürliche Zahl und manchmal nicht:

Так само, частка $n:m$ іноді є натуральним числом, а іноді ні:

$$4:2=2 \in \mathbb{N}$$
$$2:4=0.5 \notin \mathbb{N}$$

Definition 1.17
Seien $n,m \in \mathbb{N}$. Falls der Quotient $n:m$ eine natürliche Zahl ist, so heißt n durch m ohne Rest teilbar[1]. In diesem Fall bezeichnet man m als Teiler[2] von n und n als Vielfaches[3] von m.

Визначення 1.17
Нехай $n,m \in \mathbb{N}$. Якщо частка $n:m$ є натуральним числом, кажуть n ділиться на m без залишку або без остачі[1]. У цьому випадку m називають дільником[2] числа n, а n називають кратним[3] числа m.

Beispiel:
Es gilt:

Приклад:
Вірно таке:

$$4:2=2 \in \mathbb{N}$$

Somit ist 4 durch 2 ohne Rest teilbar. 2 ist ein Teiler von 4. 4 ist ein Vielfaches von 2.

Отже, 4 ділиться на 2 без залишку. Таким чином, 2 є дільником 4, а 4 є кратним 2.

Umgekehrt gilt:

Зворотна дія дає:

$$2:4=0.5 \notin \mathbb{N}$$

Somit ist 2 durch 4 nicht ohne Rest teilbar.

Отже, 2 не ділиться на 4 без залишку.

Definition 1.18
Eine Zahl $n \in \mathbb{N} \setminus \{1\} = \{2,3,4,5,...\}$ heißt Primzahl[1], falls sie nur durch 1 und n ohne Rest teilbar ist.

Визначення 1.18
Число $n \in \mathbb{N} \setminus \{1\} = \{2,3,4,5,...\}$ називають простим числом[1], якщо воно ділиться без залишку лише на 1 та на n.

Beispiel:

Приклад:

2	Primzahl / просте число
3	Primzahl / просте число

$$\begin{aligned}
4 &= 2\cdot 2 \\
5 & \qquad \text{Primzahl / просте число} \\
6 &= 2\cdot 3 \\
7 & \qquad \text{Primzahl / просте число} \\
8 &= 2\cdot 4 = 2\cdot 2\cdot 2 \\
9 &= 3\cdot 3 \\
10 &= 2\cdot 5
\end{aligned}$$

Satz 1.19 (Primfaktorzerlegung)
Jede natürliche Zahl $n \in \mathbb{N}$ lässt sich als Produkt von Primzahlen schreiben. Diese Darstellung[1] ist bis auf die Reihenfolge[2] der Primfaktoren[3] eindeutig[4].

Теорема 1.19 (Розкладання на прості множники)
Кожне натуральне число $n \in \mathbb{N}$ можна записати як добуток простих чисел. Це представлення[1] є однозначним[4] з точністю до порядку[2] простих множників[3].

Beispiel:

Приклад:

$$\begin{aligned}
63 &= 7\cdot 3\cdot 3 \\
64 &= 2\cdot 2\cdot 2\cdot 2\cdot 2\cdot 2 \\
65 &= 13\cdot 5
\end{aligned}$$

Die ganzen Zahlen
Цілі числа

Die natürlichen Zahlen mit Null $\mathbb{N}_0$ sind nicht abgeschlossen unter Subtraktion. Um uneingeschränkt[1] subtrahieren zu können, erweitern[2] wir $\mathbb{N}_0$ um die negativen[3] ganzen Zahlen:

Натуральні числа з нулем $\mathbb{N}_0$ не є замкненими відносно віднімання. Щоб можна було віднімати без обмежень[1], ми розширюємо[2] $\mathbb{N}_0$ від'ємними[3] цілими числами:

Definition 1.20
Die Menge der ganzen Zahlen[1] bezeichnen wir mit $\mathbb{Z}$:

Визначення 1.20
Множину цілих чисел[1] позначають як $\mathbb{Z}$:

$$\mathbb{Z} = \{\dots, -5, -4, -3, -2, -1, 0, 1, 2, 3, 4, 5, \dots\}$$

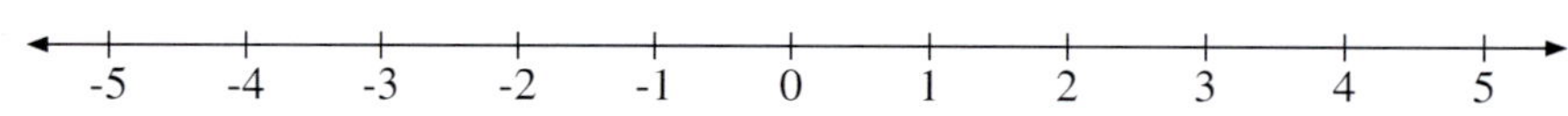

Abbildung / Рисунок 1.11
Die ganzen Zahlen $\mathbb{Z}$ auf der Zahlengeraden[1]
Цілі числа $\mathbb{Z}$ на числовій прямій[1]

Bemerkung: Die ganzen Zahlen $\mathbb{Z}$ sind abgeschlossen unter Addition, Subtraktion und Multiplikation:

Зауваження: цілі числа $\mathbb{Z}$ є замкненими відносно додавання, віднімання та множення:

$$n, m \in \mathbb{Z} \quad \Rightarrow \quad n+m \in \mathbb{Z} \quad \wedge \quad n-m \in \mathbb{Z} \quad \wedge \quad n\cdot m \in \mathbb{Z}$$

Die ganzen Zahlen $\mathbb{Z}$ sind jedoch nicht abgeschlossen unter Division.

Однак, цілі числа Z не є замкненими відносно ділення.

Die rationalen Zahlen
Раціональні числа

Unser Ziel ist es, alle Grundrechenarten (mit Ausnahme der Division durch 0) uneingeschränkt verwenden zu können. Hierzu erweitern wir die ganzen Zahlen $\mathbb{Z}$:

Наша мета — це можливість виконувати всі основні арифметичні операції (за винятком ділення на 0) без обмежень. Для цього ми розширюємо множину цілих чисел $\mathbb{Z}$:

Definition 1.21
Seien $n,m \in \mathbb{Z}$ mit $m \neq 0$. Die Menge aller Brüche[1] $\frac{n}{m}$ bezeichnen wir als rationale Zahlen[2] $\mathbb{Q}$:

Визначення 1.21
Нехай $n,m \in \mathbb{Z}$ з $m \neq 0$. Множину всіх дробів[1] $\frac{n}{m}$ називають раціональними числами[2] $\mathbb{Q}$:

$$\mathbb{Q} = \left\{ \frac{n}{m} \;\middle|\; n \in \mathbb{Z} \wedge m \in \mathbb{Z} \setminus \{0\} \right\}$$

Bemerkung: Die Darstellung $\frac{n}{m}$ ist nicht eindeutig. Zwei Brüche $\frac{n_1}{m_1}, \frac{n_2}{m_2} \in \mathbb{Q}$ sind gleich[1], falls gilt:

Зауваження: представлення $\frac{n}{m}$ не є однозначним. Два дроби $\frac{n_1}{m_1}, \frac{n_2}{m_2} \in \mathbb{Q}$ є рівними[1], якщо виконується таке:

$$\frac{n_1}{m_1} = \frac{n_2}{m_2} \quad \Leftrightarrow \quad n_1 \cdot m_2 = n_2 \cdot m_1$$

In diesem Fall bezeichnen $\frac{n_1}{m_1}$ und $\frac{n_2}{m_2}$ dieselbe rationale Zahl.

У цьому випадку $\frac{n_1}{m_1}$ і $\frac{n_2}{m_2}$ позначають те ж саме раціональне число.

Die ganzen Zahlen $n \in \mathbb{Z}$ können in die rationalen Zahlen eingebettet[1] werden, indem wir $n = \frac{n}{1}$ setzen. In diesem Sinne ist jede ganze Zahl auch eine rationale Zahl.

Цілі числа $n \in \mathbb{Z}$ можуть бути вкладені[1] в раціональні числа, шляхом представлення $n = \frac{n}{1}$. У цьому сенсі, кожне ціле число також є раціональним числом.

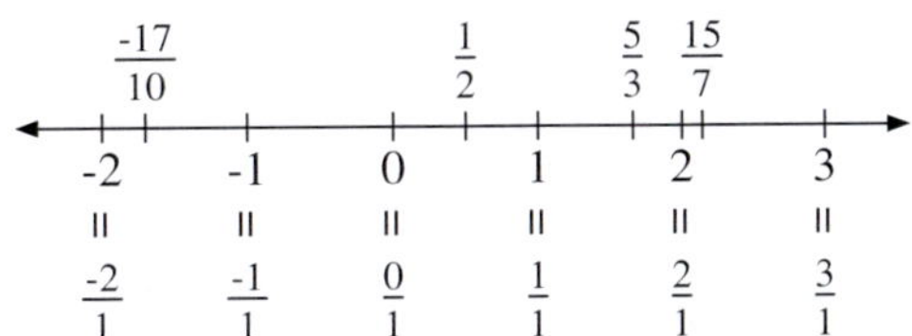

Abbildung / Рисунок 1.12
Einige rationale Zahlen auf der Zahlengeraden
Деякі раціональні числа на числовій прямій

Bemerkung: Die rationalen Zahlen $\mathbb{Q}$ sind abgeschlossen unter allen Grundrechenarten (mit Ausnahme der Division durch 0):

Зауваження: раціональні числа $\mathbb{Q}$ є замкненими відносно всіх основних арифметичних дій (за винятком ділення на 0):

$$x,y \in \mathbb{Q} \quad \Rightarrow \quad x+y \in \mathbb{Q} \quad \wedge \quad x-y \in \mathbb{Q} \quad \wedge \quad x \cdot y \in \mathbb{Q}$$
$$x \in \mathbb{Q} \wedge y \in \mathbb{Q} \setminus \{0\} \quad \Rightarrow \quad x : y \in \mathbb{Q}$$

Der folgende Satz liefert eine alternative Charakterisierung der rationalen Zahlen:

Наступна теорема надає альтернативну ознаку раціональних чисел:

Satz 1.22
Die rationalen Zahlen $\mathbb{Q}$ entsprechen den endlichen[1] oder periodischen[2] Dezimalzahlen[3].

Endliche Dezimalzahlen mit n Stellen[1] vor dem Dezimal-

Теорема 1.22
Раціональним числам $\mathbb{Q}$ відповідають скінченні[1] або періодичні[2] десяткові числа[3].

Скінченні десяткові числа з n цифрами $a_n \ldots a_2 a_1$ у позиці-

trennzeichen[2] $a_n...a_2a_1$ *und m Stellen nach dem Dezimaltrennzeichen* $b_1b_2...b_m$ *lassen sich in der folgenden Form darstellen. Dabei hat der Nenner des zweiten Bruches m Nullen:*

ях[1] *ліворуч від десяткового розділювача*[2] *та m цифрами* $b_1b_2...b_m$ *праворуч від десяткового розділювача можуть бути надані в наступній формі. При цьому знаменник другого дробу містить m нулів:*

$$\pm a_n...a_2a_1\,.\,b_1b_2...b_m = \pm\left(\frac{a_n...a_2a_1}{1} + \frac{b_1b_2...b_m}{1\underbrace{00...0}_{m}}\right)$$

Nun betrachten wir periodische Dezimalzahlen in ihrer allgemeinsten Form. Vor dem Dezimaltrennzeichen stehen n Stellen $a_n...a_2a_1$*. Nach dem Dezimaltrennzeichen folgen zunächst m Stellen* $b_1b_2...b_m$ *und danach eine Periode*[1] $\overline{c_1...c_k}$ *der Länge k. Diese Dezimalzahlen lassen sich in der folgenden Form darstellen:*

Далі ми розглядаємо періодичні десяткові числа в їх самому загальному вигляді. Ліворуч від десяткового розділювача стоять n цифр $a_n...a_2a_1$*. Праворуч від десяткового розділювача стоять спочатку m цифр* $b_1b_2...b_m$*, а потім k цифр* $\overline{c_1...c_k}$ *у періоді*[1]*. Такі десяткові числа можуть бути надані в наступній формі:*

$$\pm a_n...a_2a_1\,.\,b_1b_2...b_m\overline{c_1...c_k} = \pm\left(\frac{a_n...a_2a_1}{1} + \frac{b_1b_2...b_m}{1\underbrace{00...0}_{m}} + \frac{1}{1\underbrace{00...0}_{m}}\cdot\frac{c_1...c_k}{\underbrace{9...9}_{k}}\right)$$

In dieser Darstellung werden periodische Dezimalzahlen, die auf Periode 9 enden, gerundet[1] *(Beispiel:* $0.\overline{9} = \frac{9}{9} = 1$*). Hierdurch entsteht eine eindeutige*[2] *Zuordnung*[3] *zwischen den rationalen Zahlen* $\mathbb{Q}$ *und den endlichen oder periodischen Dezimalzahlen.*

У такому представленні періодичні десяткові числа, які завершуються періодом 9, округлюються[1] *(приклад:* $0.\overline{9} = \frac{9}{9} = 1$*). Внаслідок цього виникає однозначна*[2] *відповідність*[3] *між раціональними числами* $\mathbb{Q}$ *і скінченними або періодичними десятковими числами.*

Beispiel: **Приклад:**

$$\frac{3}{10} = 0.3 \qquad \text{endlich / скінченне}$$

$$\frac{1}{3} = \frac{3}{9} = 0.\overline{3} = 0.(3) \qquad \text{periodisch / періодичне}$$

$$\frac{6}{11} = \frac{54}{99} = 0.54545454... = 0.\overline{54} = 0.(54) \qquad \text{periodisch / періодичне}$$

$$\frac{-32}{15} = -\left(2 + \frac{1}{10} + \frac{1}{10}\cdot\frac{3}{9}\right) = -2.1333333... = -2.1\overline{3} = -2.1(3) \qquad \text{periodisch / періодичне}$$

Die reellen Zahlen
Дійсні числа

Definition 1.23 **Визначення 1.23**

Die Menge aller Dezimalzahlen bezeichnen wir als reelle Zahlen[1] $\mathbb{R}$.

Множину всіх десяткових чисел називають дійсними числами[1] $\mathbb{R}$.

Wie im Fall der rationalen Zahlen werden periodische Dezimalzahlen, die auf Periode 9 enden, gerundet.

Як у випадку раціональнимих чисел, періодичні десяткові числа, що закінчуються періодом 9, ми округляємо.

Die Menge $\mathbb{R}\setminus\mathbb{Q}$ *bezeichnen wir als irrationale Zahlen*[1]*. Sie besteht aus allen Dezimalzahlen, die weder endlich noch periodisch sind.*

Множину $\mathbb{R}\setminus\mathbb{Q}$ *називають ірраціональними числами*[1]*. Вона складається з усіх десяткових чисел, які не є скінченними або періодичними.*

Beispiel:
Die folgenden reellen Zahlen sind irrational:

Приклад:
Наступні дійсні числа є ірраціональними:

$$e = 2.718281828\ldots \quad \text{Eulersche Zahl / число Ейлера}$$
$$\pi = 3.141592653\ldots \quad \text{Kreiszahl / число } \pi$$
$$\sqrt{2} = 1.414213562\ldots$$

Notation: Die Menge der positiven reellen Zahlen[1] bezeichnen wir mit:

Примітка: множину додатних дійсних чисел[1] позначають так:

$$\mathbb{R}^+ = \{x \in \mathbb{R} \mid x > 0\}$$

Die Menge der positiven reellen Zahlen mit Null[1] bezeichnen wir mit:

Множину додатних дійсних чисел з нулем[1] позначають так:

$$\mathbb{R}_0^+ = \{x \in \mathbb{R} \mid x \geq 0\}$$

Bemerkung: Die reellen Zahlen $\mathbb{R}$ sind abgeschlossen unter allen Grundrechenarten (mit Ausnahme der Division durch 0). Zudem besitzen sie eine Eigenschaft, die die rationalen Zahlen $\mathbb{Q}$ nicht besitzen: Die reellen Zahlen sind vollständig[1]. Im Folgenden wird erklärt, was man darunter versteht.

Зауваження: дійсні числа $\mathbb{R}$ є замкненими відносно всіх основних арифметичних дій (за винятком ділення на 0). Додатково вони мають властивість, яка відсутня у раціональних чисел $\mathbb{Q}$: дійсні числа є повними[1]. Далі ми пояснюємо, що саме ми під цим розуміємо.

Definition 1.24
Sei $A \subseteq \mathbb{R}$ eine Teilmenge der reellen Zahlen.

Визначення 1.24
Нехай $A \subseteq \mathbb{R}$ - це підмножина дійсних чисел.

- *Eine Zahl $x \in \mathbb{R}$ heißt obere Schranke[1] von A, falls gilt:*

- *Число $x \in \mathbb{R}$ називають верхньою межею[1] A, якщо виконується таке:*

$$\forall y \in A : y \leq x$$

A x ℝ

In diesem Fall heißt A nach oben beschränkt[1].

У цьому випадку A називають обмеженою зверху[1].

- *Die kleinste[1] obere Schranke von A heißt Supremum[2]:*

- *Найменшу[1] верхню межу A називають супремумом[2]:*

$$\sup(A)$$

A sup(A) ℝ

- *Eine Zahl $x \in \mathbb{R}$ heißt untere Schranke[1] von A, falls gilt:*

- *Число $x \in \mathbb{R}$ називають нижньою межею[1] A, якщо виконується таке:*

$$\forall y \in A : y \geq x$$

x A ℝ

In diesem Fall heißt A nach unten beschränkt[1].

У цьому випадку A називають обмеженою знизу[1].

- *Die größte[1] untere Schranke von A heißt Infimum[2]:*

- *Найбільшу[1] нижню межу A називають інфімумом[2]:*

$$\inf(A)$$

inf(A) A ℝ

Satz 1.25 **Теорема 1.25**

Innerhalb der reellen Zahlen besitzt jede nach oben beschränkte Teilmenge A ein Supremum:

У множині дійсних чисел кожна обмежена зверху підмножина A має супремум:

$$(\exists x \in \mathbb{R}\ \forall y \in A : y \leq x) \quad \Rightarrow \quad \sup(A) \in \mathbb{R}$$

Ebenso besitzt jede nach unten beschränkte Teilmenge A ein Infimum:

Так само, кожна обмежена знизу підмножина A має інфімум:

$$(\exists x \in \mathbb{R}\ \forall y \in A : y \geq x) \quad \Rightarrow \quad \inf(A) \in \mathbb{R}$$

Diese Eigenschaft der reellen Zahlen bezeichnet man als Vollständigkeit[1]*.*

Цю властивість дійсних чисел називають повнотою[1]*.*

Beispiel: **Приклад:**

Wir betrachten die folgende Teilmenge der rationalen Zahlen:

Ми розглядаємо таку підмножину раціональних чисел:

$$A = \left\{ y \in \mathbb{Q} \mid y^2 < 2 \right\}$$

Die Menge A ist nach oben beschränkt (beispielsweise durch die obere Schranke $x = 10$). Aufgrund der Vollständigkeit der reellen Zahlen besitzt A somit ein Supremum. Es gilt:

Множина A є обмеженою зверху (наприклад, верхньою межею $x = 10$). Таким чином, внаслідок повноти дійсних чисел, A має супремум. Є вірним таке:

$$\sup(A) = \sqrt{2} \in \mathbb{R}$$

Die rationalen Zahlen sind nicht vollständig. In $\mathbb{Q}$ besitzt die Menge A zwar eine obere Schranke (beispielsweise $x = 10$). Allerdings ist das Supremum $\sup(A) = \sqrt{2} \notin \mathbb{Q}$ keine rationale Zahl.

Раціональні числа не є повними. В $\mathbb{Q}$ множина A дійсно має верхню межу (наприклад, $x = 10$). Проте супремум $\sup(A) = \sqrt{2} \notin \mathbb{Q}$ не є раціональним числом.

1.4 Elementare Funktionen
Елементарні функції

Der Betrag
Модуль

Der Betrag[1] einer reellen Zahl $x \in \mathbb{R}$ ist gegeben durch:

Модуль (абсолютне значення)[1] дійсного числа $x \in \mathbb{R}$ визначають так:

$$|x| = \begin{cases} x\ , & x \geq 0 \\ -x\ , & x < 0 \end{cases}$$

Satz 1.26 (Rechenregeln für den Betrag) **Теорема 1.26 (Правила обчислення модуля)**

Seien $x, y \in \mathbb{R}$. Dann gilt:

Нехай $x, y \in \mathbb{R}$. Тоді є вірним таке:

(i) $|-x| = |x|$

(ii) $-|x| \leq x \leq |x|$

(iii) $|x \cdot y| = |x| \cdot |y|$

Für $y \neq 0$ gilt:

Для $y \neq 0$ є вірним таке:

$$\text{(iv)} \qquad \left|\frac{x}{y}\right| = \frac{|x|}{|y|}$$

Dreiecksungleichung[1]*:*

Нерівність трикутника[1]*:*

$$\text{(v)} \qquad |x+y| \leq |x| + |y|$$

Umgekehrte Dreiecksungleichung[1]*:*

Обернена нерівність трикутника[1]*:*

$$\text{(vi)} \qquad |x-y| \geq |x| - |y|$$

Beispiel:
Wir rechnen die Dreiecksungleichung für $x = 1$ und $y = -2$ nach:

Приклад:
Ми обчислюємо нерівність трикутника для $x = 1$ і $y = -2$:

$$\begin{array}{ccc} \big|1+(-2)\big| & \leq & |1|+|-2| \\ \| & & \| \\ |-1| & & 1+2 \\ \| & & \| \\ 1 & & 3 \end{array}$$

Potenz, Wurzel und Logarithmus
Степінь, корінь і логарифм

Definition 1.27
Sei $n \in \mathbb{N}$. Wenn wir eine Zahl $x \in \mathbb{R}$ n-mal mit sich selbst multiplizieren[1]*, so erhalten wir die n-te Potenz*[2]*:*

Визначення 1.27
Нехай $n \in \mathbb{N}$. Якщо ми помножуємо[1] *число $x \in \mathbb{R}$ на себе n разів, то ми здобуваємо n-й степінь*[2]*:*

$$x^n = \underbrace{x \cdot x \cdot \ldots \cdot x}_{\substack{n\text{-mal} \\ n\text{-разів}}}$$

Dabei heißt x Basis[1] *und n Exponent*[2]*.*

Зокрема, x називають основою[1]*, а n - показником*[2]*.*

Die Potenz lässt sich auch für Exponenten $n \notin \mathbb{N}$ definieren. Dann ist aber nicht mehr jede Basis $x \in \mathbb{R}$ zulässig.

Степінь можна також визначити для показників $n \notin \mathbb{N}$. Але тоді не кожна основа $x \in \mathbb{R}$ є допустимою.

Für $x \in \mathbb{R} \setminus \{0\}$ lässt sich die Potenz auf ganzzahlige[1] *Exponenten $n \in \mathbb{Z}$ erweitern:*

Для $x \in \mathbb{R} \setminus \{0\}$ степінь може бути розширена до цілочисельних[1] *показників $n \in \mathbb{Z}$:*

$$x^{-n} = \frac{1}{x^n} \quad , \quad x^0 = 1$$

Für $x \in \mathbb{R}^+$ lässt sich die Potenz auf beliebige reelle Exponenten $r \in \mathbb{R}$ erweitern:

Для $x \in \mathbb{R}^+$ степінь може бути розширена до довільних дійсних показників $r \in \mathbb{R}$:

$$x^r$$

Für positive Exponenten $r \in \mathbb{R}^+$ definiert man zudem:

Для додатних показників $r \in \mathbb{R}^+$ визначають також:

$$0^r = 0$$

Bemerkung: Um die Potenz x^r für nichtganzzahlige[1] Exponenten $r \notin \mathbb{Z}$ zu berechnen, benötigt man in der Regel einen Taschenrechner[2] oder Computer[3].

Зауваження: щоб піднести до степеня x^r з нецілочисельним[1] показником $r \notin \mathbb{Z}$, як правило потрібен калькулятор[2] чи комп'ютер[3].

Beispiel:
Wir berechnen n-te Potenzen der Basis 2:

Приклад:
Ми підносимо до n-го степіня основу 2:

$$\begin{aligned}
2^{-3} &= \frac{1}{2\cdot 2\cdot 2} = \frac{1}{8}\\
2^{-2} &= \frac{1}{2\cdot 2} = \frac{1}{4}\\
2^{-1} &= \frac{1}{2}\\
2^{0} &= 1\\
2^{1} &= 2\\
2^{2} &= 2\cdot 2 = 4\\
2^{3} &= 2\cdot 2\cdot 2 = 8
\end{aligned}$$

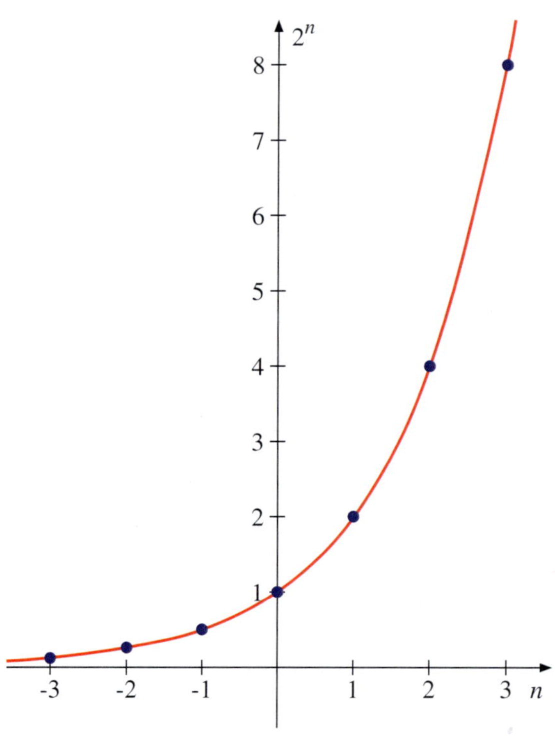

Abbildung / Рисунок 1.13
Die Potenzen 2^n für $n \in \mathbb{Z}$ (blau) und beliebige reelle Exponenten $n \in \mathbb{R}$ (rot)
Степені 2^n для $n \in \mathbb{Z}$ (синій колір) і довільних дійсних показників $n \in \mathbb{R}$ (червоний колір)

Satz 1.28 (Rechenregeln für die Potenz)
Seien $x, y \in \mathbb{R}^+$ und $r, s \in \mathbb{R}$. Dann gilt:

Теорема 1.28 (Правила обчислення степеня)
Нехай $x, y \in \mathbb{R}^+$ та $r, s \in \mathbb{R}$. Тоді виконується таке:

$$\text{(i)} \quad x^r \cdot x^s = x^{r+s}$$
$$\text{(ii)} \quad (x^r)^s = x^{r \cdot s} = (x^s)^r$$
$$\text{(iii)} \quad x^r \cdot y^r = (x \cdot y)^r$$

Diese Rechenregeln gelten auch im Fall $x, y \in \mathbb{R}$ und $r, s \in \mathbb{N}$ sowie im Fall $x, y \in \mathbb{R} \setminus \{0\}$ und $r, s \in \mathbb{Z}$ sowie im Fall $x, y \in \mathbb{R}_0^+$ und $r, s \in \mathbb{R}^+$.

Ці правила обчислення виконуються також у випадку $x, y \in \mathbb{R}$ та $r, s \in \mathbb{N}$, і так само у випадку $x, y \in \mathbb{R} \setminus \{0\}$ та $r, s \in \mathbb{Z}$, а ще у випадку $x, y \in \mathbb{R}_0^+$ та $r, s \in \mathbb{R}^+$.

Für alle $x, y \in \mathbb{R}$ gelten die Binomischen Formeln[1]:

Для всіх $x, y \in \mathbb{R}$ є вірними біноміальні формули[1]:

$$\text{(iv)} \quad (x+y)^2 = x^2 + 2xy + y^2$$
$$\text{(v)} \quad (x-y)^2 = x^2 - 2xy + y^2$$
$$\text{(vi)} \quad (x+y) \cdot (x-y) = x^2 - y^2$$

Definition 1.29
Seien $x \in \mathbb{R}_0^+$ und $r \in \mathbb{R}^+$. Dann definieren wir die r-te Wurzel[1] durch:

Визначення 1.29
Нехай $x \in \mathbb{R}_0^+$ та $r \in \mathbb{R}^+$. Тоді ми визначаємо r-й корінь[1] так:

$$\sqrt[r]{x} = x^{\frac{1}{r}}$$

Dabei heißt x Radikant[1] und r Wurzelexponent[2].

Зокрема, x називають підкореневим виразом[1], а r показником кореня[2].

Im Fall $r = 2$ verwenden wir für die Quadratwurzel[1] die folgende Kurzschreibweise:

У випадку квадратного кореня[1] з $r = 2$ застосовують наступне скорочене позначення:

$$\sqrt{x} = \sqrt[2]{x} = x^{\frac{1}{2}}$$

Bemerkung: Die r-te Wurzel ist die Umkehrfunktion[1] der r-ten Potenz. Seien $x, y \in \mathbb{R}_0^+$ und $r \in \mathbb{R}^+$. Dann gilt:

Зауваження: корінь з показником r є оберненою функцією[1] степеня r. Нехай $x, y \in \mathbb{R}_0^+$ та $r \in \mathbb{R}^+$. Тоді виконується таке:

$$y = x^r \quad \Rightarrow \quad \sqrt[r]{y} = y^{\frac{1}{r}} = (x^r)^{\frac{1}{r}} = x^{r \cdot \frac{1}{r}} = x^1 = x$$
$$x = \sqrt[r]{y} \quad \Rightarrow \quad x^r = (\sqrt[r]{y})^r = \left(y^{\frac{1}{r}}\right)^r = y^{\frac{1}{r} \cdot r} = y^1 = y$$

Satz 1.30 (Rechenregeln für die Wurzel)
Seien $x, y \in \mathbb{R}_0^+$ und $r, s \in \mathbb{R}^+$. Aus den Rechenregeln für die Potenz erhalten wir:

Теорема 1.30 (Правила обчислення кореня)
Нехай $x, y \in \mathbb{R}_0^+$ та $r, s \in \mathbb{R}^+$. З правил обчислення степеня ми отримуємо:

$$\begin{aligned}
&\text{(i)} && \sqrt[1]{x} = x^{\frac{1}{1}} = x \\
&\text{(ii)} && \sqrt[s]{x^r} = x^{\frac{r}{s}} \\
&\text{(iii)} && \sqrt[r]{x} \cdot \sqrt[s]{x} = x^{\frac{1}{r}} \cdot x^{\frac{1}{s}} = x^{\frac{1}{r}+\frac{1}{s}} = x^{\frac{r+s}{r \cdot s}} = \sqrt[r \cdot s]{x^{r+s}} \\
&\text{(iv)} && \sqrt[r]{\sqrt[s]{x}} = \sqrt[r]{x^{\frac{1}{s}}} = \left(x^{\frac{1}{s}}\right)^{\frac{1}{r}} = x^{\frac{1}{r \cdot s}} = \sqrt[r \cdot s]{x} \\
&\text{(v)} && \sqrt[r]{x} \cdot \sqrt[r]{y} = x^{\frac{1}{r}} \cdot y^{\frac{1}{r}} = (x \cdot y)^{\frac{1}{r}} = \sqrt[r]{x \cdot y}
\end{aligned}$$

Beispiel:
Wir verwenden die Rechenregeln für die Wurzel:

Приклад:
Ми застосовуємо правила обчислення кореня:

$$\sqrt{2.25^3} = 2.25^{\frac{3}{2}} = \left(\sqrt{2.25}\right)^3 = 1.5^3 = 3.375$$
$$\sqrt{4} \cdot \sqrt[3]{4} = \sqrt[2 \cdot 3]{4^{2+3}} = \sqrt[6]{4^5} = \sqrt[6]{1024} = 3.17480\ldots$$

Wenn wir die Gleichung $y = x^r$ nach x auflösen, so erhalten wir die r-te Wurzel $x = \sqrt[r]{y}$. Nun lösen wir diese Gleichung nach dem Exponenten r auf.

Коли ми розв'язуємо рівняння $y = x^r$ відносно x, ми отримуємо r-й корінь $x = \sqrt[r]{y}$. Далі ми розв'язуємо це рівняння відносно показника r.

Definition 1.31
Seien $x \in \mathbb{R}^+ \setminus \{1\}$ und $y \in \mathbb{R}^+$. Wenn wir die Gleichung $y = x^r$ nach dem Exponenten r auflösen, so erhalten wir den Logarithmus von y zur Basis x[1]:

Визначення 1.31
Нехай $x \in \mathbb{R}^+ \setminus \{1\}$ та $y \in \mathbb{R}^+$. Коли ми розв'язуємо рівняння $y = x^r$ відносно показника r, ми отримуємо логарифм числа y за основою x[1]:

$$r = \log_x(y)$$

Spezialfälle: Für $x = 10$ erhalten wir den dekadischen Logarithmus[1]:

Особливі випадки: для $x = 10$ ми отримуємо десятковий логарифм[1]:

$$\log(y) = \log_{10}(y)$$

Wenn wir als Basis die Eulersche Zahl[1] $x = \mathrm{e} = 2.718281828\ldots$ wählen, so erhalten wir den natürlichen Logarithmus[2]:

Коли ми беремо за основу число Ейлера[1] $x = \mathrm{e} = 2.718281828\ldots$, ми отримуємо натуральний логарифм[2]:

$$\ln(y) = \log_{\mathrm{e}}(y)$$

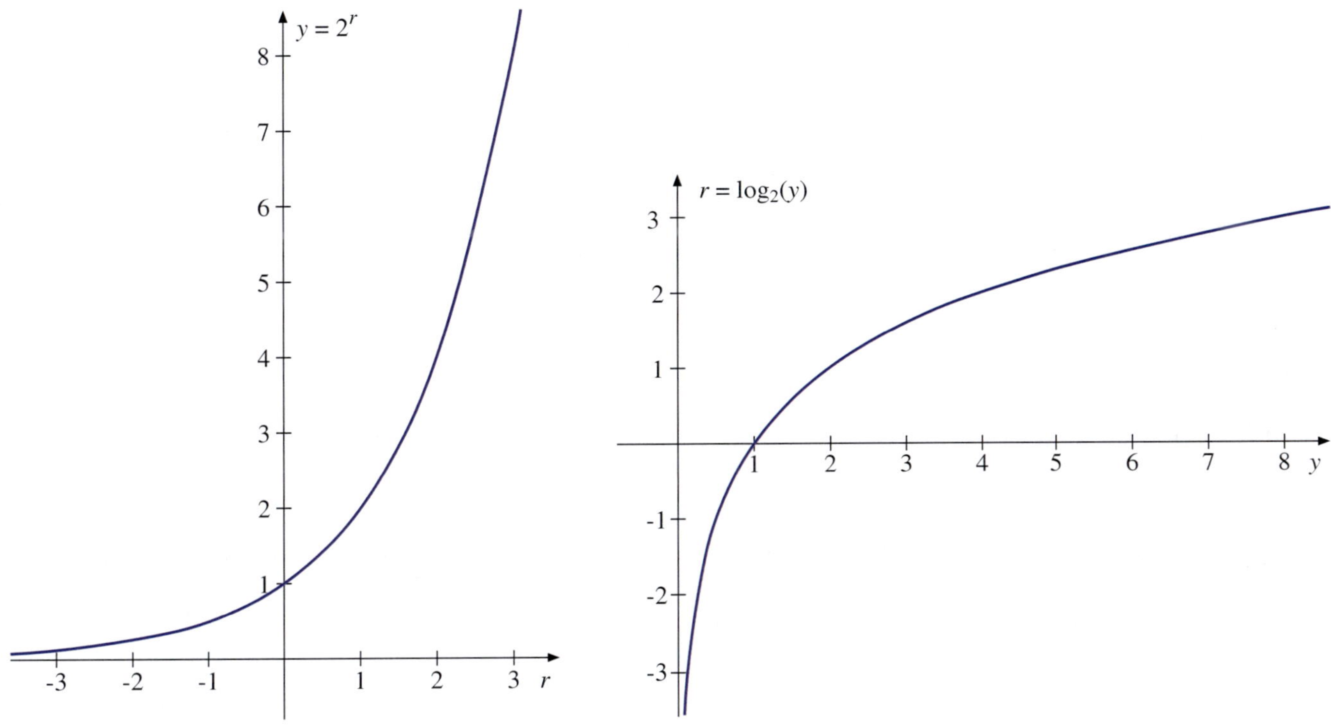

Abbildung / Рисунок 1.14
Der Logarithmus $r = \log_2(y)$ ist die Umkehrung der Potenz $y = 2^r$
Логарифм $r = \log_2(y)$ є оберненою функцією до показникової функції $y = 2^r$

Satz 1.32 (Rechenregeln für den Logarithmus)
Seien $x \in \mathbb{R}^+ \setminus \{1\}$ und $y, z \in \mathbb{R}^+$. Dann gilt:

Теорема 1.32 (Правила обчислення логарифма)
Нехай $x \in \mathbb{R}^+ \setminus \{1\}$ та $y, z \in \mathbb{R}^+$. Тоді виконується таке:

$$\begin{aligned} &\text{(i)} && x^{\log_x(y)} = y \\ &\text{(ii)} && \log_x(x) = 1 \\ &\text{(iii)} && \log_x(y \cdot z) = \log_x(y) + \log_x(z) \\ &\text{(iv)} && \log_x\left(\frac{y}{z}\right) = \log_x(y) - \log_x(z) \end{aligned}$$

Für alle $z \in \mathbb{R}$ gilt:

Для всіх $z \in \mathbb{R}$ виконується:

$$\text{(v)} \qquad \log_x(y^z) = z \cdot \log_x(y)$$

Spezialfall:

Особливий випадок:

$$\text{(vi)} \qquad \log_x(x^z) = z \cdot \log_x(x) = z \cdot 1 = z$$

Umrechnung auf eine andere Basis $z \in \mathbb{R}^+ \setminus \{1\}$:

Перехід до нової основи $z \in \mathbb{R}^+ \setminus \{1\}$:

$$\text{(vii)} \qquad \log_x(y) = \frac{\log_z(y)}{\log_z(x)} = \frac{\log(y)}{\log(x)} = \frac{\ln(y)}{\ln(x)}$$

Beispiel:
Wir verwenden die Rechenregeln für den Logarithmus:

Приклад:
Застосовуємо правила обчислення логарифма:

$$\log(35) - \log(3.5) = \log\left(\frac{35}{3.5}\right) = \log(10) = 1$$
$$\log_2(10) = \frac{\ln 10}{\ln 2} = \frac{2.302585...}{0.693147...} = 3.321928...$$

Trigonometrische Funktionen
Тригонометричні функції

Wir betrachten den Kreis[1] mit Radius[2] r aus Abbildung 1.15. Die trigonometrischen Funktionen[3] (oder Winkelfunktionen[4]) stellen eine Beziehung zwischen den Längen[5] a und b sowie dem Winkel[6] α her.

Ми розглядаємо коло[1] радіуса[2] r, як на рисунку 1.15. Тригонометричні функції[3] (або функції кута[4]) встановлюють зв'язок між довжинами[5] a і b та кутом[6] α.

Den Winkel α messen wir im Bogenmaß[1]. Man verwendet für das Bogenmaß die Einheit[2] Radiant[3] (Symbol: rad). Der Einfachheit halber lassen wir im Folgenden die Einheit weg. Ein voller Kreisumlauf[4] entspricht dem Winkel $\alpha = 2\pi$ rad $= 2\pi = 360°$.

Кут α вимірюють в довжинах дуги[1]. Для вимірювання довжини дуги використовують одиницю вимірювання[2] радіан[3] (позначення: rad). Задля спрощення, у подальшому ми опускаємо одиниці вимірювання. Повне обертання по колу[4] дорівнює куту $\alpha = 2\pi$ rad $= 2\pi = 360°$.

Bemerkung: Einige wichtige Formeln gelten nur im Bogenmaß. Beispielsweise gilt die Differentiations-Regel[1] $\frac{d}{dx}\sin(x) = \cos(x)$ nur im Bogenmaß. Im Gradmaß[2] ist sie falsch. Dort gilt $\frac{d}{dx}\sin(x) = \frac{\pi}{180}\cos(x)$.

Зауваження: деякі важливі формули є вірними лише в радіанах. Наприклад, правило диференціювання[1] $\frac{d}{dx}\sin(x) = \cos(x)$ є вірним лише в радіанах. У градусах[2] воно є хибним. Тоді є вірним $\frac{d}{dx}\sin(x) = \frac{\pi}{180}\cos(x)$.

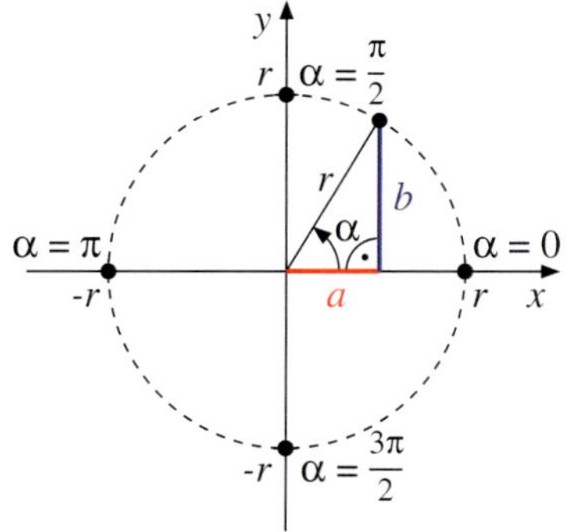

Abbildung / Рисунок 1.15
Längen a, b und Winkel α im Kreis mit Radius r
Довжини a, b та кут α в колі радіуса r

Definition 1.33

Seien die Längen a, b, r und der Winkel α wie in Abbildung 1.15 gegeben. Wir definieren:

Визначення 1.33

Нехай задано довжини a, b, r та кут α, як на рисунку 1.15. Ми визначаємо:

- *Sinus*[1] | *Синус*[1]

$$\sin(\alpha) = \frac{b}{r}$$

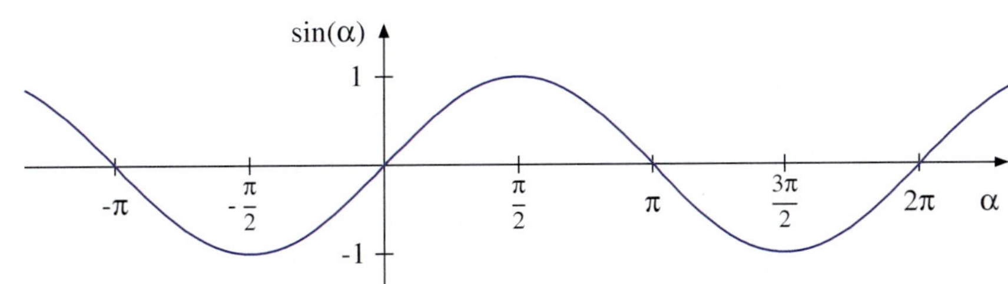

- *Cosinus*[1] | *Косинус*[1]

$$\cos(\alpha) = \frac{a}{r}$$

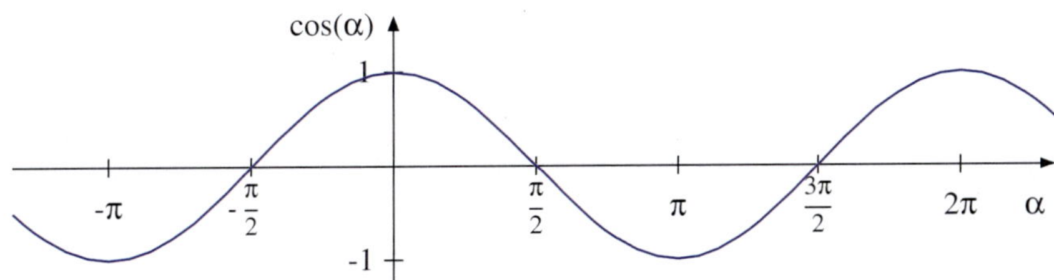

- *Tangens*[1] | *Тангенс*[1]

$$\tan(\alpha) = \frac{b}{a} = \frac{\sin(\alpha)}{\cos(\alpha)}$$

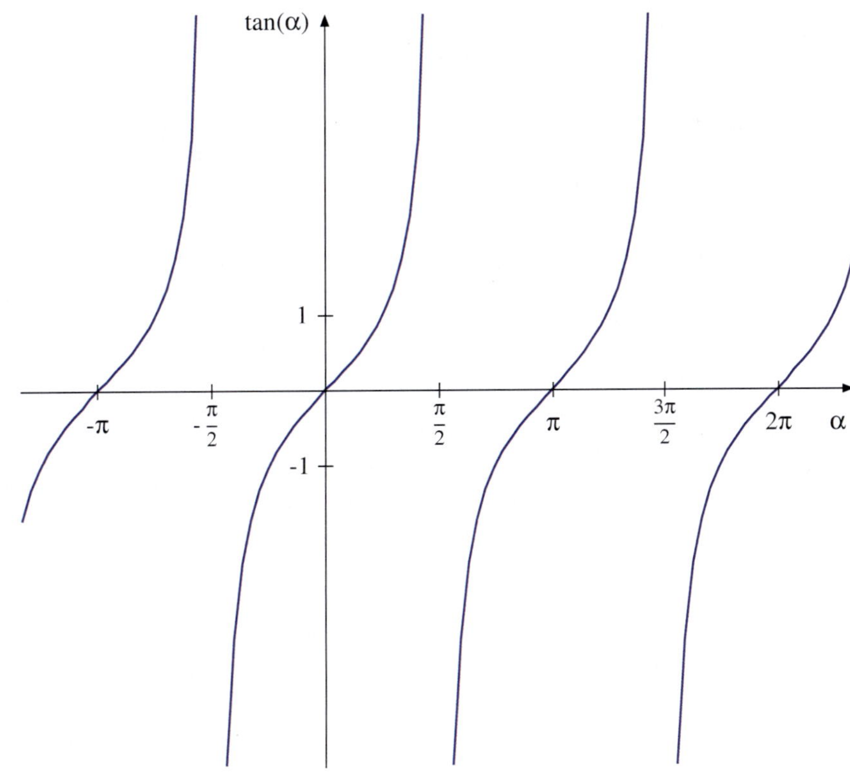

- *Cotangens*[1]

- *Котангенс*[1]

$$\cot(\alpha) = \frac{a}{b} = \frac{1}{\tan(\alpha)} = \frac{\cos(\alpha)}{\sin(\alpha)}$$

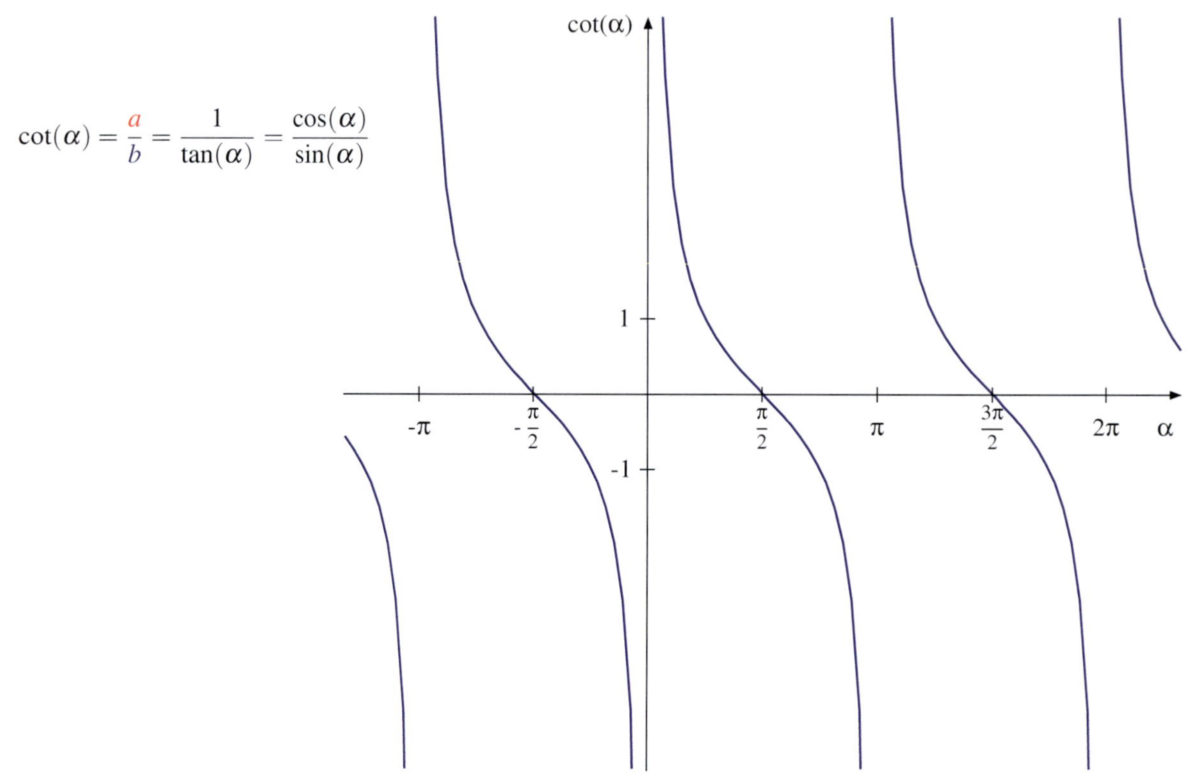

α	$-\frac{\pi}{2}$	$-\frac{\pi}{3}$	$-\frac{\pi}{4}$	$-\frac{\pi}{6}$	0	$\frac{\pi}{6}$	$\frac{\pi}{4}$	$\frac{\pi}{3}$	$\frac{\pi}{2}$	$\frac{2\pi}{3}$	$\frac{3\pi}{4}$	$\frac{5\pi}{6}$	π
$\sin(\alpha)$	-1	$-\frac{\sqrt{3}}{2}$	$-\frac{1}{\sqrt{2}}$	$-\frac{1}{2}$	0	$\frac{1}{2}$	$\frac{1}{\sqrt{2}}$	$\frac{\sqrt{3}}{2}$	1	$\frac{\sqrt{3}}{2}$	$\frac{1}{\sqrt{2}}$	$\frac{1}{2}$	0
$\cos(\alpha)$	0	$\frac{1}{2}$	$\frac{1}{\sqrt{2}}$	$\frac{\sqrt{3}}{2}$	1	$\frac{\sqrt{3}}{2}$	$\frac{1}{\sqrt{2}}$	$\frac{1}{2}$	0	$-\frac{1}{2}$	$-\frac{1}{\sqrt{2}}$	$-\frac{\sqrt{3}}{2}$	-1
$\tan(\alpha)$	–	$-\sqrt{3}$	-1	$-\frac{1}{\sqrt{3}}$	0	$\frac{1}{\sqrt{3}}$	1	$\sqrt{3}$	–	$-\sqrt{3}$	-1	$-\frac{1}{\sqrt{3}}$	0
$\cot(\alpha)$	0	$-\frac{1}{\sqrt{3}}$	-1	$-\sqrt{3}$	–	$\sqrt{3}$	1	$\frac{1}{\sqrt{3}}$	0	$-\frac{1}{\sqrt{3}}$	-1	$-\sqrt{3}$	–

Tabelle 1.1
Wichtige Werte[1] der trigonometrischen Funktionen
Важливі значення[1] тригонометричних функцій

Die folgenden Rechenregeln werden wir häufig benutzen. Weitere Rechenregeln für trigonometrische Funktionen kann man in jeder Formelsammlung[1] finden.

Надалі ми будемо часто використовувати наступні правила обчислення. Інші правила обчислення тригонометричних функцій можна знайти в кожному довіднику формул[1].

Satz 1.34 (Rechenregeln für trigonometrische Funktionen)
Aus dem Satz des Pythagoras[1] folgt:

Теорема 1.34 (Правила обчислення тригонометричних функцій)
З теореми Піфагора[1] випливає:

$$\sin^2(\alpha) + \cos^2(\alpha) = 1$$

Symmetrie[1]:

Симетрія[1]:

$$\sin(-\alpha) = -\sin(\alpha)$$
$$\cos(-\alpha) = \cos(\alpha)$$

Periodizität[1]*:*

Періодичність[1]*:*

$$\sin(\alpha + 2\pi) = \sin(\alpha)$$
$$\cos(\alpha + 2\pi) = \cos(\alpha)$$

Additionstheoreme[1]*:*

Формули суми аргументів[1]*:*

$$\sin(\alpha+\beta) = \sin(\alpha)\cos(\beta) + \cos(\alpha)\sin(\beta)$$
$$\sin(\alpha-\beta) = \sin(\alpha)\cos(\beta) - \cos(\alpha)\sin(\beta)$$
$$\cos(\alpha+\beta) = \cos(\alpha)\cos(\beta) - \sin(\alpha)\sin(\beta)$$
$$\cos(\alpha-\beta) = \cos(\alpha)\cos(\beta) + \sin(\alpha)\sin(\beta)$$

Beispiel:
Wir benutzen die Periodizität und Symmetrie des Sinus, um seinen Wert an einer Stelle zu berechnen, die nicht in Tabelle 1.1 steht:

Приклад:
Ми користуємось періодичністю та симетрією синуса, щоб обчислити його значення в куті, якого нема в таблиці 1.1:

$$\sin\left(\frac{7\pi}{6}\right) = \sin\left(\frac{7\pi}{6} - 2\pi\right) = \sin\left(-\frac{5\pi}{6}\right) = -\sin\left(\frac{5\pi}{6}\right) = -\frac{1}{2}$$

Als Nächstes betrachten wir die Umkehrfunktionen[1] der trigonometrischen Funktionen. Hierbei tritt das Problem auf, dass die trigonometrischen Funktionen aufgrund der Periodizität jeden ihrer Funktionswerte[2] unendlich[3] oft annehmen. Beispielsweise gilt $\sin(\alpha) = 0$ für unendlich viele Winkel $\alpha \in \{\pi k \mid k \in \mathbb{Z}\} = \{..., -3\pi, -2\pi, -\pi, 0, \pi, 2\pi, 3\pi, ...\}$. Um Umkehrfunktionen definieren zu können, müssen wir daher den Bereich[4] der erlaubten Winkel α so einschränken[5], dass jeder Funktionswert nur einmal angenommen wird. Für den Sinus ist das der Bereich $-\frac{\pi}{2} \leq \alpha \leq \frac{\pi}{2}$.

Далі ми розглядаємо обернені функції[1] до тригонометричних фінкцій. Тут виникає така проблема, що внаслідок періодичності тригонометричні функції приймають кожне своє значення[2] нескінченно[3] багато разів. Таким прикладом є значення $\sin(\alpha) = 0$ для нескінченно багатьох кутів $\alpha \in \{\pi k \mid k \in \mathbb{Z}\} = \{..., -3\pi, -2\pi, -\pi, 0, \pi, 2\pi, 3\pi, ...\}$. Для того, щоб мати можливість визначити обернені функції, ми повинні обмежити[5] діапазон[4] допустимих кутів α так, щоб кожне значення функції приймалося тільки один раз. Для синусоїди це діапазон $-\frac{\pi}{2} \leq \alpha \leq \frac{\pi}{2}$.

Definition 1.35
Seien die Längen a, b, r und der Winkel α wie in Abbildung 1.15 gegeben. Die Umkehrfunktionen der trigonometrischen Funktionen liefern Winkel im folgenden Bereich:

Визначення 1.35
Нехай надані довжини a, b, r та кут α, як на рисунку 1.15. Обернені тригонометричні фінкції визначають кути в наступному діапазоні:

- *Arcussinus*[1]

- *Арксинус*[1]

$$\alpha = \arcsin\left(\frac{b}{r}\right) \quad , \quad -\frac{\pi}{2} \leq \alpha \leq \frac{\pi}{2}$$

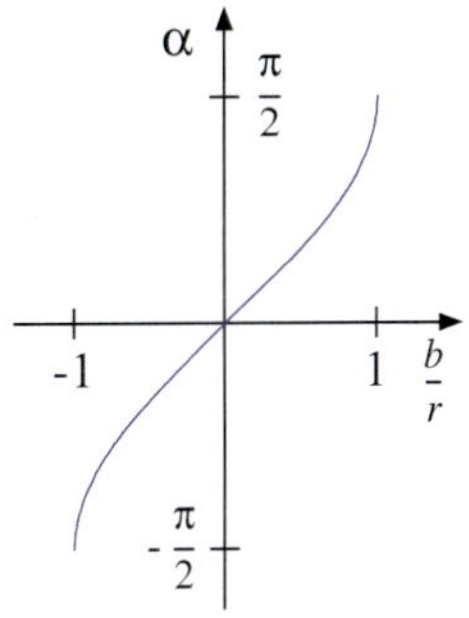

- *Arcuscosinus*[1]

- *Арккосинус*[1]

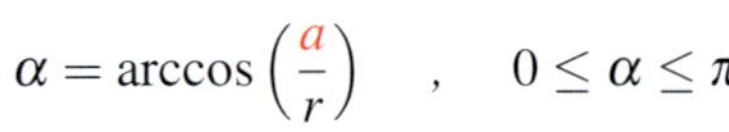

$$\alpha = \arccos\left(\frac{a}{r}\right) \quad , \quad 0 \leq \alpha \leq \pi$$

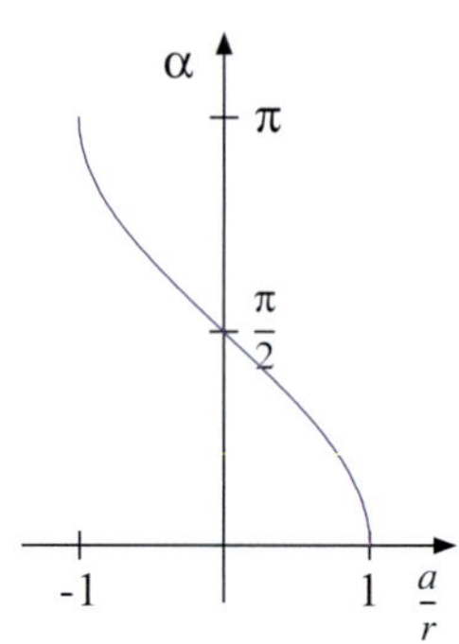

- *Arcustangens*[1]
- *Арктангенс*[1]

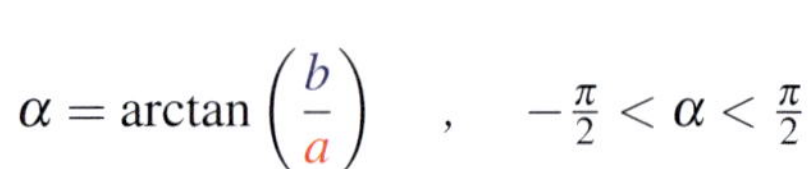

$$\alpha = \arctan\left(\frac{b}{a}\right) \quad , \quad -\frac{\pi}{2} < \alpha < \frac{\pi}{2}$$

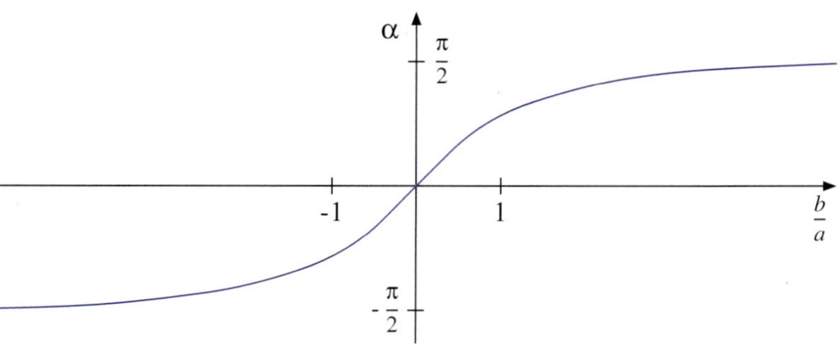

- *Arcuscotangens*[1]
- *Арккотангенс*[1]

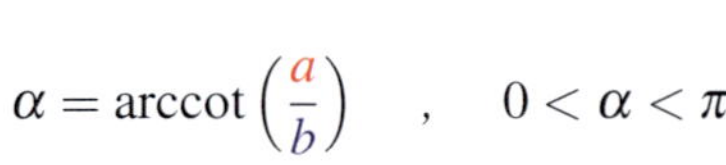

$$\alpha = \operatorname{arccot}\left(\frac{a}{b}\right) \quad , \quad 0 < \alpha < \pi$$

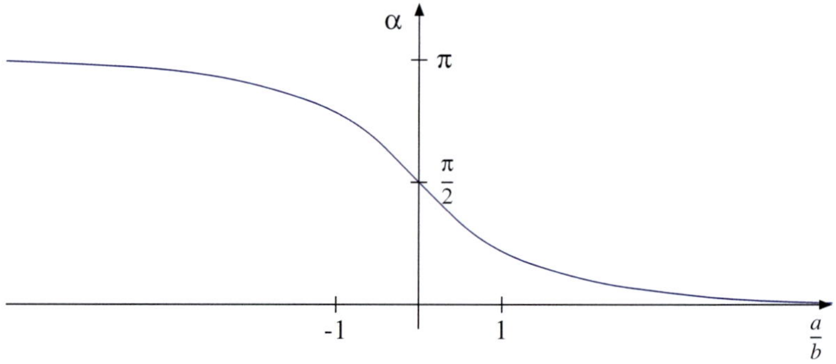

Bemerkung: In Tabelle 1.1 ist der Bereich, in dem die Winkel α der Umkehrfunktionen liegen, blau markiert.

Зауваження: в таблиці 1.1 діапазони, у яких лежать кути α обернених функцій, позначені синім кольором.

Beispiel:
Wir berechnen $\arcsin\left(-\frac{1}{2}\right)$ mit Hilfe von Tabelle 1.1. Hierzu suchen wir in der Zeile $\sin(\alpha)$ den blau markierten Funktionswert $-\frac{1}{2}$ und lesen den zugehörigen Winkel $\alpha = -\frac{\pi}{6}$ ab. Somit gilt:

Приклад:
Ми обчислюємо $\arcsin\left(-\frac{1}{2}\right)$ за допомогою таблиці 1.1. Для цього ми шукаємо у рядку $\sin(\alpha)$ значення функції $-\frac{1}{2}$, яке позначене синім кольором і зчитуємо відповідний кут $\alpha = -\frac{\pi}{6}$. Тобто, маємо:

$$\arcsin\left(-\frac{1}{2}\right) = -\frac{\pi}{6}$$

Summen und Produkte
Суми і добутки

In Anwendungen kommt es oft vor, dass die Summe oder das Produkt von vielen Zahlen x_i berechnet werden muss. Hierzu führen wir die folgende Notation ein:

У застосуваннях часто виникає необхідність обчислити суму або добуток багатьох чисел x_i. Для цього ми запроваджуємо наступні позначення:

Definition 1.36

Seien $m,n \in \mathbb{Z}$ mit $m \leq n$. m bezeichnen wir im Folgenden als untere Grenze[1] und n als obere Grenze[2]. Zu jedem Index[3] $i \in \{m,m+1,...,n-1,n\}$ sei eine Zahl $x_i \in \mathbb{R}$ gegeben.

Die Summe[1] der Zahlen $x_m,x_{m+1},...,x_{n-1},x_n$ schreiben wir mit Hilfe des Summenzeichens[2]:

Визначення 1.36

Нехай $m,n \in \mathbb{Z}$ з $m \leq n$. Надалі ми називаємо m нижньою межею[1], а n верхньою межею[2]. Кожному індексу[3] $i \in \{m,m+1,...,n-1,n\}$ надається число $x_i \in \mathbb{R}$.

Суму[1] чисел $x_m,x_{m+1},...,x_{n-1},x_n$ ми записуємо за допомогою знаку суми[2]:

$$\sum_{i=m}^{n} x_i = x_m + x_{m+1} + \ldots + x_{n-1} + x_n$$

Das Produkt[1] der Zahlen $x_m,x_{m+1},...,x_{n-1},x_n$ schreiben wir mit Hilfe des Produktzeichens[2]:

Добуток[1] чисел $x_m,x_{m+1},...,x_{n-1},x_n$ ми записуємо за допомогою знаку добутку[2]:

$$\prod_{i=m}^{n} x_i = x_m \cdot x_{m+1} \cdot \ldots \cdot x_{n-1} \cdot x_n$$

Für den Fall $m > n$ (das heißt: die untere Grenze ist größer als die obere Grenze) definieren wir die leere Summe[1] und das leere Produkt[2]:

У випадку $m > n$ (це означає: нижня межа є більшою за верхню межу) ми визначаємо порожню суму[1] і порожній добуток [2]:

$$\sum_{i=m}^{n} x_i = 0$$

$$\prod_{i=m}^{n} x_i = 1$$

Beispiel:

Приклад:

$$\sum_{i=-3}^{2} x_i = x_{-3} + x_{-2} + x_{-1} + x_0 + x_1 + x_2$$

$$\sum_{i=4}^{4} x_i = x_4$$

$$\sum_{i=3}^{2} x_i = 0$$

Beispiel:

Wir schreiben den arithmetischen Mittelwert[1] von $x_1,x_2,...,x_{n-1},x_n \in \mathbb{R}$ mit Hilfe des Summenzeichens:

Приклад:

Ми записуємо арифметичне середнє[1] для $x_1,x_2,...,x_{n-1},x_n \in \mathbb{R}$ за допомогою знаку суми так:

$$\bar{x} = \frac{1}{n}\sum_{i=1}^{n} x_i = \frac{1}{n}(x_1 + x_2 + \ldots + x_{n-1} + x_n)$$

Beispiel:

Für $n \in \mathbb{N}_0$ definieren wir die Fakultät[1] mit Hilfe des Produktzeichens:

Приклад:

Для $n \in \mathbb{N}_0$ ми визначаємо факторіал[1] за допомогою знаку добутку так:

$$n! = \prod_{i=1}^{n} i = \begin{cases} 1 \ , \ n=0 \\ 1 \cdot 2 \cdot \ldots \cdot (n-1) \cdot n \ , \ n>0 \end{cases}$$

Satz 1.37 (Rechenregeln für Summen)

Seien $m,n \in \mathbb{Z}$ mit $m \leq n$. Dann gilt:

Теорема 1.37 (Правила обчислення суми)

Нехай $m,n \in \mathbb{Z}$ з $m \leq n$. Тоді виконується таке:

$$\text{(i)} \quad \sum_{i=m}^{n} x = \underbrace{x + x + \ldots + x}_{\substack{(n-m+1)\text{-mal} \\ (n-m+1)\text{-разів}}} = (n-m+1) \cdot x$$

$$\text{(ii)} \quad \sum_{i=m}^{n} c \cdot x_i = c \cdot \sum_{i=m}^{n} x_i$$

$$\text{(iii)} \quad \sum_{i=m}^{n} (x_i + y_i) = \left(\sum_{i=m}^{n} x_i \right) + \left(\sum_{i=m}^{n} y_i \right)$$

$$\text{(iv)} \quad \sum_{i=m}^{n} (x_i - y_i) = \left(\sum_{i=m}^{n} x_i \right) - \left(\sum_{i=m}^{n} y_i \right)$$

Wir können die Summe an einem Zwischenindex[1] $k \in \mathbb{Z}$ mit $m \leq k < n$ aufteilen:

Ми можемо розділити суму на проміжному індексі[1] $k \in \mathbb{Z}$ з $m \leq k < n$:

$$\text{(v)} \quad \sum_{i=m}^{n} x_i = (x_m + \ldots + x_k) + (x_{k+1} + \ldots + x_n) = \left(\sum_{i=m}^{k} x_i \right) + \left(\sum_{i=k+1}^{n} x_i \right)$$

Indexverschiebung[1] um $k \in \mathbb{Z}$:

Зсув індексу[1] на $k \in \mathbb{Z}$ визначають так:

$$\text{(vi)} \quad \sum_{i=m}^{n} x_i = x_m + \ldots + x_n = x_{(m+k)-k} + \ldots + x_{(n+k)-k} = \sum_{i=m+k}^{n+k} x_{i-k}$$

Satz 1.38 (Rechenregeln für Produkte)

Seien $m,n \in \mathbb{Z}$ mit $m \leq n$. Dann gilt:

Теорема 1.38 (Правила обчислення добутку)

Нехай $m,n \in \mathbb{Z}$ з $m \leq n$. Тоді виконується таке:

$$\text{(i)} \quad \prod_{i=m}^{n} x = \underbrace{x \cdot x \cdot \ldots \cdot x}_{\substack{(n-m+1)\text{-mal} \\ (n-m+1)\text{-разів}}} = x^{n-m+1}$$

$$\text{(ii)} \quad \prod_{i=m}^{n} c \cdot x_i = c^{n-m+1} \cdot \prod_{i=m}^{n} x_i$$

$$\text{(iii)} \quad \prod_{i=m}^{n}(x_i \cdot y_i) = \left(\prod_{i=m}^{n} x_i\right) \cdot \left(\prod_{i=m}^{n} y_i\right)$$

$$\text{(iv)} \quad \prod_{i=m}^{n}\left(\frac{x_i}{y_i}\right) = \frac{\prod_{i=m}^{n} x_i}{\prod_{i=m}^{n} y_i}$$

Wir können das Produkt an einem Zwischenindex $k \in \mathbb{Z}$ mit $m \leq k < n$ aufteilen:

Ми можемо розділити добуток на проміжному індексі $k \in \mathbb{Z}$ з $m \leq k < n$:

$$\text{(v)} \quad \prod_{i=m}^{n} x_i = \left(\prod_{i=m}^{k} x_i\right) \cdot \left(\prod_{i=k+1}^{n} x_i\right)$$

Indexverschiebung um $k \in \mathbb{Z}$:

Зсув індексу на $k \in \mathbb{Z}$:

$$\text{(vi)} \quad \prod_{i=m}^{n} x_i = \prod_{i=m+k}^{n+k} x_{i-k}$$

Polynome
Поліноми

Definition 1.39

Ein Polynom[1] ist eine Funktion der folgenden Form:

Визначення 1.39

Поліномом або багаточленом[1] називають функцію наступної форми:

$$p(x) = \sum_{i=0}^{n} a_i x^i = a_n x^n + a_{n-1} x^{n-1} + \ldots + a_1 x + a_0$$

Die $a_i \in \mathbb{R}, i = 0, \ldots, n$ bezeichnen wir als Koeffizienten[1]. Falls $a_n \neq 0$, so hat das Polynom den Grad[2] n.

Позначення $a_i \in \mathbb{R}, i = 0, \ldots, n$ називають коефіцієнтами[1]. Якщо $a_n \neq 0$, то поліном має степінь[2] n.

Im Fall $n = 1$ erhalten wir eine lineare Funktion[1]. Geometrisch[2] beschreibt diese eine Gerade[3] mit Steigung[4] a_1 und Achsenabschnitt[5] a_0 bezüglich der vertikalen Achse:

У випадку $n = 1$ ми маємо лінійну функцію[1]. З геометричної[2] точки зору вона описує пряму[3] з нахилом[4] a_1 та точкою перетину[5] a_0 з вертикальною віссю:

$$p(x) = a_1 x + a_0$$

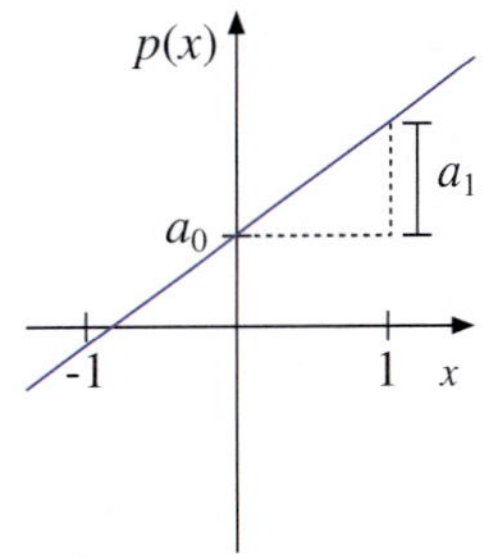

Im Fall $n = 2$ erhalten wir ein quadratisches[1] Polynom. Geometrisch beschreibt dieses eine Parabel[2]:

У випадку $n = 2$ ми маємо квадратичний[1] поліном. З геометричної точки зору він описує параболу[2]:

$$p(x) = a_2x^2 + a_1x + a_0$$

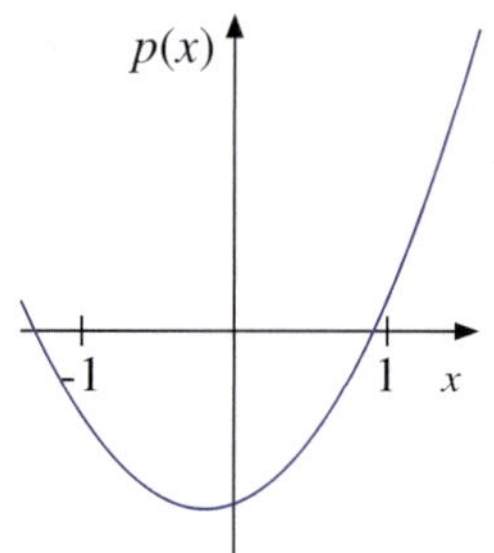

Für $a_2 > 0$ ist die Parabel nach oben geöffnet[1]. Für $a_2 < 0$ ist sie nach unten geöffnet[2]. Den Tiefpunkt[3] einer nach oben geöffneten Parabel (beziehungsweise den Hochpunkt[4] einer nach unten geöffneten Parabel) bezeichnen wir als Scheitelpunkt[5].

В разі $a_2 > 0$ парабола є відкритою вгору (опуклою)[1]. В разі $a_2 < 0$ вона є відкритою вниз (увігнутою)[2]. Найнижчу точку[3] відкритої вгору параболи (відповідно найвищу точку[4] відкритої вниз параболи) називають вершиною[5].

Satz 1.40

Seien $a, b, c \in \mathbb{R}$ und $a \neq 0$. Die a-b-c-Formel[1] (oder Mitternachtsformel[2]) liefert die Nullstellen[3] eines quadratischen Polynoms:

Теорема 1.40

Нехай $a, b, c \in \mathbb{R}$ та $a \neq 0$. Тоді a-b-c-формула[1] (або квадратична формула[2]) надає корені, або нулі[3] квадратичного полінома:

$$ax^2 + bx + c = 0$$

- *Falls die Diskriminante[1] $b^2 - 4ac > 0$ ist, erhalten wir zwei Nullstellen:*

- *Якщо дискримінант[1] $b^2 - 4ac > 0$, ми отримуємо два корені:*

$$x_{1/2} = \frac{-b \pm \sqrt{b^2 - 4ac}}{2a}$$

- *Falls die Diskriminante $b^2 - 4ac = 0$ ist, erhalten wir eine Nullstelle:*

- *Якщо дискримінант $b^2 - 4ac = 0$, ми отримуємо один корінь:*

$$x = -\frac{b}{2a}$$

- *Falls die Diskriminante $b^2 - 4ac < 0$ ist, gibt es keine reelle Nullstelle.*

- *Якщо дискримінант $b^2 - 4ac < 0$, дійсних коренів не існує.*

1.5 Warum sind mathematische Sätze wahr? Чому математичні теореми є вірними?

Um mathematische Resultate zu formulieren, verwendet man die folgenden elementaren Bausteine[1]:

Для формулювання математичних результатів використовують такі елементарні поняття[1]:

- Definition[1]

  In einer Definition werden mathematische Begriffe[1] präzise definiert.

- Визначення[1]

  Визначення дає точне означення математичних термінів[1].

- Satz[1]

  Mathematische Wahrheiten[1] werden als Satz (oder Theorem[2]) formuliert. Hilfsresultate bezeichnet man oft als Lemma[3] oder Proposition[4]. Sätze, die unmittelbar aus einem vorherigen Satz folgen, bezeichnet man als Korollar[5].

- Теорема[1]

  Математичні істини[1] формулюють у вигляді тверджень (або теорем[2]). Допоміжне твердження називають лемою[3] або висловлюванням[4]. Твердження, що неодмінно випливає з попередньої теореми, називають наслідком[5].

Jeder Satz hat die Form einer wahren Aussage[1]. Das einfachste Beispiel hierfür sind aussagenlogische Tautologien[2].

Кожна теорема має форму вірного висловлювання[1]. Найпростішим прикладом цього є тавтології в логіці висловлювань[2].

- Axiom[1]

  Um sinnvoll Mathematik zu betreiben, muss die Wahrheit einiger weniger grundlegender Sätze postuliert[1] werden. Darunter versteht man, dass ihre Wahrheit ohne Beweis angenommen wird. Diese Sätze bezeichnet man als Axiome.

- Аксіома[1]

  Щоб мати можливість займатися математикою змістовно, необхідно постулювати[1] вірність декількох базових тверджень. Це означає, припустити їх вірність без доведення. Такі твердження називають аксіомами.

- Beweis[1]

  Jeder Satz, der kein Axiom ist, muss bewiesen werden. Hierzu dürfen ausschließlich Definitionen, Axiome und bereits zuvor bewiesene Sätze verwendet werden.

  Formal werden in einem Beweis wahrheitserhaltende[1] logische Schlussregeln[2] verwendet, um aus bereits bekannten wahren Aussagen neue wahre Aussagen herzuleiten.

- Доведення[1]

  Кожне твердження, яке не є аксіомою, має бути доведено. При цьому, можна застосовувати виключно визначення, аксіоми та раніше доведені теореми.

  Формально, для отримання нових вірних тверджень з уже відомих вірних тверджень у доведенні застосовують логічні правила виведення[2], які зберігають істинність[1].

Wir werden Beweise oftmals nicht in diesem strengen mathematischen Sinne führen. Das ist Aufgabe der Mathematik. Stattdessen beschränken wir uns auf die wichtigsten Ideen, die einem Beweis zugrunde liegen.

Ми часто не будемо проводити доведення в такому строгому математичному розумінні. Це є завданням математики. Натомість ми обмежимося найважливішими ідеями, що становлять основу доведення.

Zusammenfassung: Jeder mathematische Satz ist wahr, weil er mit Hilfe von wahrheitserhaltenden logischen Schlussregeln aus wenigen Axiomen hergeleitet werden kann. Die Wahrheit dieser Axiome haben wir zuvor postuliert.

Підсумок: кожне математичне твердження є вірним, оскільки воно може бути виведено з декількох аксіом за допомогою логічних правил виведення, які зберігають істинність. Вірність цих аксіом ми постулюємо раніше.

Als Beispiel für ein mathematisches Axiomensystem[1] betrachten wir im Folgenden die Peano-Axiome[2]. Sie charakterisieren die Menge der natürlichen Zahlen[3] $\mathbb{N}$ und deren Eigenschaften. Ausgehend von diesen Axiomen kann man die gesamte Arithmetik[4] der natürlichen Zahlen herleiten.

У якості прикладу математичної системи аксіом[1] ми розглядаємо далі аксіоми Пеано[2]. Вони визначають множину натуральних чисел[3] $\mathbb{N}$ та їхні властивості. На підставі цих аксіом можна вивести всю арифметику[4] натуральних чисел.

Die Peano-Axiome
Аксіоми Пеано

Die Zahl 1 ist eine natürliche Zahl:

Число 1 є натуральним числом:

$$\text{(P1)} \qquad 1 \in \mathbb{N}$$

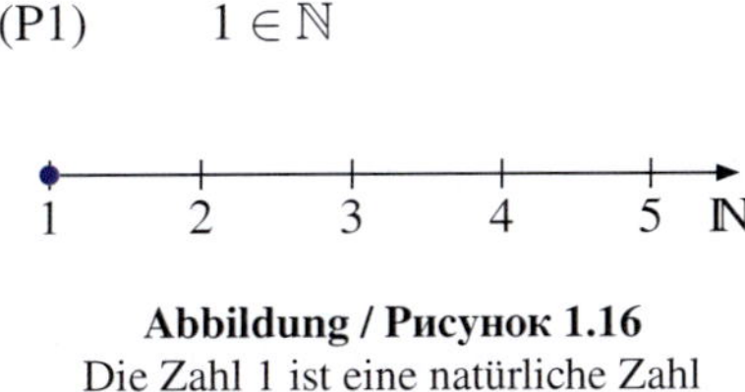

Abbildung / Рисунок 1.16
Die Zahl 1 ist eine natürliche Zahl
Число 1 є натуральним числом

Zu jeder gegebenen natürlichen Zahl n ist auch $(n+1)$ eine natürliche Zahl. Diese bezeichnet man als den Nachfolger[1] von n:

Для кожного наданого натурального числа n є вірним, що число $(n+1)$ також є натуральним. Його називають наступним[1] за числом n:

$$\text{(P2)} \qquad \forall n \in \mathbb{N}\colon (n+1) \in \mathbb{N}$$

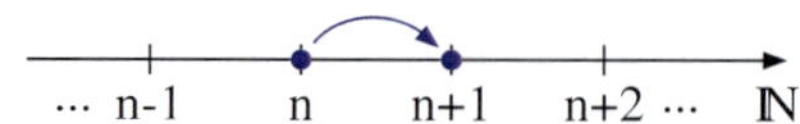

Abbildung / Рисунок 1.17
Zu jeder natürlichen Zahl n ist auch der Nachfolger $(n+1)$ eine natürliche Zahl
Для кожного натурального числа n є вірним, що наступне число $(n+1)$ є натуральним

Die Zahl 1 ist kein Nachfolger einer natürlichen Zahl:

Число 1 не є наступним для жодного натурального числа:

$$\text{(P3)} \qquad \forall n \in \mathbb{N}\colon (n+1) \neq 1$$

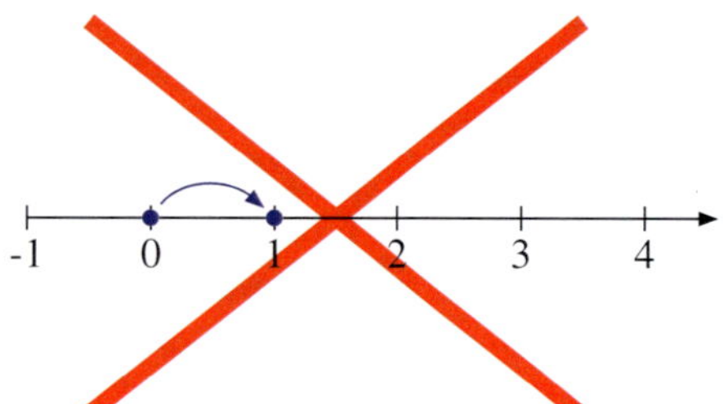

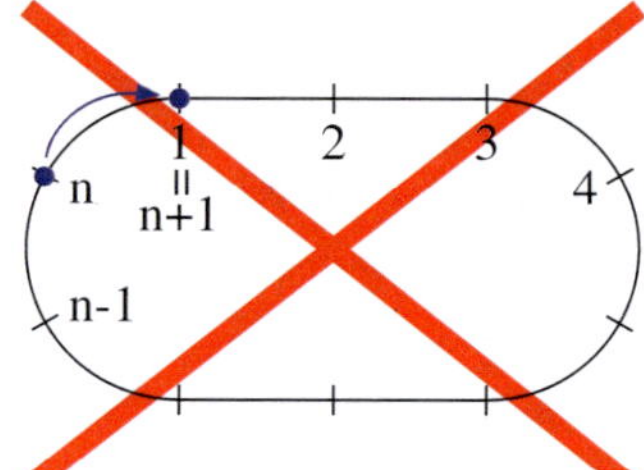

Abbildung / Рисунок 1.18
Das Axiom (P3) verhindert Zahlen < 1 und Zyklen[1] ab 1
Аксіома (P3) забороняє числа < 1 та цикли[1] від 1

Unterschiedliche[1] natürliche Zahlen haben unterschiedliche Nachfolger:

Різні[1] натуральні числа мають різні наступні числа:

$$\text{(P4)} \qquad \forall n \in \mathbb{N}\, \forall m \in \mathbb{N}\colon n \neq m \Rightarrow (n+1) \neq (m+1)$$

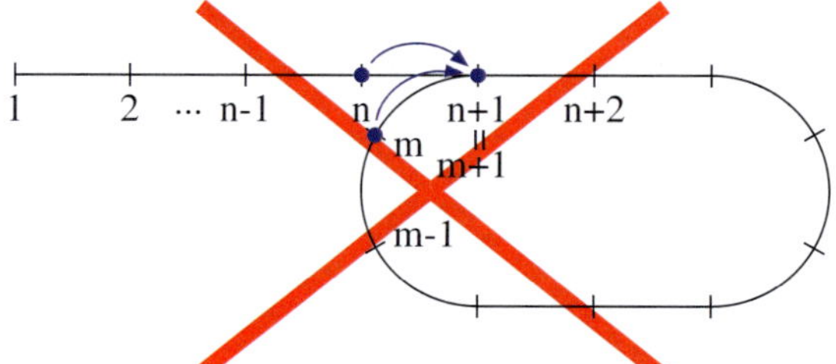

Abbildung / Рисунок 1.19
Das Axiom (P4) verhindert Zyklen ab $(n+1) > 1$
Аксіома (P4) забороняє цикли від $(n+1) > 1$

Die natürlichen Zahlen sind die kleinste[1] Menge, die die Axiome (P1) - (P4) erfüllt:

Натуральні числа є найменшою[1] множиною, яка задовольняє аксіомам (P1) - (P4):

$$\text{(P5)} \qquad \forall A \subseteq \mathbb{N}\colon \big[1 \in A \wedge (\forall n\colon (n \in A \Rightarrow (n+1) \in A))\big] \Rightarrow A = \mathbb{N}$$

Bemerkung: Das Axiom (P5) bezeichnet man als Vollständigkeitsaxiom[1]. Jede Teilmenge[2] $A \subseteq \mathbb{N}$ erfüllt automatisch die Axiome (P3) und (P4). Daher muss dieses Axiom nur gewährleisten, dass es keine echte Teilmenge[3] $A \subset \mathbb{N}$ gibt, die (P1) und (P2) erfüllt. Dies erreicht man durch die Forderung, dass jede Teilmenge $A \subseteq \mathbb{N}$, die (P1) und (P2) erfüllt, bereits gleich $\mathbb{N}$ ist.

Зауваження: аксіому (P5) називають аксіомою повноти[1]. Кожна підмножина[2] $A \subseteq \mathbb{N}$ автоматично задовольняє аксіомам (P3) і (P4). Тому ця аксіома повинна лише гарантувати, що не існує власної підмножини[3] $A \subset \mathbb{N}$, яка задовольняє (P1) і (P2). Це досягається вимогою, що кожна підмножина $A \subseteq \mathbb{N}$, яка задовольняє (P1) і (P2), збігається з $\mathbb{N}$.

Nachdem wir die Peano-Axiome als Beispiel für ein Axiomensystem kennengelernt haben, betrachten wir im Folgenden ein Beispiel für einen Satz. Ein grundlegender Satz über natürliche Zahlen ist die Gaußsche Summenformel[1]:

Після того, як на прикладі аксіом Пеано ми ознайомились з системою аксіом, ми розглядаємо нижче приклад теореми. Базовою теоремою натуральних чисел є формула трикутного числа[1]:

Satz 1.41 (Gaußsche Summenformel)
Sei $n \in \mathbb{N}$. Dann gilt:

Теорема 1.41 (Формула трикутного числа)
Нехай $n \in \mathbb{N}$. Тоді є вірним таке:

$$\sum_{i=1}^{n} i = \frac{n \cdot (n+1)}{2}$$

Sätze bestehen in der Regel aus einer Voraussetzung[1] und einer Behauptung[2]. Vor der Voraussetzung steht oft die Formulierung "Sei[3]" oder "Seien[3]". Vor der Behauptung steht oft die Formulierung "Dann gilt[4]".

Як правило, теореми складаються з передумови[1] і твердження[2]. Передумову зазвичай починають зі слова "Нехай[3]". Перед твердженням часто стоїть "Тоді виконується таке[4]".

In Satz 1.41 lautet die Voraussetzung "$n \in \mathbb{N}$". Die Behauptung lautet "$\sum_{i=1}^{n} i = \frac{n \cdot (n+1)}{2}$".

У теоремі 1.41 передумовою є "$n \in \mathbb{N}$", а твердженням є "$\sum_{i=1}^{n} i = \frac{n \cdot (n+1)}{2}$".

Will man einen Satz anwenden, muss zuerst die Voraussetzung überprüft werden. Erst dann gilt die Behauptung.

Перш ніж застосовувати теорему, потрібно перевірити передумову. Лише тоді твердження є вірним.

Beispiel:
Wir verwenden Satz 1.41, um die Summe[1] der natürlichen Zahlen von 1 bis $n = 100$ zu berechnen. Wegen $n = 100 \in \mathbb{N}$ ist die Voraussetzung von Satz 1.41 erfüllt. Mit Hilfe der Behauptung erhalten wir:

Приклад:
Ми використовуємо теорему 1.41 для обчислення суми[1] натуральних чисел від 1 до $n = 100$. Завдяки тому, що $n = 100 \in \mathbb{N}$, передумова теореми 1.41 задовольняється. За допомогою твердження ми отримуємо:

$$1 + 2 + \ldots + 99 + 100 = \sum_{i=1}^{100} i = \frac{100 \cdot (100+1)}{2} = 5050$$

Nun wollen wir Satz 1.41 beweisen. Für jedes $n \in \mathbb{N}$ können wir die Behauptung nachrechnen[1]. Zum Beispiel gilt für $n = 3$:

Тепер ми хочемо довести теорему 1.41. Для кожного $n \in \mathbb{N}$ ми можемо твердження теореми обчислити[1]. Наприклад, для $n = 3$ є вірним таке:

$$\sum_{i=1}^{3} i = 1 + 2 + 3 = 6 = \frac{12}{2} = \frac{3 \cdot (3+1)}{2} \qquad \checkmark$$

Um die Behauptung für alle natürlichen Zahlen $n \in \mathbb{N}$ zu beweisen, müssten wir allerdings unendlich[1] viele Fälle nachrechnen. Damit wäre der Beweis unendlich lang.

Але, щоб довести твердження для всіх натуральних чисел $n \in \mathbb{N}$, ми повинні обчислити нескінченно[1] багато випадків. Тоді доведення буде нескінченно довгим.

Im Folgenden behandeln wir das Beweisprinzip[1] der vollständigen Induktion[2]. Damit können wir einen Beweis endlicher Länge für Satz 1.41 angeben.

Далі ми розглядаємо принцип доведення[1] повною індукцією[2]. Це надає нам змогу навести скінченне доведення теореми 1.41.

Das Beweisprinzip der vollständigen Induktion
Принцип доведення повною індукцією

Sei $A(n)$ eine Aussage[1], die von $n \in \mathbb{N}$ abhängt. Es gelte:

Нехай $A(n)$ це висловлювання[1], яке залежить від $n \in \mathbb{N}$. Виконують такі кроки:

- Induktionsanfang[1]: Für $n = 1$ ist die Aussage $A(1)$ wahr[2].

- База індукції[1]: для $n = 1$ висловлювання $A(1)$ є вірним[2].

$$\text{(i)} \qquad A(1)$$

- Induktionsschritt[1]: Wenn die Aussage $A(n)$ für ein $n \in \mathbb{N}$ wahr ist, dann ist sie auch für $n+1$ wahr.

- Крок індукції[1]: якщо висловлювання $A(n)$ є вірним для $n \in \mathbb{N}$, тоді воно є вірним і для $n+1$.

$$\text{(ii)} \qquad \forall n \in \mathbb{N}\colon \big(A(n) \Rightarrow A(n+1)\big)$$

Wir wollen beweisen, dass $A(n)$ dann für alle $n \in \mathbb{N}$ wahr ist:

Ми хочемо довести, що $A(n)$ є вірним для всіх $n \in \mathbb{N}$:

$$\forall n \in \mathbb{N}\colon A(n)$$

Sei A die Menge aller $n \in \mathbb{N}$, für die die Aussage $A(n)$ wahr ist:

Нехай A - це множина всіх $n \in \mathbb{N}$, для яких висловлювання $A(n)$ є вірним:

$$A = \{n \in \mathbb{N} \mid A(n)\}$$

Aufgrund des Induktionsanfangs (i) gilt:

Внаслідок бази індукції (i) є вірним таке:

$$1 \in A$$

Aufgrund des Induktionsschritts (ii) gilt:

Внаслідок кроку індукції (ii) є вірним таке:

$$\forall n \in \mathbb{N}\colon \big(n \in A \Rightarrow (n+1) \in A\big)$$

Nach dem Vollständigkeitsaxiom[1] (P5) der natürlichen Zahlen folgt aus diesen beiden Bedingungen, dass $A = \mathbb{N}$ ist. Damit gilt:

Згідно з аксіомою повноти[1] (P5) для натуральних чисел з обох умов випливає, що $A = \mathbb{N}$. Тобто є вірним таке:

$$\forall n \in \mathbb{N}\colon A(n)$$

Somit ist die Aussage $A(n)$ für alle natürlichen Zahlen $n \in \mathbb{N}$ wahr.

Таким чином, висловлювання $A(n)$ є вірним для всіх натуральних чисел $n \in \mathbb{N}$.

Abbildung 1.20 veranschaulicht das Beweisprinzip der vollständigen Induktion: Aufgrund des Induktionsanfangs ist die Aussage $A(1)$ wahr. Mit Hilfe eines Induktionsschritts (für $n = 1$) folgt aus $A(1)$, dass auch $A(2)$ wahr ist. Mit Hilfe eines weiteren Induktionsschritts (für $n = 2$) folgt aus $A(2)$, dass auch $A(3)$ wahr ist. Der Reihe nach erreicht man so jedes $n \in \mathbb{N}$ und beweist, dass $A(n)$ wahr ist.

Рисунок 1.20 пояснює принцип доведення повною індукцією: внаслідок бази індукції висловлювання $A(1)$ є вірним. За допомогою кроку індукції (для $n = 1$) з $A(1)$ випливає, що $A(2)$ також є вірним. За допомогою наступного кроку індукції (для $n = 2$) з $A(2)$ випливає, що $A(3)$ також є вірним. Один за одним ми досягаємо кожного $n \in \mathbb{N}$ і доводимо, що $A(n)$ є вірним.

Abbildung / Рисунок 1.20
Induktionsanfang (rot) und Induktionsschritte (blau)
База індукції (червоний колір) і крок індукції (синій колір)

Im Folgenden wollen wir Satz 1.41 mit Hilfe des Beweisprinzips der vollständigen Induktion beweisen:

Далі ми хочемо довести теорему 1.41 за допомогою принципу повної індукції:

Beweis (von Satz 1.41):
Wir verwenden das Beweisprinzip der vollständigen Induktion, um die folgende Aussage für alle $n \in \mathbb{N}$ zu beweisen:

Доведення (теореми 1.41):
Ми застосовуємо принцип доведення повною індукцією, щоб для всіх $n \in \mathbb{N}$ довести наступне твердження:

$$\sum_{i=1}^{n} i = \frac{n \cdot (n+1)}{2}$$

- Induktionsanfang ($n = 1$):

- База індукції ($n = 1$):

$$\sum_{i=1}^{1} i = 1 = \frac{2}{2} = \frac{1 \cdot (1+1)}{2} \qquad \checkmark$$

- Induktionsschritt ($n \to n+1$):

  Wir setzen voraus, dass die zu beweisende Aussage für ein gegebenes[1] $n \in \mathbb{N}$ wahr ist. Dies bezeichnet man als Induktionsvoraussetzung[2]:

- Крок індукції ($n \to n+1$):

  Ми припускаємо, що твердження є вірним для заданого[1] $n \in \mathbb{N}$. Це називають передумовою індукції[2]:

$$\sum_{i=1}^{n} i = \frac{n \cdot (n+1)}{2} \qquad (*)$$

Die Induktionsvoraussetzung $(*)$ dürfen wir verwenden, um die Aussage für $n+1$ zu beweisen:

Передумову індукції $(*)$ ми можемо застосувати, щоби довести твердження для $n+1$:

$$\begin{aligned} \sum_{i=1}^{n+1} i &= \sum_{i=1}^{n} i + \sum_{i=n+1}^{n+1} i \\ &= \sum_{i=1}^{n} i + (n+1) \end{aligned}$$

Wir verwenden die Induktionsvoraussetzung $(*)$ und ersetzen $\sum_{i=1}^{n} i$ durch $\frac{n\cdot(n+1)}{2}$:

Ми застосовуємо передумову індукції $(*)$ і змінюємо $\sum_{i=1}^{n} i$ на $\frac{n\cdot(n+1)}{2}$:

$$\underset{(*)}{=} \frac{n \cdot (n+1)}{2} + (n+1)$$

Nun bringen wir alles auf einen Nenner[1]:

Тепер зводимо все до спільного знаменника[1]:

$$= \frac{n \cdot (n+1) + 2(n+1)}{2}$$

Ausklammern[1] des gemeinsamen Faktors[2] $(n+1)$:

Виносимо за дужки[1] спільний множник[2] $(n+1)$:

$$= \frac{(n+1) \cdot (n+2)}{2}$$

$$= \frac{(n+1)\cdot((n+1)+1)}{2} \qquad \checkmark$$

Wir haben den Induktionsanfang ($n = 1$) und den Induktionsschritt ($n \to n+1$) bewiesen. Nach dem Beweisprinzip der vollständigen Induktion ist die Aussage somit für alle $n \in \mathbb{N}$ bewiesen.

Ми довели базу індукції ($n = 1$) і крок індукції ($n \to n+1$). Отже, згідно з принципом доведення повною індукцією твердження є доведеним для всіх $n \in \mathbb{N}$.

■

Kapitel / Розділ 2
Vektorrechnung und analytische Geometrie
Векторне числення та аналітична геометрія

2.1 Kartesische Koordinatensysteme in Ebene und Raum
Декартові системи координат на площині та у просторі

Wir betrachten eine Ebene[1] E. Anschaulich können wir uns die Ebene E als die Zeichenebene[2] vorstellen. In dieser Ebene E entsteht ein kartesisches Koordinatensystem[3] durch Vorgabe von:

- Einem Punkt[1] 0 (Ursprung[2])
- Zwei aufeinander senkrecht[1] stehenden Zahlengeraden[2] (x- und y-Achsen[3]). Der Nullpunkt[4] der beiden Zahlengeraden soll jeweils im Ursprung 0 liegen. Dabei muss die y-Achse[5] durch eine positive Drehung[6] (das heißt gegen den Uhrzeigersinn[7]) um $\frac{\pi}{2}$ ($\hat{=}$ 90°) aus der x-Achse hervorgehen.

Ми розглядаємо площину[1] E. Ми можемо уявити площину E як площину креслення[2]. На цій площині E декартова система координат[3] може бути утворена шляхом завдання:

- Точки[1] 0 (початок координат[2])
- Двох перпендикулярних[1] числових прямих[2] (осей[3] x та y). Початок відліку[4] кожної числової прямої має лежати у початку координат 0. Одночасно вісь[5] y має бути повернута у додатному напрямку[6] (тобто проти годинникової стрілки[7]) на $\frac{\pi}{2}$ ($\hat{=}$ 90°) від осі x.

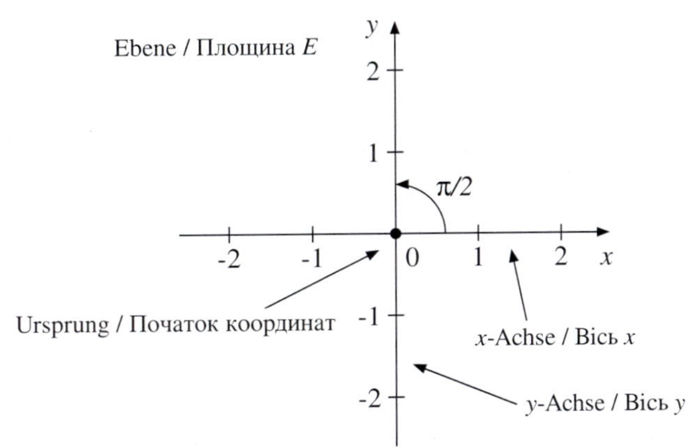

Abbildung / Рисунок 2.1
Ein kartesisches Koordinatensystem in der Ebene
Декартова система координат на площині

Zu einem gegebenen Punkt P_0 aus der Ebene E bestimmt man die x-Koordinate[1], indem man das Lot[2] von P_0 auf die

Для заданої на площині E точки P_0 x-координату[1] визначаємо шляхом опускання перпендикуляра[2] з P_0 на вісь x і

A. Johann et al., *Höhere Mathematik auf Deutsch und Ukrainisch*
Вища математика німецькою та українською мовами,
https://doi.org/10.1007/978-3-662-71575-8_2

x-Achse fällt und dort den Wert[3] x_0 abliest. Entsprechend erhält man seine y-Koordinate y_0, indem man das Lot auf die y-Achse fällt.

Schreibweise:

зчитування там значення[3] x_0. Аналогічно, y-координату, y_0, отримуємо шляхом опускання перпендикуляра на вісь y.

Форма запису:

$$P_0 = \begin{pmatrix} x_0 \\ y_0 \end{pmatrix}$$

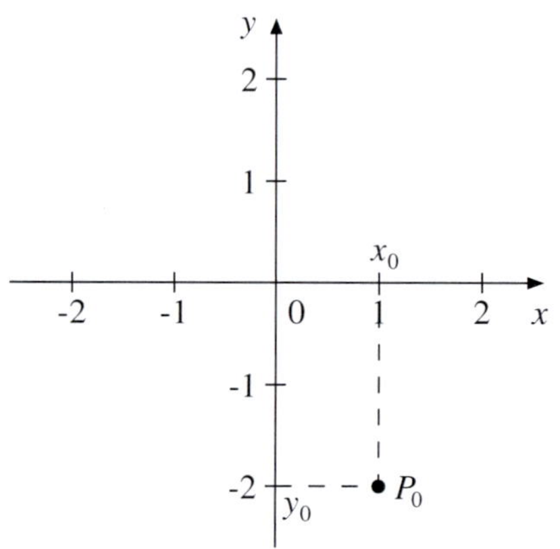

Abbildung / Рисунок 2.2
Bestimmung der Koordinaten x_0, y_0 eines Punktes P_0
Визначення координат x_0, y_0 точки P_0

Entsprechend erhält man zu jedem Zahlenpaar[1] $\begin{pmatrix} x_0 \\ y_0 \end{pmatrix}$ (für ein Zahlenpaar verwenden wir im Folgenden die Kurzschreibweise $\begin{pmatrix} x_0 \\ y_0 \end{pmatrix} \in \mathbb{R}^2$) einen Punkt P_0 in der Ebene E. Hierzu zieht man an der Stelle[2] x_0 der x-Achse eine zur x-Achse senkrechte Gerade[3]. Ebenso zieht man an der Stelle y_0 der y-Achse eine zur y-Achse senkrechte Gerade. Als Schnittpunkt[4] beider Geraden erhält man den Punkt P_0:

Відповідно, отримуємо для кожної пари чисел[1] $\begin{pmatrix} x_0 \\ y_0 \end{pmatrix}$ (короткий запис: $\begin{pmatrix} x_0 \\ y_0 \end{pmatrix} \in \mathbb{R}^2$) точку P_0 на площині E. Для цього з точки[2] x_0 на осі x проводимо пряму[3] перпендикулярно до осі x. Так само з точки y_0 на осі y проводимо пряму перпендикулярно до осі y. Точку P_0 отримуємо як точку перетину[4] обох прямих:

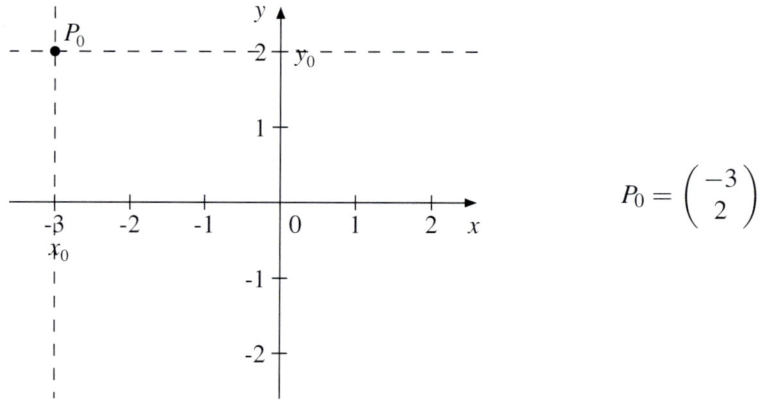

$$P_0 = \begin{pmatrix} -3 \\ 2 \end{pmatrix}$$

Abbildung / Рисунок 2.3
Bestimmung eines Punktes P_0 zu gegebenen Koordinaten
Визначення точки P_0 за заданими координатами

Beispiel:

Der Ursprung 0 hat die Koordinaten $\begin{pmatrix} 0 \\ 0 \end{pmatrix}$.

Приклад:

Початок координат 0 має координати $\begin{pmatrix} 0 \\ 0 \end{pmatrix}$.

Ein kartesisches Koordinatensystem im Raum[1] besteht aus drei sich im Ursprung 0 rechtwinklig[2] schneidenden[3] Zahlengeraden (x-, y- und z-Achsen). Diese drei Geraden besitzen die gleiche Längeneinheit[4]. Ihr Nullpunkt liegt jeweils im Ursprung 0. Dabei bilden die x-, y- und z-Achse ein Rechtssystem[5] (Orientierung[6] wie Daumen, Zeigefinger und Mittelfinger der rechten Hand).

Декартова система координат у просторі[1] складається з трьох числових прямих (осей x, y та z), які перетинаються[3] під прямими кутами[2] у початку координат 0. Ці три прямі мають однакові одиниці довжини[4]. Їх початки відліку завжди знаходяться у початку координат 0. При цьому осі x, y і z утворюють праву систему[5] (орієнтація[6] як у великого, вказівного і середнього пальців правої руки).

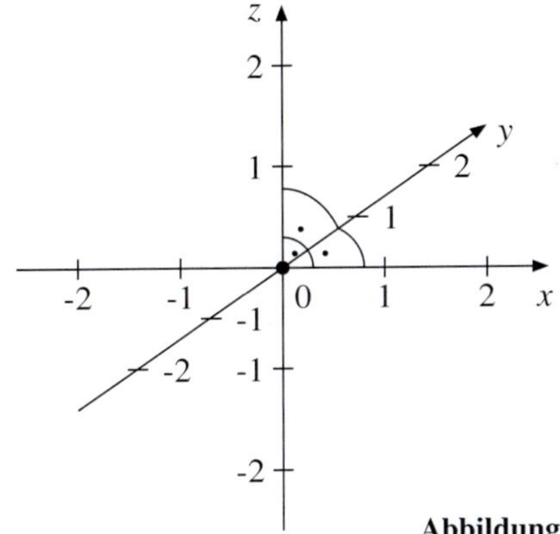

Rechtssystem
Права система

Abbildung / Рисунок 2.4
Kartesisches Koordinatensystem im Raum
Декартова система координат у просторі

Analog zur Ebene können wir jedem Punkt P_0 des Raumes Koordinaten x_0, y_0, z_0 zuordnen. Diese entsprechen den vorzeichenbehafteten[1] Seitenlängen[2] eines Quaders[3], der entlang der Koordinatenachsen ausgerichtet ist. Eine Ecke[4] des Quaders liegt dabei im Ursprung 0 und die diagonal gegenüberliegende Ecke im Punkt P_0:

Schreibweise:

Аналогічно площині, кожній точці P_0 простору можна призначити координати x_0, y_0, z_0. Вони відповідають напрямленим[1] довжинам сторін[2] паралелепіпеда[3], орієнтованого уздовж осей координат. При цьому одна вершина[4] паралелепіпеда лежить у початку координат 0, а діагонально протилежна вершина у точці P_0:

Форма запису:

$$P_0 = \begin{pmatrix} x_0 \\ y_0 \\ z_0 \end{pmatrix} \in \mathbb{R}^3$$

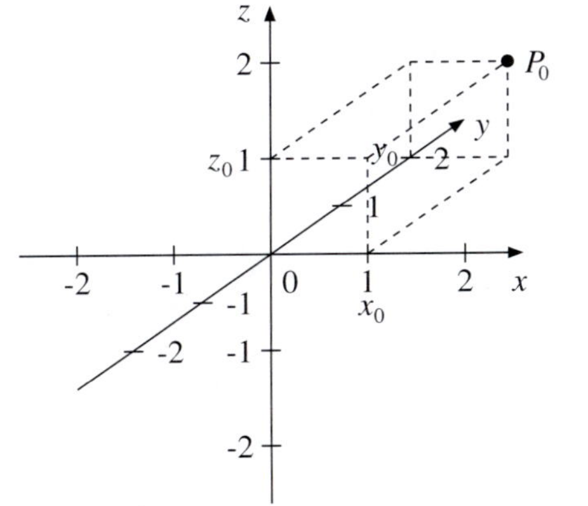

$$P_0 = \begin{pmatrix} 1 \\ 2 \\ 1 \end{pmatrix}$$

Abbildung / Рисунок 2.5
Koordinaten x_0, y_0, z_0 eines Punktes P_0 im Raum
Координати x_0, y_0, z_0 точки P_0 у просторі

2.2 Euklidische Vektorräume Евклідові векторні простори

Gegeben: Im Folgenden betrachten wir eine Ebene (oder einen Raum) mit kartesischem Koordinatensystem.

Дано: далі ми розглядаємо площину (або простір) із декартовою системою координат.

Definition 2.1

Eine gerichtete Strecke[1] bezeichnen wir als (geometrischen[2]) Vektor[3].

Визначення 2.1

Напрямлений відрізок[1] ми називаємо (геометричним[2]) вектором[3].

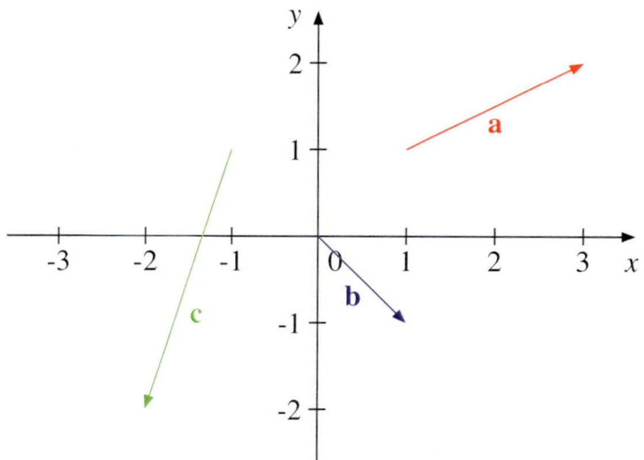

Abbildung / Рисунок 2.6
Beispiele geometrischer Vektoren in der Ebene
Приклади геометричних векторів на площині

In einem kartesischen Koordinatensystem können wir für jeden geometrischen Vektor seine Koordinatenschreibweise[1] angeben. Hierzu verschiebt man durch Parallelverschiebung[2] den Vektor so, dass sein Ausgangspunkt[3] im Ursprung liegt und liest die Koordinaten des Endpunktes[4] im kartesischen Koordinatensystem ab. Wir erhalten dann einen Zahlenvektor[5].

У декартовій системі координат ми можемо для кожного геометричного вектора визначити числові значення[1] його координат. Для цього треба здійснити паралельне перенесення[2] вектора таким чином, щоб його початкова точка[3] опинилась у початку координат, і зчитати координати кінцевої точки[4] в декартовій системі координат. Таким шляхом ми отримуємо числовий вектор[5].

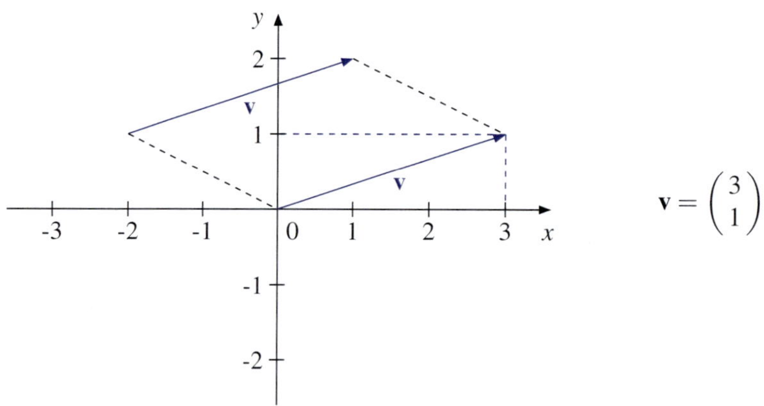

$$\mathbf{v} = \begin{pmatrix} 3 \\ 1 \end{pmatrix}$$

Abbildung / Рисунок 2.7
Parallelverschiebung eines Vektors und Ablesen der Koordinaten
Паралельне перенесення вектора і визначення координат

Der oberste Eintrag[1] eines Zahlenvektors gibt an, um wie viele Längeneinheiten der Vektor (≙ gerichtete Strecke) in Richtung der x-Achse voranschreitet. Ist der Eintrag negativ[2], so gilt dies in Richtung der negativen x-Achse. Entsprechend gibt der zweite Eintrag an, um wie viele Längeneinheiten der Vektor in Richtung der y-Achse voranschreitet. Im Raum gibt zudem der dritte Eintrag das Voranschreiten in Richtung der z-Achse an.

Верхнє число[1] числового вектора вказує на кількість одиниць довжини вектора (≙ напрямленого відрізка) у напрямку осі x. Якщо число від'ємне[2], це означає від'ємний напрямок осі x. Відповідно, друге число визначає, на скільки одиниць довжини вектор простягається у напрямку осі y. У просторі також є третє число, яке вказує на протяжність вектора у напрямку осі z.

Beispiel:
Für die geometrischen Vektoren aus Abbildung 2.6 erhalten wir die folgenden Zahlenvektoren:

Приклад:
Для геометричних векторів з рисунка 2.6 ми отримуємо такі числові вектори:

$$\mathbf{a} = \begin{pmatrix} 2 \\ 1 \end{pmatrix} \begin{matrix} \leftarrow \text{2 Längeneinheiten in } x\text{-Richtung / 2 одиниці довжини у напрямку осі } x \\ \leftarrow \text{1 Längeneinheit in } y\text{-Richtung / 1 одиниця довжини у напрямку осі } y \end{matrix}$$

$$\mathbf{b} = \begin{pmatrix} 1 \\ -1 \end{pmatrix}$$

$$\mathbf{c} = \begin{pmatrix} -1 \\ -3 \end{pmatrix}$$

Analog interpretieren wir Zahlenvektoren im Raum:

Аналогічно трактуємо числові вектори у просторі:

$$\mathbf{d} = \begin{pmatrix} 2 \\ -1 \\ 3 \end{pmatrix} \begin{matrix} \leftarrow \text{2 Längeneinheiten in } x\text{-Richtung / 2 одиниці довжини у напрямку осі } x \\ \leftarrow \text{1 Längeneinheit in negative } y\text{-Richtung / 1 одиниця довжини у від'ємному напрямку осі } y \\ \leftarrow \text{3 Längeneinheiten in } z\text{-Richtung / 3 одиниці довжини у напрямку осі } z \end{matrix}$$

Jeder Vektor wird festgelegt durch seine Richtung[1] und seine Länge[2]. Zwei Vektoren, die durch Parallelverschiebung ineinander überführt werden können, sind gleich. Daher können Vektoren durch Parallelverschiebung frei verschoben werden. Man bezeichnet sie auch als freie Vektoren[3].

Кожен вектор визначається напрямком[1] та довжиною[2]. Два вектори, які суміщаються шляхом паралельного перенесення, називають рівними. Отже, вектори можна вільно пересувати шляхом паралельного перенесення, тому їх називають вільними векторами[3].

Ausnahme: Der Nullvektor[1] $\mathbf{0} = \begin{pmatrix} 0 \\ \vdots \\ 0 \end{pmatrix}$ hat die Länge 0 und daher keine (beziehungsweise jede) Richtung.

Виняток: нульовий вектор[1] $\mathbf{0} = \begin{pmatrix} 0 \\ \vdots \\ 0 \end{pmatrix}$ має довжину 0 і тому не має жодного напрямку (або, що те саме, має будь-який напрямок).

Anwendung: Mit Hilfe von Vektoren können wir die gerichtete Verbindungsstrecke[1] zwischen zwei Punkten in der Ebene (beziehungsweise im Raum) beschreiben:

Застосування: за допомогою векторів ми можемо описати напрямлений відрізок[1] між двома точками на площині (або у просторі):

P_2 a P_1

$$\mathbf{a} = \overrightarrow{P_1P_2}$$

0 b P

$$\mathbf{b} = \overrightarrow{0P}$$

Im Gegensatz zu freien Vektoren bezeichnen wir Vektoren vom Ursprung 0 zu einem Punkt P als Ortsvektoren[1]. Mit Hil-

На відміну від вільних векторів вектор від початку координат 0 до точки P називають радіус-вектором[1]. За допо-

fe von Ortsvektoren können wir jeden Punkt eindeutig[2] durch einen Vektor beschreiben.

могою радіус-векторів ми можемо кожну точку однозначно[2] визначити через вектор.

In Koordinatenschreibweise lässt sich das Konzept des Zahlenvektors unmittelbar auf beliebige Dimensionen[1] $n = 1, 2, 3, 4, \ldots$ verallgemeinern:

У координатному запису поняття числового вектора можна безпосередньо поширити на будь-які розмірності[1] $n = 1, 2, 3, 4, \ldots$

$$\mathbf{a} = \begin{pmatrix} a_1 \\ a_2 \\ \vdots \\ a_n \end{pmatrix} \in \mathbb{R}^n$$

Hierbei bezeichnet $\mathbb{R}^n$ den Raum der n-dimensionalen Zahlenvektoren.

Тут $\mathbb{R}^n$ позначає простір n-вимірних числових векторів.

Mit Hilfe der Koordinatenschreibweise in einem kartesischen Koordinatensystem lässt sich jeder geometrische Vektor beziehungsweise Ortsvektor ($\hat{=}$ Punkt) als Zahlenvektor schreiben. Im Falle der Ebene enthält dieser die x- und y-Koordinaten, im Falle des Raumes die x-, y-, und z-Koordinaten.

За допомогою координатного запису у декартовій системі координат кожен геометричний вектор або радіус-вектор ($\hat{=}$ точка) можна записати як числовий вектор. У випадку площини він містить координати x та y, у випадку простору – координати x, y, та z.

Rechnen mit Vektoren
Обчислення з векторами

Nachdem wir Vektoren eingeführt haben, wollen wir im Folgenden damit rechnen:

За допомогою векторів, які ми ввели вище, ми можемо обчислити таке:

Definition 2.2

Die Addition[1] zweier Zahlenvektoren

Визначення 2.2

Додавання[1] двох числових векторів

$$\mathbf{a} = \begin{pmatrix} a_1 \\ a_2 \\ \vdots \\ a_n \end{pmatrix}, \mathbf{b} = \begin{pmatrix} b_1 \\ b_2 \\ \vdots \\ b_n \end{pmatrix} \in \mathbb{R}^n$$

definieren wir koordinatenweise:

ми визначаємо через координати:

$$\mathbf{a} + \mathbf{b} = \begin{pmatrix} a_1 + b_1 \\ a_2 + b_2 \\ \vdots \\ a_n + b_n \end{pmatrix} \in \mathbb{R}^n$$

Beispiel: **Приклад:**

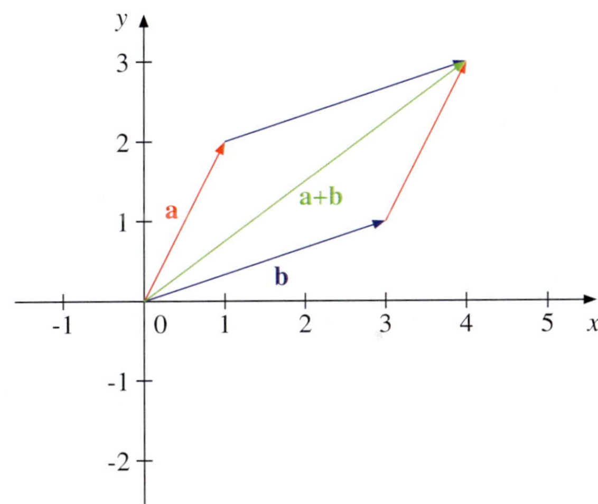

$$\mathbf{a} = \begin{pmatrix} 1 \\ 2 \end{pmatrix}$$

$$\mathbf{b} = \begin{pmatrix} 3 \\ 1 \end{pmatrix}$$

$$\mathbf{a} + \mathbf{b} = \begin{pmatrix} 1+3 \\ 2+1 \end{pmatrix} = \begin{pmatrix} 4 \\ 3 \end{pmatrix}$$

Geometrische Interpretation: Die gerichteten Strecken **a** und **b** werden aneinander gesetzt.

Геометрична інтерпретація: ми розташовуємо напрямлені відрізки **a** та **b** один за одним.

1. Variante: erst **a**, dann **b**:

1-й варіант: спочатку **a**, потім **b**:

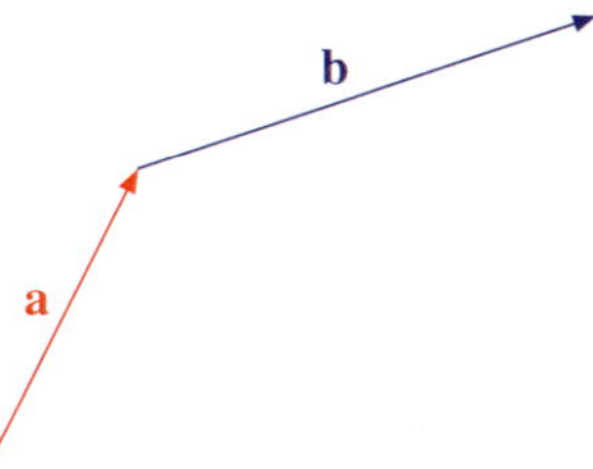

2. Variante: erst **b**, dann **a**:

2-й варіант: спочатку **b**, потім **a**:

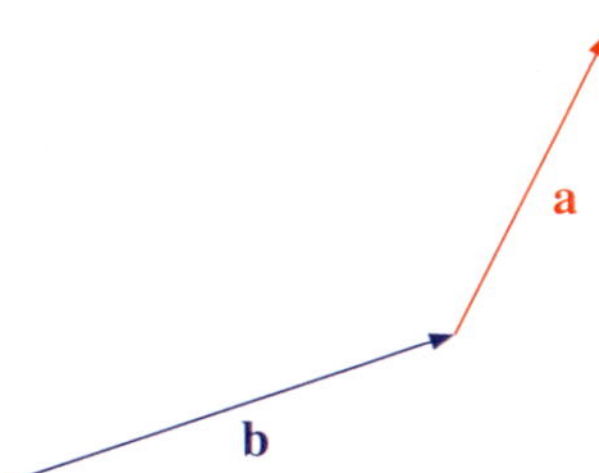

Beide Varianten der Vektoraddition führen zum gleichen Ergebnis[1]:

Обидва варіанти додавання векторів призводять до однакового результату[1]:

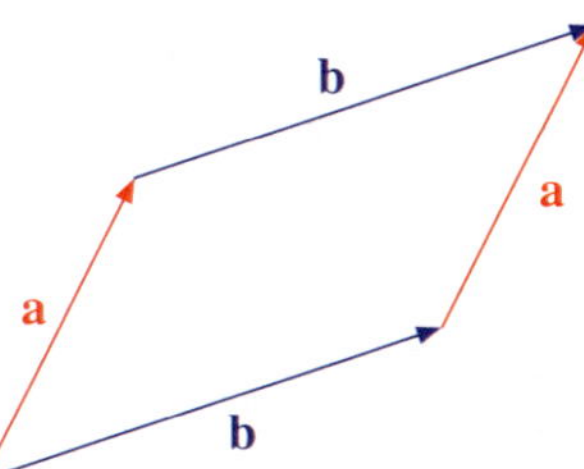

Daher gilt die folgende Identität[1] (Kommutativgesetz[2] der Vektoraddition):

Отже, виконується така тотожність[1] (комутативний закон[2] додавання векторів):

$$\mathbf{a} + \mathbf{b} = \mathbf{b} + \mathbf{a}$$

Beispiel:

Seien

Приклад:

Якщо

$$\mathbf{a} = \begin{pmatrix} 2 \\ -1 \\ 3 \end{pmatrix}, \mathbf{b} = \begin{pmatrix} 1 \\ 0 \\ 1 \end{pmatrix}$$

dann gilt:

тоді маємо:

$$\mathbf{a} + \mathbf{b} = \begin{pmatrix} 2+1 \\ -1+0 \\ 3+1 \end{pmatrix} = \begin{pmatrix} 3 \\ -1 \\ 4 \end{pmatrix}$$

Falls hingegen

Якщо, однак,

$$\mathbf{a} = \begin{pmatrix} 2 \\ -1 \\ 3 \end{pmatrix}, \mathbf{b} = \begin{pmatrix} 3 \\ 1 \end{pmatrix}$$

so ist $\mathbf{a} + \mathbf{b}$ nicht definiert, da $\mathbf{a} \in \mathbb{R}^3$ und $\mathbf{b} \in \mathbb{R}^2$ unterschiedliche Dimension $3 \neq 2$ haben.

тоді $\mathbf{a} + \mathbf{b}$ не визначено, оскільки $\mathbf{a} \in \mathbb{R}^3$ та $\mathbf{b} \in \mathbb{R}^2$ мають різні розмірності ($3 \neq 2$).

Definition 2.3

Reelle Zahlen $s \in \mathbb{R}$ bezeichnet man oft als Skalar[1]. Diese Sprechweise wird insbesondere immer dann verwendet, wenn man sie klar von Vektoren unterscheiden will.

Wenn wir einen Vektor

Визначення 2.3

Дійсні числа $s \in \mathbb{R}$ часто називають скалярами[1]. Цей термін використовують, зокрема, коли потрібно чітко відрізнити їх від векторів.

Якщо координати вектора

$$\mathbf{a} = \begin{pmatrix} a_1 \\ a_2 \\ \vdots \\ a_n \end{pmatrix} \in \mathbb{R}^n$$

*koordinatenweise mit dem Skalar s multiplizieren[1], so erhalten wir das skalare Vielfache[2] von **a** mit dem Faktor[3] s:*

*ми помножаємо на скаляр[1] s, ми отримуємо скалярне кратне[2] вектора **a** з фактором[3] s:*

$$s \cdot \mathbf{a} = \begin{pmatrix} s \cdot a_1 \\ s \cdot a_2 \\ \vdots \\ s \cdot a_n \end{pmatrix}$$

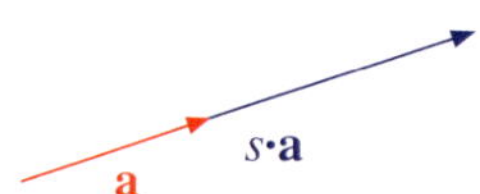

Abbildung / Рисунок 2.8
Das skalare Vielfache $s \cdot \mathbf{a}$ eines Vektors **a**
Скалярне кратне $s \cdot \mathbf{a}$ вектора **a**

Geometrische Interpretation: Der Vektor **a** wird um den Faktor s gestreckt[1]. Falls s negativ ist, so zeigen die Vektoren **a** und $s \cdot \mathbf{a}$ in die jeweils entgegengesetzte[2] Richtung.

Геометрична інтерпретація: вектор **a** стає розтягнутим[1] в s разів. Якщо s є від'ємним, вектори **a** та $s \cdot \mathbf{a}$ мають протилежні[2] напрямки.

Beispiel: **Приклад:**

$$\mathbf{a} = \begin{pmatrix} 2 \\ -1 \\ 3 \end{pmatrix}, s = 2 \quad \Rightarrow \quad s \cdot \mathbf{a} = \begin{pmatrix} 2 \cdot 2 \\ 2 \cdot (-1) \\ 2 \cdot 3 \end{pmatrix} = \begin{pmatrix} 4 \\ -2 \\ 6 \end{pmatrix}$$

$$\mathbf{b} = \begin{pmatrix} 3 \\ 1 \end{pmatrix}, t = -\frac{1}{2} \quad \Rightarrow \quad t \cdot \mathbf{b} = \begin{pmatrix} -\frac{1}{2} \cdot 3 \\ -\frac{1}{2} \cdot 1 \end{pmatrix} = \begin{pmatrix} -1.5 \\ -0.5 \end{pmatrix}$$

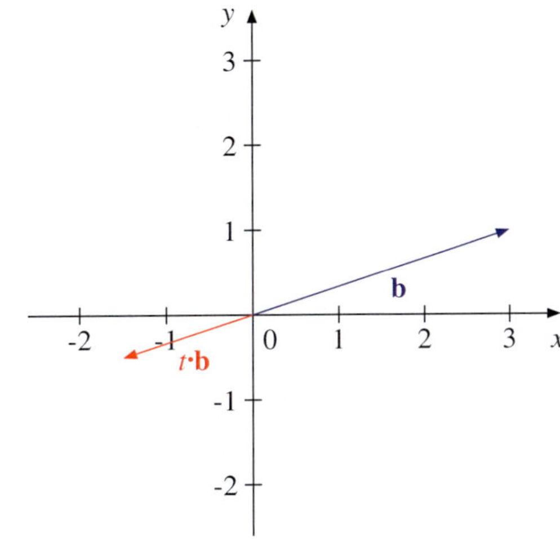

$$-\mathbf{a} = (-1) \cdot \mathbf{a} = \begin{pmatrix} -a_1 \\ -a_2 \\ \vdots \\ -a_n \end{pmatrix}$$

Anwendung: Mit Hilfe des Skalarprodukts und der Vektoraddition können wir die Subtraktion[1] zweier Vektoren $\mathbf{a}, \mathbf{b} \in \mathbb{R}^n$ wie folgt definieren:

Застосування: за допомогою множення на скаляр та додавання векторів ми можемо визначити віднімання[1] двох векторів $\mathbf{a}, \mathbf{b} \in \mathbb{R}^n$ у такий спосіб:

$$\mathbf{a} - \mathbf{b} = \mathbf{a} + (-1) \cdot \mathbf{b} = \begin{pmatrix} a_1 \\ a_2 \\ \vdots \\ a_n \end{pmatrix} + (-1) \cdot \begin{pmatrix} b_1 \\ b_2 \\ \vdots \\ b_n \end{pmatrix} = \begin{pmatrix} a_1 \\ a_2 \\ \vdots \\ a_n \end{pmatrix} + \begin{pmatrix} -b_1 \\ -b_2 \\ \vdots \\ -b_n \end{pmatrix} = \begin{pmatrix} a_1 - b_1 \\ a_2 - b_2 \\ \vdots \\ a_n - b_n \end{pmatrix}$$

Interpretation: Analog zur Vektoraddition erfolgt auch die Vektorsubtraktion[1] koordinatenweise.

Інтерпретація: подібно до додавання векторів, віднімання векторів[1] також виконують покоординатно.

Mit der Vektoraddition und dem skalaren Vielfachen haben wir die Grundrechenarten[1] für Vektoren kennengelernt. Die Vektorsubtraktion lässt sich als Kombination dieser beiden Grundrechenarten definieren. Daher muss sie nicht als eigene Grundrechenart eingeführt werden.

Додавання векторів і множення на скаляр є основними арифметичними операціями[1] над векторами. Віднімання векторів можна визначити через комбінацію цих двох основних арифметичних операцій. Тому його не потрібно вводити як окрему арифметичну операцію.

Bislang haben wir ausschließlich mit geometrischen Vektoren und Zahlenvektoren gearbeitet. Das Konzept des Vektors lässt sich jedoch allgemein fassen. Hierzu definieren wir:

Досі ми працювали виключно з геометричними та числовими векторами. Проте поняття вектора можна узагальнити. Для цього ми визначаємо таке:

Definition 2.4

Sei V eine (beliebige) Menge[1], auf der eine Addition und ein skalares Vielfaches erklärt sind:

Визначення 2.4

Нехай V - це (довільна) множина[1], у якій визначені додавання векторів та множення на скаляр:

$$\forall \mathbf{a}, \mathbf{b} \in V : \mathbf{a} + \mathbf{b} \in V$$
$$\forall \mathbf{a} \in V \; \forall s \in \mathbb{R} : s \cdot \mathbf{a} \in V$$

Falls für alle $\mathbf{a}, \mathbf{b}, \mathbf{c} \in V$, ein festes $\mathbf{0} \in V$ und alle $\lambda, \mu \in \mathbb{R}$ die folgenden Vektorraum[1]-Axiome[2] erfüllt sind, so heißt V ein (reeller) Vektorraum:

Якщо для всіх $\mathbf{a}, \mathbf{b}, \mathbf{c} \in V$, фіксованого $\mathbf{0} \in V$ та всіх $\lambda, \mu \in \mathbb{R}$ виконуються такі аксіоми[2] векторного простору[1], то V називають (дійсним) векторним простором:

Kommutativgesetz[1] der Vektoraddition:

Комутативний закон[1] додавання векторів:

$$\text{(i)} \qquad \mathbf{a} + \mathbf{b} = \mathbf{b} + \mathbf{a}$$

Assoziativgesetz[1] der Vektoraddition:

Асоціативний закон[1] додавання векторів:

$$\text{(ii)} \qquad \mathbf{a} + (\mathbf{b} + \mathbf{c}) = (\mathbf{a} + \mathbf{b}) + \mathbf{c}$$

Der Nullvektor $\mathbf{0}$ ist das neutrale Element[1] der Vektoraddition. (Das bedeutet: Wenn man den Nullvektor zu einem beliebigen Vektor $\mathbf{a}$ addiert, so erhält man als Ergebnis wieder den Vektor $\mathbf{a}$):

Нульовий вектор $\mathbf{0}$ є нейтральним елементом[1] додавання векторів. (Це означає: якщо ми додаємо нульовий вектор до будь-якого вектора $\mathbf{a}$, як результат ми отримуємо знову вектор $\mathbf{a}$):

$$\text{(iii)} \qquad \mathbf{a} + \mathbf{0} = \mathbf{0} + \mathbf{a} = \mathbf{a}$$

Zu jedem Vektor $\mathbf{a} \in V$ gibt es ein inverses Element[1] $-\mathbf{a} \in V$ bezüglich der Vektoraddition. (Das bedeutet: Wenn man den Vektor $-\mathbf{a}$ zum Vektor $\mathbf{a}$ addiert, so erhält man als Ergebnis den Nullvektor):

Для кожного вектора $\mathbf{a} \in V$ існує обернений елемент[1] $-\mathbf{a} \in V$ відносно додавання векторів. (Це означає: якщо ми додаємо вектор $-\mathbf{a}$ до вектора $\mathbf{a}$, як результат ми отримуємо нульовий вектор):

$$\text{(iv)} \qquad \mathbf{a} + (-\mathbf{a}) = (-\mathbf{a}) + \mathbf{a} = \mathbf{0}$$

Verträglichkeitsbedingungen[1] für Vektoraddition und skalares Vielfaches:

Властивості узгодженості[1] для додавання векторів та множення на скаляр:

$$\text{(v)} \qquad 1 \cdot \mathbf{a} = \mathbf{a}$$
$$\text{(vi)} \qquad \lambda \cdot (\mu \cdot \mathbf{a}) = (\lambda \cdot \mu) \cdot \mathbf{a}$$
$$\text{(vii)} \qquad (\lambda + \mu) \cdot \mathbf{a} = \lambda \cdot \mathbf{a} + \mu \cdot \mathbf{a}$$
$$\text{(viii)} \qquad \lambda \cdot (\mathbf{a} + \mathbf{b}) = \lambda \cdot \mathbf{a} + \lambda \cdot \mathbf{b}$$

Beispiel:

Die Menge der geometrischen Vektoren in der Ebene (beziehungsweise im Raum) ist ein Vektorraum. Als Nullvektor ver-

Приклад:

Множина геометричних векторів на площині (або у просторі) є векторним простором. За нульовий вектор ми

wenden wir dabei die gerichtete Verbindungsstrecke vom Ursprung zu sich selbst:

приймаємо напрямлений відрізок від початку координат до себе:

$$\mathbf{0} = \overrightarrow{00}$$

Beispiel:
Der Raum $\mathbb{R}^n$ der n-dimensionalen Zahlenvektoren ist ein Vektorraum mit dem bereits bekannten Nullvektor:

Приклад:
Простір $\mathbb{R}^n$ n-вимірних числових векторів є векторним простором із уже відомим нульовим вектором:

$$\mathbf{0} = \begin{pmatrix} 0 \\ \vdots \\ 0 \end{pmatrix}$$

Beispiel:
Mit $\mathrm{Abb}(\mathbb{R},\mathbb{R})$ bezeichnen wir die Menge aller Abbildungen[1] (oder Funktionen[2]) mit der Definitionsmenge[3] $\mathbb{R}$ und der Wertemenge[4] $\mathbb{R}$.

Die Elemente[1] der Menge $\mathrm{Abb}(\mathbb{R},\mathbb{R})$ sind Funktionen. Um hieraus einen Vektorraum zu konstruieren, müssen wir zuerst die Addition zweier Funktionen $f, g \in \mathrm{Abb}(\mathbb{R},\mathbb{R})$ definieren, so dass als Ergebnis eine Funktion $(f+g) \in \mathrm{Abb}(\mathbb{R},\mathbb{R})$ herauskommt. Hierzu definieren wir die punktweise Addition[2]:

Приклад:
Через $\mathrm{Abb}(\mathbb{R},\mathbb{R})$ ми позначаємо множину всіх відображень[1] (або функцій[2]) з областю визначення[3] $\mathbb{R}$ та областю значень[4] $\mathbb{R}$.

Елементи[1] множини $\mathrm{Abb}(\mathbb{R},\mathbb{R})$ є функціями. Щоб побудувати на цій множині векторний простір, ми повинні спочатку визначити додавання двох функцій $f, g \in \mathrm{Abb}(\mathbb{R},\mathbb{R})$ так, щоб результатом була функція $(f+g) \in \mathrm{Abb}(\mathbb{R},\mathbb{R})$. Для цього ми визначаємо поточкове додавання[2]:

$$\forall x \in \mathbb{R}\colon\ (f+g)(x) = f(x) + g(x)$$

Die Summenfunktion[1] $(f+g)$ wird dadurch eindeutig definiert, dass wir an jeder Stelle $x \in \mathbb{R}$ ihren Funktionswert[2] $(f+g)(x)$ festlegen. Diesen definieren wir als Summe der Funktionswerte $f(x)$ und $g(x)$. Wir haben damit die Addition von Funktionen auf die Addition ihrer Funktionswerte an jeder Stelle (oder jedem Punkt) $x \in \mathbb{R}$ zurückgeführt. Daher spricht man von der *punktweisen Addition* der beiden Funktionen f und g.

Ganz analog definieren wir für $f \in \mathrm{Abb}(\mathbb{R},\mathbb{R})$ und $\lambda \in \mathbb{R}$ das punktweise skalare Vielfache[1]:

Сума функцій[1] $(f+g)$ однозначно визначається тим, що в кожній точці $x \in \mathbb{R}$ ми призначаємо їй значення функції[2] $(f+g)(x)$, яке ми визначаємо як суму значень функцій $f(x)$ та $g(x)$. Отже, ми звели додавання функцій до додавання їх значень у кожній точці $x \in \mathbb{R}$. Саме тому кажуть про *поточкове додавання* двох функцій f та g.

Аналогічно для $f \in \mathrm{Abb}(\mathbb{R},\mathbb{R})$ та $\lambda \in \mathbb{R}$ ми визначаємо поточкове множення на скаляр[1]:

$$\forall x \in \mathbb{R}\colon\ (\lambda \cdot f)(x) = \lambda \cdot f(x)$$

Als Nullvektor verwenden wir die Nullfunktion[1] (also eine Funktion, die überall den konstanten Funktionswert 0 hat):

За нульовий вектор ми приймаємо нульову функцію[1] (тобто сталу функцію, яка всюди має значення 0.)

$$\forall x \in \mathbb{R}\colon\ 0(x) = 0$$

Bezüglich der punktweisen Addition, dem punktweisen skalaren Vielfachen und der Nullfunktion ist die Menge $\mathrm{Abb}(\mathbb{R},\mathbb{R})$ ein Vektorraum. Im Gegensatz zur Menge der geometrischen Vektoren in der Ebene (oder im Raum) und zum Raum $\mathbb{R}^n$ der Zahlenvektoren ist $\mathrm{Abb}(\mathbb{R},\mathbb{R})$ allerdings ein unendlichdimensionaler[1] Vektorraum.

Відносно поточкового додавання, поточкового множення на скаляр і нульової функції множина $\mathrm{Abb}(\mathbb{R},\mathbb{R})$ є векторним простором. На відміну від множини геометричних векторів на площині (або у просторі) та простору числових векторів $\mathbb{R}^n$, множина $\mathrm{Abb}(\mathbb{R},\mathbb{R})$ є нескінченновимірним[1] векторним простором.

Die Norm eines Vektors
Норма вектора

Ziel: Bestimme die (geometrische) Länge eines Vektors.

Мета: визначити (геометричну) довжину вектора.

In der Ebene bestimmen wir die geometrische Länge (oder euklidische[1] Norm[2]) $\|\mathbf{a}\|_2$ eines Vektors $\mathbf{a}$ mit Hilfe des Satzes von Pythagoras:

На площині ми визначаємо геометричну довжину (або евклідову[1] норму[2]) $\|\mathbf{a}\|_2$ вектора $\mathbf{a}$ за допомогою теореми Піфагора:

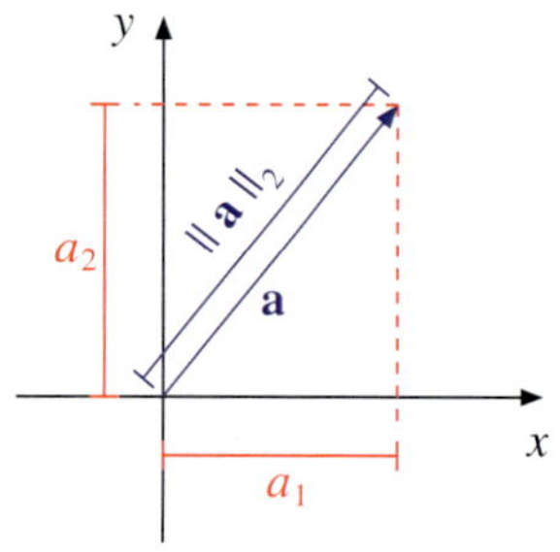

$$\mathbf{a} = \begin{pmatrix} a_1 \\ a_2 \end{pmatrix}$$
$$\Rightarrow \|\mathbf{a}\|_2 = \sqrt{a_1^2 + a_2^2}$$

Analog erhalten wir im Raum:

Аналогічно отримуємо у просторі:

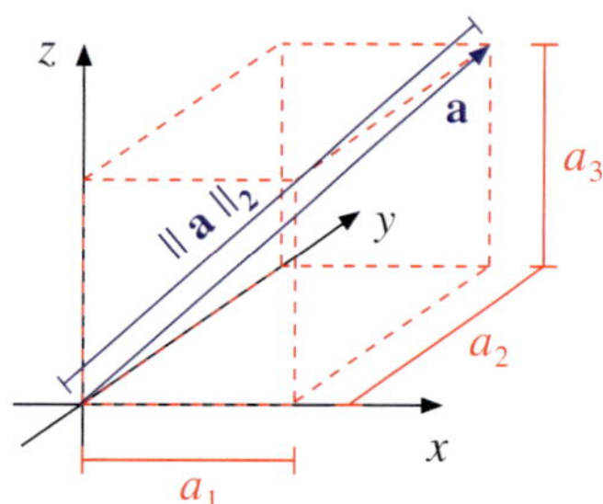

$$\mathbf{a} = \begin{pmatrix} a_1 \\ a_2 \\ a_3 \end{pmatrix}$$
$$\Rightarrow \|\mathbf{a}\|_2 = \sqrt{a_1^2 + a_2^2 + a_3^2}$$

Das lässt sich unmittelbar auf Zahlenvektoren im $\mathbb{R}^n$ verallgemeinern:

Це можна узагальнити безпосередньо для числових векторів $\mathbb{R}^n$:

Definition 2.5
Sei $\mathbf{a} \in \mathbb{R}^n$ ein n-dimensionaler Zahlenvektor. Dann definieren wir die euklidische Norm:

Визначення 2.5
Нехай $\mathbf{a} \in \mathbb{R}^n$ - це n-вимірний числовий вектор. Тоді ми визначаємо евклідову норму:

$$\|\mathbf{a}\|_2 = \left\| \begin{pmatrix} a_1 \\ a_2 \\ \vdots \\ a_n \end{pmatrix} \right\|_2 = \sqrt{\sum_{k=1}^{n} a_k^2} = \sqrt{a_1^2 + a_2^2 + \ldots + a_n^2}$$

Beispiel:

Приклад:

$$\left\| \begin{pmatrix} 2 \\ -1 \\ 3 \end{pmatrix} \right\|_2 = \sqrt{2^2 + (-1)^2 + 3^2} = \sqrt{14} = 3.741657\ldots$$

Neben der euklidischen Norm gibt es viele weitere Normen. Allgemein definiert man:

Окрім евклідової норми, існує багато інших норм. Взагалі визначають:

Definition 2.6

Sei V ein (beliebiger) Vektorraum. Eine Funktion $\|\cdot\|: V \to \mathbb{R}$ bezeichnen wir als Norm, *falls für alle $\mathbf{a}, \mathbf{b} \in V$ und $\lambda \in \mathbb{R}$ die folgenden Norm-Axiome erfüllt sind:*

Визначення 2.6

Нехай V - це (довільний) векторний простір. Функцію $\|\cdot\|: V \to \mathbb{R}$ називають нормою, *якщо для всіх $\mathbf{a}, \mathbf{b} \in V$ та $\lambda \in \mathbb{R}$ є справедливими такі аксіоми норми:*

$$
\begin{array}{ll}
\text{(i)} & \|\mathbf{a}\| \geq 0 \\
\text{(ii)} & \|\mathbf{a}\| = 0 \Rightarrow \mathbf{a} = \mathbf{0} \\
\text{(iii)} & \|\lambda \cdot \mathbf{a}\| = |\lambda| \cdot \|\mathbf{a}\| \\
\text{(iv)} & \|\mathbf{a}+\mathbf{b}\| \leq \|\mathbf{a}\| + \|\mathbf{b}\|
\end{array}
$$

Einen Vektorraum V mit zugehöriger Norm $\|\cdot\|$ bezeichnet man als normierten Vektorraum[1].

Векторний простір V, пов'язаний з нормою $\|\cdot\|$, називають нормованим векторним простором[1].

Ungleichung (iv) bezeichnet man als Dreiecksungleichung[1]. Sie lässt sich anhand der Seitenlängen[2] im nachfolgenden Dreieck[3] geometrisch interpretieren: Der Umweg[4] entlang der Seiten[5] $\mathbf{a}$ und $\mathbf{b}$ ist niemals kürzer als der direkte Weg[6] entlang der Seite $\mathbf{a}+\mathbf{b}$.

Нерівність (iv) називають нерівністю трикутника[1]. Її можна інтерпретувати геометрично за допомогою довжин сторін[2] довільного трикутника[3]: обхід[4] уздовж сторін[5] $\mathbf{a}$ та $\mathbf{b}$ ніколи не може бути коротшим за прямий шлях[6] уздовж сторони $\mathbf{a}+\mathbf{b}$.

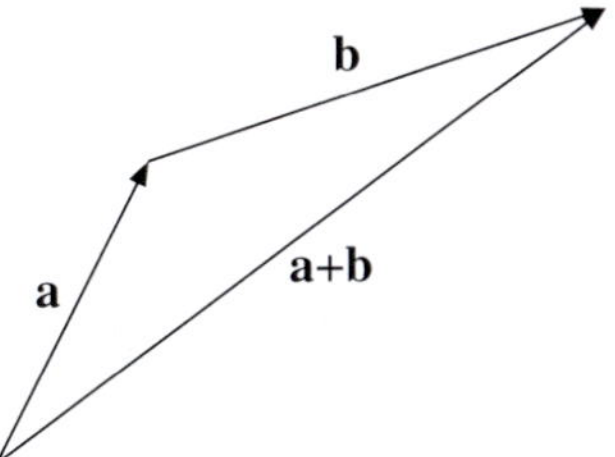

Beispiel:

Neben der euklidischen Norm $\|\mathbf{a}\|_2$ verwendet man für Zahlenvektoren $\mathbf{a} = \begin{pmatrix} a_1 \\ a_2 \\ \vdots \\ a_n \end{pmatrix} \in \mathbb{R}^n$ oft auch eine der folgenden Normen:

Приклад:

Окрім евклідової норми $\|\mathbf{a}\|_2$ для числових векторів $\mathbf{a} = \begin{pmatrix} a_1 \\ a_2 \\ \vdots \\ a_n \end{pmatrix} \in \mathbb{R}^n$ часто використовують також одну з таких норм:

$$\|\mathbf{a}\|_\infty = \max\{|a_1|, |a_2|, \ldots, |a_n|\} \qquad \text{(Maximumsnorm / норма максимуму (відстань Чебишова))}$$

$$\|\mathbf{a}\|_1 = \sum_{k=1}^{n} |a_k| = |a_1| + |a_2| + \ldots + |a_n| \qquad \text{(Betragssummen-Norm / мангеттенська норма)}$$

$$\|\mathbf{a}\|_p = \sqrt[p]{\sum_{k=1}^{n} |a_n|^p} = \sqrt[p]{|a_1|^p + |a_2|^p + \ldots + |a_n|^p} \qquad (p\text{-Norm / } p\text{-норма})$$

Für $p = 2$ ergibt die p-Norm die euklidische Norm und für $p = 1$ die Betragssummen-Norm. Im Grenzwert[1] $p \to \infty$ geht die p-Norm in die Maximumsnorm über.

Для $p = 2$ p-норма дає евклідову норму, а для $p = 1$ — мангеттенську норму. У граничному значенні[1] $p \to \infty$ p-норма перетворюється на норму максимуму (відстань Чебишова).

Normen sind verallgemeinerte Längenmaße[1]. Während die euklidische Norm die geometrische Länge eines Vektors liefert, machen in anderen Anwendungen[2] auch andere Normen einen Sinn:

Норми - це узагальнені міри довжини[1]. Тоді як евклідова норма визначає геометричну довжину вектора, інші норми також використовують у деяких випадках[2]:

Beispiel (Inhalt meiner Geldbörse):
In meiner Geldbörse befinden sich die folgenden Münzen:

Приклад (вміст мого гаманця):
У моєму гаманці лежать такі монети:

10 ct 1 € 20 ct 10 ct 2 € 50 ct

Den Wert (in €) der einzelnen Münzen schreiben wir in einen Vektor:

Ми записуємо набір вартостей (в €) окремих монет у вигляді вектора:

$$\mathbf{b} = \begin{pmatrix} 0.1 \\ 1 \\ 0.2 \\ 0.1 \\ 2 \\ 0.5 \end{pmatrix}$$

Offensichtlich hat die euklidische Norm in diesem Fall keine sinnvolle Bedeutung:

Вочевидь, евклідова норма в даному випадку не має сенсу:

$$\|\mathbf{b}\|_2 = \sqrt{0.1^2 + 1^2 + 0.2^2 + 0.1^2 + 2^2 + 0.5^2} = \sqrt{5.31} = 2.304...$$

Aber andere Normen sind sinnvoll. Die Betragssummen-Norm liefert das Gesamtvermögen in meiner Geldbörse:

Але інші норми мають сенс. Мангеттенська норма надає загальну суму активів у моєму гаманці:

$$\|\mathbf{b}\|_1 = |0.1| + |1| + |0.2| + |0.1| + |2| + |0.5| = 3.90$$

Die Maximumsnorm liefert den Wert der größten Münze:

Норма максимуму вказує вартість найбільшої монети:

$$\|\mathbf{b}\|_\infty = \max\{|0.1|, |1|, |0.2|, |0.1|, |2|, |0.5|\} = 2.00$$

Je nach Anwendung kann es daher sinnvoll sein, unterschiedliche Normen zu verwenden.

Отже, залежно від застосування, може бути доцільним використання різних норм.

Das Skalarprodukt zweier Vektoren
Скалярний добуток двох векторів

Das Skalarprodukt[1] zweier Vektoren wollen wir zunächst anhand einer Anwendung aus der Physik[2] erläutern. Hierzu betrachten wir geometrische Vektoren in der Ebene oder im Raum.

Спочатку ми хочемо пояснити зміст поняття скалярний добуток[1] двох векторів на прикладі застосування у фізиці[2]. Для цього ми розглядаємо геометричні вектори на площині або в просторі.

Beispiel (Die physikalische Arbeit):
Für die (physikalische[1]) Arbeit[2] A gilt:

Приклад (фізична робота):
Для (фізичної[1]) роботи[2] A маємо:

Arbeit = Weglänge[1] · Kraft[2] (in Wegrichtung[3])

робота = довжина переміщення[1] · сила[2] (у напрямку переміщення[3])

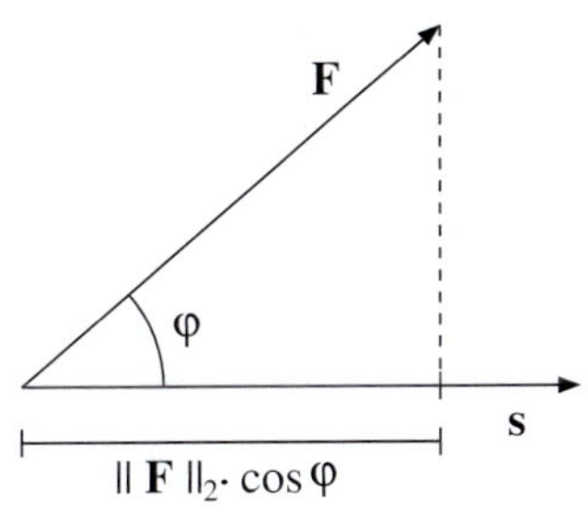

$\mathbf{s} \in \mathbb{R}^3$	Wegvektor / вектор переміщення
$\|\mathbf{s}\|_2 \in \mathbb{R}$	Weglänge / довжина переміщення
$\mathbf{F} \in \mathbb{R}^3$	Kraftvektor / вектор сили
$\|\mathbf{F}\|_2 \in \mathbb{R}$	Stärke der Kraft / величина сили
$\|\mathbf{F}\|_2 \cdot \cos\varphi$	Stärke der Kraft in Wegrichtung / величина сили у напрямку переміщення

$$\Rightarrow \quad A = \|\mathbf{s}\|_2 \cdot \|\mathbf{F}\|_2 \cdot \cos\varphi$$

Abbildung / Рисунок 2.9
Die Berechnung der physikalischen Arbeit
Обчислення фізичної роботи

Allgemein definiert man:

У загальному випадку визначають:

Definition 2.7
Seien $\mathbf{a} \neq 0$ und $\mathbf{b} \neq \mathbf{0}$ geometrische Vektoren. Dann definieren wir das euklidische Skalarprodukt[1] (oder innere Produkt[2]):

Визначення 2.7
Нехай $\mathbf{a} \neq \mathbf{0}$ та $\mathbf{b} \neq \mathbf{0}$ - це геометричні вектори. Ми визначаємо евклідів скалярний добуток[1] (або скалярний добуток[2]):

$$\langle \mathbf{a}, \mathbf{b} \rangle = \|\mathbf{a}\|_2 \cdot \|\mathbf{b}\|_2 \cdot \cos \sphericalangle(\mathbf{a}, \mathbf{b})$$

*Dabei bezeichnet $\sphericalangle(\mathbf{a}, \mathbf{b})$ den von den beiden Vektoren **a** und **b** eingeschlossenen[1] nichtnegativen Winkel[2]. Dieser Winkel ist nur dann sinnvoll definiert, falls keiner der beiden Vektoren der Nullvektor **0** ist. In diesem Fall definieren wir:*

*Тут $\sphericalangle(\mathbf{a}, \mathbf{b})$ позначає опуклий (внутрішній)[1] кут[2], укладений двома векторами **a** та **b**. Цей кут тільки тоді має значення, коли жоден із двох векторів не є нульовим вектором **0**. В останньому випадку ми визначаємо:*

$$\langle \mathbf{a}, \mathbf{0} \rangle = \langle \mathbf{0}, \mathbf{b} \rangle = \langle \mathbf{0}, \mathbf{0} \rangle = 0$$

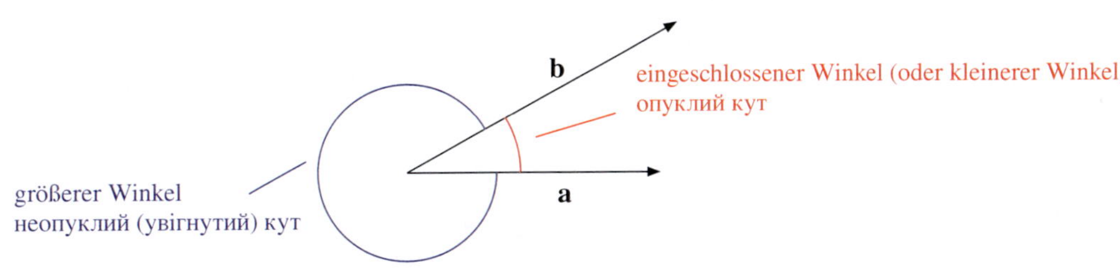

Abbildung / Рисунок 2.10
Winkel zwischen zwei Vektoren **a** und **b**
Кут між двома векторами **a** та **b**

Bemerkung: Falls die beiden Vektoren **a** und **b** senkrecht[1] aufeinander stehen (Notation: $\mathbf{a} \perp \mathbf{b}$), so gilt:

Зауваження: якщо обидва вектори **a** та **b** є перпендикулярними[1] один до одного (позначення: $\mathbf{a} \perp \mathbf{b}$), то маємо:

$$\cos \sphericalangle(\mathbf{a}, \mathbf{b}) = \cos \frac{\pi}{2} = 0$$
$$\Rightarrow \langle \mathbf{a}, \mathbf{b} \rangle = \|\mathbf{a}\|_2 \cdot \|\mathbf{b}\|_2 \cdot 0 = 0$$

b
a

Definition 2.8

Sei $\mathbf{e}_i$ der Vektor der Länge 1 in Richtung der positiven[1] i-ten Koordinatenachse[2] eines kartesischen Koordinatensystems. Wir bezeichnen ihn als i-ten Koordinateneinheitsvektor[3]:

Визначення 2.8

Нехай $\mathbf{e}_i$ - це вектор одиничної довжини у додатному[1] напрямку i-ої координатної осі[2] декартової системи координат. Його називають i-им одиничним координатним вектором[3].

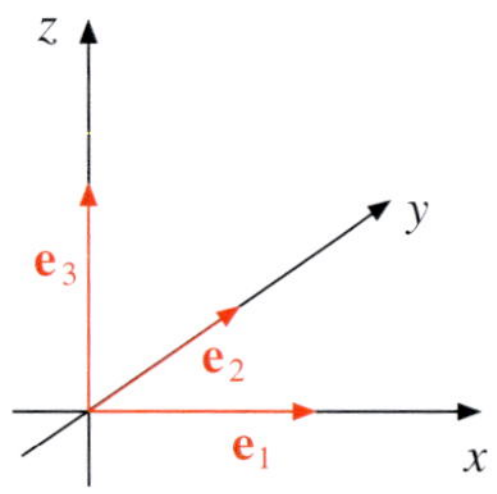

$$\mathbf{e}_1 = \begin{pmatrix} 1 \\ 0 \\ 0 \end{pmatrix}, \mathbf{e}_2 = \begin{pmatrix} 0 \\ 1 \\ 0 \end{pmatrix}, \mathbf{e}_3 = \begin{pmatrix} 0 \\ 0 \\ 1 \end{pmatrix}$$

Abbildung / Рисунок 2.11
Koordinateneinheitsvektoren im $\mathbb{R}^3$
Одиничні координатні вектори в $\mathbb{R}^3$

Ganz allgemein hat im $\mathbb{R}^n$ der i-te Koordinateneinheitsvektor $\mathbf{e}_i$ eine 1 in der i-ten Zeile[1] und sonst überall Nullen:

Взагалі, в $\mathbb{R}^n$ i-ий одиничний координатний вектор $\mathbf{e}_i$ має 1 в i-ому рядку[1], а решта всюди нулі:

$$\mathbf{e}_i = \begin{pmatrix} 0 \\ \vdots \\ 0 \\ 1 \\ 0 \\ \vdots \\ 0 \end{pmatrix} \leftarrow \textit{i-te Zeile / i-ий рядок}$$

Beispiel:

Für das euklidische Skalarprodukt zwischen zwei Koordinateneinheitsvektoren $\mathbf{e}_i, \mathbf{e}_j$ gilt:

Приклад:

Для евклідового скалярного добутку між двома одиничними координатними векторами $\mathbf{e}_i, \mathbf{e}_j$ маємо:

$$\langle \mathbf{e}_i, \mathbf{e}_j \rangle = \|\mathbf{e}_i\|_2 \cdot \|\mathbf{e}_j\|_2 \cdot \cos\sphericalangle(\mathbf{e}_i, \mathbf{e}_j) = \begin{cases} 1 \ , \ i = j \\ 0 \ , \ i \neq j \end{cases}$$

Um diesen Ausdruck zu vereinfachen, definieren wir das Kronecker-Symbol[1]:

Щоб спростити цей вираз, ми визначаємо символ Кронекера[1]:

$$\delta_{ij} = \begin{cases} 1 \ , \ i = j \\ 0 \ , \ i \neq j \end{cases}$$

Damit gilt:

Тоді маємо:

$$\langle \mathbf{e}_i, \mathbf{e}_j \rangle = \delta_{ij}$$

Beispiel:

Sei

Приклад:

Нехай

$$\mathbf{a} = \begin{pmatrix} a_1 \\ a_2 \end{pmatrix} \in \mathbb{R}^2$$

Dann gilt:

Тоді маємо:

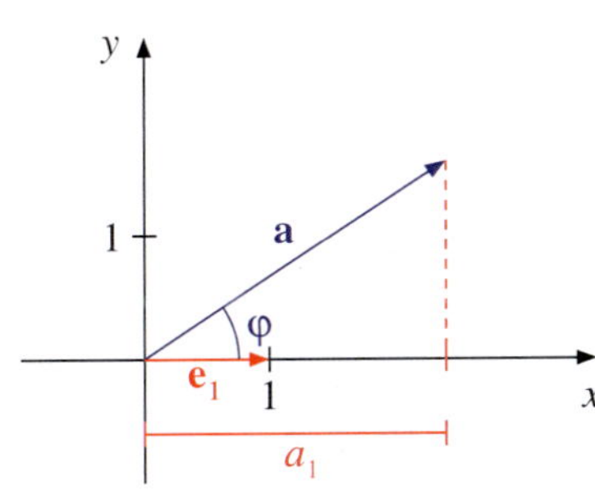

$$\begin{aligned} a_1 = \|\mathbf{a}\|_2 \cdot \cos\varphi &= \|\mathbf{a}\|_2 \cdot \cos\sphericalangle(\mathbf{e}_1, \mathbf{a}) \\ &= \underbrace{\|\mathbf{e}_1\|_2}_{1} \cdot \|\mathbf{a}\|_2 \cdot \cos\sphericalangle(\mathbf{e}_1, \mathbf{a}) \\ &= \langle \mathbf{e}_1, \mathbf{a} \rangle \end{aligned}$$

Anwendung: Koordinatenabbildung[1]. Das letzte Beispiel lässt sich verallgemeinern. Mit Hilfe des Skalarprodukts ist es möglich, die kartesischen Koordinaten eines Vektors sehr einfach zu bestimmen:

Застосування: координатне відображення[1]. Останній приклад можна узагальнити. За допомогою скалярного добутку зручно визначити декартові координати вектора:

$$a_i = \langle \mathbf{e}_i, \mathbf{a} \rangle$$

Umgekehrt lässt sich im $\mathbb{R}^n$ jeder Vektor $\mathbf{a}$ aus seinen Koordinaten a_i und den Koordinateneinheitsvektoren $\mathbf{e}_i$ rekonstruieren[1]:

Навпаки, кожен вектор $\mathbf{a}$ в $\mathbb{R}^n$ можна побудувати[1] за допомогою його координат a_i та одиничних координатних векторів $\mathbf{e}_i$:

$$\mathbf{a} = \sum_{i=1}^{n} a_i \cdot \mathbf{e}_i$$

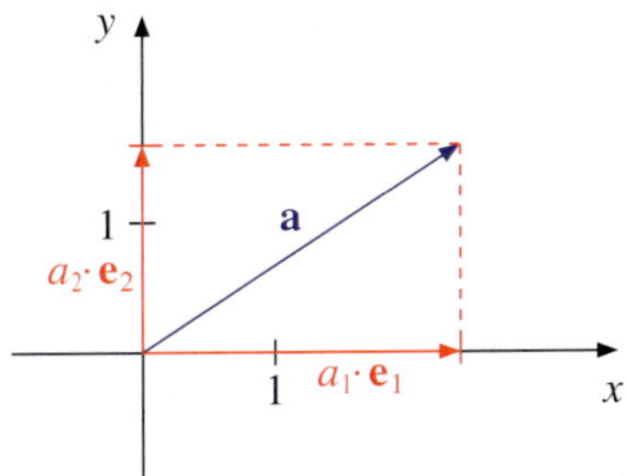

$$\mathbf{a} = \sum_{i=1}^{2} a_i \cdot \mathbf{e}_i = a_1 \cdot \mathbf{e}_1 + a_2 \cdot \mathbf{e}_2$$

Abbildung / Рисунок 2.12
Rekonstruktion eines Vektors $\mathbf{a} \in \mathbb{R}^2$ aus seinen Koordinaten
Побудова вектора $\mathbf{a} \in \mathbb{R}^2$ за його координатами

Bislang haben wir ausschließlich das euklidische Skalarprodukt für geometrische Vektoren betrachtet. Im Folgenden geben wir die Definition eines allgemeinen Skalarprodukts:

Поки що ми розглядали лише евклідів скалярний добуток для геометричних векторів. Далі ми даємо визначення загального скалярного добутку:

Definition 2.9
Sei V ein Vektorraum. Eine Funktion $\langle \cdot, \cdot \rangle$, die jeweils zwei Vektoren $\mathbf{a}, \mathbf{b} \in V$ auf eine reelle Zahl[1] $\langle \mathbf{a}, \mathbf{b} \rangle$ abbildet[2], bezeichnen wir als Skalarprodukt, falls für alle $\mathbf{a}, \mathbf{b}, \mathbf{c} \in V$ und $\lambda \in \mathbb{R}$ die folgenden Skalarprodukt-Axiome gelten:

Визначення 2.9
Нехай V - це векторний простір. Функцію $\langle \cdot, \cdot \rangle$, яка відображає[2] два вектори $\mathbf{a}, \mathbf{b} \in V$ на дійсне число [1] $\langle \mathbf{a}, \mathbf{b} \rangle$, називають скалярним добутком, якщо для всіх $\mathbf{a}, \mathbf{b}, \mathbf{c} \in V$ та $\lambda \in \mathbb{R}$ виконуються такі аксіоми скалярного добутку:

Kommutativität:

Комутативність:

$$\text{(i)} \qquad \langle \mathbf{a}, \mathbf{b} \rangle = \langle \mathbf{b}, \mathbf{a} \rangle$$

Homogenität:

Однорідність:

$$\text{(ii)} \qquad \langle \lambda \cdot \mathbf{a}, \mathbf{b} \rangle = \lambda \cdot \langle \mathbf{a}, \mathbf{b} \rangle = \langle \mathbf{a}, \lambda \cdot \mathbf{b} \rangle$$

Distributivität:

Дистрибутивність

$$\text{(iii)} \qquad \begin{aligned} \langle \mathbf{a}+\mathbf{b}, \mathbf{c} \rangle &= \langle \mathbf{a}, \mathbf{c} \rangle + \langle \mathbf{b}, \mathbf{c} \rangle \\ \langle \mathbf{c}, \mathbf{a}+\mathbf{b} \rangle &= \langle \mathbf{c}, \mathbf{a} \rangle + \langle \mathbf{c}, \mathbf{b} \rangle \end{aligned}$$

Positive Definitheit:

Додатна визначеність:

$$\text{(iv)} \qquad \begin{aligned} &\langle \mathbf{a}, \mathbf{a} \rangle \geq 0 \\ &\langle \mathbf{a}, \mathbf{a} \rangle = 0 \Leftrightarrow \mathbf{a} = \mathbf{0} \end{aligned}$$

Die Eigenschaften (ii) Homogenität und (iii) Distributivität fasst man auch unter dem Begriff Bilinearität[1] zusammen.

Властивості (ii) однорідності та (iii) дистрибутивності також об'єднують під терміном білінійність[1].

Satz 2.10

Das euklidische Skalarprodukt für geometrische Vektoren erfüllt die Skalarprodukt-Axiome.

Теорема 2.10

Евклідів скалярний добуток для геометричних векторів задовольняє аксіомам скалярного добутку.

Beweis:

Wir untersuchen das euklidische Skalarprodukt für geometrische Vektoren:

Доведення:

Ми розглядаємо евклідів скалярний добуток для геометричних векторів:

$$\langle \mathbf{a}, \mathbf{b} \rangle = \|\mathbf{a}\|_2 \cdot \|\mathbf{b}\|_2 \cdot \cos \sphericalangle(\mathbf{a}, \mathbf{b})$$

Den Fall, dass einer der Vektoren $\mathbf{a}, \mathbf{b}$ gleich dem Nullvektor $\mathbf{0}$ ist, behandeln wir nicht explizit. Dann ist der eingeschlossene Winkel $\sphericalangle(\mathbf{a}, \mathbf{b})$ nicht definiert. Wenn wir in diesem Fall aber $\sphericalangle(\mathbf{a}, \mathbf{b})$ einen beliebigen Wert zuweisen (beispielsweise $\sphericalangle(\mathbf{a}, \mathbf{b}) = 0$), dann erhalten wir immer das richtige Ergebnis, da $\|\mathbf{0}\|_2 = 0$ dafür sorgt, dass das euklidische Skalarprodukt Null wird.

У випадку, коли один із векторів $\mathbf{a}, \mathbf{b}$ дорівнює нульовому вектору $\mathbf{0}$, внутрішній кут $\sphericalangle(\mathbf{a}, \mathbf{b})$ не є однозначно визначеним. Однак, якщо в цьому випадку встановити $\sphericalangle(\mathbf{a}, \mathbf{b}) = 0$, ми отримуємо завжди правильний результат, оскільки $\|\mathbf{0}\|_2 = 0$ забезпечує нульовий евклідів скалярний добуток.

Zu (i): Die Kommutativität folgt aus $\sphericalangle(\mathbf{a}, \mathbf{b}) = \sphericalangle(\mathbf{b}, \mathbf{a})$:

До (i): комутативність випливає з $\sphericalangle(\mathbf{a}, \mathbf{b}) = \sphericalangle(\mathbf{b}, \mathbf{a})$:

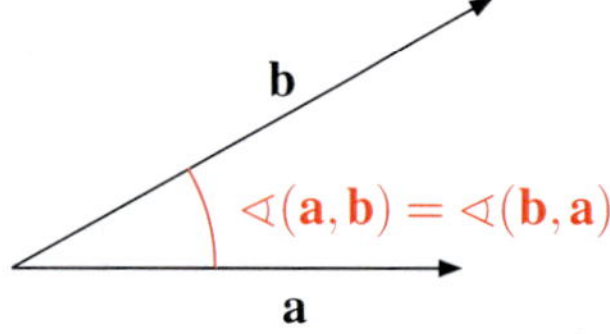

$$\begin{aligned} \langle \mathbf{a}, \mathbf{b} \rangle &= \|\mathbf{a}\|_2 \cdot \|\mathbf{b}\|_2 \cdot \cos \sphericalangle(\mathbf{a}, \mathbf{b}) \\ &= \|\mathbf{b}\|_2 \cdot \|\mathbf{a}\|_2 \cdot \cos \sphericalangle(\mathbf{b}, \mathbf{a}) \\ &= \langle \mathbf{b}, \mathbf{a} \rangle \end{aligned}$$

Zu (ii): Im Fall $\lambda > 0$ zeigen die beiden Vektoren $\mathbf{a}$ und $\lambda \cdot \mathbf{a}$ in die gleiche Richtung. Daher gilt $\sphericalangle(\lambda \cdot \mathbf{a}, \mathbf{b}) = \sphericalangle(\mathbf{a}, \mathbf{b})$. Mit

До (ii): у випадку $\lambda > 0$ обидва вектори $\mathbf{a}$ та $\lambda \cdot \mathbf{a}$ мають однаковий напрямок. Через це маємо $\sphericalangle(\lambda \cdot \mathbf{a}, \mathbf{b}) = \sphericalangle(\mathbf{a}, \mathbf{b})$.

dem Norm-Axiom (iii) $\|\lambda \cdot \mathbf{a}\|_2 = |\lambda| \cdot \|\mathbf{a}\|_2$ erhalten wir:

Використання аксіоми норми (iii) $\|\lambda \cdot \mathbf{a}\|_2 = |\lambda| \cdot \|\mathbf{a}\|_2$ дає:

$$\begin{aligned}\langle \lambda \cdot \mathbf{a}, \mathbf{b}\rangle &= \|\lambda \cdot \mathbf{a}\|_2 \cdot \|\mathbf{b}\|_2 \cdot \cos\sphericalangle(\lambda \cdot \mathbf{a}, \mathbf{b})\\ &= |\lambda| \cdot \|\mathbf{a}\|_2 \cdot \|\mathbf{b}\|_2 \cdot \cos\sphericalangle(\mathbf{a}, \mathbf{b})\\ &= \lambda \cdot \|\mathbf{a}\|_2 \cdot \|\mathbf{b}\|_2 \cdot \cos\sphericalangle(\mathbf{a}, \mathbf{b})\\ &= \lambda \cdot \langle \mathbf{a}, \mathbf{b}\rangle\end{aligned}$$

Im Fall $\lambda < 0$ schreiben wir $\lambda \cdot \mathbf{a} = (-\lambda) \cdot (-\mathbf{a})$. Dann ist $(-\lambda) > 0$ und wir können wie im letzten Fall verfahren. Die Vektoren $\mathbf{a}$ und $(-\mathbf{a})$ zeigen in die jeweils entgegengesetzte Richtung. Mit dem Additionstheorem[1] $\cos(\pi - \varphi) = -\cos\varphi$ erhalten wir:

У випадку $\lambda < 0$ ми можемо записати $\lambda \cdot \mathbf{a} = (-\lambda) \cdot (-\mathbf{a})$. Тоді $(-\lambda) > 0$ і ми можемо діяти, як у попередньому випадку. Вектори $\mathbf{a}$ та $(-\mathbf{a})$ мають протилежні напрямки. Використання теореми додавання[1] $\cos(\pi - \varphi) = -\cos\varphi$ дає:

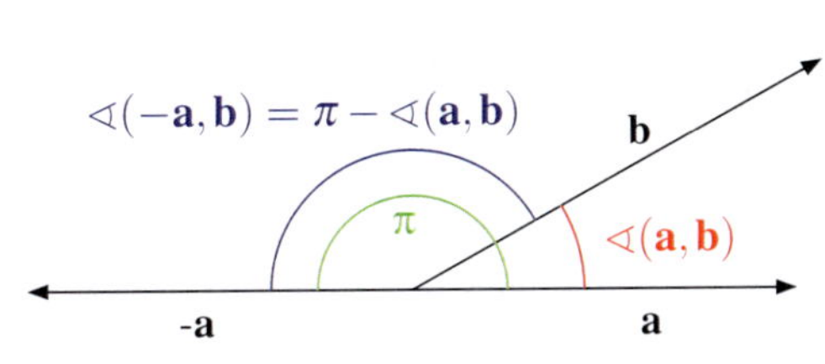

$$\begin{aligned}\langle \lambda \cdot \mathbf{a}, \mathbf{b}\rangle &= \langle (-\lambda) \cdot (-\mathbf{a}), \mathbf{b}\rangle\\ &= (-\lambda) \cdot \langle -\mathbf{a}, \mathbf{b}\rangle\\ &= -\lambda \cdot \underbrace{\|-\mathbf{a}\|_2}_{\|\mathbf{a}\|_2} \cdot \|\mathbf{b}\|_2 \cdot \cos\sphericalangle(-\mathbf{a}, \mathbf{b})\\ &= -\lambda \cdot \|\mathbf{a}\|_2 \cdot \|\mathbf{b}\|_2 \cdot \underbrace{\cos(\pi - \sphericalangle(\mathbf{a}, \mathbf{b}))}_{-\cos\sphericalangle(\mathbf{a}, \mathbf{b})}\\ &= \lambda \cdot \|\mathbf{a}\|_2 \cdot \|\mathbf{b}\|_2 \cdot \cos\sphericalangle(\mathbf{a}, \mathbf{b})\\ &= \lambda \cdot \langle \mathbf{a}, \mathbf{b}\rangle\end{aligned}$$

Im Fall $\lambda = 0$ gilt:

У випадку $\lambda = 0$ маємо:

$$\langle \lambda \cdot \mathbf{a}, \mathbf{b}\rangle = \langle \mathbf{0}, \mathbf{b}\rangle = 0 = 0 \cdot \langle \mathbf{a}, \mathbf{b}\rangle = \lambda \cdot \langle \mathbf{a}, \mathbf{b}\rangle$$

Die Homogenität im 2. Argument[1] folgt aus der Kommutativität:

Однорідність у другому аргументі[1] випливає з комутативності:

$$\langle \mathbf{a}, \lambda \cdot \mathbf{b}\rangle = \langle \lambda \cdot \mathbf{b}, \mathbf{a}\rangle = \lambda \cdot \langle \mathbf{b}, \mathbf{a}\rangle = \lambda \cdot \langle \mathbf{a}, \mathbf{b}\rangle$$

Zu (iii): Wir zeigen die Distributivität $\langle \mathbf{a}+\mathbf{b}, \mathbf{c}\rangle = \langle \mathbf{a}, \mathbf{c}\rangle + \langle \mathbf{b}, \mathbf{c}\rangle$. Sei $\mathbf{c} \neq \mathbf{0}$. Dann gilt:

До (iii): показуємо дистрибутивність $\langle \mathbf{a}+\mathbf{b}, \mathbf{c}\rangle = \langle \mathbf{a}, \mathbf{c}\rangle + \langle \mathbf{b}, \mathbf{c}\rangle$. Нехай $\mathbf{c} \neq \mathbf{0}$. Тоді маємо:

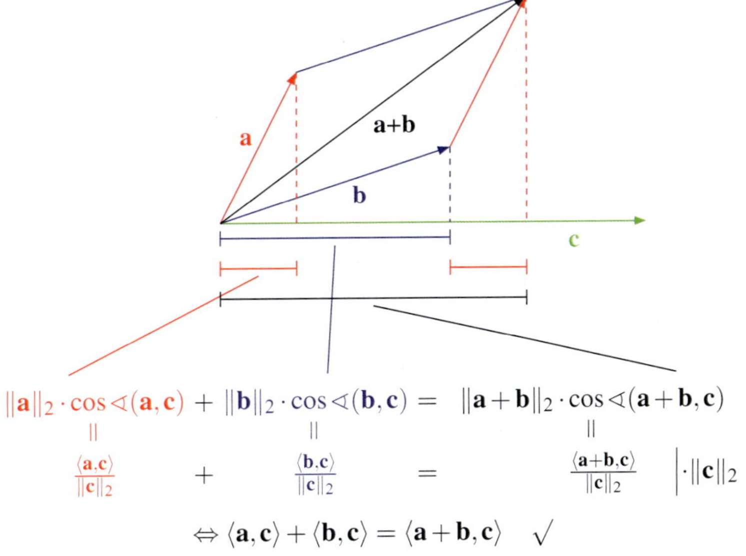

$$\begin{array}{ccccc} \|\mathbf{a}\|_2 \cdot \cos\sphericalangle(\mathbf{a}, \mathbf{c}) & + & \|\mathbf{b}\|_2 \cdot \cos\sphericalangle(\mathbf{b}, \mathbf{c}) & = & \|\mathbf{a}+\mathbf{b}\|_2 \cdot \cos\sphericalangle(\mathbf{a}+\mathbf{b}, \mathbf{c}) \\ \| & & \| & & \| \\ \frac{\langle \mathbf{a}, \mathbf{c}\rangle}{\|\mathbf{c}\|_2} & + & \frac{\langle \mathbf{b}, \mathbf{c}\rangle}{\|\mathbf{c}\|_2} & = & \frac{\langle \mathbf{a}+\mathbf{b}, \mathbf{c}\rangle}{\|\mathbf{c}\|_2} \quad \Big| \cdot \|\mathbf{c}\|_2 \end{array}$$

$$\Leftrightarrow \langle \mathbf{a}, \mathbf{c}\rangle + \langle \mathbf{b}, \mathbf{c}\rangle = \langle \mathbf{a}+\mathbf{b}, \mathbf{c}\rangle \quad \checkmark$$

Im Fall $\mathbf{c} = \mathbf{0}$ gilt:

У випадку $\mathbf{c} = \mathbf{0}$ маємо:

$$\langle \mathbf{a}+\mathbf{b}, \mathbf{0} \rangle = 0 = \langle \mathbf{a}, \mathbf{0} \rangle + \langle \mathbf{b}, \mathbf{0} \rangle \quad \surd$$

Aus der Kommutativität folgt:

З комутативності випливає:

$$\langle \mathbf{c}, \mathbf{a}+\mathbf{b} \rangle = \langle \mathbf{a}+\mathbf{b}, \mathbf{c} \rangle = \langle \mathbf{a}, \mathbf{c} \rangle + \langle \mathbf{b}, \mathbf{c} \rangle = \langle \mathbf{c}, \mathbf{a} \rangle + \langle \mathbf{c}, \mathbf{b} \rangle$$

Zu (iv):

До (iv):

$$\langle \mathbf{a}, \mathbf{a} \rangle = \|\mathbf{a}\|_2 \cdot \|\mathbf{a}\|_2 \cdot \underbrace{\cos \sphericalangle(\mathbf{a}, \mathbf{a})}_{1} = \|\mathbf{a}\|_2^2 = \begin{cases} > 0 \ , \ \mathbf{a} \neq \mathbf{0} \\ = 0 \ , \ \mathbf{a} = \mathbf{0} \end{cases} \quad \surd$$

■

Anwendung: Wir bestimmen eine einfache Formel[1] für das euklidische Skalarprodukt in kartesischen Koordinaten:

Застосування: визначаємо просту формулу[1] для евклідового скалярного добутку в декартових координатах:

$$\mathbf{a} = \begin{pmatrix} a_1 \\ \vdots \\ a_n \end{pmatrix} \quad , \quad \mathbf{b} = \begin{pmatrix} b_1 \\ \vdots \\ b_n \end{pmatrix} \in \mathbb{R}^n \quad \Rightarrow \quad \mathbf{a} = \sum_{i=1}^{n} a_i \cdot \mathbf{e}_i \quad , \quad \mathbf{b} = \sum_{j=1}^{n} b_j \cdot \mathbf{e}_j$$

$$\begin{aligned} \Rightarrow \langle \mathbf{a}, \mathbf{b} \rangle \quad &= \quad \left\langle \sum_{i=1}^{n} a_i \cdot \mathbf{e}_i, \sum_{j=1}^{n} b_j \cdot \mathbf{e}_j \right\rangle \\ &\underset{\substack{\text{Bilinearität} \\ \text{білінійність}}}{=} \sum_{i=1}^{n} \sum_{j=1}^{n} a_i \cdot b_j \cdot \underbrace{\langle \mathbf{e}_i, \mathbf{e}_j \rangle}_{\delta_{ij}} \\ &= \quad \sum_{i=1}^{n} a_i \cdot b_i \end{aligned}$$

Beispiel:

Приклад:

Mit Hilfe des euklidischen Skalarprodukts berechnen wir den Winkel zwischen zwei Vektoren:

За допомогою евклідового скалярного добутку обчислюємо кут між двома векторами:

$$\begin{aligned} \mathbf{a} &= \begin{pmatrix} -1 \\ 2 \\ 2 \end{pmatrix}, \mathbf{b} = \begin{pmatrix} 3 \\ 0 \\ 4 \end{pmatrix} \\ \langle \mathbf{a}, \mathbf{b} \rangle &= \left\langle \begin{pmatrix} -1 \\ 2 \\ 2 \end{pmatrix}, \begin{pmatrix} 3 \\ 0 \\ 4 \end{pmatrix} \right\rangle = (-1) \cdot 3 + 2 \cdot 0 + 2 \cdot 4 = 5 \\ \|\mathbf{a}\|_2 &= \left\| \begin{pmatrix} -1 \\ 2 \\ 2 \end{pmatrix} \right\|_2 = \sqrt{(-1)^2 + 2^2 + 2^2} = \sqrt{9} = 3 \\ \|\mathbf{b}\|_2 &= \left\| \begin{pmatrix} 3 \\ 0 \\ 4 \end{pmatrix} \right\|_2 = \sqrt{3^2 + 0^2 + 4^2} = \sqrt{25} = 5 \\ \langle \mathbf{a}, \mathbf{b} \rangle &= \|\mathbf{a}\|_2 \cdot \|\mathbf{b}\|_2 \cdot \cos \sphericalangle(\mathbf{a}, \mathbf{b}) \\ \Leftrightarrow \cos \sphericalangle(\mathbf{a}, \mathbf{b}) &= \frac{\langle \mathbf{a}, \mathbf{b} \rangle}{\|\mathbf{a}\|_2 \cdot \|\mathbf{b}\|_2} = \frac{5}{3 \cdot 5} = \frac{1}{3} \\ \Leftrightarrow \sphericalangle(\mathbf{a}, \mathbf{b}) &= \arccos\left(\frac{1}{3}\right) = 1.230... \mathrel{\hat{=}} 70{,}528...^\circ \end{aligned}$$

Bemerkung: Zwischen dem euklidischen Skalarprodukt $\langle \cdot, \cdot \rangle$ und der euklidischen Norm $\|\cdot\|_2$ besteht der folgende Zusammenhang:

Зауваження: між евклідовим скалярним добутком $\langle \cdot, \cdot \rangle$ та евклідовою нормою $\|\cdot\|_2$ існує таке співвідношення:

$$\sqrt{\langle \mathbf{a}, \mathbf{a} \rangle} = \sqrt{\sum_{i=1}^{n} a_i \cdot a_i} = \|\mathbf{a}\|_2$$

Allgemein kann man auf diese Weise aus jedem Skalarprodukt eine Norm konstruieren:

Взагалі, з кожного скалярного добутка можна побудувати норму таким шляхом:

Definition 2.11
Sei V ein Vektorraum mit Skalarprokukt $\langle \cdot, \cdot \rangle$. Dann induziert[1] das Skalarprodukt die folgende Norm. Diese bezeichnen wir als induzierte Norm[2]:

Визначення 2.11
Нехай V - це векторний простір зі скалярним добутком $\langle \cdot, \cdot \rangle$. Тоді скалярний добуток породжує[1] таку норму, яку ми називатимемо породженою нормою[2]:

$$\|\mathbf{a}\| = \sqrt{\langle \mathbf{a}, \mathbf{a} \rangle}$$

Beispiel:
Im $\mathbb{R}^n$ induziert das euklidische Skalarprodukt $\langle \cdot, \cdot \rangle$ die euklidische Norm $\|\cdot\|_2$.

Приклад:
В $\mathbb{R}^n$ евклідів скалярний добуток $\langle \cdot, \cdot \rangle$ породжує евклідову норму $\|\cdot\|_2$.

Satz 2.12 (Cauchy-Bunjakowski-Schwarzsche Ungleichung)
Sei V ein Vektorraum mit Skalarprodukt $\langle \cdot, \cdot \rangle$ und zugehöriger induzierter Norm $\|\cdot\|$. Dann gilt für alle $\mathbf{a}, \mathbf{b} \in V$:

Теорема 2.12 (нерівність Коші-Буняковського-Шварца)
Нехай V - це векторний простір зі скалярним добутком $\langle \cdot, \cdot \rangle$ та відповідною породженою нормою $\|\cdot\|$. Тоді для всіх $\mathbf{a}, \mathbf{b} \in V$ маємо:

$$|\langle \mathbf{a}, \mathbf{b} \rangle| \leq \|\mathbf{a}\| \cdot \|\mathbf{b}\|$$

Beweis:
Nach dem Skalarprodukt-Axiom (iv) gilt:

Доведення:
За аксіомою скалярного добутку (iv) маємо:

$$\begin{aligned} 0 &\leq \langle \alpha\mathbf{a} + \beta\mathbf{b}, \alpha\mathbf{a} + \beta\mathbf{b} \rangle \\ &= \alpha^2 \langle \mathbf{a}, \mathbf{a} \rangle + \beta^2 \langle \mathbf{b}, \mathbf{b} \rangle + 2\alpha\beta \langle \mathbf{a}, \mathbf{b} \rangle \\ &= \alpha^2 \|\mathbf{a}\|^2 + \beta^2 \|\mathbf{b}\|^2 + 2\alpha\beta \langle \mathbf{a}, \mathbf{b} \rangle \\ \Leftrightarrow \alpha^2 \|\mathbf{a}\|^2 + \beta^2 \|\mathbf{b}\|^2 &\geq -2\alpha\beta \langle \mathbf{a}, \mathbf{b} \rangle \end{aligned}$$

Wir setzen:

Покладаємо:

$$\alpha = \|\mathbf{b}\|, \quad \beta = \begin{cases} \|\mathbf{a}\| \ , & \langle \mathbf{a}, \mathbf{b} \rangle < 0 \\ -\|\mathbf{a}\| \ , & \langle \mathbf{a}, \mathbf{b} \rangle \geq 0 \end{cases}$$

Damit erhalten wir weiter:

Далі отримуємо:

$$\Leftrightarrow \|\mathbf{b}\|^2 \cdot \|\mathbf{a}\|^2 + \|\mathbf{a}\|^2 \cdot \|\mathbf{b}\|^2 \geq 2\|\mathbf{b}\| \cdot \|\mathbf{a}\| \cdot |\langle \mathbf{a}, \mathbf{b} \rangle|$$

1. Fall: $\mathbf{a} \neq \mathbf{0}$ und $\mathbf{b} \neq \mathbf{0} \Rightarrow$ Dividiere[1] durch $2\|\mathbf{a}\| \cdot \|\mathbf{b}\|$:

1-й випадок: $\mathbf{a} \neq \mathbf{0}$ та $\mathbf{b} \neq \mathbf{0} \Rightarrow$ ділимо[1] на $2\|\mathbf{a}\| \cdot \|\mathbf{b}\|$:

$$\Leftrightarrow \|\mathbf{a}\| \cdot \|\mathbf{b}\| \geq |\langle \mathbf{a}, \mathbf{b} \rangle| \qquad \checkmark$$

2. Fall: $\mathbf{a} = \mathbf{0}$ oder $\mathbf{b} = \mathbf{0}$:

2-й випадок: $\mathbf{a} = \mathbf{0}$ або $\mathbf{b} = \mathbf{0}$:

$$|\langle \mathbf{a}, \mathbf{b} \rangle| = 0 = \|\mathbf{a}\| \cdot \|\mathbf{b}\| \qquad \checkmark$$

■

Beispiel:

Приклад:

$$\mathbf{a} = \begin{pmatrix} -1 \\ 2 \\ 2 \end{pmatrix}, \mathbf{b} = \begin{pmatrix} 3 \\ 0 \\ 4 \end{pmatrix}$$

$$|\langle \mathbf{a}, \mathbf{b} \rangle| = \left| \left\langle \begin{pmatrix} -1 \\ 2 \\ 2 \end{pmatrix}, \begin{pmatrix} 3 \\ 0 \\ 4 \end{pmatrix} \right\rangle \right| = |-1 \cdot 3 + 2 \cdot 0 + 2 \cdot 4| = 5$$

$$|\wedge$$

$$\|\mathbf{a}\|_2 \cdot \|\mathbf{b}\|_2 = \left\| \begin{pmatrix} -1 \\ 2 \\ 2 \end{pmatrix} \right\|_2 \cdot \left\| \begin{pmatrix} 3 \\ 0 \\ 4 \end{pmatrix} \right\|_2 = \sqrt{(-1)^2 + 2^2 + 2^2} \cdot \sqrt{3^3 + 0^2 + 4^2} = 3 \cdot 5 = 15 \qquad \checkmark$$

Anwendung:

Застосування:

$$\begin{aligned} |\langle \mathbf{a}, \mathbf{b} \rangle| &\leq \|\mathbf{a}\| \cdot \|\mathbf{b}\| \\ \Leftrightarrow \frac{|\langle \mathbf{a}, \mathbf{b} \rangle|}{\|\mathbf{a}\| \cdot \|\mathbf{b}\|} &\leq 1 \\ \Leftrightarrow -1 \leq \frac{\langle \mathbf{a}, \mathbf{b} \rangle}{\|\mathbf{a}\| \cdot \|\mathbf{b}\|} &\leq 1 \end{aligned}$$

Damit können wir in jedem Vektorraum V mit Skalarprodukt $\langle \cdot, \cdot \rangle$ und zugehöriger induzierter Norm $\| \cdot \|$ den Winkel zwischen zwei Vektoren $\mathbf{a}, \mathbf{b} \in V$ definieren:

Отже, у кожному векторному просторі V зі скалярним добутком $\langle \cdot, \cdot \rangle$ та відповідною породженою нормою $\| \cdot \|$ ми можемо визначити кут між двома векторами $\mathbf{a}, \mathbf{b} \in V$:

$$\sphericalangle(\mathbf{a}, \mathbf{b}) = \arccos \left(\frac{\langle \mathbf{a}, \mathbf{b} \rangle}{\|\mathbf{a}\| \cdot \|\mathbf{b}\|} \right)$$

Da wir gerade gezeigt haben, dass das Argument des arccos immer zwischen -1 und 1 liegt, ist dieser Ausdruck sinnvoll definiert.

Як ми щойно показали, аргумент arccos завжди лежить між -1 та 1, тому цей вираз дає змістовне визначення.

In jedem Vektorraum mit Skalarprodukt und zugehöriger induzierter Norm lassen sich Längen $\|\mathbf{a}\|$ und Winkel $\sphericalangle(\mathbf{a}, \mathbf{b})$ messen. Man spricht dann von einem euklidischen Vektorraum[1].

У кожному векторному просторі зі скалярним добутком та відповідною породженою нормою можна виміряти довжини $\|\mathbf{a}\|$ та кути $\sphericalangle(\mathbf{a}, \mathbf{b})$. У цьому випадку кажуть про евклідовий векторний простір[1].

Beispiel:
Wir berechnen den Winkel zwischen zwei Vektoren im $\mathbb{R}^4$:

Приклад:
Ми обчислюємо кут між двома векторами у $\mathbb{R}^4$:

$$\mathbf{a} = \begin{pmatrix} 0 \\ 1 \\ -2 \\ 2 \end{pmatrix}, \mathbf{b} = \begin{pmatrix} 1 \\ -1 \\ 1 \\ 1 \end{pmatrix}$$

$$\sphericalangle(\mathbf{a},\mathbf{b}) = \arccos\left(\frac{\langle \mathbf{a},\mathbf{b}\rangle}{\|\mathbf{a}\|_2 \cdot \|\mathbf{b}\|_2}\right) = \arccos\left(\frac{\left\langle \begin{pmatrix} 0 \\ 1 \\ -2 \\ 2 \end{pmatrix}, \begin{pmatrix} 1 \\ -1 \\ 1 \\ 1 \end{pmatrix} \right\rangle}{\left\|\begin{pmatrix} 0 \\ 1 \\ -2 \\ 2 \end{pmatrix}\right\|_2 \cdot \left\|\begin{pmatrix} 1 \\ -1 \\ 1 \\ 1 \end{pmatrix}\right\|_2}\right)$$

$$= \arccos\left(\frac{0\cdot 1 + 1\cdot(-1) + (-2)\cdot 1 + 2\cdot 1}{\sqrt{0^2+1^2+(-2)^2+2^2}\cdot\sqrt{1^2+(-1)^2+1^2+1^2}}\right)$$

$$= \arccos\left(\frac{-1}{3\cdot 2}\right) = \arccos\left(-\frac{1}{6}\right) = 1.738... \mathrel{\hat=} 99.594...^\circ$$

2.3 Das Vektorprodukt (im $\mathbb{R}^3$), Spatprodukt und Determinanten
Векторний добуток (у $\mathbb{R}^3$), змішаний добуток та детермінанти (або визначники)

Speziell im $\mathbb{R}^3$ gibt es neben dem Skalarprodukt (oder inneren Produkt) ein weiteres wichtiges Produkt zweier Vektoren. Eine physikalische Anwendung für das Vektorprodukt[1] (oder äußere Produkt[2]) ist das Drehmoment[3]:

Особливістю $\mathbb{R}^3$ є те, що окрім скалярного добутку (або внутрішнього добутку) в ньому є ще один важливий добуток двох векторів. Прикладом фізичного застосування векторного добутку[1] (або зовнішнього добутку[2]) є крутний момент[3]:

Beispiel (Das Drehmoment):
Für die Stärke D des Drehmoments gilt:

$D =$ Hebelarm[1] (oder Radiusvektor[1]) · Kraft (senkrecht zum Hebelarm)

Die resultierende Drehachse steht dabei immer senkrecht zum Hebelarm und zum Kraftvektor.

Приклад (крутний момент):
Для величини крутного моменту D маємо:

$D =$ радіус-вектор[1] · компонента сили (перпендикулярна до радіус-вектора)

Отримана вісь обертання буде завжди спрямована перпендикулярно до радіус-вектора і до вектора сили.

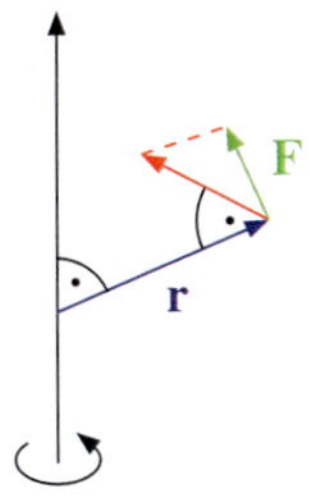

$\mathbf{r} \in \mathbb{R}^3$	Hebelarm / радіус-вектор
$\|\mathbf{r}\|_2 \in \mathbb{R}$	Länge des Hebelarms / довжина радіус-вектора
$\mathbf{F} \in \mathbb{R}^3$	Kraftvektor / вектор сили
$\|\mathbf{F}\|_2 \in \mathbb{R}$	Stärkte der Kraft / величина сили
$\|\mathbf{F}\|_2 \cdot \lvert\sin\sphericalangle(\mathbf{r},\mathbf{F})\rvert$	Stärke der Kraft $\perp$ Hebelarm / величина компоненти сили $\perp$ до радіус-вектора

$$\Rightarrow \quad D = \|\mathbf{r}\|_2 \cdot \|\mathbf{F}\|_2 \cdot \lvert\sin\sphericalangle(\mathbf{r},\mathbf{F})\rvert$$

Abbildung / Рисунок 2.13
Die Berechnung der Stärke des Drehmoments
Обчислення величини крутного моменту

Konvention: Man schreibt das Drehmoment als Vektor $\mathbf{D} \in \mathbb{R}^3$ der Länge

Домовленість: крутний момент записують як вектор $\mathbf{D} \in \mathbb{R}^3$ довжини

$$\|\mathbf{D}\|_2 = \|\mathbf{r}\|_2 \cdot \|\mathbf{F}\|_2 \cdot |\sin \sphericalangle(\mathbf{r}, \mathbf{F})| .$$

Die Richtung von $\mathbf{D}$ wird dabei so gewählt, dass der Vektor $\mathbf{D}$ senkrecht auf $\mathbf{r}$ und $\mathbf{F}$ steht. Damit ist $\mathbf{D}$ bis auf seine Orientierung festgelegt. Die Orientierung von $\mathbf{D}$ wählen wir so, dass $\mathbf{r}, \mathbf{F}, \mathbf{D}$ ein Rechtssystem bilden.

При цьому напрямок $\mathbf{D}$ вибрано так, щоб вектор $\mathbf{D}$ був перпендикулярним до $\mathbf{r}$ та $\mathbf{F}$. Отже, $\mathbf{D}$ є фіксованим, за винятком його орієнтації. Ми обираємо орієнтацію $\mathbf{D}$ у такий спосіб, щоб $\mathbf{r}, \mathbf{F}, \mathbf{D}$ утворювали праву систему.

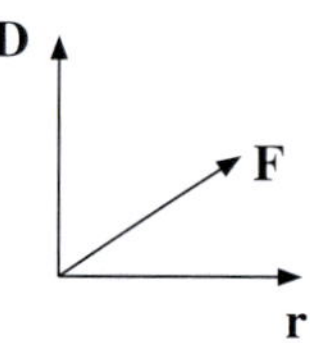

Abbildung / Рисунок 2.14
Die Vektoren $\mathbf{r}, \mathbf{F}, \mathbf{D}$ bilden ein Rechtssystem
Вектори $\mathbf{r}, \mathbf{F}, \mathbf{D}$ утворюють праву систему

Allgemein definiert man:

Взагалі визначають:

Definition 2.13
Seien $\mathbf{a}, \mathbf{b} \in \mathbb{R}^3$. Dann definieren wir das Vektorprodukt (oder äußere Produkt) $\mathbf{a} \times \mathbf{b} \in \mathbb{R}^3$ (Sprechweise: "$\mathbf{a}$ kreuz $\mathbf{b}$") als Vektor mit den folgenden Eigenschaften:

- $\mathbf{a} \times \mathbf{b}$ *hat die Länge*

Визначення 2.13
Нехай $\mathbf{a}, \mathbf{b} \in \mathbb{R}^3$. Тоді ми визначаємо векторний добуток (або зовнішній добуток) $\mathbf{a} \times \mathbf{b} \in \mathbb{R}^3$ (кажемо: "$\mathbf{a}$ хрест $\mathbf{b}$") як вектор з такими властивостями:

- $\mathbf{a} \times \mathbf{b}$ *має довжину*

$$\|\mathbf{a} \times \mathbf{b}\|_2 = \|\mathbf{a}\|_2 \cdot \|\mathbf{b}\|_2 \cdot |\sin \sphericalangle(\mathbf{a}, \mathbf{b})| .$$

- $\mathbf{a} \times \mathbf{b}$ *steht senkrecht auf jedem der beiden Vektoren* $\mathbf{a}$ *und* $\mathbf{b}$.
- *Die Vektoren* $\mathbf{a}, \mathbf{b}, (\mathbf{a} \times \mathbf{b})$ *bilden ein Rechtssystem.*
- *Falls einer der beiden Vektoren* $\mathbf{a}, \mathbf{b}$ *die Länge Null hat oder die Vektoren* $\mathbf{a}$ *und* $\mathbf{b}$ *parallel*[1] *sind (das heißt* $\sin \sphericalangle(\mathbf{a}, \mathbf{b}) = 0$*), so gilt* $\mathbf{a} \times \mathbf{b} = \mathbf{0}$.

- $\mathbf{a} \times \mathbf{b}$ *є перпендикулярним до кожного з двох векторів* $\mathbf{a}$ *та* $\mathbf{b}$.
- *Вектори* $\mathbf{a}, \mathbf{b}, (\mathbf{a} \times \mathbf{b})$ *утворюють праву систему.*
- *Якщо один із двох векторів* $\mathbf{a}, \mathbf{b}$ *має нульову довжину або вектори* $\mathbf{a}$ *та* $\mathbf{b}$ *є паралельними*[1] *(тобто* $\sin \sphericalangle(\mathbf{a}, \mathbf{b}) = 0$*), то* $\mathbf{a} \times \mathbf{b} = \mathbf{0}$.

Geometrische Interpretation: Mit Hilfe des Vektorprodukts können wir den Flächeninhalt[1] F des von den beiden Vektoren $\mathbf{a}$ und $\mathbf{b}$ aufgespannten Parallelogramms[2] berechnen:

Геометрична інтерпретація: за допомогою векторного добутку ми можемо обчислити площу[1] F паралелограма[2], побудованого на векторах $\mathbf{a}$ та $\mathbf{b}$:

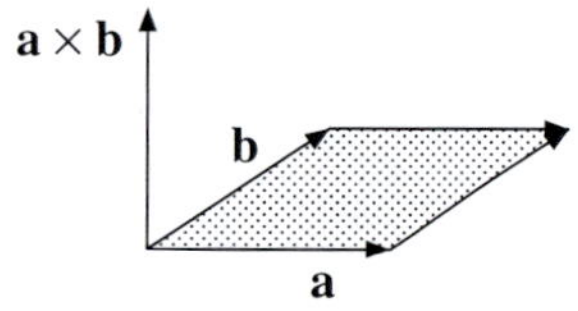

$$F = \|\mathbf{a}\|_2 \cdot \|\mathbf{b}\|_2 \cdot |\sin \sphericalangle(\mathbf{a}, \mathbf{b})| = \|\mathbf{a} \times \mathbf{b}\|_2$$

Beispiel:
Für das Drehmoment gilt:

Приклад:
Для крутного моменту маємо:

$$\mathbf{D} = \mathbf{r} \times \mathbf{F}$$

Satz 2.14
Seien $\mathbf{a}, \mathbf{b}, \mathbf{c} \in \mathbb{R}^3$ und $\lambda \in \mathbb{R}$. Dann gelten die folgenden Rechenregeln für das Vektorprodukt[1]:

Теорема 2.14
Нехай $\mathbf{a}, \mathbf{b}, \mathbf{c} \in \mathbb{R}^3$ та $\lambda \in \mathbb{R}$. Тоді чинні такі правила обчислення векторного добутка[1]:

$$\begin{aligned} &\text{(i)} && \mathbf{a} \times \mathbf{b} = -(\mathbf{b} \times \mathbf{a}) \\ &\text{(ii)} && (\lambda \mathbf{a}) \times \mathbf{b} = \mathbf{a} \times (\lambda \mathbf{b}) = \lambda(\mathbf{a} \times \mathbf{b}) \\ &\text{(iii)} && \mathbf{a} \times (\mathbf{b} + \mathbf{c}) = \mathbf{a} \times \mathbf{b} + \mathbf{a} \times \mathbf{c} \end{aligned}$$

Beweis:
Zu (i): Falls $\mathbf{a} = \mathbf{0}$ oder $\mathbf{b} = \mathbf{0}$ oder die beiden Vektoren $\mathbf{a}$ und $\mathbf{b}$ parallel sind, gilt:

Доведення:
До (i): якщо $\mathbf{a} = \mathbf{0}$ чи $\mathbf{b} = \mathbf{0}$ або два вектори $\mathbf{a}$ та $\mathbf{b}$ є паралельними, маємо:

$$\mathbf{a} \times \mathbf{b} = \mathbf{0} = -(\mathbf{b} \times \mathbf{a}) \qquad \checkmark$$

Wir betrachten im Folgenden alle anderen Fälle. Für die Längen gilt dann:

Далі ми розглядаємо всі інші випадки. Для довжини маємо:

$$\|\mathbf{a} \times \mathbf{b}\|_2 = \|\mathbf{a}\|_2 \cdot \|\mathbf{b}\|_2 \cdot |\sin\sphericalangle(\mathbf{a}, \mathbf{b})| = \|\mathbf{b}\|_2 \cdot \|\mathbf{a}\|_2 \cdot |\sin\sphericalangle(\mathbf{b}, \mathbf{a})| = \|\mathbf{b} \times \mathbf{a}\|_2 = \| -(\mathbf{b} \times \mathbf{a})\|_2 \qquad \checkmark$$

Sowohl $\mathbf{a} \times \mathbf{b}$ als auch $\mathbf{b} \times \mathbf{a}$ stehen senkrecht auf den beiden Vektoren $\mathbf{a}$ und $\mathbf{b}$. Damit sind sie kollinear[1] und können in die gleiche oder in die entgegengesetzte Richtung zeigen. Für die Richtung gilt:

Як $\mathbf{a} \times \mathbf{b}$, так і $\mathbf{b} \times \mathbf{a}$ є перпендикулярними до обох векторів $\mathbf{a}$ та $\mathbf{b}$. Отже, вони є колінеарними[1], тобто можуть мати однакову або протилежну орієнтацію. Для орієнтації маємо:

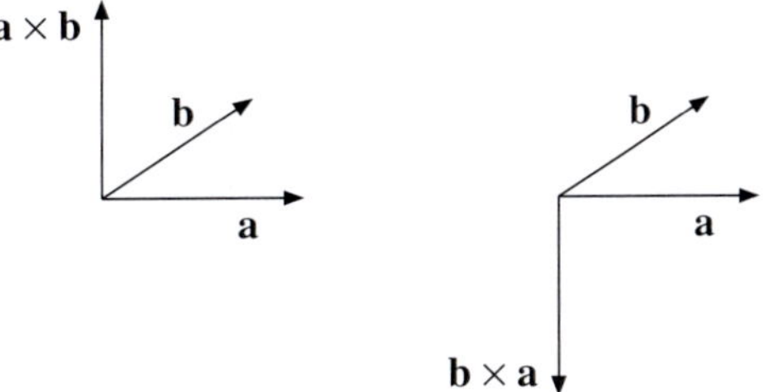

Somit haben $\mathbf{a} \times \mathbf{b}$ und $\mathbf{b} \times \mathbf{a}$ entgegengesetzte Richtung und es gilt:

Отже, $\mathbf{a} \times \mathbf{b}$ та $\mathbf{b} \times \mathbf{a}$ мають протилежну орієнтацію, тобто:

$$\mathbf{a} \times \mathbf{b} = -(\mathbf{b} \times \mathbf{a})$$

Zu (ii): Falls $\lambda \mathbf{a} = \mathbf{0}$ oder $\mathbf{b} = \mathbf{0}$ oder die beiden Vektoren $\mathbf{a}$ und $\mathbf{b}$ kollinear sind, gilt:

До (ii): якщо $\lambda \mathbf{a} = \mathbf{0}$ чи $\mathbf{b} = \mathbf{0}$ або вектори $\mathbf{a}$ та $\mathbf{b}$ колінеарні, маємо:

$$(\lambda \mathbf{a}) \times \mathbf{b} = \mathbf{0} = \lambda(\mathbf{a} \times \mathbf{b}) \qquad \checkmark$$

Wir betrachten im Folgenden alle anderen Fälle. Für die Längen gilt dann:

Далі ми розглядаємо решту випадків. Для довжини маємо:

$$\|(\lambda \mathbf{a}) \times \mathbf{b}\|_2 = \|\lambda \mathbf{a}\|_2 \cdot \|\mathbf{b}\|_2 \cdot |\sin\sphericalangle(\lambda \mathbf{a}, \mathbf{b})| = |\lambda| \cdot \|\mathbf{a}\|_2 \cdot \|\mathbf{b}\|_2 \cdot |\sin\sphericalangle(\mathbf{a}, \mathbf{b})| = |\lambda| \cdot \|\mathbf{a} \times \mathbf{b}\|_2 \qquad \checkmark$$

Für die Richtung gilt:

Для напрямку маємо:

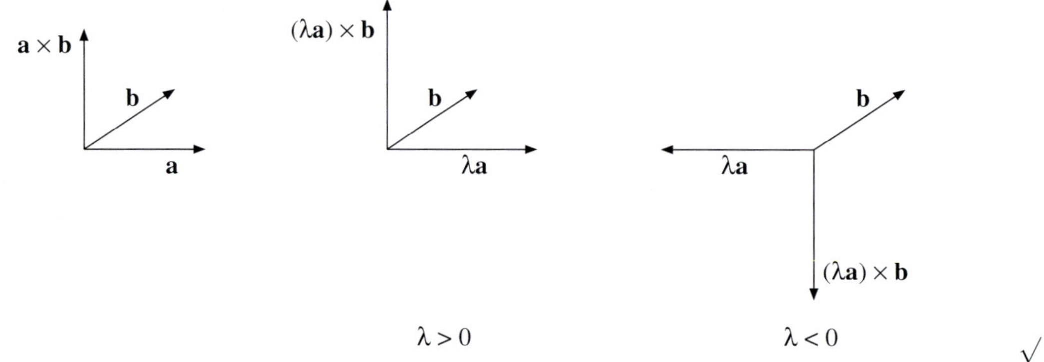

Zusammenfassend gilt sowohl im Fall $\lambda > 0$ als auch im Fall $\lambda < 0$:

Отже, як у випадку $\lambda > 0$, так і у випадку $\lambda < 0$ маємо:

$$(\lambda \mathbf{a}) \times \mathbf{b} = \lambda (\mathbf{a} \times \mathbf{b})$$

Für das skalare Vielfache im zweiten Argument gilt mit (i):

Для множення другого аргумента на скаляр застосовуємо (i):

$$\mathbf{a} \times (\lambda \mathbf{b}) = -((\lambda \mathbf{b}) \times \mathbf{a}) = -\lambda (\mathbf{b} \times \mathbf{a}) = \lambda (\mathbf{a} \times \mathbf{b}) \qquad \surd$$

Zu (iii): Falls $\mathbf{a} = \mathbf{0}$, so gilt:

До (iii): якщо $\mathbf{a} = \mathbf{0}$, маємо:

$$\mathbf{a} \times (\mathbf{b} + \mathbf{c}) = \mathbf{0} = \mathbf{a} \times \mathbf{b} + \mathbf{a} \times \mathbf{c} \qquad \surd$$

Sei $\mathbf{a} \neq \mathbf{0}$. Wir betrachten die Ursprungsebene[1] E senkrecht zum Vektor $\mathbf{a}$. Mit $\mathbf{b}'$ bezeichnen wir die Projektion[2] von $\mathbf{b}$ in die Ebene E. Der Vektor $\mathbf{b}'$ steht somit senkrecht auf $\mathbf{a}$ und hat die Länge

Нехай $\mathbf{a} \neq \mathbf{0}$. Ми розглядаємо початкову площину[1] E, перпендикулярну до вектора $\mathbf{a}$. Через $\mathbf{b}'$ ми позначаємо проекцію[2] вектора $\mathbf{b}$ на площину E. Вектор $\mathbf{b}'$ спрямований перпендикулярно до $\mathbf{a}$ і має довжину

$$\|\mathbf{b}\|_2 \cdot |\sin \sphericalangle(\mathbf{a}, \mathbf{b})|.$$

Daher gilt:

Тому маємо:

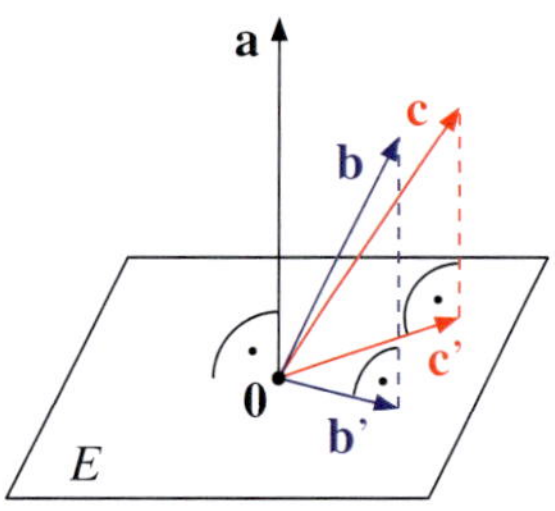

$$\mathbf{a} \times \mathbf{b} = \mathbf{a} \times \mathbf{b}'$$
$$\mathbf{a} \times \mathbf{c} = \mathbf{a} \times \mathbf{c}'$$

Wegen $(\mathbf{b} + \mathbf{c})' = \mathbf{b}' + \mathbf{c}'$ gilt zudem:

Оскільки $(\mathbf{b} + \mathbf{c})' = \mathbf{b}' + \mathbf{c}'$, маємо:

$$\mathbf{a} \times (\mathbf{b} + \mathbf{c}) = \mathbf{a} \times (\mathbf{b} + \mathbf{c})' = \mathbf{a} \times (\mathbf{b}' + \mathbf{c}') \qquad (*)$$

Auf alle in der Ebene E liegenden Vektoren wirkt das Vektorprodukt mit $\mathbf{a}$ als eine Drehstreckung[1] um den Winkel $\frac{\pi}{2}$ gegen den Uhrzeigersinn mit dem Streckungsfaktor[2] $\|\mathbf{a}\|_2$.

На всі вектори, які лежать на площині E, векторний добуток з вектором $\mathbf{a}$ діє як видовження з поворотом[1], а саме як поворот на кут $\frac{\pi}{2}$ проти годинникової стрілки та видовження з коефіцієнтом видовження[2] $\|\mathbf{a}\|_2$.

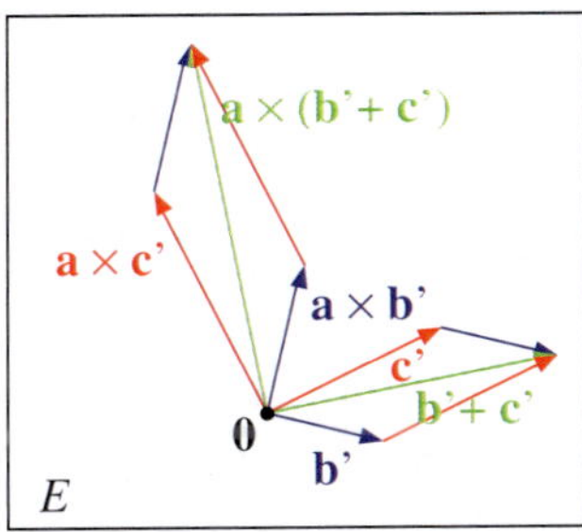

Unter dieser Drehstreckung bleiben alle Winkel zwischen den Vektoren gleich und alle Längen werden um den gleichen Faktor gestreckt. Damit erhalten wir unter Verwendung von $(*)$:

При цьому видовженні з поворотом усі кути між векторами залишаються незмінними, а всі довжини видовжуються з однаковим коефіцієнтом. Отже, за допомогою $(*)$ ми отримуємо:

$$\mathbf{a}\times(\mathbf{b}+\mathbf{c}) \underset{(*)}{=} \mathbf{a}\times(\mathbf{b}'+\mathbf{c}') = \mathbf{a}\times\mathbf{b}'+\mathbf{a}\times\mathbf{c}' = \mathbf{a}\times\mathbf{b}+\mathbf{a}\times\mathbf{c}$$

■

Beispiel:
Für die Koordinateneinheitsvektoren $\mathbf{e}_i \in \mathbb{R}^3, i = 1,2,3$ gilt:

Приклад:
Для одиничних координатних векторів $\mathbf{e}_i \in \mathbb{R}^3, i = 1,2,3$ маємо:

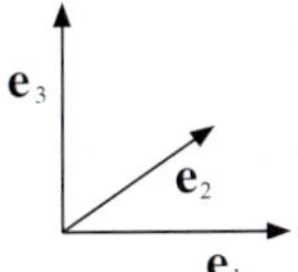

$$\mathbf{e}_i \times \mathbf{e}_i = \mathbf{0}$$
$$\mathbf{e}_1 \times \mathbf{e}_2 = \mathbf{e}_3$$
$$\mathbf{e}_2 \times \mathbf{e}_3 = \mathbf{e}_1$$
$$\mathbf{e}_3 \times \mathbf{e}_1 = \mathbf{e}_2$$

Anwendung: Mit Hilfe der Rechenregeln für das Vektorprodukt können wir daraus eine einfache Formel für $\mathbf{a}\times\mathbf{b}$ in kartesischen Koordinaten herleiten:

Застосування: за допомогою правил обчислення векторного добутку ми можемо вивести просту формулу для $\mathbf{a}\times\mathbf{b}$ у декартових координатах:

$$\mathbf{a} = \begin{pmatrix} a_1 \\ a_2 \\ a_3 \end{pmatrix} \quad , \quad \mathbf{b} = \begin{pmatrix} b_1 \\ b_2 \\ b_3 \end{pmatrix} \in \mathbb{R}^3 \quad \Rightarrow \quad \mathbf{a} = \sum_{i=1}^{3} a_i \cdot \mathbf{e}_i \quad , \quad \mathbf{b} = \sum_{j=1}^{3} b_j \cdot \mathbf{e}_j$$

$$\begin{aligned}
\Rightarrow \mathbf{a}\times\mathbf{b} &= \left(\sum_{i=1}^{3} a_i \cdot \mathbf{e}_i\right) \times \left(\sum_{j=1}^{3} b_j \cdot \mathbf{e}_j\right) \\
&= \sum_{i=1}^{3}\sum_{j=1}^{3} a_i \cdot b_j \cdot (\mathbf{e}_i \times \mathbf{e}_j) \\
&= a_1 \cdot b_1 \cdot \underbrace{(\mathbf{e}_1\times\mathbf{e}_1)}_{\mathbf{0}} + a_1 \cdot b_2 \cdot \underbrace{(\mathbf{e}_1\times\mathbf{e}_2)}_{\mathbf{e}_3} + a_1 \cdot b_3 \cdot \underbrace{(\mathbf{e}_1\times\mathbf{e}_3)}_{-\mathbf{e}_2} \\
&\quad + a_2 \cdot b_1 \cdot \underbrace{(\mathbf{e}_2\times\mathbf{e}_1)}_{-\mathbf{e}_3} + a_2 \cdot b_2 \cdot \underbrace{(\mathbf{e}_2\times\mathbf{e}_2)}_{\mathbf{0}} + a_2 \cdot b_3 \cdot \underbrace{(\mathbf{e}_2\times\mathbf{e}_3)}_{\mathbf{e}_1} \\
&\quad + a_3 \cdot b_1 \cdot \underbrace{(\mathbf{e}_3\times\mathbf{e}_1)}_{\mathbf{e}_2} + a_3 \cdot b_2 \cdot \underbrace{(\mathbf{e}_3\times\mathbf{e}_2)}_{-\mathbf{e}_1} + a_3 \cdot b_3 \cdot \underbrace{(\mathbf{e}_3\times\mathbf{e}_3)}_{\mathbf{0}} \\
&= (a_2b_3 - a_3b_2)\cdot\mathbf{e}_1 + (a_3b_1 - a_1b_3)\cdot\mathbf{e}_2 + (a_1b_2 - a_2b_1)\cdot\mathbf{e}_3 \\
&= \begin{pmatrix} a_2b_3 - a_3b_2 \\ a_3b_1 - a_1b_3 \\ a_1b_2 - a_2b_1 \end{pmatrix}
\end{aligned}$$

Beispiel:

Приклад:

$$\begin{pmatrix}1\\2\\4\end{pmatrix}\times\begin{pmatrix}-2\\3\\1\end{pmatrix}=\begin{pmatrix}2\cdot 1-4\cdot 3\\4\cdot(-2)-1\cdot 1\\1\cdot 3-2\cdot(-2)\end{pmatrix}=\begin{pmatrix}-10\\-9\\7\end{pmatrix}$$

Bemerkung: Das Vektorprodukt ist ausschließlich für Vektoren im $\mathbb{R}^3$ definiert. Um Größen[1] wie das Drehmoment auch im $\mathbb{R}^2$ zu berechnen, gibt es den folgenden Trick:

Зауваження: векторний добуток визначено лише для векторів у $\mathbb{R}^3$. Для обчислення таких величин[1], як крутний момент, у $\mathbb{R}^2$ використовують такий підхід:

Seien

Нехай

$$\mathbf{a}=\begin{pmatrix}a_1\\a_2\end{pmatrix},\mathbf{b}=\begin{pmatrix}b_1\\b_2\end{pmatrix}\in\mathbb{R}^2.$$

Wir interpretieren den $\mathbb{R}^2$ als (x,y)-Ebene im $\mathbb{R}^3$. Dann erhalten wir Vektoren im $\mathbb{R}^3$, indem wir eine z-Koordinate mit dem Wert 0 ergänzen:

Ми розглядаємо $\mathbb{R}^2$ як (x,y)-площину в $\mathbb{R}^3$. Тоді ми отримуємо вектори $\mathbb{R}^3$ шляхом додавання z-координати зі значенням 0:

$$\tilde{\mathbf{a}}=\begin{pmatrix}a_1\\a_2\\0\end{pmatrix},\tilde{\mathbf{b}}=\begin{pmatrix}b_1\\b_2\\0\end{pmatrix}\in\mathbb{R}^3$$

$$\Rightarrow\tilde{\mathbf{a}}\times\tilde{\mathbf{b}}=\begin{pmatrix}a_2\cdot 0-0\cdot b_2\\0\cdot b_1-a_1\cdot 0\\a_1b_2-a_2b_1\end{pmatrix}=\begin{pmatrix}0\\0\\a_1b_2-a_2b_1\end{pmatrix}$$

Das Ergebnis hat nur eine Koordinate, die nicht Null wird. In diesem Sinne definiert man das Vektorprodukt (oder äußere Produkt) im $\mathbb{R}^2$:

Результат має лише одну ненульову координату. У цьому сенсі можна визначити векторний добуток (або зовнішній добуток) у $\mathbb{R}^2$:

$$\underbrace{\begin{pmatrix}a_1\\a_2\end{pmatrix}}_{\in\mathbb{R}^2}\times\underbrace{\begin{pmatrix}b_1\\b_2\end{pmatrix}}_{\in\mathbb{R}^2}=\underbrace{a_1b_2-a_2b_1}_{\in\mathbb{R}}$$

Während das Vektorprodukt im $\mathbb{R}^3$ als Ergebnis einen Vektor liefert, ist das Vektorprodukt im $\mathbb{R}^2$ skalarwertig[1].

Тоді як результатом векторного добутка у $\mathbb{R}^3$ є вектор, результат векторного добутка у $\mathbb{R}^2$ скалярний[1].

Beispiel:
Wir berechnen den Flächeninhalt eines Dreiecks mit den folgenden Eckpunkten:

Приклад:
Ми обчислюємо площу трикутника з такими вершинами:

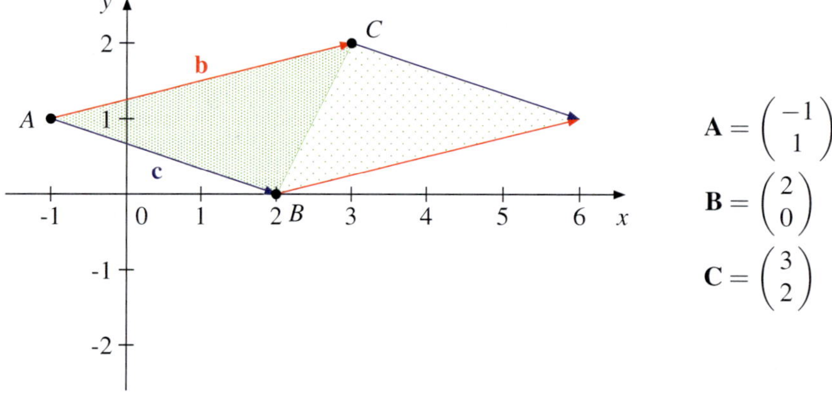

$$\mathbf{A}=\begin{pmatrix}-1\\1\end{pmatrix}\quad\mathbf{B}=\begin{pmatrix}2\\0\end{pmatrix}\quad\mathbf{C}=\begin{pmatrix}3\\2\end{pmatrix}$$

Wir erhalten die beiden Seitenvektoren[1]:

Отримуємо дві сторони-вектори[1]:

$$\mathbf{b} = \overrightarrow{AC} = \mathbf{C} - \mathbf{A} = \begin{pmatrix} 3 \\ 2 \end{pmatrix} - \begin{pmatrix} -1 \\ 1 \end{pmatrix} = \begin{pmatrix} 4 \\ 1 \end{pmatrix}$$
$$\mathbf{c} = \overrightarrow{AB} = \mathbf{B} - \mathbf{A} = \begin{pmatrix} 2 \\ 0 \end{pmatrix} - \begin{pmatrix} -1 \\ 1 \end{pmatrix} = \begin{pmatrix} 3 \\ -1 \end{pmatrix}$$

Das von den beiden Vektoren **b** und **c** aufgespannte Parallelogramm hat den Flächeninhalt:

Паралелограм, побудований на двох векторах **b** та **c**, має таку площу:

$$F_P = |\mathbf{b} \times \mathbf{c}|$$

Dieses Parallelogramm besteht aus dem Dreieck ABC und einem zweiten dazu kongruenten[1] Dreieck. Um den Flächeninhalt F des Dreiecks ABC zu berechnen, müssen wir F_P daher noch halbieren[2]:

Цей паралелограм складається з трикутника ABC і другого конгруентного[1] йому трикутника. Щоб обчислити площу F трикутника ABC, потрібно F_P ще розділити навпіл[2]:

$$\begin{aligned} F &= \frac{1}{2} F_P \\ &= \frac{1}{2} |\mathbf{b} \times \mathbf{c}| \\ &= \frac{1}{2} \left| \begin{pmatrix} 4 \\ 1 \end{pmatrix} \times \begin{pmatrix} 3 \\ -1 \end{pmatrix} \right| = \frac{1}{2} \left| 4 \cdot (-1) - 1 \cdot 3 \right| = \frac{1}{2} \left| -7 \right| = \frac{7}{2} \end{aligned}$$

Das Spatprodukt
Змішаний добуток

Drei Vektoren $\mathbf{a}, \mathbf{b}, \mathbf{c} \in \mathbb{R}^3$ spannen[1] im Raum einen Spat[2] (oder Parallelepiped[2]) auf.

На трьох векторах $\mathbf{a}, \mathbf{b}, \mathbf{c} \in \mathbb{R}^3$ у просторі можна побудувати[1] паралелепіпед[2].

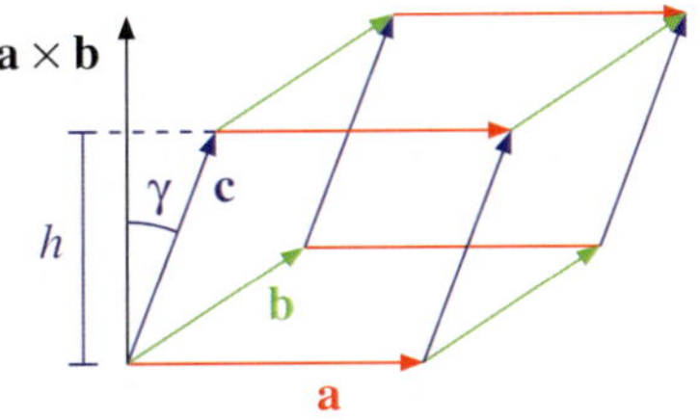

Abbildung / Рисунок 2.15
Ein Spat im Raum
Паралелепіпед у просторі

Ziel: Berechne das Volumen des Spats.

Мета: обчислити об'єм паралелепіпеда.

Idee: Volumen = Grundfläche[1] · Höhe[2].

Ідея: об'єм = площа основи[1] · висота[2].

Die Grundfläche können wir mit Hilfe des Vektorprodukts berechnen: $\mathbf{a} \times \mathbf{b}$ ist ein Vektor, dessen Länge $\|\mathbf{a} \times \mathbf{b}\|_2$ dem Flächeninhalt des von **a** und **b** aufgespannten Parallelogramms entspricht. Dies ist die Grundfläche des Spats.

Площу основи ми можемо обчислити за допомогою векторного добутку: $\mathbf{a} \times \mathbf{b}$ - це вектор, довжина якого $\|\mathbf{a} \times \mathbf{b}\|_2$ дорівнює площі паралелограма, побудованого на векторах **a** та **b**. Це площа основи паралелограма.

Zudem steht $\mathbf{a} \times \mathbf{b}$ senkrecht auf der Grundfläche. Die Höhe

Крім того, $\mathbf{a} \times \mathbf{b}$ спрямований перпендикулярно до осно-

des Spats ist $\|\mathbf{c}\|_2 \cdot |\cos\gamma|$. Dabei ist $\gamma = \sphericalangle(\mathbf{a}\times\mathbf{b},\mathbf{c})$. Somit erhalten wir für das Volumen V des Spats:

ви. Висота паралелограма дорівнює $\|\mathbf{c}\|_2 \cdot |\cos\gamma|$. Тут $\gamma = \sphericalangle(\mathbf{a}\times\mathbf{b},\mathbf{c})$. Отже, для об'єму паралелепіпеда V отримуємо:

$$V = \|\mathbf{a}\times\mathbf{b}\|_2 \cdot \|\mathbf{c}\|_2 \cdot |\cos\gamma| = \left|\langle \mathbf{a}\times\mathbf{b},\mathbf{c}\rangle\right|$$

Definition 2.15

Als Spatprodukt[1] der drei Vektoren $\mathbf{a},\mathbf{b},\mathbf{c}\in\mathbb{R}^3$ bezeichnen wir die Zahl:

Визначення 2.15

Позначаємо змішаний добуток[1] трьох векторів $\mathbf{a},\mathbf{b},\mathbf{c}\in\mathbb{R}^3$ як:

$$[\mathbf{a},\mathbf{b},\mathbf{c}] := \langle \mathbf{a}\times\mathbf{b},\mathbf{c}\rangle$$

Der Betrag des Spatprodukts liefert das Volumen des von den Vektoren $\mathbf{a},\mathbf{b}$ und $\mathbf{c}$ aufgespannten Spats. Das Vorzeichen ist positiv, falls die drei Vektoren ein Rechtssystem bilden und negativ, falls sie ein Linkssystem bilden. In diesem Zusammenhang spricht man auch vom vorzeichenbehafteten Volumen[1].

Змішаний добуток надає об'єм паралелепіпеда, побудованого на векторах $\mathbf{a},\mathbf{b}$ та $\mathbf{c}$. Знак буде додатний, якщо три вектори утворюють праву систему, і від'ємний, якщо вони утворюють ліву систему. У цому контексті можно казати про об'єм зі знаком[1].

Beispiel:

Приклад:

$$\mathbf{a}=\begin{pmatrix}1\\2\\3\end{pmatrix},\mathbf{b}=\begin{pmatrix}-2\\0\\-2\end{pmatrix},\mathbf{c}=\begin{pmatrix}2\\-1\\-2\end{pmatrix}$$

$$\Rightarrow [\mathbf{a},\mathbf{b},\mathbf{c}] = \left\langle \begin{pmatrix}1\\2\\3\end{pmatrix}\times\begin{pmatrix}-2\\0\\-2\end{pmatrix},\begin{pmatrix}2\\-1\\-2\end{pmatrix}\right\rangle = \left\langle \begin{pmatrix}2\cdot(-2)-3\cdot 0\\3\cdot(-2)-1\cdot(-2)\\1\cdot 0-2\cdot(-2)\end{pmatrix},\begin{pmatrix}2\\-1\\-2\end{pmatrix}\right\rangle$$

$$= \left\langle \begin{pmatrix}-4\\-4\\4\end{pmatrix},\begin{pmatrix}2\\-1\\-2\end{pmatrix}\right\rangle = (-4)\cdot 2+(-4)\cdot(-1)+4\cdot(-2) = -12$$

Der von den drei Vektoren $\mathbf{a},\mathbf{b},\mathbf{c}$ aufgespannte Spat hat somit das Volumen

Отже, побудований на трьох векторах $\mathbf{a},\mathbf{b},\mathbf{c}$ паралелепіпед має об'єм

$$V = \left|[\mathbf{a},\mathbf{b},\mathbf{c}]\right| = |-12| = 12.$$

Die Determinante
Детермінант (або визначник)

Ziel: Bislang haben wir das Spatprodukt nur im $\mathbb{R}^3$ definiert. Im Folgenden wollen wir es auf den $\mathbb{R}^n$ verallgemeinern. Zudem geben wir ein möglichst einfaches Berechnungsverfahren[1] an.

Мета: поки що ми визначили змішаний добуток лише у $\mathbb{R}^3$. Далі ми хочемо узагальнити це на $\mathbb{R}^n$. Крім того, ми надамо найпростіший метод розрахунку[1].

Idee: Im $\mathbb{R}^n$ spannen n Vektoren $\mathbf{a}_i\in\mathbb{R}^n, i=1,\dots,n$ einen n-dimensionalen Spat auf.

Ідея: у $\mathbb{R}^n$ n векторів $\mathbf{a}_i\in\mathbb{R}^n, i=1,\dots,n$ задають n-вимірний паралелограм.

- $\mathbb{R}^1(=\mathbb{R}$, Zahlengerade[1]$)$:
  Gerichtete Strecke

- $\mathbb{R}^1(=\mathbb{R}$, числова пряма[1]$)$:
  напрямлений відрізок

$\mathbf{a}_1$

- $\mathbb{R}^2$ (Ebene):
  2-dimensionaler Spat = Parallelogramm

- $\mathbb{R}^2$ (площина):
  двовимірний паралелепіпед = паралелограм

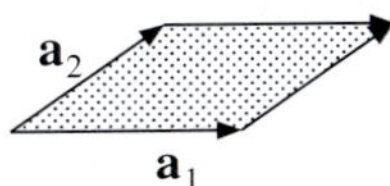

- $\mathbb{R}^3$ (Raum):
  3-dimensionaler Spat

- $\mathbb{R}^3$ (простір):
  тривимірний паралелепіпед

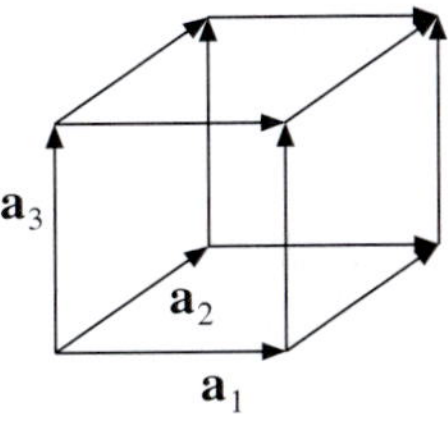

Definition 2.16

Wir betrachten n Vektoren $\mathbf{a}_1, \dots, \mathbf{a}_n \in \mathbb{R}^n$*:*

Визначення 2.16

Ми розглядаємо n векторів: $\mathbf{a}_1, \dots, \mathbf{a}_n \in \mathbb{R}^n$*:*

$$\mathbf{a}_1 = \begin{pmatrix} a_{11} \\ a_{21} \\ \vdots \\ a_{n1} \end{pmatrix}, \mathbf{a}_2 = \begin{pmatrix} a_{12} \\ a_{22} \\ \vdots \\ a_{n2} \end{pmatrix}, \cdots, \mathbf{a}_n = \begin{pmatrix} a_{1n} \\ a_{2n} \\ \vdots \\ a_{nn} \end{pmatrix} \in \mathbb{R}^n$$

Die Koordinaten aller dieser Vektoren können wir als ein quadratisches[1] Zahlenraster[2] mit $n \cdot n = n^2$ Einträgen schreiben. Dieses bezeichnet man auch als n-dimensionale[3] quadratische Matrix[4]. In der i-ten Spalte dieser Matrix steht der Vektor $\mathbf{a}_i$*:*

Ми можемо записати координати всіх цих векторів у вигляді квадратної[1] числової сітки[2] з $n \cdot n = n^2$ елементами. Її також називають квадратною матрицею[4] порядку n[3]. В i-ому стовпці цієї матриці стоїть вектор $\mathbf{a}_i$*:*

$$\begin{pmatrix} a_{11} & a_{12} & \cdots & a_{1n} \\ a_{21} & a_{22} & \cdots & a_{2n} \\ \vdots & \vdots & & \vdots \\ a_{n1} & a_{n2} & \cdots & a_{nn} \end{pmatrix}$$
$$\begin{matrix} \uparrow & \uparrow & & \uparrow \\ \mathbf{a}_1 & \mathbf{a}_2 & & \mathbf{a}_n \end{matrix}$$

Das vorzeichenbehaftete Volumen des von den Vektoren $\mathbf{a}_1, \dots, \mathbf{a}_n \in \mathbb{R}^n$ *aufgespannten Spats berechnet man mit Hilfe der Determinante[1]:*

Ми обчислюємо об'єм зі знаком паралелепіпеда, побудованого на векторах $\mathbf{a}_1, \dots, \mathbf{a}_n \in \mathbb{R}^n$*, за допомогою детермінанта[1]:*

$$\det \begin{pmatrix} a_{11} & a_{12} & \cdots & a_{1n} \\ a_{21} & a_{22} & \cdots & a_{2n} \\ \vdots & \vdots & & \vdots \\ a_{n1} & a_{n2} & \cdots & a_{nn} \end{pmatrix} = \begin{vmatrix} a_{11} & a_{12} & \cdots & a_{1n} \\ a_{21} & a_{22} & \cdots & a_{2n} \\ \vdots & \vdots & & \vdots \\ a_{n1} & a_{n2} & \cdots & a_{nn} \end{vmatrix}$$

Für $n = 1, 2, 3$ definieren wir die Determinante folgendermaßen. Dabei verwenden wir im Fall $n = 1$ die Identität, für $n = 2$ das (skalarwertige) Vektorprodukt und im Fall $n = 3$ das Spatprodukt:

Для $n = 1, 2, 3$ ми визначаємо детермінант у такий спосіб. У випадку $n = 1$ ми маємо тотожність, у випадку $n = 2$ ми використовуємо абсолютне значення векторного добутка, а у випадку $n = 3$ змішаний добуток:

- $n=1:$ $\mathbf{a}=(a) \quad \Rightarrow \det(a)=a$
- $n=2:$ $\mathbf{a}=\begin{pmatrix}a_1\\a_2\end{pmatrix}, \mathbf{b}=\begin{pmatrix}b_1\\b_2\end{pmatrix} \quad \Rightarrow \det\begin{pmatrix}a_1 & b_1\\a_2 & b_2\end{pmatrix}=\begin{vmatrix}a_1 & b_1\\a_2 & b_2\end{vmatrix}:=\mathbf{a}\times\mathbf{b}=a_1b_2-a_2b_1$
- $n=3:$ $\mathbf{a}=\begin{pmatrix}a_1\\a_2\\a_3\end{pmatrix}, \mathbf{b}=\begin{pmatrix}b_1\\b_2\\b_3\end{pmatrix}, \mathbf{c}=\begin{pmatrix}c_1\\c_2\\c_3\end{pmatrix} \quad \Rightarrow \det\begin{pmatrix}a_1 & b_1 & c_1\\a_2 & b_2 & c_2\\a_3 & b_3 & c_3\end{pmatrix}=\begin{vmatrix}a_1 & b_1 & c_1\\a_2 & b_2 & c_2\\a_3 & b_3 & c_3\end{vmatrix}$

$$:=[\mathbf{a},\mathbf{b},\mathbf{c}]=a_1b_2c_3+a_2b_3c_1+a_3b_1c_2-a_1b_3c_2-a_2b_1c_3-a_3b_2c_1$$

Mit Hilfe des folgenden Satzes können wir die Determinante im allgemeinen n-dimensionalen Fall berechnen:

За допомогою наступної теореми ми можемо обчислити детермінант у загальному n-вимірному випадку:

Satz 2.17 (Laplacescher Entwicklungssatz)
Sei A eine n-dimensionale quadratische Matrix:

Теорема 2.17 (Розвинення Лапласа)
Нехай A - це квадратна матриця порядку n:

$$A=\begin{pmatrix}a_{11} & a_{12} & \cdots & a_{1n}\\ a_{21} & a_{22} & \cdots & a_{2n}\\ \vdots & \vdots & & \vdots\\ a_{n1} & a_{n2} & \cdots & a_{nn}\end{pmatrix}$$

Mit A_{ik} bezeichnen wir diejenige $(n-1)$-dimensionale quadratische Matrix, die aus A entsteht, wenn wir die i-te Zeile[1] und k-te Spalte[2] (jeweils rot markiert) herausstreichen:

Ми позначаємо символом A_{ik} таку квадратну матрицю порядку $(n-1)$, яка утворюється з A шляхом викреслення i-го рядка[1] та k-го стовпця[2] (ці елементи A позначено червоним):

$$A_{ik}=\begin{pmatrix}a_{11} & \cdots & a_{1k} & \cdots & a_{1n}\\ \vdots & & \vdots & & \vdots\\ a_{i1} & \cdots & a_{ik} & \cdots & a_{in}\\ \vdots & & \vdots & & \vdots\\ a_{n1} & \cdots & a_{nk} & \cdots & a_{nn}\end{pmatrix}$$

Dann gilt:

Тоді маємо:

- *Entwicklung[1] nach der k-ten Spalte:*
- *Розвинення[1] по k-тому стовпцю:*

$$\det A=\sum_{i=1}^{n}(-1)^{i+k}\cdot a_{ik}\cdot\det A_{ik}$$

- *Entwicklung nach der i-ten Zeile:*
- *Розвинення по i-тому рядку:*

$$\det A=\sum_{k=1}^{n}(-1)^{i+k}\cdot a_{ik}\cdot\det A_{ik}$$

Wir haben somit die Berechnung einer n-dimensionalen Determinante auf die Berechnung von mehreren $(n-1)$-dimensionalen Determinanten zurückgeführt. Durch mehrmaliges Anwenden von Satz 2.17 erhalten wir irgendwann Determinanten der Dimension $n=1,2,3$, die wir mit Hilfe von Definition 2.16 berechnen können.

Отже, обчислення детермінанта порядку n зведено до обчислення n детермінантів порядку $(n-1)$. Повторним застосуванням теореми 2.17 ми послідовно отримуємо детермінанти порядку $n=1,2,3$, які ми можемо обчислити за допомогою визначення 2.16.

Beispiel: **Приклад:**

Entwicklung nach der 1. Spalte:

Розвинення по 1-му стовпцю:

$$\begin{vmatrix} a_1 & b_1 \\ a_2 & b_2 \end{vmatrix} = \underbrace{(-1)^{1+1} \cdot a_1 \cdot \begin{vmatrix} a_1 & b_1 \\ a_2 & b_2 \end{vmatrix}}_{k=1,i=1} + \underbrace{(-1)^{2+1} \cdot a_2 \cdot \begin{vmatrix} a_1 & b_1 \\ a_2 & b_2 \end{vmatrix}}_{k=1,i=2} = a_1 \cdot b_2 - a_2 \cdot b_1$$

Bemerkung: Satz 2.17 führt die Berechnung einer n-dimensionalen Determinante auf die Berechnung von n kleineren Determinanten zurück. Dabei ist es sinnvoll, nach einer Spalte k oder Zeile i zu entwickeln, in der möglichst viele Nullen stehen. Falls $a_{ik} = 0$ ist, wird auch $a_{ik} \cdot \det A_{ik} = 0$ und wir brauchen $\det A_{ik}$ im Weiteren nicht explizit zu berechnen.

Зауваження: теорема 2.17 зводить обчислення детермінанта порядку n до обчислення n менших детермінантів. При цьому, зручно робити розвинення по такому стовпцю k або рядку i, який містить якомога більше нулів. Якщо $a_{ik} = 0$, то $a_{ik} \cdot \det A_{ik} = 0$ і нам далі не потрібно явно обчислювати $\det A_{ik}$.

Beispiel: **Приклад:**

$$\begin{vmatrix} 1 & -2 & 2 \\ 2 & 0 & -1 \\ 3 & -2 & -2 \end{vmatrix}$$

In der 2. Zeile (ebenso wie in der 2. Spalte) steht eine Null. Wir entwickeln daher nach der 2. Zeile.

У 2-му рядку (так само, як і в 2-му стовпцю) стоїть нуль. Тому ми робим розвинення по 2-му рядку.

Das Vorzeichen[1] von $(-1)^{i+k}$ können wir uns als Schachbrettmuster[2] entlang der Einträge[3] in der Matrix merken (im nachfolgenden Beispiel: $+$ und $-$). Der linke obere Eintrag $i = k = 1$ hat dabei immer ein positives Vorzeichen.

Можна запам'ятати, що знак[1] у $(-1)^{i+k}$ змінюється у шаховому порядку[2] щодо елементів[3] матриці (у наступному прикладі: $+$ та $-$). При цьому верхній лівий елемент $i = k = 1$ завжди має додатний знак.

$$\begin{aligned}
\begin{vmatrix} 1^+ & -2^- & 2^+ \\ 2^- & 0^+ & -1^- \\ 3^+ & -2^- & -2^+ \end{vmatrix} &= -2 \cdot \begin{vmatrix} -2 & 2 \\ -2 & -2 \end{vmatrix} + 0 \cdot \begin{vmatrix} 1 & 2 \\ 3 & -2 \end{vmatrix} - (-1) \cdot \begin{vmatrix} 1 & -2 \\ 3 & -2 \end{vmatrix} \\
&= -2 \cdot ((-2) \cdot (-2) - (-2) \cdot 2) + 0 + 1 \cdot (1 \cdot (-2) - 3 \cdot (-2)) \\
&= -16 + 0 + 4 \\
&= -12
\end{aligned}$$

Bemerkung: Speziell für 3-dimensionale Determinanten gibt es eine einfache Merkregel[1] (Regel von Sarrus[2]):

Зауваження: зокрема, для детермінантів порядку 3 існує практичне правило[1] (правило Саррюса[2]):

Hierzu schreibt man die ersten beiden Spalten der Matrix nochmals dahinter. Entlang der eingezeichneten Diagonalen[1] werden die Einträge multipliziert. Danach werden die grünen Diagonalen aufsummiert und die roten Diagonalen davon subtrahiert.

Для цього треба перші два стовпці матриці знов дописати наприкінці матриці. Потім перемножити елементи по проведених діагоналях[1]. Після цього зелені діагоналі підсумовують, а червоні діагоналі від них віднімають.

$$\begin{vmatrix} 1 & -2 & 2 \\ 2 & 0 & -1 \\ 3 & -2 & -2 \end{vmatrix} \begin{matrix} 1 & -2 \\ 2 & 0 \\ 3 & -2 \end{matrix} = 1 \cdot 0 \cdot (-2) + (-2) \cdot (-1) \cdot 3 + 2 \cdot 2 \cdot (-2) - 3 \cdot 0 \cdot 2 - (-2) \cdot (-1) \cdot 1 - (-2) \cdot 2 \cdot (-2)$$

$$= 0 + 6 - 8 - 0 - 2 - 8 = -12$$

Achtung! Die Regel von Sarrus gilt ausschließlich für 3-dimensionale Determinanten. Für 2-dimensionale Determinanten verwendet man das Vektorprodukt (siehe Definition 2.16) und für höhere Dimensionen den Laplaceschen Entwicklungssatz 2.17.

Увага! Правило Саррюса застосовують виключно до детермінантів порядку 3. Для детермінантів порядку 2 використовують векторний добуток (дивіться визначення 2.16), а для вищих порядків теорему розвинення Лапласа 2.17.

Beispiel:
Wir entwickeln zunächst nach der 3. Zeile und verwenden danach die Regel von Sarrus:

Приклад:
Спочатку ми розкладаємо по 3-му рядку, а потім застосовуємо правило Саррюса:

$$\begin{vmatrix} 1^{+} & 0 & 1 & 0 \\ 0^{-} & 2 & -3 & 4 \\ -1^{+} & 0^{-} & 0^{+} & -2^{-} \\ 3^{-} & -1 & 2 & 1 \end{vmatrix} = (-1)\cdot \left|\begin{array}{ccc|cc} 0 & 1 & 0 & 0 & 1 \\ 2 & -3 & 4 & 2 & -3 \\ -1 & 2 & 1 & -1 & 2 \end{array}\right. - (-2)\cdot \left|\begin{array}{ccc|cc} 1 & 0 & 1 & 1 & 0 \\ 0 & 2 & -3 & 0 & 2 \\ 3 & -1 & 2 & 3 & -1 \end{array}\right.$$

$$\begin{aligned} &= -\Big(0\cdot(-3)\cdot 1 + 1\cdot 4\cdot(-1) + 0\cdot 2\cdot 2 - (-1)\cdot(-3)\cdot 0 - 2\cdot 4\cdot 0 - 1\cdot 2\cdot 1\Big) \\ &\quad + 2\cdot\Big(1\cdot 2\cdot 2 + 0\cdot(-3)\cdot 3 + 1\cdot 0\cdot(-1) - 3\cdot 2\cdot 1 - (-1)\cdot(-3)\cdot 1 - 2\cdot 0\cdot 0\Big) \\ &= -(-6) + 2\cdot(-5) = -4 \end{aligned}$$

2.4 Geraden und Ebenen
Прямі та площини

Im $\mathbb{R}^n$ gibt es verschiedene Möglichkeiten, um eine Gerade[1] zu definieren:

У $\mathbb{R}^n$ існують різні способі визначення прямої[1]:

- Bei der Zweipunkteform[1] definieren wir eine Gerade durch die Angabe von zwei Punkten $\mathbf{a}, \mathbf{b} \in \mathbb{R}^n$ mit $\mathbf{a} \neq \mathbf{b}$. Zu jedem Wert des Parameters[2] $\lambda \in \mathbb{R}$ erhalten wir dabei jeweils einen Punkt der Geraden:

- Двоточкову форму рівняння[1] прямої задають двома точками $\mathbf{a}, \mathbf{b} \in \mathbb{R}^n$, причому $\mathbf{a} \neq \mathbf{b}$. Тоді для кожного значення параметра[2] $\lambda \in \mathbb{R}$ отримуємо завжди одну точку на прямій:

$$\mathbf{x} = \mathbf{a} + \lambda(\mathbf{b} - \mathbf{a}) \quad , \quad \lambda \in \mathbb{R}$$

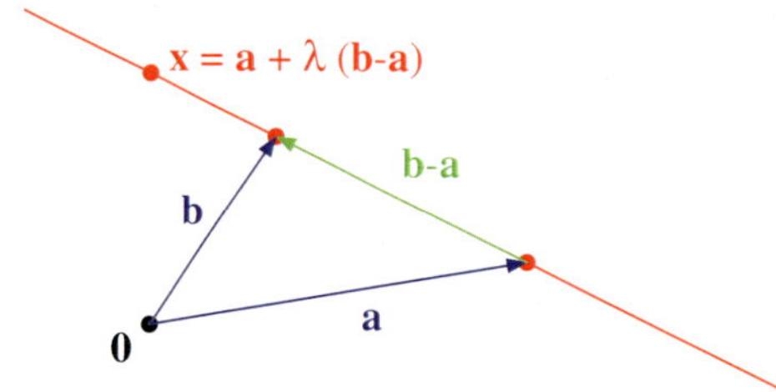

Abbildung / Рисунок 2.16
Zweipunkteform einer Geraden
Двоточкова форма визначення прямої

- Bei der Punkt-Richtungsform[1] definieren wir eine Gerade durch die Angabe von einem Aufpunkt[2] $\mathbf{a} \in \mathbb{R}^n$ und einem Richtungsvektor[3] $\mathbf{u} \in \mathbb{R}^n$ mit $\mathbf{u} \neq \mathbf{0}$:

- Точка-векторну форму рівняння[1] прямої задають опорною точкою[2] $\mathbf{a} \in \mathbb{R}^n$ та напрямним вектором[3] $\mathbf{u} \in \mathbb{R}^n$, $\mathbf{u} \neq \mathbf{0}$:

$$\mathbf{x} = \mathbf{a} + \lambda \cdot \mathbf{u} \quad , \quad \lambda \in \mathbb{R}$$

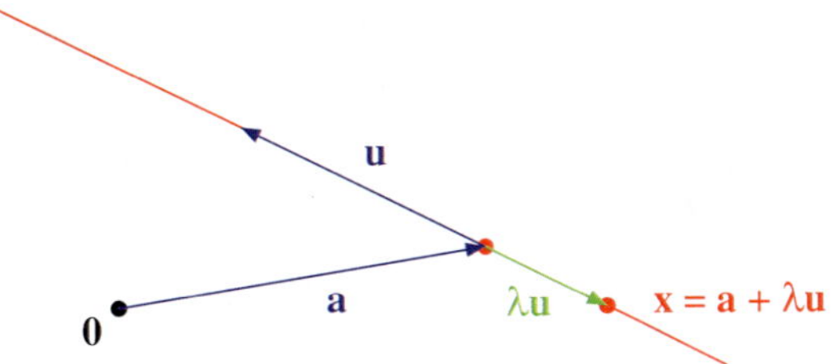

Abbildung / Рисунок 2.17
Punkt-Richtungsform einer Geraden
Точка-векторна форма визначення прямої

Beispiel:
Wir bestimmen die Gerade im $\mathbb{R}^2$ durch die beiden Punkte

Приклад:
Ми визначаємо пряму в $\mathbb{R}^2$ за допомогою двох точок

$$\mathbf{a} = \begin{pmatrix} 1 \\ -1 \end{pmatrix}, \mathbf{b} = \begin{pmatrix} 2 \\ 1 \end{pmatrix}.$$

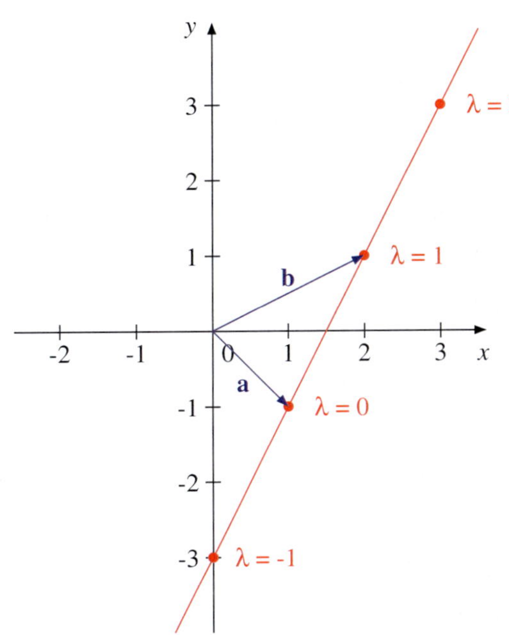

$$\Rightarrow \mathbf{x} = \mathbf{a} + \lambda(\mathbf{b} - \mathbf{a}) \quad , \quad \lambda \in \mathbb{R}$$

$$= \begin{pmatrix} 1 \\ -1 \end{pmatrix} + \lambda \cdot \left(\begin{pmatrix} 2 \\ 1 \end{pmatrix} - \begin{pmatrix} 1 \\ -1 \end{pmatrix} \right)$$

Zweipunkteform / двоточкова форма

$$= \begin{pmatrix} 1 \\ -1 \end{pmatrix} + \lambda \underbrace{\begin{pmatrix} 1 \\ 2 \end{pmatrix}}_{\mathbf{u}}$$

Punkt-Richtungsform / точка-векторна форма

Bemerkung: Die Zweipunkteform und die Punkt-Richtungsform lassen sich folgendermaßen ineinander umrechnen. Der Punkt **a** bleibt dabei jeweils unverändert:

Зауваження: двоточкова та точка-векторна форми рівняння прямої можуть бути перетворені одна в одну. Точка **a** в обох випадках є однією й тією самою:

Zweipunkteform $\rightarrow$ Punkt-Richtungsform:

двоточкова форма $\rightarrow$ точка-векторна форма:

$$\mathbf{u} = \mathbf{b} - \mathbf{a}$$

Punkt-Richtungsform $\rightarrow$ Zweipunkteform:

точка-векторна форма $\rightarrow$ двоточкова форма:

$$\mathbf{b} = \mathbf{a} + \mathbf{u}$$

Bemerkung: Sowohl die Zweipunkteform als auch die Punkt-Richtungsform sind Parameterdarstellungen[1] der Geraden. Indem wir für den Parameter $\lambda \in \mathbb{R}$ verschiedene Werte[2] einsetzen[3], erhalten wir die einzelnen Punkte der Geraden.

Зауваження: як двоточкова, так і точка-векторна форма рівняння - це параметричні представлення[1] прямої. Шляхом підстановки[3] різних значень[2] параметра $\lambda \in \mathbb{R}$ ми отримуємо окремі точки прямої.

Beobachtung: Wir betrachten nochmals die Gerade aus dem letzten Beispiel:

Спостереження: ми розглядаємо ще раз пряму з останнього прикладу:

$$\mathbf{x} = \begin{pmatrix} 1 \\ -1 \end{pmatrix} + \lambda \cdot \begin{pmatrix} 1 \\ 2 \end{pmatrix}$$

In Koordinatenschreibweise lautet das:

У координатному записі маємо:

$$\begin{cases} x_1 = 1 + \lambda \cdot 1 & (I) \\ x_2 = -1 + \lambda \cdot 2 & (II) \end{cases}$$

Wir erhalten also 2 Gleichungen[1] für die 3 Variablen[2] x_1, x_2, λ. Wir können λ eliminieren[3], indem wir Gleichung (I) mit 2 multiplizieren und davon Gleichung (II) abziehen (Notation: $2 \cdot I - II$). Dann erhalten wir:

Отже, ми отримуємо 2 рівняння[1] для 3-х змінних[2] x_1, x_2, λ. Ми можемо виключити[3] λ шляхом домноження рівняння (I) на 2 та віднімання від нього рівняння (II) (цю операцію позначають так: $2 \cdot I - II$). Тоді ми отримуємо:

$$\underset{2 \cdot I - II}{\Rightarrow} \quad 2x_1 - x_2 = 2 \cdot (1 + \lambda) - (-1 + 2\lambda)$$
$$\Leftrightarrow \quad 2x_1 - x_2 = 3$$

Durch diese Gleichung wird die Gerade eindeutig beschrieben. Darunter verstehen wir, dass jeder Punkt $\begin{pmatrix} x_1 \\ x_2 \end{pmatrix} \in \mathbb{R}^2$, der diese Gleichung erfüllt, auf der Geraden liegt.

Це рівняння однозначно описує пряму. Тобто, кожна точка $\begin{pmatrix} x_1 \\ x_2 \end{pmatrix} \in \mathbb{R}^2$, яка задовольняє цьому рівнянню, належить цій прямій.

Allgemein kann man durch Elimination des Parameters λ jede Gerade im $\mathbb{R}^2$ durch eine Gleichung der folgenden Form beschreiben. Wir bezeichnen sie als Normalform[1] der Geraden:

Взагалі, шляхом виключення параметра λ кожну пряму в $\mathbb{R}^2$ можна описати рівнянням такого вигляду. Його називають нормальною формою[1] рівняння прямої:

$$n_1 \cdot x_1 + n_2 \cdot x_2 = p$$

Die Parameter $n_1, n_2, p \in \mathbb{R}$ sind nicht eindeutig bestimmt[1], da wir die Normalform mit einer beliebigen Zahl $c \neq 0$ multiplizieren können:

Параметри $n_1, n_2, p \in \mathbb{R}$ не є однозначно визначеними[1], оскільки ми можемо помножити нормальну форму на будь-яке число $c \neq 0$:

$$\Leftrightarrow (c \cdot n_1) \cdot x_1 + (c \cdot n_2) \cdot x_2 = (c \cdot p)$$

Im Folgenden betrachten wir eine besonders praktische Normalform:

Далі ми розглядаємо особливо практичну нормальну форму.

Die Hessesche Normalform einer Geraden im $\mathbb{R}^2$
Нормальна форма Гессе прямої в $\mathbb{R}^2$

Gegeben: Gerade im $\mathbb{R}^2$ in Punkt-Richtungsform

Дано: пряма в $\mathbb{R}^2$ задана точка-векторною формою рівняння.

$$\mathbf{x} = \mathbf{a} + \lambda \cdot \mathbf{u} \quad , \quad \lambda \in \mathbb{R}$$

1. Schritt: Bestimme einen Vektor $\tilde{\mathbf{n}}$, der senkrecht auf dem Richtungsvektor $\mathbf{u}$ steht. Wir bezeichnen $\tilde{\mathbf{n}}$ als Normalenvektor[1]. Es gilt:

1-й крок: визначаємо вектор $\tilde{\mathbf{n}}$, перпендикулярний до напрямного вектора $\mathbf{u}$. Називаємо $\tilde{\mathbf{n}}$ вектором нормалі[1]. Маємо:

$$\tilde{\mathbf{n}} \perp \mathbf{u} \Leftrightarrow 0 = \left\langle \begin{pmatrix} \tilde{n}_1 \\ \tilde{n}_2 \end{pmatrix}, \begin{pmatrix} u_1 \\ u_2 \end{pmatrix} \right\rangle = \tilde{n}_1 \cdot u_1 + \tilde{n}_2 \cdot u_2$$

Wir wählen beispielsweise:

Наприклад, ми обираємо:

$$\tilde{\mathbf{n}} = \begin{pmatrix} u_2 \\ -u_1 \end{pmatrix}$$

Damit erhalten wir:

Тоді ми отримуємо:

$$\Rightarrow \langle \tilde{\mathbf{n}}, \mathbf{u} \rangle = \left\langle \begin{pmatrix} u_2 \\ -u_1 \end{pmatrix}, \begin{pmatrix} u_1 \\ u_2 \end{pmatrix} \right\rangle = u_2 u_1 - u_1 u_2 = 0 \qquad \checkmark$$

Beispiel:

Приклад:

$$\mathbf{x} = \underbrace{\begin{pmatrix} 1 \\ -1 \end{pmatrix}}_{\mathbf{a}} + \lambda \cdot \underbrace{\begin{pmatrix} 1 \\ 2 \end{pmatrix}}_{\mathbf{u}} \quad , \quad \lambda \in \mathbb{R}$$

$$\Rightarrow \tilde{\mathbf{n}} = \begin{pmatrix} u_2 \\ -u_1 \end{pmatrix} = \begin{pmatrix} 2 \\ -1 \end{pmatrix}$$

2. Schritt: Normiere[1] den Vektor $\tilde{\mathbf{n}}$ (das bedeutet: Strecke[2] oder stauche[3] $\tilde{\mathbf{n}}$ auf die Länge 1). Wir erhalten einen Einheitsnormalenvektor[4]:

2-й крок: нормалізуємо[1] вектор $\tilde{\mathbf{n}}$ (це означає: розтягуємо[2] або стиснюємо[3] $\tilde{\mathbf{n}}$ до довжини 1). Отримуємо одиничний вектор нормалі[4]:

$$\hat{\mathbf{n}} = \frac{1}{\|\tilde{\mathbf{n}}\|_2} \cdot \tilde{\mathbf{n}}$$

Beispiel:

Приклад:

$$\hat{\mathbf{n}} = \frac{1}{\left\| \begin{pmatrix} 2 \\ -1 \end{pmatrix} \right\|_2} \cdot \begin{pmatrix} 2 \\ -1 \end{pmatrix} = \frac{1}{\sqrt{2^2 + (-1)^2}} \cdot \begin{pmatrix} 2 \\ -1 \end{pmatrix} = \frac{1}{\sqrt{5}} \begin{pmatrix} 2 \\ -1 \end{pmatrix} = \begin{pmatrix} \frac{2}{\sqrt{5}} \\ -\frac{1}{\sqrt{5}} \end{pmatrix}$$

3. Schritt: Vorzeichenwahl:

3-й крок: вибір знака:

$$\mathbf{n} = \begin{cases} \hat{\mathbf{n}} \ , & \langle \hat{\mathbf{n}}, \mathbf{a} \rangle \geq 0 \\ -\hat{\mathbf{n}} \ , & \langle \hat{\mathbf{n}}, \mathbf{a} \rangle < 0 \end{cases}$$

Beispiel:

Приклад:

$$\langle \hat{\mathbf{n}}, \mathbf{a} \rangle = \left\langle \begin{pmatrix} \frac{2}{\sqrt{5}} \\ -\frac{1}{\sqrt{5}} \end{pmatrix}, \begin{pmatrix} 1 \\ -1 \end{pmatrix} \right\rangle = \frac{2}{\sqrt{5}} \cdot 1 - \frac{1}{\sqrt{5}} \cdot (-1) = \frac{3}{\sqrt{5}} \geq 0$$

$$\Rightarrow \mathbf{n} = \hat{\mathbf{n}} = \begin{pmatrix} \frac{2}{\sqrt{5}} \\ -\frac{1}{\sqrt{5}} \end{pmatrix}$$

4. Schritt: Mit $p = \langle \mathbf{n}, \mathbf{a} \rangle$ erhalten wir die Hessesche Normalform[1]:

4-й крок: з $p = \langle \mathbf{n}, \mathbf{a} \rangle$ ми отримуємо нормальну форму Гессе[1]:

$$\langle \mathbf{n}, \mathbf{x} \rangle - p = 0$$

Beispiel: **Приклад:**

$$p = \langle \mathbf{n}, \mathbf{a} \rangle = \left\langle \begin{pmatrix} \frac{2}{\sqrt{5}} \\ -\frac{1}{\sqrt{5}} \end{pmatrix}, \begin{pmatrix} 1 \\ -1 \end{pmatrix} \right\rangle = \frac{3}{\sqrt{5}}$$

Damit erhalten wir die Hessesche Normalform:

Це дає нам нормальну форму Гессе:

$$\Rightarrow \left\langle \begin{pmatrix} \frac{2}{\sqrt{5}} \\ -\frac{1}{\sqrt{5}} \end{pmatrix}, \begin{pmatrix} x_1 \\ x_2 \end{pmatrix} \right\rangle - \frac{3}{\sqrt{5}} = 0$$

$$\Leftrightarrow \frac{2}{\sqrt{5}} \cdot x_1 - \frac{1}{\sqrt{5}} \cdot x_2 - \frac{3}{\sqrt{5}} = 0$$

Geometrische Interpretation:

- Der Einheitsnormalenvektor **n** steht senkrecht auf der Geraden. Er weist aufgrund der Vorzeichenwahl vom Ursprung aus in Richtung der Geraden.
- p gibt den (minimalen[1]) Abstand[2] der Geraden zum Ursprung an.
- Setzt man einen beliebigen Punkt $\mathbf{y} \in \mathbb{R}^2$ in die linke Seite[1] $\langle \mathbf{n}, \mathbf{y} \rangle - p$ der Hesseschen Normalform ein, so erhält man den vorzeichenbehafteten Abstand des Punktes **y** zur Geraden. Die Gerade teilt die Ebene in zwei Halbebenen. Ist der vorzeichenbehaftete Abstand negativ, liegt **y** in der gleichen Halbebene wie der Ursprung. Ist er positiv, liegen **y** und der Ursprung in verschiedenen Halbebenen.

Геометрична інтерпретація:

- Одиничний вектор нормалі **n** має напрямок, перпендикулярний до прямої. Завдяки вибору знака він вказує напрямок від початку координат до прямої.
- p надає (мінімальну[1]) відстань[2]від прямої до початку координат.
- Якщо ми підставляємо довільну точку $\mathbf{y} \in \mathbb{R}^2$ в ліву частину[1] $\langle \mathbf{n}, \mathbf{y} \rangle - p$ нормальної форми Гессе, то отримуємо відстань зі знаком від точки **y** до прямої. Пряма ділить площину на дві напівплощини. Якщо знак є від'ємним, то **y** лежить у тій самій напівплощині, що й початок координат. Якщо знак є додатним, то **y** і початок координат лежать у різних напівплощинах.

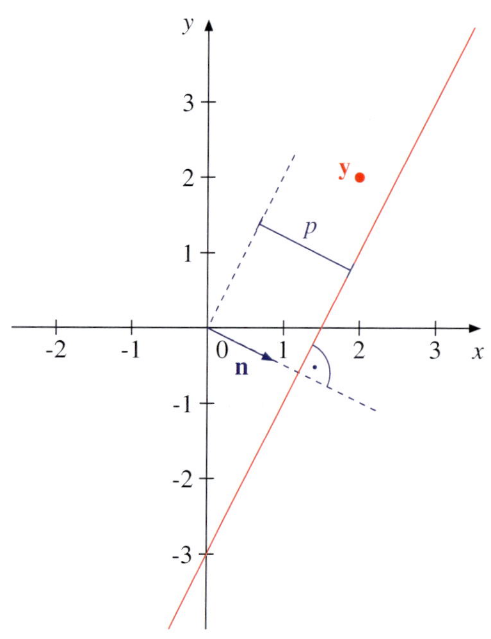

Abbildung / Рисунок 2.18
Geometrische Interpretation der Hesseschen Normalform
Геометрична інтерпретація нормальної форми Гессе.

Beispiel: **Приклад:**

$$\mathbf{y} = \begin{pmatrix} 2 \\ 2 \end{pmatrix}$$

$$\Rightarrow \langle \mathbf{n}, \mathbf{y} \rangle - p = \left\langle \begin{pmatrix} \frac{2}{\sqrt{5}} \\ -\frac{1}{\sqrt{5}} \end{pmatrix}, \begin{pmatrix} 2 \\ 2 \end{pmatrix} \right\rangle - \frac{3}{\sqrt{5}} = \frac{2}{\sqrt{5}} \cdot 2 - \frac{1}{\sqrt{5}} \cdot 2 - \frac{3}{\sqrt{5}} = -\frac{1}{\sqrt{5}}$$

Somit hat der Punkt $\mathbf{y}$ den Abstand $\left| -\frac{1}{\sqrt{5}} \right| = \frac{1}{\sqrt{5}}$ von der Geraden. Das Vorzeichen von $-\frac{1}{\sqrt{5}}$ ist negativ. Damit liegt $\mathbf{y}$ in der gleichen Halbebene wie der Ursprung.

Отже, відстань від точки $\mathbf{y}$ до прямої становить $\left| -\frac{1}{\sqrt{5}} \right| = \frac{1}{\sqrt{5}}$. Знак $-\frac{1}{\sqrt{5}}$ є від'ємним. Таким чином, $\mathbf{y}$ лежить у тій самій напівплощині, що й початок координат.

Die Parameterdarstellung von Ebenen
Параметричне представлення площини

Im $\mathbb{R}^n$ gibt es die folgenden Parameterdarstellungen, um eine Ebene[1] zu definieren:

- Bei der Dreipunkteform[1] definieren wir eine Ebene durch die Angabe von drei Punkten $\mathbf{a}, \mathbf{b}, \mathbf{c} \in \mathbb{R}^n$, die nicht kollinear[2] sind (das bedeutet: die nicht alle drei auf einer Geraden liegen):

У $\mathbb{R}^n$ існують такі параметричні представлення для визначення площини[1]:

- Триточкову форму рівняння[1] площини задають трьома точками $\mathbf{a}, \mathbf{b}, \mathbf{c} \in \mathbb{R}^n$, які не є колінеарними[2] (це означає, що ці три точки не лежать на одній прямій):

$$\mathbf{x} = \mathbf{a} + \lambda(\mathbf{b} - \mathbf{a}) + \mu(\mathbf{c} - \mathbf{a}) \quad , \quad \lambda, \mu \in \mathbb{R}$$

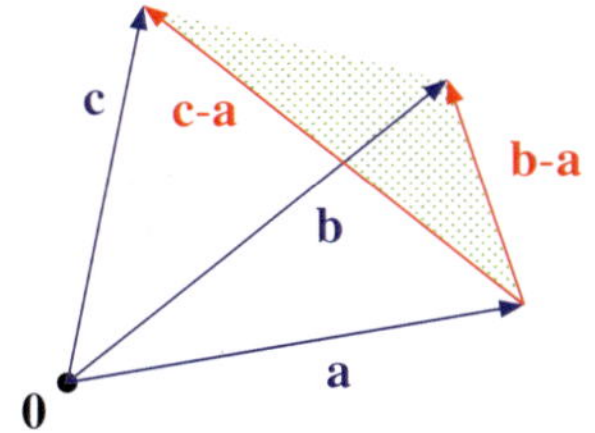

Abbildung / Рисунок 2.19
Eine Ebene in Dreipunkteform
Триточкова форма визначення площини

Die Bedingung, dass die drei Punkte $\mathbf{a}, \mathbf{b}, \mathbf{c}$ nicht kollinear sind, ist genau dann[1] erfüllt, falls die beiden Richtungsvektoren $\mathbf{b} - \mathbf{a}$ und $\mathbf{c} - \mathbf{a}$ nicht parallel sind. Dies können wir beispielsweise dadurch überprüfen, dass der Cosinus[2] des Winkels zwischen beiden Vektoren nicht ± 1 ist:

Умова, що три точки $\mathbf{a}, \mathbf{b}, \mathbf{c}$ не є колінеарними, виконується тоді і тільки тоді[1], коли два напрямні вектори $\mathbf{b} - \mathbf{a}$ та $\mathbf{c} - \mathbf{a}$ не є паралельними. Це можна перевірити, наприклад, порахувавши косинус[2] кута між двома векторами, він має відрізнятися від ± 1:

$$\cos \sphericalangle ((\mathbf{b} - \mathbf{a}), (\mathbf{c} - \mathbf{a})) \neq \pm 1$$
$$\Leftrightarrow \frac{\langle (\mathbf{b} - \mathbf{a}), (\mathbf{c} - \mathbf{a}) \rangle}{\|\mathbf{b} - \mathbf{a}\|_2 \cdot \|\mathbf{c} - \mathbf{a}\|_2} \neq \pm 1$$
$$\Leftrightarrow |\langle (\mathbf{b} - \mathbf{a}), (\mathbf{c} - \mathbf{a}) \rangle| \neq \|\mathbf{b} - \mathbf{a}\|_2 \cdot \|\mathbf{c} - \mathbf{a}\|_2$$

Dieses Kriterium gilt allgemein im $\mathbb{R}^n$. Speziell im $\mathbb{R}^3$ können wir die Bedingung, dass die drei Punkte $\mathbf{a}, \mathbf{b}, \mathbf{c}$ nicht kollinear

Цей критерій застосовують у загальному випадку $\mathbb{R}^n$. Зокрема, в $\mathbb{R}^3$ ми можемо перевірити умову, що три точки

sind, auch mit Hilfe des Vektorprodukts überprüfen. Das Vektorprodukt zwischen parallelen Vektoren liefert immer den Nullvektor $\mathbf{0}$. Somit sind die beiden Richtungsvektoren $\mathbf{b}-\mathbf{a}$ und $\mathbf{c}-\mathbf{a}$ nicht parallel, falls:

$\mathbf{a},\mathbf{b},\mathbf{c}$ є неколінеарними так само за допомогою векторного добутку. Векторний добуток паралельних векторів завжди дає нульовий вектор $\mathbf{0}$. Отже, два напрямні вектори $\mathbf{b}-\mathbf{a}$ та $\mathbf{c}-\mathbf{a}$ є непаралельними, якщо:

$$(\mathbf{b}-\mathbf{a})\times(\mathbf{c}-\mathbf{a})\neq\mathbf{0}$$

- Bei der Punkt-Richtungsform definieren wir eine Ebene durch die Angabe von einem Aufpunkt $\mathbf{a}\in\mathbb{R}^n$ und von zwei Richtungsvektoren $\mathbf{u},\mathbf{v}\in\mathbb{R}^n$, die nicht parallel sind:

- Точка-векторну форму рівняння площини задають опорною точкою $\mathbf{a}\in\mathbb{R}^n$ та двома непаралельними напрямними векторами $\mathbf{u},\mathbf{v}\in\mathbb{R}^n$:

$$\mathbf{x}=\mathbf{a}+\lambda\mathbf{u}+\mu\mathbf{v}\quad,\quad\lambda,\mu\in\mathbb{R}$$

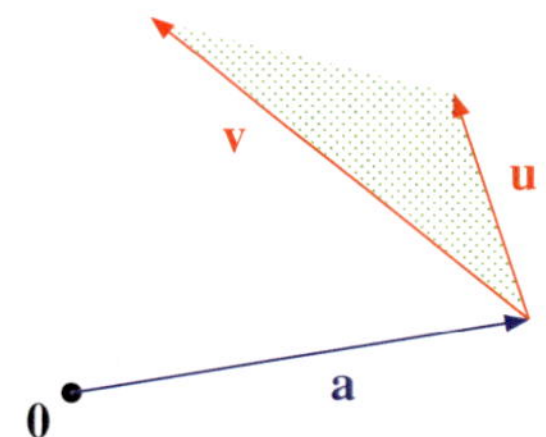

Abbildung / Рисунок 2.20
Eine Ebene in Punkt-Richtungsform
Точка-векторне визначення площини

Die Bedingung, dass die beiden Richtungsvektoren $\mathbf{u}$ und $\mathbf{v}$ nicht parallel sind, lautet auch hier:

Умова непаралельності двох напрямних векторів $\mathbf{u}$ та $\mathbf{v}$ означає також:

$$|\langle\mathbf{u},\mathbf{v}\rangle|\neq\|\mathbf{u}\|_2\cdot\|\mathbf{v}\|_2$$

Und speziell im $\mathbb{R}^3$:

Зокрема в $\mathbb{R}^3$:

$$\mathbf{u}\times\mathbf{v}\neq\mathbf{0}$$

Beispiel:

Приклад:

Wir bestimmen die Ebene im $\mathbb{R}^3$ durch die drei Punkte

Ми визначаємо площину в $\mathbb{R}^3$ трьома точками

$$\mathbf{a}=\begin{pmatrix}-1\\2\\1\end{pmatrix},\mathbf{b}=\begin{pmatrix}3\\2\\-2\end{pmatrix},\mathbf{c}=\begin{pmatrix}3\\1\\-2\end{pmatrix}.$$

Es gilt:

Тоді маємо:

$$(\mathbf{b}-\mathbf{a})\times(\mathbf{c}-\mathbf{a})=\left(\begin{pmatrix}3\\2\\-2\end{pmatrix}-\begin{pmatrix}-1\\2\\1\end{pmatrix}\right)\times\left(\begin{pmatrix}3\\1\\-2\end{pmatrix}-\begin{pmatrix}-1\\2\\1\end{pmatrix}\right)=\begin{pmatrix}4\\0\\-3\end{pmatrix}\times\begin{pmatrix}4\\-1\\-3\end{pmatrix}=\begin{pmatrix}-3\\0\\-4\end{pmatrix}\neq\mathbf{0}$$

Damit sind die drei Punkte $\mathbf{a},\mathbf{b},\mathbf{c}$ nicht kollinear.

Отже, три точки $\mathbf{a},\mathbf{b},\mathbf{c}$ є неколінеарними.

$$\begin{aligned}\Rightarrow\mathbf{x}&=\mathbf{a}+\lambda(\mathbf{b}-\mathbf{a})+\mu(\mathbf{c}-\mathbf{a})\quad,\quad\lambda,\mu\in\mathbb{R}\\&=\begin{pmatrix}-1\\2\\1\end{pmatrix}+\lambda\left(\begin{pmatrix}3\\2\\-2\end{pmatrix}-\begin{pmatrix}-1\\2\\1\end{pmatrix}\right)+\mu\left(\begin{pmatrix}3\\1\\-2\end{pmatrix}-\begin{pmatrix}-1\\2\\1\end{pmatrix}\right)\end{aligned}$$

Dreipunkteform / триточкова форма

$$= \begin{pmatrix} -1 \\ 2 \\ 1 \end{pmatrix} + \lambda \underbrace{\begin{pmatrix} 4 \\ 0 \\ -3 \end{pmatrix}}_{\mathbf{u}} + \mu \underbrace{\begin{pmatrix} 4 \\ -1 \\ -3 \end{pmatrix}}_{\mathbf{v}}$$

Punkt-Richtungsform / точка-векторна форма

In Koordinatenschreibweise lautet das:

У координатному записі маємо:

$$\begin{cases} x_1 = -1 + \lambda \cdot 4 + \mu \cdot 4 & (I) \\ x_2 = \ \ 2 \qquad\qquad - \mu & (II) \\ x_3 = \ \ 1 - \lambda \cdot 3 - \mu \cdot 3 & (III) \end{cases}$$

Für Ebenen im $\mathbb{R}^3$ erhalten wir 3 Gleichungen für die 5 Variablen $x_1, x_2, x_3, \lambda, \mu$. Durch Elimination von λ und μ erhalten wir eine einzige Gleichung. Diese bezeichnen wir auch hier als Normalform.

Для площини в $\mathbb{R}^3$ ми маємо 3 рівняння для 5 змінних $x_1, x_2, x_3, \lambda, \mu$. Шляхом виключення λ та μ отримуємо одне рівняння. Ми назваємо його нормальною формою.

Die Hessesche Normalform einer Ebene im $\mathbb{R}^3$
Нормальна форма Гессе площини в $\mathbb{R}^3$

Gegeben: Ebene im $\mathbb{R}^3$ in Punkt-Richtungsform

Дано: площину в $\mathbb{R}^3$ задано точка-векторною формою рівняння

$$\mathbf{x} = \mathbf{a} + \lambda \cdot \mathbf{u} + \mu \cdot \mathbf{v} \quad , \quad \lambda, \mu \in \mathbb{R}$$

1. Schritt: Bestimme einen Normalenvektor $\tilde{\mathbf{n}}$, der senkrecht auf den beiden Richtungsvektoren $\mathbf{u}$ und $\mathbf{v}$ steht:

1-й крок: визначаємо вектор нормалі $\tilde{\mathbf{n}}$, перпендикулярний до двох напрямних векторів $\mathbf{u}$ та $\mathbf{v}$:

$$\tilde{\mathbf{n}} = \mathbf{u} \times \mathbf{v}$$

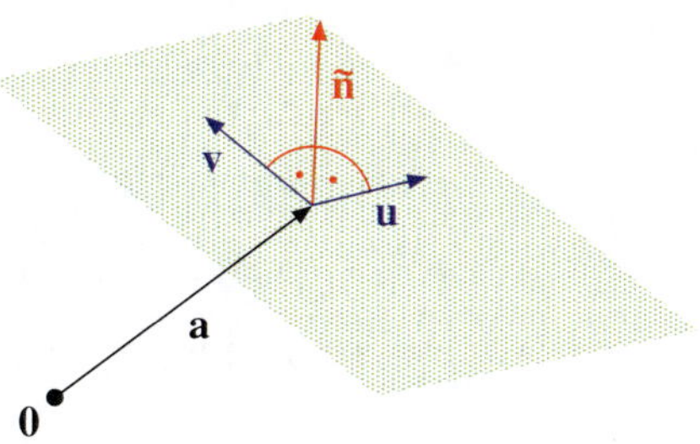

Abbildung / Рисунок 2.21
Der Normalenvektor einer Ebene im $\mathbb{R}^3$
Вектор нормалі до площини в $\mathbb{R}^3$

Da die beiden Richtungsvektoren $\mathbf{u}$ und $\mathbf{v}$ nicht parallel sind, gilt $\tilde{\mathbf{n}} \neq \mathbf{0}$.

Оскільки два напрямні вектори $\mathbf{u}$ та $\mathbf{v}$ є непаралельними, маємо $\tilde{\mathbf{n}} \neq \mathbf{0}$.

Beispiel: **Приклад:**

$$\mathbf{x} = \underbrace{\begin{pmatrix} -1 \\ 2 \\ 1 \end{pmatrix}}_{\mathbf{a}} + \lambda \cdot \underbrace{\begin{pmatrix} 4 \\ 0 \\ -3 \end{pmatrix}}_{\mathbf{u}} + \mu \underbrace{\begin{pmatrix} 4 \\ -1 \\ -3 \end{pmatrix}}_{\mathbf{v}}$$

$$\Rightarrow \tilde{\mathbf{n}} = \begin{pmatrix} 4 \\ 0 \\ -3 \end{pmatrix} \times \begin{pmatrix} 4 \\ -1 \\ -3 \end{pmatrix} = \begin{pmatrix} 0 \cdot (-3) - (-3) \cdot (-1) \\ -3 \cdot 4 - 4 \cdot (-3) \\ 4 \cdot (-1) - 0 \cdot 4 \end{pmatrix} = \begin{pmatrix} -3 \\ 0 \\ -4 \end{pmatrix}$$

Nachdem wir den Normalenvektor $\tilde{\mathbf{n}}$ bestimmt haben, entsprechen alle folgenden Schritte exakt dem Vorgehen bei der Hesseschen Normalform einer Geraden im $\mathbb{R}^2$:

Після визначення вектора нормалі $\tilde{\mathbf{n}}$ усі наступні кроки точно відповідають процедурі для нормальної форми Гессе прямої в $\mathbb{R}^2$:

2. Schritt: Normiere den Vektor $\tilde{\mathbf{n}}$:

2-й крок: нормалізуємо вектор $\tilde{\mathbf{n}}$:

$$\hat{\mathbf{n}} = \frac{1}{\|\tilde{\mathbf{n}}\|_2} \cdot \tilde{\mathbf{n}}$$

Beispiel: **Приклад:**

$$\hat{\mathbf{n}} = \frac{1}{\left\| \begin{pmatrix} -3 \\ 0 \\ -4 \end{pmatrix} \right\|_2} \cdot \begin{pmatrix} -3 \\ 0 \\ -4 \end{pmatrix} = \frac{1}{\sqrt{(-3)^2 + 0^2 + (-4)^2}} \cdot \begin{pmatrix} -3 \\ 0 \\ -4 \end{pmatrix} = \frac{1}{\sqrt{25}} \cdot \begin{pmatrix} -3 \\ 0 \\ -4 \end{pmatrix} = \begin{pmatrix} -\frac{3}{5} \\ 0 \\ -\frac{4}{5} \end{pmatrix}$$

3. Schritt: Vorzeichenwahl:

3-й крок: вибір знака:

$$\mathbf{n} = \begin{cases} \hat{\mathbf{n}} \ , \ \langle \hat{\mathbf{n}}, \mathbf{a} \rangle \geq 0 \\ -\hat{\mathbf{n}} \ , \ \langle \hat{\mathbf{n}}, \mathbf{a} \rangle < 0 \end{cases}$$

Beispiel: **Приклад:**

$$\langle \hat{\mathbf{n}}, \mathbf{a} \rangle = \left\langle \begin{pmatrix} -\frac{3}{5} \\ 0 \\ -\frac{4}{5} \end{pmatrix}, \begin{pmatrix} -1 \\ 2 \\ 1 \end{pmatrix} \right\rangle = -\frac{3}{5} \cdot (-1) + 0 \cdot 2 - \frac{4}{5} \cdot 1 = -\frac{1}{5} < 0$$

$$\Rightarrow \mathbf{n} = -\hat{\mathbf{n}} = \begin{pmatrix} \frac{3}{5} \\ 0 \\ \frac{4}{5} \end{pmatrix}$$

4. Schritt: Mit $p = \langle \mathbf{n}, \mathbf{a} \rangle$ erhalten wir die Hessesche Normalform:

4-й крок: з $p = \langle \mathbf{n}, \mathbf{a} \rangle$ отримуємо нормальну форму Гессе:

$$\langle \mathbf{n}, \mathbf{x} \rangle - p = 0$$

Beispiel: **Приклад:**

$$p = \langle \mathbf{n}, \mathbf{a} \rangle = \left\langle \begin{pmatrix} \frac{3}{5} \\ 0 \\ \frac{4}{5} \end{pmatrix}, \begin{pmatrix} -1 \\ 2 \\ 1 \end{pmatrix} \right\rangle = -\frac{3}{5} + 0 + \frac{4}{5} = \frac{1}{5}$$

Hessesche Normalform:

Нормальна форма Гессе:

$$\Rightarrow \left\langle \begin{pmatrix} \frac{3}{5} \\ 0 \\ \frac{4}{5} \end{pmatrix}, \begin{pmatrix} x_1 \\ x_2 \\ x_3 \end{pmatrix} \right\rangle - \frac{1}{5} = 0$$

$$\Leftrightarrow \frac{3}{5} \cdot x_1 + 0 \cdot x_2 + \frac{4}{5} \cdot x_3 - \frac{1}{5} = 0$$

Anwendung: Analog zur Hesseschen Normalform für Geraden im $\mathbb{R}^2$ berechnen wir den (vorzeichenbehafteten) Abstand eines Punktes $\mathbf{y} \in \mathbb{R}^3$ von der Ebene durch $\langle \mathbf{n}, \mathbf{y} \rangle - p$.

Застосування: аналогічно нормальній формі Гессе для прямих у $\mathbb{R}^2$ обчислюємо відстань (зі знаком) від точки $\mathbf{y} \in \mathbb{R}^3$ до площини як $\langle \mathbf{n}, \mathbf{y} \rangle - p$.

Beispiel:

Приклад:

$$\mathbf{y} = \begin{pmatrix} 0 \\ 1 \\ 0 \end{pmatrix}$$

$$\Rightarrow \langle \mathbf{n}, \mathbf{y} \rangle - p = \left\langle \begin{pmatrix} \frac{3}{5} \\ 0 \\ \frac{4}{5} \end{pmatrix}, \begin{pmatrix} 0 \\ 1 \\ 0 \end{pmatrix} \right\rangle - \frac{1}{5} = \frac{3}{5} \cdot 0 + 0 \cdot 1 + \frac{4}{5} \cdot 0 - \frac{1}{5} = -\frac{1}{5}$$

Somit hat der Punkt $\mathbf{y}$ den Abstand $\left|-\frac{1}{5}\right| = \frac{1}{5}$ von der Ebene. Die Ebene teilt den Raum in zwei Halbräume. Der vorzeichenbehaftete Abstand ist negativ. Damit liegt $\mathbf{y}$ im gleichen Halbraum wie der Ursprung.

Отже, точка $\mathbf{y}$ віддалена від площини на $\left|-\frac{1}{5}\right| = \frac{1}{5}$. Оскільки знак є від'ємним, точка $\mathbf{y}$ знаходиться з того ж самого боку від площини, що й початок координат.

Bemerkung: Das Konzept der Parameterdarstellung einer Geraden oder Ebene können wir direkt auf m-dimensionale Hyperebenen[1] im $\mathbb{R}^n$ verallgemeinern. Sei $1 \leq m \leq n$.

Зауваження: ми можемо узагальнити концепцію параметричного представлення прямої та площини безпосередньо на m-вимірну гіперплощину[1] в $\mathbb{R}^n$. Нехай $1 \leq m \leq n$.

- Die $(m+1)$-Punkteform einer m-dimensionalen Hyperebene ist definiert durch die Angabe von $m+1$ Punkten $\mathbf{a}_k \in \mathbb{R}^n, k = 1, ..., (m+1)$, die nicht in einer $(m-1)$-dimensionalen Hyperebene liegen:

- $(m+1)$-точкову форму m-вимірної гіперплощини визначають заданням $m+1$ точок $\mathbf{a}_k \in \mathbb{R}^n, k = 1, ..., (m+1)$, які не належать одній $(m-1)$-вимірній гіперплощині:

$$\mathbf{x} = \mathbf{a}_1 + \sum_{k=1}^{m} \lambda_k \cdot \underbrace{(\mathbf{a}_{k+1} - \mathbf{a}_1)}_{\mathbf{u}_k} \quad , \quad \lambda_1, ..., \lambda_m \in \mathbb{R}$$

- Entsprechend ist die Punkt-Richtungsform definiert durch die Angabe von einem Aufpunkt $\mathbf{a}_1 \in \mathbb{R}^n$ und von m Richtungsvektoren $\mathbf{u}_k \in \mathbb{R}^n, k = 1, ..., m$:

- Відповідно, точка-векторну форму визначають заданням опорної точки $\mathbf{a}_1 \in \mathbb{R}^n$ та m напрямних векторів $\mathbf{u}_k \in \mathbb{R}^n, k = 1, ..., m$:

$$\mathbf{x} = \mathbf{a}_1 + \sum_{k=1}^{m} \lambda_k \cdot \mathbf{u}_k \quad , \quad \lambda_1, ..., \lambda_m \in \mathbb{R}$$

Zudem lässt sich jede $(n-1)$-dimensionale Hyperebene im $\mathbb{R}^n$ durch die Hessesche Normalform beschreiben:

Крім того, кожна $(n-1)$-вимірна гіперплощина в $\mathbb{R}^n$ може бути описана нормальною формою Гессе:

$$\langle \mathbf{n}, \mathbf{x} \rangle - p = 0$$

Dabei gilt: $\|\mathbf{n}\|_2 = 1$ und $p \geq 0$.

Разом із тим маємо: $\|\mathbf{n}\|_2 = 1$ та $p \geq 0$.

Kapitel / Розділ 3
Lineare Gleichungssysteme
Системи лінійних рівнянь

Lineare Gleichungssysteme[1] kommen in sehr vielen Anwendungen[2] vor. Beispiele sind die Berechnung von Strömen[3] und Spannungen[4] in einem Stromkreis[5] oder die Berechnung von Stabkräften[6] in einem Fachwerk[7]. Wir beginnen mit einem einfachen Beispiel: Der Schnittpunkt[8] von zwei Geraden[9] in der Ebene[10].

Системи лінійних рівнянь[1] зустрічаються в багатьох застосуваннях[2]. Прикладами є розрахунок струмів[3] і напруг[4] в електричному ланцюзі[5] або розрахунок зусиль у стержнях[6] каркасної конструкції[7]. Ми починаємо з простого прикладу: задачі про знаходження перетину[8] двох прямих[9] на площині[10].

Beispiel:
Gegeben: 2 Geraden im $\mathbb{R}^2$ in Hessescher Normalform[1]:

Приклад:
Дано: 2 прямі в $\mathbb{R}^2$ у нормальній формі Гессе[1]:

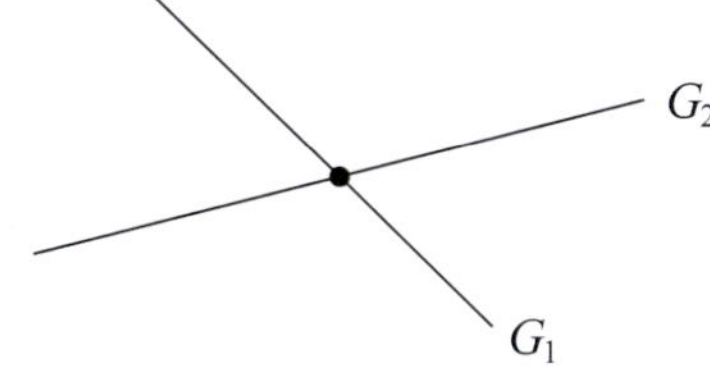

$$G_1: \quad \frac{1}{2} \cdot x_1 + \frac{\sqrt{3}}{2} \cdot x_2 - 2 = 0$$

$$G_2: \quad -\frac{1}{\sqrt{2}} \cdot x_1 + \frac{1}{\sqrt{2}} \cdot x_2 - \frac{1}{\sqrt{2}} = 0$$

Gesucht: Die Koordinaten[1] des Schnittpunktes der beiden Geraden G_1 und G_2.

Шукаємо: координати[1] точки перетину двох прямих G_1 та G_2.

Idee: Der Schnittpunkt der beiden Geraden ist genau dasjenige $\begin{pmatrix} x_1 \\ x_2 \end{pmatrix} \in \mathbb{R}^2$, das beide Geradengleichungen[1] simultan[2] erfüllt:

Ідея: точкою перетину двох прямих є така точка $\begin{pmatrix} x_1 \\ x_2 \end{pmatrix} \in \mathbb{R}^2$, яка задовольняє обом рівнянням прямих[1] одночасно[2].

$$\begin{cases} \frac{1}{2} \cdot x_1 + \frac{\sqrt{3}}{2} \cdot x_2 - 2 = 0 \\ -\frac{1}{\sqrt{2}} \cdot x_1 + \frac{1}{\sqrt{2}} \cdot x_2 - \frac{1}{\sqrt{2}} = 0 \end{cases}$$

Aus Konvention[1] bringt man alle Terme[2], die von x_1, x_2 abhängen, auf die linke Seite[3] der Gleichung[4] und alle Terme, die nicht von x_1, x_2 abhängen, auf die rechte Seite[5]:

За домовленістю[1] всі члени[2], які залежать від x_1, x_2, розміщують у лівій частині[3] рівняння[4], а всі члени, які не залежать від x_1, x_2 - у правій частині[5]:

$$\Leftrightarrow \begin{cases} \frac{1}{2} \cdot x_1 + \frac{\sqrt{3}}{2} \cdot x_2 = 2 \\ -\frac{1}{\sqrt{2}} \cdot x_1 + \frac{1}{\sqrt{2}} \cdot x_2 = \frac{1}{\sqrt{2}} \end{cases}$$

A. Johann et al., *Höhere Mathematik auf Deutsch und Ukrainisch Вища математика німецькою та українською мовами*,
https://doi.org/10.1007/978-3-662-71575-8_3

Wir erhalten ein System[1] von 2 Gleichungen in 2 Unbekannten[2] x_1, x_2. Wir werden im Folgenden sehen, dass es sich hierbei um ein lineares Gleichungssystem handelt. Für diesen Typ von Gleichungssystemen werden wir ein allgemeines Lösungsverfahren[3] angeben.

Ми отримуємо систему[1] двох рівнянь із двома невідомими[2] x_1, x_2. Далі ми побачимо, що це система лінійних рівнянь. Для цього типу систем рівнянь ми наведемо загальну процедуру розв'язання[3].

Definition 3.1

Als lineares Gleichungssystem[1] bezeichnen wir ein System von m Gleichungen in n Unbekannten $x_1, x_2, \ldots, x_n \in \mathbb{R}$ der folgenden Form[2]:

Визначення 3.1

Системою лінійних рівнянь[1] називають таку систему, яка складається з m рівнянь із n невідомими $x_1, x_2, \ldots, x_n \in \mathbb{R}$ у наступній формі[2]:

$$\begin{cases} a_{11} \cdot x_1 + a_{12} \cdot x_2 + a_{13} \cdot x_3 + \cdots + a_{1n} \cdot x_n = b_1 \\ a_{21} \cdot x_1 + a_{22} \cdot x_2 + a_{23} \cdot x_3 + \cdots + a_{2n} \cdot x_n = b_2 \\ \vdots \qquad\qquad\qquad\qquad\qquad\qquad \vdots \\ a_{m1} \cdot x_1 + a_{m2} \cdot x_2 + a_{m3} \cdot x_3 + \cdots + a_{mn} \cdot x_n = b_m \end{cases}$$

Dabei kommen die folgenden Parameter[1] vor:

При цьому виникають такі параметри[1]:

$$\begin{aligned} a_{ij} \in \mathbb{R} \quad &, \quad i = 1, \ldots, m \\ & \quad\;\; j = 1, \ldots, n \\ b_i \in \mathbb{R} \quad &, \quad i = 1, \ldots, m \end{aligned}$$

In einem linearen Gleichungssystem kommen drei unterschiedliche Typen[1] von Einträgen[2] vor:

Величини[2], які складають систему лінійних рівнянь, поділяються на три типи[1]:

- n Unbekannte x_j. Diese lassen sich als Vektor[1] schreiben:
- n невідомих x_j. Їх можна записати у вигляді вектора[1]:

$$\mathbf{x} = \begin{pmatrix} x_1 \\ x_2 \\ \vdots \\ x_n \end{pmatrix} \in \mathbb{R}^n$$

- $n \cdot m$ Koeffizienten[1] der $x_j : a_{ij}$. Diese lassen sich als Matrix[2] (das ist ein Zahlenraster[3] oder eine Tabelle[4]) mit m Zeilen[5] und n Spalten[6] schreiben:
- $n \cdot m$ коефіцієнтів[1] при $x_j : a_{ij}$. Їх можна записати у вигляді матриці[2] (тобто числової сітки[3] або таблиці[4]) з m рядків[5] та n стовпців[6]:

$$A = \begin{pmatrix} a_{11} & a_{12} & a_{13} & \cdots & a_{1n} \\ a_{21} & a_{22} & a_{23} & \cdots & a_{2n} \\ \vdots & \vdots & \vdots & & \vdots \\ a_{m1} & a_{m2} & a_{m3} & \cdots & a_{mn} \end{pmatrix} \in \mathbb{R}^{(m,n)}$$

Dabei bezeichnen wir mit $\mathbb{R}^{(m,n)}$ die Menge[1] der Matrizen[2] mit m Zeilen und n Spalten. Wir verwenden die folgenden Schreibweisen für Matrizen:

При цьому ми позначаємо через $\mathbb{R}^{(m,n)}$ множину[1] матриць[2] з m рядками та n стовпцями. Ми використовуємо такі форми запису для матриць:

$$A = (a_{ij}) = \begin{pmatrix} a_{11} & a_{12} & \cdots & a_{1n} \\ a_{21} & a_{22} & \cdots & a_{2n} \\ \vdots & \vdots & & \vdots \\ a_{m1} & a_{m2} & \cdots & a_{mn} \end{pmatrix}$$

- m rechte Seiten b_i. Diese lassen sich erneut als Vektor schreiben:

- m правих частин b_i. Їх знову можна записати у вигляді вектора:

$$\mathbf{b} = \begin{pmatrix} b_1 \\ b_2 \\ \vdots \\ b_m \end{pmatrix} \in \mathbb{R}^m$$

3.1 Matrizenkalkül Матричне числення

In der Mathematik und ihren Anwendungen lassen sich viele Fragestellungen[1] mit Hilfe von Vektoren und Matrizen formulieren. Dies führt sehr oft zu einer einfachen und übersichtlichen Notation. Im Folgenden werden wir die hierzu notwendigen Rechenoperationen[2] für Matrizen einführen.

У галузі математики та її застосувань багато питань[1] можна сформулювати за допомогою векторів і матриць. Це дуже часто призводить до простого та зрозумілого запису. Далі ми вводимо необхідні арифметичні операції[2] над матрицями.

Wir haben gesehen, dass sich die Einträge eines linearen Gleichungssystems als Vektor $\mathbf{x} \in \mathbb{R}^n$ der Unbekannten, Matrix $A \in \mathbb{R}^{(m,n)}$ der Koeffizienten und Vektor $\mathbf{b} \in \mathbb{R}^m$ der rechten Seiten schreiben lassen. Unser erstes Ziel wird sein, die Multiplikation[1] einer Matrix mit einem Vektor zu definieren. Damit können wir ein lineares Gleichungssystem folgendermaßen schreiben:

Ми показали, що системи лінійних рівнянь можна записати за допомогою вектора невідомих $\mathbf{x} \in \mathbb{R}^n$, матриці коефіцієнтів $A \in \mathbb{R}^{(m,n)}$ і вектора правих частин $\mathbf{b} \in \mathbb{R}^m$. Нашою першою метою є визначення множення[1] матриці на вектор. Це дає можливість записати систему лінійних рівнянь у такий спосіб:

$$\underbrace{\begin{pmatrix} a_{11} & \cdots & a_{1n} \\ \vdots & & \vdots \\ a_{m1} & \cdots & a_{mn} \end{pmatrix}}_{A} \cdot \underbrace{\begin{pmatrix} x_1 \\ \vdots \\ x_n \end{pmatrix}}_{\mathbf{x}} = \underbrace{\begin{pmatrix} b_1 \\ \vdots \\ b_m \end{pmatrix}}_{\mathbf{b}}$$

Definition 3.2

Sei $A = (a_{ij}) \in \mathbb{R}^{(m,n)}$ eine Matrix mit m Zeilen und n Spalten sowie $\mathbf{x} = \begin{pmatrix} x_1 \\ \vdots \\ x_n \end{pmatrix} \in \mathbb{R}^n$ ein Vektor. Dann definieren wir das Matrix-Vektor-Produkt[1] wie folgt:

Визначення 3.2

Нехай $A = (a_{ij}) \in \mathbb{R}^{(m,n)}$ - це матриця з m рядками та n стовпцями, а $\mathbf{x} = \begin{pmatrix} x_1 \\ \vdots \\ x_n \end{pmatrix} \in \mathbb{R}^n$ - це вектор. Тоді ми визначаємо добуток матриці на вектор[1] у такий спосіб:

$$A \cdot \mathbf{x} = \begin{pmatrix} a_{11} & \cdots & a_{1n} \\ \vdots & & \vdots \\ a_{m1} & \cdots & a_{mn} \end{pmatrix} \cdot \begin{pmatrix} x_1 \\ \vdots \\ x_n \end{pmatrix} = \begin{pmatrix} a_{11} \cdot x_1 + a_{12} \cdot x_2 + \cdots + a_{1n} \cdot x_n \\ \vdots \\ a_{m1} \cdot x_1 + a_{m2} \cdot x_2 + \cdots + a_{mn} \cdot x_n \end{pmatrix} = \begin{pmatrix} \sum_{j=1}^{n} a_{1j} \cdot x_j \\ \vdots \\ \sum_{j=1}^{n} a_{mj} \cdot x_j \end{pmatrix} \in \mathbb{R}^m$$

Es ist zu beachten, dass der Vektor $\mathbf{x}$ immer genauso viele Zeilen haben muss wie die Matrix A Spalten besitzt (n Stück). Als Ergebnis erhalten wir einen Vektor $A \cdot \mathbf{x}$, der so viele Zeilen besitzt wie die Matrix A Zeilen hat (m Stück).

Слід зауважити, що вектор $\mathbf{x}$ завжди повинен мати стільки рядків, скільки стовпців має матриця A (тобто n). Як результат, ми отримуємо вектор $A \cdot \mathbf{x}$, який має стільки рядків, скільки рядків має матриця A (тобто m).

Beispiel: **Приклад:**

$$A = \begin{pmatrix} 0 & 1 & 2 & 1 & 4 \\ 3 & 4 & 3 & 0 & 5 \\ 5 & 0 & 2 & 4 & 5 \\ 0 & 2 & 1 & 5 & 3 \end{pmatrix} \quad , \quad \mathbf{x} = \begin{pmatrix} 3 \\ 2 \\ 1 \\ 0 \\ 3 \end{pmatrix}$$

Es gilt: $A \in \mathbb{R}^{(4,5)}$ und $\mathbf{x} \in \mathbb{R}^5$. Die Anzahl[1] der Spalten von A und die Anzahl der Zeilen von $\mathbf{x}$ sind beide gleich 5 und stimmen somit überein. Also ist das Matrix·Vektor-Produkt definiert[2]:

Маємо: $A \in \mathbb{R}^{(4,5)}$ та $\mathbf{x} \in \mathbb{R}^5$. Число[1] стовпців A та число рядків $\mathbf{x}$ дорівнюють 5, і відтак співпадають. Отже добуток матриці на вектор є визначеним[2]:

$$\Rightarrow A \cdot \mathbf{x} = \begin{pmatrix} 0\cdot 3 + 1\cdot 2 + 2\cdot 1 + 1\cdot 0 + 4\cdot 3 \\ 3\cdot 3 + 4\cdot 2 + 3\cdot 1 + 0\cdot 0 + 5\cdot 3 \\ 5\cdot 3 + 0\cdot 2 + 2\cdot 1 + 4\cdot 0 + 5\cdot 3 \\ 0\cdot 3 + 2\cdot 2 + 1\cdot 1 + 5\cdot 0 + 3\cdot 3 \end{pmatrix} = \begin{pmatrix} 16 \\ 35 \\ 32 \\ 14 \end{pmatrix} \in \mathbb{R}^4$$

Weitere Rechenoperationen für Matrizen:

Інші арифметичні операції над матрицями є такими:

Definition 3.3 **Визначення 3.3**

Seien $A = (a_{ij}), B = (b_{ij}) \in \mathbb{R}^{(m,n)}$ und $\lambda \in \mathbb{R}$. Wir definieren die Matrix-Addition[1] und das skalare Vielfache[2] jeweils komponentenweise[3]:

Нехай $A = (a_{ij}), B = (b_{ij}) \in \mathbb{R}^{(m,n)}$ та $\lambda \in \mathbb{R}$. Ми визначаємо покомпонентні[3] операції додавання матриць[1] і множення матриці на скаляр[2]:

- *Matrix-Addition:*
- *додавання матриць:*

$$A + B = (a_{ij} + b_{ij}) = \begin{pmatrix} (a_{11}+b_{11}) & \cdots & (a_{1n}+b_{1n}) \\ (a_{21}+b_{21}) & \cdots & (a_{2n}+b_{2n}) \\ \vdots & & \vdots \\ (a_{m1}+b_{m1}) & \cdots & (a_{mn}+b_{mn}) \end{pmatrix} \in \mathbb{R}^{(m,n)}$$

- *Skalares Vielfaches einer Matrix:*
- *множення матриці на скаляр:*

$$\lambda \cdot A = (\lambda \cdot a_{ij}) = \begin{pmatrix} \lambda \cdot a_{11} & \cdots & \lambda \cdot a_{1n} \\ \vdots & & \vdots \\ \lambda \cdot a_{m1} & \cdots & \lambda \cdot a_{mn} \end{pmatrix} \in \mathbb{R}^{(m,n)}$$

Bemerkung: Mit Hilfe der Matrix-Addition und des skalaren Vielfachen erhalten wir die Matrix-Subtraktion[1]:

Зауваження: за допомогою додавання матриць і множення матриці на скаляр ми одержуємо віднімання матриць[1]:

$$A - B = A + (-1) \cdot B = (a_{ij} + (-1) \cdot b_{ij}) = (a_{ij} - b_{ij}) = \begin{pmatrix} (a_{11}-b_{11}) & \cdots & (a_{1n}-b_{1n}) \\ (a_{21}-b_{21}) & \cdots & (a_{2n}-b_{2n}) \\ \vdots & & \vdots \\ (a_{m1}-b_{m1}) & \cdots & (a_{mn}-b_{mn}) \end{pmatrix} \in \mathbb{R}^{(m,n)}$$

Satz 3.4

Seien $A, B \in \mathbb{R}^{(m,n)}$, $\mathbf{x}, \mathbf{y} \in \mathbb{R}^n$ und $\lambda \in \mathbb{R}$. Dann gelten die folgenden Rechenregeln[1]:

Теорема 3.4

Нехай $A, B \in \mathbb{R}^{(m,n)}$, $\mathbf{x}, \mathbf{y} \in \mathbb{R}^n$ та $\lambda \in \mathbb{R}$. Тоді є чинними такі правила обчислення[1]:

Distributivität[1] des Matrix·Vektor-Produkts und der Vektor-Addition[2]:

Дистрибутивність (розподільність)[1] добутку матриці на вектор та додавання векторів[2]:

$$\text{(i)} \qquad A \cdot (\mathbf{x} + \mathbf{y}) = A \cdot \mathbf{x} + A \cdot \mathbf{y}$$

Distributivität des Matrix·Vektor-Produkts und der Matrix-Addition:

Дистрибутивність добутку матриці на вектор та додавання матриць:

$$\text{(ii)} \qquad (A + B) \cdot \mathbf{x} = A \cdot \mathbf{x} + B \cdot \mathbf{x}$$

Verträglichkeit[1] der skalaren Vielfachen von Vektoren und Matrizen:

Сполучність[1] множення на скаляр векторів і матриць:

$$\text{(iii)} \qquad A \cdot (\lambda \cdot \mathbf{x}) = \lambda \cdot (A \cdot \mathbf{x}) = (\lambda \cdot A) \cdot \mathbf{x}$$

Beispiel:

Seien A und $\mathbf{x}$ wie im letzten Beispiel. Für $\lambda = 2$ rechnen wir Rechenregel (iii) aus Satz 3.4 nach:

Приклад:

Нехай A та $\mathbf{x}$ такі, як в останньому прикладі. Для $\lambda = 2$ застосовуємо правило обчислення (iii) з теореми 3.4:

$$A \cdot (2 \cdot \mathbf{x}) = \begin{pmatrix} 0 & 1 & 2 & 1 & 4 \\ 3 & 4 & 3 & 0 & 5 \\ 5 & 0 & 2 & 4 & 5 \\ 0 & 2 & 1 & 5 & 3 \end{pmatrix} \cdot \begin{pmatrix} 2 \cdot 3 \\ 2 \cdot 2 \\ 2 \cdot 1 \\ 2 \cdot 0 \\ 2 \cdot 3 \end{pmatrix} = \begin{pmatrix} 32 \\ 70 \\ 64 \\ 28 \end{pmatrix}$$

$$\parallel$$

$$(2 \cdot A) \cdot \mathbf{x} = \begin{pmatrix} 0 & 2 & 4 & 2 & 8 \\ 6 & 8 & 6 & 0 & 10 \\ 10 & 0 & 4 & 8 & 10 \\ 0 & 4 & 2 & 10 & 6 \end{pmatrix} \cdot \begin{pmatrix} 3 \\ 2 \\ 1 \\ 0 \\ 3 \end{pmatrix} = \begin{pmatrix} 32 \\ 70 \\ 64 \\ 28 \end{pmatrix}$$

Definition 3.5

Sei $A = (a_{ik}) \in \mathbb{R}^{(m,l)}$ und $B = (b_{kj}) \in \mathbb{R}^{(l,n)}$ (das heißt insbesondere: A hat genauso viele Spalten wie B Zeilen). Dann definieren wir das Matrixprodukt[1]

Визначення 3.5

Нехай $A = (a_{ik}) \in \mathbb{R}^{(m,l)}$ та $B = (b_{kj}) \in \mathbb{R}^{(l,n)}$ (зокрема, це означає, що A має стільки стовпців, скільки B має рядків). Тоді ми визначаємо добуток матриць[1] у такий спосіб:

$$C = (c_{ij}) = A \cdot B \in \mathbb{R}^{(m,n)}$$

mit

де

$$c_{ij} = \sum_{k=1}^{l} a_{ik} \cdot b_{kj}.$$

Beispiel:

Приклад:

$$A = \begin{pmatrix} 0 & 1 & 2 & 1 & 4 \\ 3 & 4 & 3 & 0 & 5 \\ 5 & 0 & 2 & 4 & 5 \\ 0 & 2 & 1 & 5 & 3 \end{pmatrix} \in \mathbb{R}^{(4,5)} \quad , \quad B = \begin{pmatrix} 0 & 1 & 3 \\ 1 & 0 & 2 \\ 1 & 0 & 0 \\ 0 & 4 & 1 \\ 0 & 2 & 0 \end{pmatrix} \in \mathbb{R}^{(5,3)}$$

Die Anzahl der Spalten der Matrix A ist gleich 5 und stimmt mit der Anzahl der Zeilen der Matrix B überein. Also ist das Matrixprodukt $C = A \cdot B \in \mathbb{R}^{(4,3)}$ definiert.

Число стовпців матриці A, а саме 5, дорівнює числу рядків матриці B. Отже, добуток матриць $C = A \cdot B \in \mathbb{R}^{(4,3)}$ є визначеним.

Zum praktischen Berechnen des Matrixprodukts empfiehlt es sich, die Matrizen A, B, C folgendermaßen anzuordnen:

Для зручного обчислення добутку матриць доцільно розташувати матриці A, B, C наступним чином:

$$\begin{array}{ccccc} & & & \begin{pmatrix} 0 & 1 & 3 \\ 1 & 0 & 2 \\ 1 & 0 & 0 \\ 0 & 4 & 1 \\ 0 & 2 & 0 \end{pmatrix} & = B \\ & & 0{\cdot}0+1{\cdot}1+2{\cdot}1+1{\cdot}0+4{\cdot}0 & & \\ A \cdot B & = & \begin{pmatrix} 0 & 1 & 2 & 1 & 4 \\ 3 & 4 & 3 & 0 & 5 \\ 5 & 0 & 2 & 4 & 5 \\ 0 & 2 & 1 & 5 & 3 \end{pmatrix} & \begin{pmatrix} 3 & 12 & 3 \\ 7 & 13 & 17 \\ 2 & 31 & 19 \\ 3 & 26 & 9 \end{pmatrix} & 5{\cdot}1+0{\cdot}0+2{\cdot}0+4{\cdot}4+5{\cdot}2 \\ & & \| & \| & \\ & & A & C & \end{array}$$

Die Berechnung des Matrixprodukts $c_{ij} = \sum\limits_{k=1}^{l} a_{ik} \cdot b_{kj}$ können wir wie folgt anschaulich interpretieren: Wir bilden das Skalarprodukt[1] des Vektors in der i-ten Zeile von A mit dem Vektor in der j-ten Spalte von B (beide Vektoren haben l Einträge). Das Ergebnis schreiben wir in die entsprechende Position (i-te Zeile und j-te Spalte) von C.

Обчислення добутку матриць $c_{ij} = \sum\limits_{k=1}^{l} a_{ik} \cdot b_{kj}$ ми можемо виконати у такий спосіб: спочатку знаходимо скалярний добуток[1] вектора з i-го рядка в A та вектора з j-го стовпця в B (обидва вектори мають l елементів). Результат записуємо в відповідну позицію (i-й рядок та j-й стовпець) в C.

Bemerkung: Einen Vektor $\mathbf{x} \in \mathbb{R}^n$ können wir als Matrix mit nur einer Spalte auffassen:

Зауваження: вектор $\mathbf{x} \in \mathbb{R}^n$ можна розглядати як матрицю з лише одним стовпцем:

$$\mathbf{x} = \begin{pmatrix} x_1 \\ \vdots \\ x_n \end{pmatrix} \in \mathbb{R}^{(n,1)}$$

Damit ist das Matrix·Vektor-Produkt nur ein Spezialfall[1] des Matrixprodukts:

Отже, добуток матриці та вектора є лише окремим випадком[1] добутку матриць:

$$A \in \mathbb{R}^{(m,n)}, \mathbf{x} \in \mathbb{R}^{(n,1)} \Rightarrow A \cdot \mathbf{x} \in \mathbb{R}^{(m,1)}$$

Beispiel: **Приклад:**

$$\begin{array}{cc} & \begin{pmatrix} 3 \\ 2 \\ 1 \\ 0 \\ 3 \end{pmatrix} = \mathbf{x} \\ \begin{pmatrix} 0 & 1 & 2 & 1 & 4 \\ 3 & 4 & 3 & 0 & 5 \\ 5 & 0 & 2 & 4 & 5 \\ 0 & 2 & 1 & 5 & 3 \end{pmatrix} & \begin{pmatrix} 16 \\ 35 \\ 32 \\ 14 \end{pmatrix} \\ \| & \| \\ A & A \cdot \mathbf{x} \end{array}$$

Satz 3.6

Für das Matrixprodukt gelten die folgenden Rechenregeln:

Теорема 3.6

Для добутку матриць є чинними такі правила обчислення:

Assoziativität[1]*: Seien $A \in \mathbb{R}^{(m,l)}$, $B \in \mathbb{R}^{(l,k)}$ und $C \in \mathbb{R}^{(k,n)}$. Dann gilt:*

Асоціативність (сполучність)[1]*: нехай $A \in \mathbb{R}^{(m,l)}$, $B \in \mathbb{R}^{(l,k)}$ та $C \in \mathbb{R}^{(k,n)}$. Тоді маємо:*

$$\text{(i)} \qquad A \cdot (B \cdot C) = (A \cdot B) \cdot C$$

Rechtsdistributivität[1]*: Seien $A, B \in \mathbb{R}^{(m,l)}$ und $C \in \mathbb{R}^{(l,n)}$. Dann gilt:*

Права дистрибутивність[1]*: нехай $A, B \in \mathbb{R}^{(m,l)}$ та $C \in \mathbb{R}^{(l,n)}$. Тоді маємо:*

$$\text{(ii)} \qquad (A + B) \cdot C = A \cdot C + B \cdot C$$

Linksdistributivität[1]*: Seien $A \in \mathbb{R}^{(m,l)}$ und $B, C \in \mathbb{R}^{(l,n)}$. Dann gilt:*

Ліва дистрибутивність[1]*: нехай $A \in \mathbb{R}^{(m,l)}$ та $B, C \in \mathbb{R}^{(l,n)}$. Тоді маємо:*

$$\text{(iii)} \qquad A \cdot (B + C) = A \cdot B + A \cdot C$$

Verträglichkeit[1] *der skalaren Vielfachen: Seien $A \in \mathbb{R}^{(m,l)}$, $B \in \mathbb{R}^{(l,n)}$ und $\lambda \in \mathbb{R}$. Dann gilt:*

Сумісність[1] *множення на скаляр: нехай $A \in \mathbb{R}^{(m,l)}$, $B \in \mathbb{R}^{(l,n)}$ та $\lambda \in \mathbb{R}$. Тоді маємо:*

$$\text{(iv)} \qquad A \cdot (\lambda \cdot B) = (\lambda \cdot A) \cdot B = \lambda \cdot (A \cdot B)$$

Determinanten-Multiplikationssatz[1]*: Seien $A, B \in \mathbb{R}^{(n,n)}$. Dann gilt:*

Теорема про детермінант добутку матриць[1]*: нехай $A, B \in \mathbb{R}^{(n,n)}$. Тоді маємо:*

$$\text{(v)} \qquad \det(A \cdot B) = \det(A) \cdot \det(B)$$

Achtung! Das Matrixprodukt ist nicht kommutativ[1]. Damit $A \cdot B$ und $B \cdot A$ überhaupt beide definiert sind, muss gelten $A \in \mathbb{R}^{(m,n)}$ und $B \in \mathbb{R}^{(n,m)}$. Zudem haben die beiden Matrixprodukte $A \cdot B \in \mathbb{R}^{(m,m)}$ und $B \cdot A \in \mathbb{R}^{(n,n)}$ nur dann die gleiche Dimension[2], falls $n = m$. Selbst für quadratische Matrizen

Увага! Добуток матриць не є комутативним[1]. Щоб $A \cdot B$ та $B \cdot A$ взагалі були одночасно визначені, повинно виконуватись таке: $A \in \mathbb{R}^{(m,n)}$ та $B \in \mathbb{R}^{(n,m)}$. Крім того, два добутки матриць $A \cdot B \in \mathbb{R}^{(m,m)}$ та $B \cdot A \in \mathbb{R}^{(n,n)}$ мають однаковий порядок[2], лише якщо $n = m$. Проте, навіть для квадратних

$A, B \in \mathbb{R}^{(n,n)}$ gilt im Allgemeinen allerdings:

матриць $A, B \in \mathbb{R}^{(n,n)}$ у загальному випадку маємо:

$$A \cdot B \neq B \cdot A$$

Beispiel:

Приклад:

$$\begin{pmatrix} 0 & 1 \\ 1 & 0 \end{pmatrix} \cdot \begin{pmatrix} 1 & 0 \\ 0 & -1 \end{pmatrix} = \begin{pmatrix} 0 & -1 \\ 1 & 0 \end{pmatrix}$$
$$\nparallel$$
$$\begin{pmatrix} 1 & 0 \\ 0 & -1 \end{pmatrix} \cdot \begin{pmatrix} 0 & 1 \\ 1 & 0 \end{pmatrix} = \begin{pmatrix} 0 & 1 \\ -1 & 0 \end{pmatrix}$$

Definition 3.7
Eine quadratische Matrix[1] mit lauter Einsen auf der Hauptdiagonalen[2] und sonst nur Nullen bezeichnen wir als Einheitsmatrix[3]. Notation:

Визначення 3.7
Квадратну матрицю[1], яка має на головній діагоналі[2] лише одиниці та рештою лише нулі, називають одиничною матрицею[3]. Позначення:

$$I_n = \begin{pmatrix} 1 & 0 & \cdots & 0 \\ 0 & \ddots & \ddots & 0 \\ \vdots & \ddots & \ddots & \vdots \\ 0 & \cdots & 0 & 1 \end{pmatrix} \in \mathbb{R}^{(n,n)}$$

Bemerkung: Sei $A \in \mathbb{R}^{(m,n)}$. Dann gilt:

Зауваження: нехай $A \in \mathbb{R}^{(m,n)}$. Тоді маємо:

$$A \cdot I_n = A$$
$$I_m \cdot A = A$$

Definition 3.8
Vertauscht man die Zeilen und Spalten einer Matrix A, so erhält man die transponierte Matrix[1] A^T:

Визначення 3.8
Якщо ми поміняємо місцями рядки та стовпці матриці A, то отримаємо транспоновану матрицю[1] A^T:

$$A = \begin{pmatrix} a_{11} & \cdots & a_{1n} \\ \vdots & & \vdots \\ a_{m1} & \cdots & a_{mn} \end{pmatrix} \in \mathbb{R}^{(m,n)} \quad \Rightarrow \quad A^T = \begin{pmatrix} a_{11} & \cdots & a_{m1} \\ \vdots & & \vdots \\ a_{1n} & \cdots & a_{mn} \end{pmatrix} \in \mathbb{R}^{(n,m)}$$

Beispiel:

Приклад:

$$A = \begin{pmatrix} 1 & 3 \\ 0 & 2 \\ 4 & 1 \end{pmatrix} \in \mathbb{R}^{(3,2)} \quad \Rightarrow \quad A^T = \begin{pmatrix} 1 & 0 & 4 \\ 3 & 2 & 1 \end{pmatrix} \in \mathbb{R}^{(2,3)}$$

Beispiel:
Bislang haben wir Vektoren immer als Spaltenvektoren[1] geschrieben. Wenn wir einen Spaltenvektor **x** transponieren, erhalten wir einen Zeilenvektor[2] $\mathbf{x}^T$:

Приклад:
Досі ми завжди записували вектори як вектори-стовпці[1]. Якщо ми транспонуємо вектор-стовпець **x**, то отримаємо вектор-рядок[2] $\mathbf{x}^T$:

$$\mathbf{x} = \begin{pmatrix} x_1 \\ \vdots \\ x_n \end{pmatrix} \in \mathbb{R}^n = \mathbb{R}^{(n,1)} \quad \Rightarrow \quad \mathbf{x}^T = (x_1 \cdots x_n) \in \mathbb{R}_n = \mathbb{R}^{(1,n)}$$

Anwendung: Seien $\mathbf{x}, \mathbf{y} \in \mathbb{R}^n$ Spaltenvektoren. Dann können wir das euklidische Skalarprodukt[1] mit Hilfe der Transposition und des Matrixprodukts schreiben:

Застосування: нехай $\mathbf{x}, \mathbf{y} \in \mathbb{R}^n$ - це вектори-стовпці. Тоді ми можемо записати евклідів скалярний добуток[1] за допомогою транспонування та добутка матриць:

$$\langle \mathbf{x}, \mathbf{y} \rangle = \mathbf{x}^T \cdot \mathbf{y} = \underbrace{(x_1 \cdots x_n)}_{\in \mathbb{R}^{(1,n)}} \overset{\begin{pmatrix} y_1 \\ \vdots \\ y_n \end{pmatrix} \in \mathbb{R}^{(n,1)}}{\underbrace{(x_1 \cdot y_1 + \ldots + x_n \cdot y_n)}_{\in \mathbb{R}^{(1,1)} = \mathbb{R}}}$$

Ganz entsprechend erhalten wir für die euklidische Norm[1]:

Відповідно, для евклідової норми1[1] отримуємо:

$$\|\mathbf{x}\|_2 = \sqrt{\mathbf{x}^T \cdot \mathbf{x}} = \sqrt{x_1^2 + \ldots + x_n^2}$$

Das euklidische Skalarprodukt $\mathbf{x}^T \cdot \mathbf{y}$ liefert eine reelle Zahl. Das dyadische Produkt[1] zweier Spaltenvektoren $\mathbf{x}, \mathbf{y} \in \mathbb{R}^n$ liefert hingegen eine quadratische Matrix:

Евклідів скалярний добуток $\mathbf{x}^T \cdot \mathbf{y}$ породжує дійсне число. Діадний добуток[1] двох векторів-стовпців $\mathbf{x}, \mathbf{y} \in \mathbb{R}^n$, у свою чергу, породжує квадратну матрицю:

$$\mathbf{x} \otimes \mathbf{y} = \mathbf{x} \cdot \mathbf{y}^T = \underbrace{\begin{pmatrix} x_1 \\ \vdots \\ x_n \end{pmatrix}}_{\in \mathbb{R}^{(n,1)}} \overset{(y_1 \quad \cdots \quad y_n) \in \mathbb{R}^{(1,n)}}{\underbrace{\begin{pmatrix} x_1 \cdot y_1 & \cdots & x_1 \cdot y_n \\ \vdots & & \vdots \\ x_n \cdot y_1 & \cdots & x_n \cdot y_n \end{pmatrix}}_{\in \mathbb{R}^{(n,n)}}}$$

Satz 3.9

Für die transponierte Matrix gelten die folgenden Rechenregeln. Seien $A, B \in \mathbb{R}^{(m,n)}$ und $\lambda \in \mathbb{R}$. Dann gilt:

Теорема 3.9

Для транспонованої матриці є чинними такі правила обчислення. Нехай $A, B \in \mathbb{R}^{(m,n)}$ та $\lambda \in \mathbb{R}$. Тоді маємо:

$$\begin{aligned} &\text{(i)} && (A+B)^T = A^T + B^T \\ &\text{(ii)} && (\lambda \cdot A)^T = \lambda \cdot A^T \\ &\text{(iii)} && (A^T)^T = A \end{aligned}$$

Für $A \in \mathbb{R}^{(m,l)}$ und $B \in \mathbb{R}^{(l,n)}$ gilt:

Для $A \in \mathbb{R}^{(m,l)}$ та $B \in \mathbb{R}^{(l,n)}$ маємо:

$$\text{(iv)} \qquad (A \cdot B)^T = B^T \cdot A^T$$

Für quadratische Matrizen $A \in \mathbb{R}^{(n,n)}$ gilt:

Для квадратних матриць $A \in \mathbb{R}^{(n,n)}$ маємо:

$$\text{(v)} \qquad \det(A^T) = \det(A)$$

Definition 3.10

Sei $A \in \mathbb{R}^{(n,n)}$ eine quadratische Matrix.

- *A heißt symmetrisch[1], falls gilt:*

Визначення 3.10

Нехай $A \in \mathbb{R}^{(n,n)}$ - це квадратна матриця.

- *A називають симетричною[1], якщо виконується таке:*

$$A = A^T$$

- *A heißt orthogonal[1], falls gilt:*

- *A називають ортогональною[1], якщо виконується таке:*

$$A \cdot A^T = A^T \cdot A = I_n$$

- *A heißt positiv definit*[1], *falls A symmetrisch ist und zusätzlich gilt:*

- *A називають додатно визначеною*[1], *якщо A є симетричною та, крім того, виконується таке:*

$$\forall \mathbf{x} \in \mathbb{R}^n \backslash \{\mathbf{0}\} : \mathbf{x}^T A \mathbf{x} > 0$$

Beispiel:
Wir untersuchen die folgende quadratische Matrix:

Приклад:
Ми розглядаємо таку квадратну матрицю:

$$A = \begin{pmatrix} 1 & 2 \\ 2 & 5 \end{pmatrix}$$

A ist symmetrisch, denn es gilt:

A є симетричною, тому що виконується таке:

$$A^T = \begin{pmatrix} 1 & 2 \\ 2 & 5 \end{pmatrix} = A$$

A ist nicht orthogonal, denn es gilt:

A не є ортогональною, оскільки:

$$A \cdot A^T = \begin{pmatrix} 1 & 2 \\ 2 & 5 \end{pmatrix} \cdot \begin{pmatrix} 1 & 2 \\ 2 & 5 \end{pmatrix} = \begin{pmatrix} 5 & 12 \\ 12 & 29 \end{pmatrix} \neq \begin{pmatrix} 1 & 0 \\ 0 & 1 \end{pmatrix} = I_2$$

Nun untersuchen wir, ob die Matrix A positiv definit ist. Die Symmetrie $A = A^T$ haben wir bereits gezeigt. Sei nun $\mathbf{x} = \begin{pmatrix} x_1 \\ x_2 \end{pmatrix} \neq \begin{pmatrix} 0 \\ 0 \end{pmatrix}$. Das bedeutet, dass mindestens eine der beiden Koordinaten x_1, x_2 nicht Null ist. Damit erhalten wir:

Тепер перевіримо, чи є матриця A додатно визначеною. Симетрію $A = A^T$ ми щойно показали. Нехай тепер $\mathbf{x} = \begin{pmatrix} x_1 \\ x_2 \end{pmatrix} \neq \begin{pmatrix} 0 \\ 0 \end{pmatrix}$. Це означає, що принаймні одна з двох координат x_1, x_2 не дорівнює нулю. З цим ми отримуємо:

$$\begin{aligned}
\mathbf{x}^T \cdot A \cdot \mathbf{x} &= (x_1\ x_2) \cdot \begin{pmatrix} 1 & 2 \\ 2 & 5 \end{pmatrix} \cdot \begin{pmatrix} x_1 \\ x_2 \end{pmatrix} \\
&= (x_1\ x_2) \cdot \begin{pmatrix} 1 \cdot x_1 + 2 \cdot x_2 \\ 2 \cdot x_1 + 5 \cdot x_2 \end{pmatrix} \\
&= x_1 \cdot (1 \cdot x_1 + 2 \cdot x_2) + x_2 \cdot (2 \cdot x_1 + 5 \cdot x_2) \\
&= x_1^2 + 4x_1x_2 + 5x_2^2 \\
&= (x_1 + 2x_2)^2 + x_2^2
\end{aligned}$$

1. Fall: $x_2 \neq 0$

1. Випадок: $x_2 \neq 0$

$$\Rightarrow \mathbf{x}^T \cdot A \cdot \mathbf{x} = \underbrace{(x_1 + 2x_2)^2}_{\geq 0} + x_2^2 \geq x_2^2 > 0 \qquad \checkmark$$

2. Fall: $x_2 = 0 \Rightarrow x_1 \neq 0$

2. Випадок: $x_2 = 0 \Rightarrow x_1 \neq 0$

$$\Rightarrow \mathbf{x}^T \cdot A \cdot \mathbf{x} = (x_1 + 2\underbrace{x_2}_{0})^2 + \underbrace{x_2^2}_{0} = x_1^2 > 0 \qquad \checkmark$$

Somit ist die Matrix A positiv definit.

Відтак, матриця A є додатно визначеною.

Beispiel:
Die quadratische Matrix $B = \begin{pmatrix} 0 & 1 \\ -1 & 0 \end{pmatrix}$ ist orthogonal, denn es gilt:

Приклад:
Квадратна матриця $B = \begin{pmatrix} 0 & 1 \\ -1 & 0 \end{pmatrix}$ є ортогональною, оскільки виконується:

$$B \cdot B^T = \begin{pmatrix} 0 & 1 \\ -1 & 0 \end{pmatrix} \begin{pmatrix} 0 & -1 \\ 1 & 0 \end{pmatrix} \begin{pmatrix} 0\cdot 0+1\cdot 1 & 0\cdot(-1)+1\cdot 0 \\ -1\cdot 0+0\cdot 1 & (-1)\cdot(-1)+0\cdot 0 \end{pmatrix} = \begin{pmatrix} 1 & 0 \\ 0 & 1 \end{pmatrix} \quad \checkmark$$

$$B^T \cdot B = \begin{pmatrix} 0 & -1 \\ 1 & 0 \end{pmatrix} \begin{pmatrix} 0 & 1 \\ -1 & 0 \end{pmatrix} \begin{pmatrix} 0\cdot 0+(-1)\cdot(-1) & 0\cdot 1+(-1)\cdot 0 \\ 1\cdot 0+0\cdot(-1) & 1\cdot 1+0\cdot 0 \end{pmatrix} = \begin{pmatrix} 1 & 0 \\ 0 & 1 \end{pmatrix} \quad \checkmark$$

3.2 Gauß-Elimination
Метод виключення Гаусса

Im Folgenden entwickeln wir ein allgemeines Lösungsverfahren für lineare Gleichungssysteme.

Далі ми наводимо загальний метод розв'язування систем лінійних рівнянь.

Beispiel:

Приклад:

$$\begin{cases} 0\cdot x_1+0\cdot x_2+1\cdot x_3+3\cdot x_4+3\cdot x_5=2 \\ 1\cdot x_1+2\cdot x_2+1\cdot x_3+4\cdot x_4+3\cdot x_5=3 \\ 1\cdot x_1+2\cdot x_2+2\cdot x_3+7\cdot x_4+6\cdot x_5=5 \\ 2\cdot x_1+4\cdot x_2+1\cdot x_3+5\cdot x_4+3\cdot x_5=4 \end{cases}$$

Dieses lineare Gleichungssystem lautet in Matrix-Schreibweise[1]:

Зазначена система лінійних рівнянь у матричному записі[1] має вигляд:

$$\underbrace{\begin{pmatrix} 0&0&1&3&3 \\ 1&2&1&4&3 \\ 1&2&2&7&6 \\ 2&4&1&5&3 \end{pmatrix}}_{A} \cdot \underbrace{\begin{pmatrix} x_1 \\ x_2 \\ x_3 \\ x_4 \\ x_5 \end{pmatrix}}_{\mathbf{x}} = \underbrace{\begin{pmatrix} 2 \\ 3 \\ 5 \\ 4 \end{pmatrix}}_{\mathbf{b}}$$

Um den Schreibaufwand noch weiter zu minimieren, verwenden wir im Folgenden die erweiterte Matrixform[1]. Hierzu schreiben wir die Koeffizientenmatrix[2] A nach links und (durch einen senkrechten Strich getrennt) die rechte Seite $\mathbf{b}$ rechts daneben:

Для подальшого зменшення письмових зусиль ми використовуємо розширену матричну форму[1]. Для цього ми записуємо матрицю коефіцієнтів[2] A ліворуч, а вектор правих частин $\mathbf{b}$ праворуч від розділювальної вертикальної лінії:

$$(A|\mathbf{b}) = \left(\begin{array}{ccccc|c} 0&0&1&3&3&2 \\ 1&2&1&4&3&3 \\ 1&2&2&7&6&5 \\ 2&4&1&5&3&4 \end{array}\right)$$

Das Lösungsverfahren für lineare Gleichungssysteme besteht aus zwei Schritten: dem Eliminationsprozess[1] und der Rückwärtssubstitution[2].

Процедура розв'язання систем лінійних рівнянь складається з двох кроків: процесу виключення[1] та процесу зворотньої підстановки[2].

Der Eliminationsprozess
Процес виключення

Ziel: Wir bringen das lineare Gleichungssystem zunächst auf eine einfache Form (Zeilenstufenform[1]). Hierzu wenden wir drei Typen von Äquivalenzumformungen[2] an:

Мета: спочатку ми зводимо систему лінійних рівнянь до простої форми (рядкової ступінчастої форми[1]). Для цього ми застосовуємо три види еквівалентних перетворень[2]:

Beispiel:
Wir betrachten das folgende lineare Gleichungssystem. Wir schreiben das Gleichungssystem einerseits als System von Gleichungen (links). Parallel verwenden wir die erweiterte Matrixform (rechts). Später werden wir ausschließlich die erweiterte Matrixform verwenden.

Приклад:
Ми розглядаємо наступну систему лінійних рівнянь. Ліворуч ми записуємо її у вигляді системи рівнянь. Паралельно праворуч ми надаємо розширену матричну форму. Надалі ми будемо використовувати виключно розширену матричну форму.

$$\begin{cases} 1\cdot x_1+0\cdot x_2+1\cdot x_3=2\\ 4\cdot x_1+8\cdot x_2-2\cdot x_3=0\\ 0\cdot x_1+2\cdot x_2+1\cdot x_3=1\end{cases} \qquad \left(\begin{array}{ccc|c}1&0&1&2\\4&8&-2&0\\0&2&1&1\end{array}\right)$$

(1) Vertauschen[1] von zwei Zeilen
Im Beispiel: $II \leftrightarrow III$

(1) Заміна[1] двох рядків
У прикладі: $II \leftrightarrow III$

$$\underset{II\leftrightarrow III}{\Leftrightarrow}\begin{cases} 1\cdot x_1+0\cdot x_2+1\cdot x_3=2\\ 0\cdot x_1+2\cdot x_2+1\cdot x_3=1\\ 4\cdot x_1+8\cdot x_2-2\cdot x_3=0\end{cases} \qquad \underset{II\leftrightarrow III}{\Leftrightarrow}\left(\begin{array}{ccc|c}1&0&1&2\\0&2&1&1\\4&8&-2&0\end{array}\right)$$

(2) Multiplikation einer Zeile mit einer Zahl $\neq 0$
Im Beispiel: $\frac{1}{2}\cdot III$

(2) Множення рядка на ненульове ($\neq 0$) число
У прикладі: $\frac{1}{2}\cdot III$

$$\underset{\frac{1}{2}\cdot III}{\Leftrightarrow}\begin{cases} 1\cdot x_1+0\cdot x_2+1\cdot x_3=2\\ 0\cdot x_1+2\cdot x_2+1\cdot x_3=1\\ 2\cdot x_1+4\cdot x_2-1\cdot x_3=0\end{cases} \qquad \underset{\frac{1}{2}\cdot III}{\Leftrightarrow}\left(\begin{array}{ccc|c}1&0&1&2\\0&2&1&1\\2&4&-1&0\end{array}\right)$$

(3) Das Vielfache einer Zeile zu einer anderen Zeile addieren (Das ist erlaubt, da man auf beiden Seiten der Gleichung das Gleiche addiert.)
Im Beispiel: $III \to III-2\cdot I$

(3) Додавання кратного одного рядка до іншого рядка (це дозволено, оскільки ми додаємо одне й теж саме до обох частин рівняння).
У прикладі: $III \to III-2\cdot I$

$$\underset{III\to III-2\cdot I}{\Leftrightarrow}\begin{cases} 1\cdot x_1+0\cdot x_2+1\cdot x_3=2\\ 0\cdot x_1+2\cdot x_2+1\cdot x_3=1\\ 0\cdot x_1+4\cdot x_2-3\cdot x_3=-4\end{cases} \qquad \underset{III\to III-2\cdot I}{\Leftrightarrow}\left(\begin{array}{ccc|c}1&0&1&2\\0&2&1&1\\0&4&-3&-4\end{array}\right)$$

Im Beispiel wenden wir eine weitere Äquivalenzumformung vom Typ (3) an: $III \to III-2\cdot II$

У прикладі ми застосовуємо ще одне еквівалентне перетворення типу (3): $III \to III-2\cdot II$

$$\underset{III\to III-2\cdot II}{\Leftrightarrow}\begin{cases} 1\cdot x_1+0\cdot x_2+1\cdot x_3=2\\ 0\cdot x_1+2\cdot x_2+1\cdot x_3=1\\ 0\cdot x_1+0\cdot x_2-5\cdot x_3=-6\end{cases} \qquad \underset{III\to III-2\cdot II}{\Leftrightarrow}\left(\begin{array}{ccc|c}1&0&1&2\\0&2&1&1\\0&0&-5&-6\end{array}\right)$$

Als Ergebnis des Eliminationsprozesses erhalten wir ein lineares Gleichungssystem in Zeilenstufenform. Die Stufen[1]

Внаслідок процесу виключення ми отримуємо лінійну систему рівнянь у рядковій ступінчастій формі. Утворені

haben wir in der erweiterten Matrixform eingezeichnet.

сходинки[1] ми позначили на розширеній матриці.

Ein systematisches Verfahren, um ein lineares Gleichungssystem auf Zeilenstufenform zu bringen, ist die Gauß-Elimination[1] (oder Gaußsches Eliminationsverfahren[2] oder Gauß-Algorithmus[3]). Ausgangspunkt ist ein lineares Gleichungssystem, das wir im Folgenden in erweiterter Matrixform schreiben:

Систематичною процедурою приведення системи лінійних рівнянь до рядкової ступінчастої форми є метод Гаусса[1] (або виключення Гаусса[2], або алгоритм Гаусса[3]). Відправною точкою є система лінійних рівнянь, яку ми надалі записуємо в розширеній матричній формі:

$$(A|\mathbf{b}) = \left(\begin{array}{ccc|c} * & \cdots & * & * \\ \vdots & & \vdots & \vdots \\ * & \cdots & * & * \end{array}\right)$$

Hierbei bezeichnet der Eintrag[1] "$*$" jeweils eine beliebige Zahl.

Тут кожен символ[1] "$*$" позначає довільне число.

(i) Wir betrachten die erste Spalte der erweiterten Matrixform.

(i) Ми розглядаємо перший стовпець розширеної матричної форми.

1. Fall: Die erste Spalte besteht nur aus Nullen

1-й випадок: перший стовпець містить лише нулі

$$\left(\begin{array}{c|ccc|c} 0 & * & \cdots & * & * \\ \vdots & \vdots & & \vdots & \vdots \\ 0 & * & \cdots & * & * \end{array}\right) \quad (\underbrace{A_1}\ |\ \underbrace{\mathbf{b}})$$

In diesem Fall lassen wir die erste Spalte stehen und verfahren mit dem Restsystem[1] $(A_1|\mathbf{b})$ wie in (i).

У цьому випадку залишаємо перший стовпець як є і обробляємо далі остаточну систему[1] $(A_1|\mathbf{b})$, як у пункті (i).

2. Fall: $a_{11} = 0$, aber es gibt eine Zeile k mit $a_{k1} \neq 0$

2-й випадок: $a_{11} = 0$, але є рядок k з $a_{k1} \neq 0$

$$k\text{-te Zeile / } k\text{-ий рядок} \rightarrow \left(\begin{array}{cccc|c} 0 & * & \cdots & * & * \\ * & \vdots & & \vdots & \vdots \\ \vdots & \vdots & & \vdots & \vdots \\ \blacksquare & \vdots & & \vdots & \vdots \\ \vdots & \vdots & & \vdots & \vdots \\ * & * & \cdots & * & * \end{array}\right)$$

Mit "$\blacksquare$" bezeichnen wir hierbei einen Eintrag $\neq 0$. Dieser wird Pivotelement[1] genannt.

За допомогою "$\blacksquare$" ми позначаємо ненульовий ($\neq 0$) елемент. Його називають головним елементом[1].

Wir vertauschen Zeile 1 mit Zeile k. Dann steht das Pivotelement in der ersten Zeile und wir verfahren weiter wie im 3. Fall.

Міняємо місцями рядки 1 та k. Тоді головний елемент переміщується в перший рядок, і ми переходимо до 3-го випадка.

3. Fall: $a_{11} \neq 0$

3-й випадок: $a_{11} \neq 0$

$$\left(\begin{array}{cccc|c} \blacksquare & * & \cdots & * & * \\ * & \vdots & & \vdots & \vdots \\ \vdots & \vdots & & \vdots & \vdots \\ * & * & \cdots & * & * \end{array}\right)$$

Wir subtrahieren das $\frac{a_{21}}{a_{11}}$-fache der ersten Zeile von der zweiten Zeile:

Від другого рядка віднімаємо перший рядок, помножений на $\frac{a_{21}}{a_{11}}$:

$$\Leftrightarrow \left(\begin{array}{cccc|c} \blacksquare & * & \cdots & * & * \\ 0 & \vdots & & \vdots & \vdots \\ * & \vdots & & \vdots & \vdots \\ \vdots & \vdots & & \vdots & \vdots \\ * & * & \cdots & * & * \end{array}\right)$$

Analog subtrahieren wir das $\frac{a_{31}}{a_{11}}$-fache der ersten Zeile von der dritten Zeile und fahren fort bis zur letzten Zeile, indem wir jeweils das $\frac{a_{k1}}{a_{11}}$-fache der ersten Zeile von der k-ten Zeile subtrahieren:

Так само, віднімаємо від третього рядка перший рядок, помножений на $\frac{a_{31}}{a_{11}}$, і так продовжуємо до останнього рядка, тобто віднімаємо від k-го рядка перший рядок, помножений на $\frac{a_{k1}}{a_{11}}$:

$$\Leftrightarrow \left(\begin{array}{cccc|c} \blacksquare & * & \cdots & * & * \\ 0 & * & \cdots & * & * \\ \vdots & \vdots & & \vdots & \vdots \\ 0 & * & \cdots & * & * \end{array}\right) \qquad (\; A_2 \;|\; \mathbf{b}_2 \;)$$

Nun steht links oben das Pivotelement. Darunter stehen in der ersten Spalte nur Nullen.

Тепер головний елемент знаходиться у верхньому лівому куті. Під ним, у першому стовпці, стоять лише нулі.

(ii) Wir betrachten nun die zweite Spalte. Hierzu lassen wir in der erweiterten Matrixform die erste Spalte und die erste Zeile stehen und verfahren mit dem Restsystem $(A_2|\mathbf{b}_2)$ wie in (i).

(ii) Переходимо до розгляду другого стовпця. Для цього залишаємо перший стовпець та перший рядок розширеної матричної форми як є і працюємо далі з системою $(A_2|\mathbf{b}_2)$, що залишилася, як у пункті (i).

(iii) Wir erhalten ein neues (kleineres) Restsystem. Damit verfahren wir immer weiter wie in (i). Das Verfahren ist beendet, sobald alle Spalten der erweiterten Matrixform $(A|\mathbf{b})$ abgearbeitet sind. Am Ende hat das lineare Gleichungssystem eine Zeilenstufenform:

(iii) В нас залишається нова (менша) система. Далі діємо знов так само, як у пункті (i). Процедура завершується, коли всі стовпці розширеної матричної форми $(A|\mathbf{b})$ будуть опрацьовані. Наприкінці система лінійних рівнянь набуває рядкової ступінчастої форми.

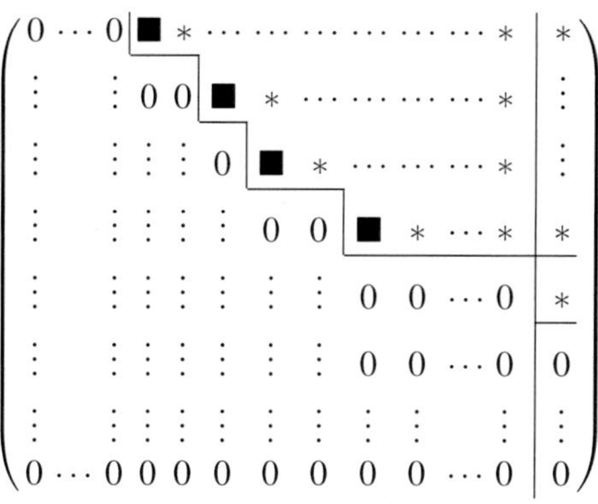

Bemerkung: Die Zeilenstufenform hat immer die folgende Gestalt:

Зауваження: рядкова ступінчаста форма завжди має такий вигляд:

- In jeder Zeile stehen links vom Pivotelement ■ nur Nullen.

- Кожен рядок містить лише нулі ліворуч від головного елемента ■.

- Liest man die Zeilen von oben nach unten, so rückt das Pivotelement ■ pro Zeile um mindestens eine Spalte nach rechts.

- Якщо читати рядки зверху вниз, то головний елемент пересувається праворуч принаймні на один стовпець за рядок.

Beispiel:

Wir bringen ein lineares Gleichungssystem mit Hilfe der Gauß-Elimination auf Zeilenstufenform. Dabei ist es sinnvoll, die durchgeführten Äquivalenzumformungen anzugeben. Dies kann beispielsweise in der Form $I \leftrightarrow II$ (vertausche die Zeilen I und II) oder $III \to III - I$ (subtrahiere Zeile I von Zeile III und schreibe das Ergebnis in Zeile III) geschrieben werden. Hierdurch wird die Suche nach Rechenfehlern[1] deutlich erleichtert.

Приклад:

Ми зводимо систему лінійних рівнянь до рядкової ступінчастої форми за допомогою виключення Гаусса. Доцільно вказати еквівалентні перетворення, які були здійснені. Це можна записати, наприклад, у такий спосіб: $I \leftrightarrow II$ (поміняти місцями рядки I та II) або $III \to III - I$ (відняти рядок I від рядка III і записати результат у рядок III). Це значно полегшує пошук помилок у розрахунках[1].

$$\left(\begin{array}{ccccc|c} 0&0&1&3&3&2\\ 1&2&1&4&3&3\\ 1&2&2&7&6&5\\ 2&4&1&5&3&4 \end{array}\right)$$

$a_{11} = 0$ aber $a_{21} = 1 \neq 0$. Daher vertauschen wir die erste Zeile mit der zweiten Zeile:

$a_{11} = 0$, але $a_{21} = 1 \neq 0$. Відтак міняємо місцями перший рядок з другим:

$$\underset{I\leftrightarrow II}{\Leftrightarrow}\left(\begin{array}{ccccc|c} 1&2&1&4&3&3\\ 0&0&1&3&3&2\\ 1&2&2&7&6&5\\ 2&4&1&5&3&4 \end{array}\right)$$

Nun steht links oben das Pivotelement $a_{11} = 1 \neq 0$. Wir subtrahieren Vielfache der ersten Zeile von der dritten und vierten Zeile, um unterhalb des Pivotelements Nullen zu erhalten:

Тепер ліворуч вгорі знаходиться головний елемент $a_{11} = 1 \neq 0$. Ми віднімаємо кратні першого рядка від третього та четвертого рядків, щоб отримати нулі під головним елементом:

$$\underset{III\to III-I}{\Leftrightarrow}\left(\begin{array}{ccccc|c} 1&2&1&4&3&3\\ 0&0&1&3&3&2\\ 0&0&1&3&3&2\\ 2&4&1&5&3&4 \end{array}\right)$$

$$\underset{IV\to IV-2\cdot I}{\Leftrightarrow}\left(\begin{array}{ccccc|c} 1&2&1&4&3&3\\ 0&0&1&3&3&2\\ 0&0&1&3&3&2\\ 0&0&-1&-3&-3&-2 \end{array}\right)$$

Wir lassen die erste Spalte und die erste Zeile stehen und betrachten das Restsystem. Die erste Spalte des Restsystems besteht nur aus Nullen. Daher lassen wir auch die zweite Spalte stehen. Das neue Restsystem beginnt nun in der dritten Spalte und der zweiten Zeile. Dort steht links oben das Pivotelement $a_{23} = 1 \neq 0$. Wir subtrahieren Vielfache der zweiten Zeile von der dritten und vierten Zeile, um unterhalb des Pivotelements Nullen zu erhalten:

Залишаємо перший стовпець і перший рядок як є і розглядаємо систему, що залишилась. Перший стовпець цієї системи містить лише нулі. Тому залишаємо другий стовпець як є. Нова система, що залишилась, тепер починається від третього стовпця та другого рядка. В ній вгорі ліворуч стоїть головний елемент $a_{23} = 1 \neq 0$. Ми віднімаємо кратні другого рядка від третього та четвертого рядків, щоб отримати нулі під головним елементом:

$$\underset{III \to III - II}{\Leftrightarrow} \left(\begin{array}{ccccc|c} 1 & 2 & 1 & 4 & 3 & 3 \\ 0 & 0 & 1 & 3 & 3 & 2 \\ 0 & 0 & 0 & 0 & 0 & 0 \\ 0 & 0 & -1 & -3 & -3 & -2 \end{array}\right)$$

$$\underset{IV \to IV + II}{\Leftrightarrow} \left(\begin{array}{ccccc|c} 1 & 2 & 1 & 4 & 3 & 3 \\ 0 & 0 & 1 & 3 & 3 & 2 \\ 0 & 0 & 0 & 0 & 0 & 0 \\ 0 & 0 & 0 & 0 & 0 & 0 \end{array}\right)$$

Das Restsystem (ab der vierten Spalte und der dritten Zeile) besteht nur aus Nullen. Daher lassen wir die vierte, fünfte und sechste Spalte stehen. Danach sind alle Spalten abgearbeitet und wir erhalten eine Zeilenstufenform.

Система (починаючи з четвертого стовпця і третього рядка), що залишилась, містить лише нулі. Отже, залишаємо четвертий, п'ятий і шостий стовпці як є. Відтак, усі стовпці є опрацьованими, і ми отримуємо рядкову ступінчасту форму.

Die Rückwärtssubstitution
Зворотна підстановка

Gegeben: Mit Hilfe der Gauß-Elimination haben wir ein lineares Gleichungssystem auf Zeilenstufenform gebracht. Wir markieren jeweils die Pivotelemente (das ist der erste Eintrag $\neq 0$ in jeder Zeile).

Дано: за допомогою виключення Гаусса ми привели систему лінійних рівнянь до рядкової ступінчастої форми та виділили головні елементи (перший ненульовий ($\neq 0$) елемент кожного рядка).

Beispiel: **Приклад:**

$$\left(\begin{array}{ccccc|c} \boxed{1} & 2 & 1 & 4 & 3 & 3 \\ 0 & 0 & \boxed{1} & 3 & 3 & 2 \\ 0 & 0 & 0 & 0 & 0 & 0 \\ 0 & 0 & 0 & 0 & 0 & 0 \end{array}\right)$$

Bei der Rückwärtssubstitution[1] lösen wir die einzelnen Gleichungen des linearen Gleichungssystems der Reihe nach von unten nach oben.

При зворотній підстановці[1] ми розв'язуємо кожне окреме рівняння системи лінійних послідовно знизу вгору.

In unserem Beispiel lautet die unterste Zeile:

У нашому прикладі найнижчий рядок виглядає так:

$$IV: \quad 0 \cdot x_1 + 0 \cdot x_2 + 0 \cdot x_3 + 0 \cdot x_4 + 0 \cdot x_5 = 0 \Leftrightarrow 0 = 0 \quad \checkmark$$

Die Gleichung $0 = 0$ ist immer erfüllt. Ebenso erhalten wir für die dritte Zeile:

Рівняння $0 = 0$ завжди виконується. Те ж саме маємо для третього рядка

$$III: \quad 0 = 0 \quad \checkmark$$

Die zweite Zeile lautet:

Другий рядок виглядає так:

$$II: \quad 1 \cdot x_3 + 3 \cdot x_4 + 3 \cdot x_5 = 2$$

Der Koeffizient von x_3 ist ein Pivotelement (und damit $\neq 0$). Daher können wir die Gleichung nach x_3 auflösen. Wir bezeichnen x_3 als abhängige Variable[1]. In der 4. und 5. Spalte der erweiterten Matrixform stehen keine Pivotelemente. Daher bezeichnen wir die zugehörigen Variablen x_4 und x_5 als unabhängige Variablen[2]. Diese können beliebige Werte annehmen:

Коефіцієнт при x_3 є головним елементом (тобто $\neq 0$). Тому ми можемо розв'язати рівняння відносно x_3. У цьому випадку x_3 називають залежною змінною[1]. У 4-му та 5-му стовпцях розширеної матричної форми головні елементи відсутні. У цьому випдку відповідні змінні x_4 та x_5 називають незалежними змінними[2]. Вони можуть набувати довільних значень:

$$x_4 = \lambda \in \mathbb{R}$$
$$x_5 = \mu \in \mathbb{R}$$

Wir lösen die zweite Zeile nach der abhängigen Variablen x_3 auf und setzen $x_4 = \lambda$ und $x_5 = \mu$ ein:

Розв'язуємо другий рядок відносно залежної змінної x_3 і підставляємо $x_4 = \lambda$ та $x_5 = \mu$:

$$\begin{aligned} \Leftrightarrow x_3 &= 2 - 3 \cdot x_4 - 3 \cdot x_5 \\ &= 2 - 3\lambda - 3\mu \end{aligned}$$

Die erste Zeile lautet:

Другий рядок виглядає так:

$$I: \qquad 1 \cdot x_1 + 2 \cdot x_2 + 1 \cdot x_3 + 4 \cdot x_4 + 3 \cdot x_5 = 3$$

In der zweiten Spalte der erweiterten Matrixform steht kein Pivotelement. Daher ist x_2 eine unabhängige Variable:

У другому стовпці розширеної матричної форми головний елемент відсутній. Тому x_2 є незалежною змінною:

$$x_2 = \nu \in \mathbb{R}$$

Der Koeffizient von x_1 ist ein Pivotelement. Daher lösen wir die erste Zeile nach der abhängigen Variablen x_1 auf und setzen $x_2, \ldots, x_5$ ein:

Коефіцієнт при x_1 є головним елементом. Тому ми розв'язуємо перший рядок відносно залежної змінної x_1 і підставляємо $x_2, \ldots, x_5$:

$$\begin{aligned} \Leftrightarrow x_1 &= 3 - 2 \cdot x_2 - x_3 - 4 \cdot x_4 - 3 \cdot x_5 \\ &= 3 - 2\nu - (2 - 3\lambda - 3\mu) - 4\lambda - 3\mu \\ &= 1 - 2\nu - \lambda \end{aligned}$$

Zusammenfassung: Bei der Rückwärtssubstitution löst man die einzelnen Gleichungen eines linearen Gleichungssystems der Reihe nach von unten nach oben. Falls in der l-ten Spalte kein Pivotelement steht, ist die zugehörige Variable x_l unabhängig und kann frei gewählt werden. In jeder Zeile gibt es maximal ein Pivotelement (etwa in der k-ten Spalte). Da dieser Koeffizient $\neq 0$ ist, können wir die Gleichung nach der zugehörigen abhängigen Variablen x_k auflösen. Links vom Pivotelement stehen nur Nullen. Alle Variablen rechts davon sind entweder unabhängig oder wurden in den vorherigen Schritten bereits berechnet. Alles das setzen wir ein und haben x_k damit berechnet.

Підсумок: при зворотній підстановці ми розв'язуємо кожне окреме рівняння системи лінійних рівнянь послідовно знизу вгору. Якщо в l-му стовпці головний елемент відсутній, то відповідна змінна x_l є незалежною, та її можна обрати довільно. У кожному рядку присутній щонайбільше один головний елемент (наприклад, у k-му стовпці). Оскільки цей коефіцієнт є ненульовим ($\neq 0$), ми можемо розв'язати рівняння відносно відповідної залежної змінної x_k. Ліворуч від головного елемента знаходяться лише нулі. Всі змінні праворуч є або незалежні, або вже визначені на попередніх кроках. Ми підставляємо їх усі до рівняння і тим самим визначаємо x_k.

In unserem Beispiel können wir die Lösung[1] des linearen Gleichungssystems als Vektor schreiben:

У нашому прикладі ми можемо записати розв'язок[1] системи лінійних рівнянь у вигляді вектора:

$$\mathbf{x} = \begin{pmatrix} x_1 \\ x_2 \\ x_3 \\ x_4 \\ x_5 \end{pmatrix} = \begin{pmatrix} 1-2\nu-\lambda \\ \nu \\ 2-3\lambda-3\mu \\ \lambda \\ \mu \end{pmatrix} = \begin{pmatrix} 1 \\ 0 \\ 2 \\ 0 \\ 0 \end{pmatrix} + \nu \cdot \begin{pmatrix} -2 \\ 1 \\ 0 \\ 0 \\ 0 \end{pmatrix} + \lambda \cdot \begin{pmatrix} -1 \\ 0 \\ -3 \\ 1 \\ 0 \end{pmatrix} + \mu \cdot \begin{pmatrix} 0 \\ 0 \\ -3 \\ 0 \\ 1 \end{pmatrix} \quad , \quad \nu, \lambda, \mu \in \mathbb{R}$$

Aufpunkt / Початкова точка — Richtungsvektoren / Напрямні вектори

Geometrische Interpretation: Die Lösungsmenge[1] des linearen Gleichungssystems $A\mathbf{x} = \mathbf{b}$ ist in diesem Fall eine 3-dimensionale Hyperebene[2] im $\mathbb{R}^5$ (hier in Punkt-Richtungsform[3]).

Геометрична інтерпретація: множина розв'язків[1] системи лінійних рівнянь $A\mathbf{x} = \mathbf{b}$ у цьому випадку є тривимірною гіперплощиною[2] в $\mathbb{R}^5$ (тут у точка-векторній формі[3]).

Sehr wichtig ist die Frage, unter welchen Voraussetzungen[1] ein lineares Gleichungssystem lösbar[2] ist oder sogar eine eindeutige Lösung[3] besitzt. Um diese Frage zu beantworten, definieren wir:

Дуже важливим є питання, за яких передумов[1] система лінійних рівнянь може бути розв'язною[2], чи навіть має єдиний розв'язок[3]. Щоб відповісти на це питання, ми визначаємо таке:

Definition 3.11

Wir bringen eine Matrix A mit Hilfe der Gauß-Elimination auf Zeilenstufenform. Danach zählen wir die Anzahl der Zeilen in der Zeilenstufenform, die nicht komplett aus Nullen bestehen (also nicht gleich $\mathbf{0}^T$ sind). Diese Anzahl bezeichnen wir als den Rang[1] der Matrix. Notation:

Визначення 3.11

За допомогою виключення Гаусса ми зводимо матрицю A до рядкової ступінчастої форми. Далі підраховуємо число рядків у цій формі, які не повністю складаються з нулів (тобто не дорівнюють $\mathbf{0}^T$). Це число називають рангом[1] матриці. Його позначають так:

$$\operatorname{rang}(A)$$

Entsprechend bezeichnet $\operatorname{rang}(A|\mathbf{b})$ *die Anzahl der Zeilen* $\neq \mathbf{0}^T$ *in der erweiterten Matrix* $(A|\mathbf{b})$.

Відповідно, $\operatorname{rang}(A|\mathbf{b})$ *позначає число ненульових рядків* ($\neq \mathbf{0}^T$) *у розширеній матриці* $(A|\mathbf{b})$.

Beispiel:

Wir betrachten erneut das lineare Gleichungssystem $A\mathbf{x} = \mathbf{b}$ mit:

Приклад:

Ми знову розглядаємо систему лінійних рівнянь $A\mathbf{x} = \mathbf{b}$ з:

$$A = \begin{pmatrix} 0 & 0 & 1 & 3 & 3 \\ 1 & 2 & 1 & 4 & 3 \\ 1 & 2 & 2 & 7 & 6 \\ 2 & 4 & 1 & 5 & 3 \end{pmatrix}, \mathbf{b} = \begin{pmatrix} 2 \\ 3 \\ 5 \\ 4 \end{pmatrix}$$

Wie im obigen Beispiel bringen wir die Matrix A mit Hilfe der Gauß-Elimination auf Zeilenstufenform:

Як у попередньому прикладі, за допомогою виключення Гаусса зводимо матрицю A до рядкової ступінчастої форми:

$$\begin{pmatrix} 1 & 2 & 1 & 4 & 3 \\ 0 & 0 & 1 & 3 & 3 \\ 0 & 0 & 0 & 0 & 0 \\ 0 & 0 & 0 & 0 & 0 \end{pmatrix}$$

Zwei Zeilen dieser Zeilenstufenform sind $\neq \mathbf{0}^T$. Damit gilt:

Два рядки цієї ступінчастої форми є ненульовими ($\neq \mathbf{0}^T$). Отже, маємо:

$$\operatorname{rang}(A) = 2$$

Für die erweiterte Matrix $(A|\mathbf{b})$ erhalten wir die folgende Zeilenstufenform:

Для розширеної матриці $(A|\mathbf{b})$ ми отримуємо таку рядкову ступінчасту форму:

$$\left(\begin{array}{ccccc|c} 1 & 2 & 1 & 4 & 3 & 3 \\ 0 & 0 & 1 & 3 & 3 & 2 \\ 0 & 0 & 0 & 0 & 0 & 0 \\ 0 & 0 & 0 & 0 & 0 & 0 \end{array}\right)$$

Auch hier sind zwei Zeilen $\neq \mathbf{0}^T$. Damit gilt:

Тут також два рядки є ненульовими ($\neq \mathbf{0}^T$). Отже, маємо:

$$\text{rang}(A|\mathbf{b}) = 2$$

Nun verändern wir die rechte Seite und betrachten das lineare Gleichungssystem $A\mathbf{x} = \mathbf{c}$ mit:

Тепер міняємо праву частину і розглядаємо лінійну систему рівнянь $A\mathbf{x} = \mathbf{c}$ з:

$$\mathbf{c} = \begin{pmatrix} 2 \\ 3 \\ 6 \\ 4 \end{pmatrix}$$

Dann erhalten wir für die erweiterte Matrix $(A|\mathbf{c})$ die folgende Zeilenstufenform:

Тоді для розширеної матриці $(A|\mathbf{c})$ ми отримуємо таку рядкову ступінчасту форму:

$$\left(\begin{array}{ccccc|c} 1 & 2 & 1 & 4 & 3 & 3 \\ 0 & 0 & 1 & 3 & 3 & 2 \\ 0 & 0 & 0 & 0 & 0 & 1 \\ 0 & 0 & 0 & 0 & 0 & 0 \end{array}\right)$$

Hier sind drei Zeilen $\neq \mathbf{0}^T$ und somit gilt:

Тут три рядки є ненульовими ($\neq \mathbf{0}^T$). Отже, маємо:

$$\text{rang}(A|\mathbf{c}) = 3$$

Satz 3.12

Sei $A \in \mathbb{R}^{(m,n)}$ und $\mathbf{b} \in \mathbb{R}^m$. Für die Lösbarkeit des linearen Gleichungssystems $A\mathbf{x} = \mathbf{b}$ mit $\mathbf{x} \in \mathbb{R}^n$ gilt:

- *Es existiert keine Lösung* $\mathbf{x}$*, falls:*

Теорема 3.12

Нехай $A \in \mathbb{R}^{(m,n)}$ і $\mathbf{b} \in \mathbb{R}^m$. При розв'язанні лінійної системи рівнянь $A\mathbf{x} = \mathbf{b}$ з $\mathbf{x} \in \mathbb{R}^n$ маємо:

- *Розв'язку* $\mathbf{x}$ *не існує, якщо:*

$$\text{rang}(A|\mathbf{b}) > \text{rang}(A)$$

- *Es existiert eine eindeutige Lösung* $\mathbf{x}$*, falls:*

- *Існує єдиний розв'язок* $\mathbf{x}$*, якщо:*

$$\text{rang}(A|\mathbf{b}) = \text{rang}(A) = n$$

- *Es existieren unendlich viele[1] Lösungen* $\mathbf{x}$*, falls:*

- *Існує безліч[1] розв'язків* $\mathbf{x}$*, якщо:*

$$\text{rang}(A|\mathbf{b}) = \text{rang}(A) < n$$

In diesem Fall besitzt die allgemeine Lösung[1] $n - \text{rang}(A)$ *frei wählbare Parameter.*

У цьому випадку загальний розв'язок[1] має $n - \text{rang}(A)$ *довільних параметрів.*

Beispiel:

Wir kommen zurück zum letzten Beispiel. Aus $A \in \mathbb{R}^{(4,5)}$ folgt $n = 5$. Es gilt:

Приклад:

Повертаємося до останнього прикладу. З $A \in \mathbb{R}^{(4,5)}$ випливає, що $n = 5$. Тоді маємо:

$$\text{rang}(A|\mathbf{b}) = \text{rang}(A) = 2 < 5 = n$$

Damit besitzt das lineare Gleichungssystem $A\mathbf{x} = \mathbf{b}$ unendlich viele Lösungen. Wie wir bereits zuvor gesehen haben, kommen in der allgemeinen Lösung $n - \text{rang}(A) = 5 - 2 = 3$ frei wählbare Parameter $\nu, \lambda, \mu \in \mathbb{R}$ vor.

Отже, система лінійних рівнянь $A\mathbf{x} = \mathbf{b}$ має безліч розв'язків. Як ми раніше побачили, у загальному розв'язку присутні $n - \text{rang}(A) = 5 - 2 = 3$ довільні параметри $\nu, \lambda, \mu \in \mathbb{R}$.

Beispiel:
Für das lineare Gleichungssystem $A\mathbf{x} = \mathbf{c}$ gilt hingegen:

Приклад:
Для системи лінійних рівнянь $A\mathbf{x} = \mathbf{c}$ вірним є інше:

$$\text{rang}(A|\mathbf{c}) = 3 > 2 = \text{rang}(A)$$

Damit ist es nicht lösbar.

Тобто, розв'язку не існує.

Beweis (von Satz 3.12):
Im Fall $\text{rang}(A|\mathbf{b}) > \text{rang}(A)$ erhalten wir eine Zeilenstufenform der folgenden Gestalt:

Доведення (теореми 3.12):
У випадку $\text{rang}(A|\mathbf{b}) > \text{rang}(A)$ отримуємо рядкову ступінчасту форму у такому вигляді:

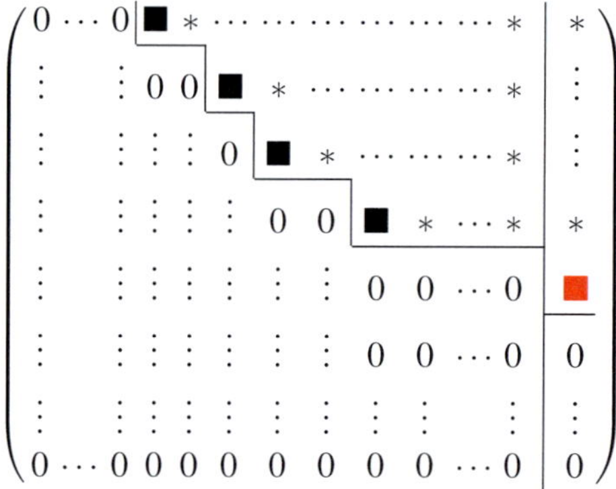

Insbesondere steht das unterste Pivotelement (rot) nicht mehr in der Matrix A, sondern in der rechten Seite $\mathbf{b}$. Die zugehörige Gleichung lautet:

Зокрема, найнижчий головний елемент (червоний) знаходиться вже не в матриці A, а в правій частині $\mathbf{b}$. Відповідне рівняння має вигляд:

$$\begin{aligned} 0 \cdot x_1 + \ldots + 0 \cdot x_n &= \tilde{b}_k \\ \Leftrightarrow 0 &= \tilde{b}_k \end{aligned}$$

Da das Pivotelement $\tilde{b}_k \neq 0$ ist, besitzt diese Gleichung keine Lösung. Damit besitzt das gesamte lineare Gleichungssystem $A\mathbf{x} = \mathbf{b}$ keine Lösung.

Оскільки головний елемент є ненульовим ($\tilde{b}_k \neq 0$), це рівняння не має розв'язку. Отже, вся система лінійних рівнянь $A\mathbf{x} = \mathbf{b}$ не має розв'язку.

Im Fall $\text{rang}(A|\mathbf{b}) = \text{rang}(A)$ erhalten wir hingegen eine Zeilenstufenform der folgenden Gestalt:

У випадку $\text{rang}(A|\mathbf{b}) = \text{rang}(A)$ ми отримуємо рядкову ступінчасту форму в іншому вигляді:

$$\left(\begin{array}{cccccccccccccc|c}
0 & \cdots & 0 & \blacksquare & * & \cdots & \cdots & \cdots & \cdots & \cdots & \cdots & \cdots & \cdots & * & * \\
\vdots & & \vdots & 0 & 0 & \blacksquare & * & \cdots & \cdots & \cdots & \cdots & \cdots & \cdots & * & \vdots \\
\vdots & & \vdots & \vdots & \vdots & 0 & \blacksquare & * & \cdots & \cdots & \cdots & \cdots & \cdots & * & \vdots \\
\vdots & & \vdots & \vdots & \vdots & \vdots & 0 & 0 & \blacksquare & * & \cdots & \cdots & \cdots & * & * \\
\vdots & & \vdots & \vdots & \vdots & \vdots & \vdots & \vdots & 0 & 0 & \cdots & \cdots & \cdots & 0 & 0 \\
\vdots & & \vdots & \vdots & \vdots & \vdots & \vdots & \vdots & \vdots & \vdots & & & & \vdots & \vdots \\
0 & \cdots & 0 & 0 & 0 & 0 & 0 & 0 & 0 & 0 & \cdots & \cdots & \cdots & 0 & 0
\end{array}\right) \left.\begin{array}{c} \\ \\ \\ \\ \\ \\ \\ \end{array}\right\} \quad 0 = 0 \quad \checkmark$$

Die unteren Zeilen ohne Pivotelement führen alle zu der Gleichung $0 = 0$. Diese ist immer erfüllt. Alle anderen Zeilen besitzen ein Pivotelement.

Усі нижні рядки без головного елемента призводять до рівняння $0 = 0$, яке завжди виконується. Всі інші рядки мають головний елемент.

Falls in der k-ten Spalte ein Pivotelement steht, so ist die Variable x_k abhängig und wir können die zugehörige Zeile danach auflösen. Falls hingegen in der k-ten Spalte kein Pivotelement steht, ist die Variable x_k unabhängig und entspricht einem frei wählbaren Parameter.

Якщо в k-му стовпці присутній головний елемент, змінна x_k є залежною, і ми можемо розв'язати відповідний рядок. Якщо навпаки, в k-му стовпці головний елемент відсутній, змінна x_k є незалежною і відповідає довільному параметру.

Es gilt:

$$\begin{aligned} n &= \text{Gesamtzahl der Variablen} \\ \operatorname{rang}(A) &= \text{Anzahl der Pivotelemente} \\ &= \text{Anzahl der abhängigen Variablen } x_k \\ \Rightarrow n - \operatorname{rang}(A) &= \text{Anzahl der unabhängigen Variablen } x_k \\ &= \text{Anzahl der frei wählbaren Parameter} \end{aligned}$$

Ми маємо:

$$\begin{aligned} n &= \text{загальне число змінних} \\ \operatorname{rang}(A) &= \text{число головних елементів} \\ &= \text{число залежних змінних } x_k \\ \Rightarrow n - \operatorname{rang}(A) &= \text{число незалежних змінних } x_k \\ &= \text{число довільних параметрів} \end{aligned}$$

Somit besitzt das lineare Gleichungssystem $A\mathbf{x} = \mathbf{b}$ eine allgemeine Lösung mit $n - \operatorname{rang}(A)$ frei wählbaren Parametern. Im Fall $\operatorname{rang}(A|\mathbf{b}) = \operatorname{rang}(A) = n$ ist die Anzahl dieser Parameter gleich Null und es existiert somit eine eindeutige Lösung.

Таким чином, система лінійних рівнянь $A\mathbf{x} = \mathbf{b}$ має загальний розв'язок із $n - \operatorname{rang}(A)$ довільними параметрами. У випадку $\operatorname{rang}(A|\mathbf{b}) = \operatorname{rang}(A) = n$ число цих параметрів дорівнює нулю, отже, існує єдиний розв'язок.

■

Definition 3.13

Ein lineares Gleichungssystem $A\mathbf{x} = \mathbf{0}$ mit dem Nullvektor[1] $\mathbf{0}$ als rechte Seite bezeichnen wir als homogenes[2] lineares Gleichungssystem.

Sei $A \in \mathbb{R}^{(m,n)}$. Als Kern[1] der Matrix A bezeichnen wir die Lösungsmenge des homogenen linearen Gleichungssystems $A\mathbf{x} = \mathbf{0}$:

Визначення 3.13

Систему лінійних рівнянь $A\mathbf{x} = \mathbf{0}$ з нульовим вектором[1] $\mathbf{0}$ у правій частині називають однорідною[2] системою лінійних рівнянь.

Нехай $A \in \mathbb{R}^{(m,n)}$. Ядром[1] матриці A називають множину розв'язків однорідної системи лінійних рівнянь $A\mathbf{x} = \mathbf{0}$:

$$\operatorname{kern}(A) = \{\mathbf{x} \in \mathbb{R}^n \mid A\mathbf{x} = \mathbf{0}\}$$

Geometrische Interpretation: Wegen $A \cdot \mathbf{0} = \mathbf{0}$ liegt der Nullvektor $\mathbf{0}$ immer im Kern einer Matrix. Damit ist $\operatorname{kern}(A)$ eine Ursprungshyperebene[1] im $\mathbb{R}^n$. Wir bezeichnen die Dimension dieser Ursprungshyperebene mit

Геометрична інтерпретація: оскільки $A \cdot \mathbf{0} = \mathbf{0}$, нульовий вектор $\mathbf{0}$ завжди лежить у ядрі матриці. Тобто $\operatorname{kern}(A)$ являє собою початкову гіперплощину[1] (тобто, гіперплощину, яка містить початок координат) в $\mathbb{R}^n$. Розмірність цієї початкової гіперплощини позначають

$$\dim \operatorname{kern}(A).$$

Es gilt: $\dim \operatorname{kern}(A) =$ Anzahl der frei wählbaren Parameter in der Lösung des homogenen linearen Gleichungssystems $A\mathbf{x} = \mathbf{0}$.

Вірним є таке: $\dim \operatorname{kern}(A) =$ число довільних параметрів у розв'язку однорідної системи лінійних рівнянь $A\mathbf{x} = \mathbf{0}$.

Beispiel:

Приклад:

$$A = \begin{pmatrix} 0 & 0 & 1 & 3 & 3 \\ 1 & 2 & 1 & 4 & 3 \\ 1 & 2 & 2 & 7 & 6 \\ 2 & 4 & 1 & 5 & 3 \end{pmatrix}$$

Als Zeilenstufenform des homogenen linearen Gleichungssystems $A\mathbf{x} = \mathbf{0}$ erhalten wir:

Рядкова ступінчаста форма однорідної системи лінійних рівнянь $A\mathbf{x} = \mathbf{0}$ має такий вигляд:

$$\left(\begin{array}{ccccc|c} 1 & 2 & 1 & 4 & 3 & 0 \\ 0 & 0 & 1 & 3 & 3 & 0 \\ 0 & 0 & 0 & 0 & 0 & 0 \\ 0 & 0 & 0 & 0 & 0 & 0 \end{array}\right)$$

Allgemeine Lösung:

Загальний розв'язок:

$$\mathbf{x} = \nu \cdot \begin{pmatrix} -2 \\ 1 \\ 0 \\ 0 \\ 0 \end{pmatrix} + \lambda \cdot \begin{pmatrix} -1 \\ 0 \\ -3 \\ 1 \\ 0 \end{pmatrix} + \mu \cdot \begin{pmatrix} 0 \\ 0 \\ -3 \\ 0 \\ 1 \end{pmatrix}, \quad \nu, \lambda, \mu \in \mathbb{R}$$

Damit erhalten wir als Kern der Matrix A eine dreidimensionale Ursprungshyperebene im $\mathbb{R}^5$:

Відтак, ми отримуємо ядро матриці A як тривимірну початкову гіперплощину в $\mathbb{R}^5$:

$$\text{kern}(A) = \left\{ \nu \cdot \begin{pmatrix} -2 \\ 1 \\ 0 \\ 0 \\ 0 \end{pmatrix} + \lambda \cdot \begin{pmatrix} -1 \\ 0 \\ -3 \\ 1 \\ 0 \end{pmatrix} + \mu \cdot \begin{pmatrix} 0 \\ 0 \\ -3 \\ 0 \\ 1 \end{pmatrix} \;\middle|\; \nu, \lambda, \mu \in \mathbb{R} \right\}$$

In der allgemeinen Lösung kommen drei frei wählbare Parameter $\nu, \lambda, \mu \in \mathbb{R}$ vor. Damit gilt:

У загальному розв'язку присутні три довільні параметри $\nu, \lambda, \mu \in \mathbb{R}$, отже:

$$\dim \text{ kern}(A) = 3$$

Satz 3.14

Sei $A \in \mathbb{R}^{(m,n)}$. Dann gilt die Dimensionsformel[1]:

Теорема 3.14

Нехай $A \in \mathbb{R}^{(m,n)}$. Тоді є вірною така формула суми розмірностей[1]:

$$\dim \text{ kern}(A) + \text{rang}(A) = n$$

Beweis:

Wir betrachten die Zeilenstufenform des homogenen linearen Gleichungssystems $A\mathbf{x} = \mathbf{0}$:

Доведення:

Ми розглядаємо рядкову ступінчасту форму однорідної системи лінійних рівнянь $A\mathbf{x} = \mathbf{0}$:

$$\underbrace{\left(\begin{array}{cccccccccccc|c} 0 & \cdots & 0 & \blacksquare & * & \cdots & \cdots & \cdots & \cdots & \cdots & \cdots & * & 0 \\ \vdots & & \vdots & 0 & 0 & \blacksquare & * & \cdots & \cdots & \cdots & \cdots & * & \vdots \\ \vdots & & \vdots & \vdots & \vdots & 0 & \blacksquare & * & \cdots & \cdots & \cdots & * & \vdots \\ \vdots & & \vdots & \vdots & \vdots & \vdots & 0 & 0 & \blacksquare & * & \cdots & * & 0 \\ \vdots & & \vdots & \vdots & \vdots & \vdots & \vdots & \vdots & 0 & 0 & \cdots & 0 & 0 \\ \vdots & & \vdots & \vdots & \vdots & \vdots & \vdots & \vdots & \vdots & \vdots & & \vdots & \vdots \\ 0 & \cdots & 0 & 0 & 0 & 0 & 0 & 0 & 0 & 0 & \cdots & 0 & 0 \end{array}\right)}_{n} \left.\vphantom{\begin{array}{c}0\\0\\0\\0\end{array}}\right\} \text{rang}(A)$$

Die Matrix A hat n Spalten. Jede dieser Spalten entspricht einer Variablen $x_k, k = 1, \ldots, n$. $\mathrm{rang}(A)$ gibt die Anzahl der Pivotelemente an. Diese entspricht der Anzahl der abhängigen Variablen. $\dim\ \mathrm{kern}(A)$ gibt die Anzahl der frei wählbaren Parameter an. Diese entspricht der Anzahl der unabhängigen Variablen. Somit gilt:

Матриця A має n стовпців. Кожен із цих стовпців відповідає змінній $x_k, k = 1, \ldots, n$. Величина $\mathrm{rang}(A)$ вказує число головних елементів, що відповідає кількості залежних змінних. Величина $\dim\ \mathrm{kern}(A)$ вказує число довільних параметрів, що відповідає кількості незалежних змінних. Отже, вірним є таке:

$$\underset{\substack{\text{Anzahl der unabhängigen Variablen} \\ \text{Число незалежних змінних}}}{\underset{\uparrow}{\dim\ \mathrm{kern}(A)}} \quad + \quad \underset{\substack{\text{Anzahl der abhängigen Variablen} \\ \text{Число залежних змінних}}}{\underset{\uparrow}{\mathrm{rang}(A)}} \quad = \quad \underset{\substack{\text{Anzahl aller Variablen} \\ \text{Число усіх змінних}}}{\underset{\uparrow}{n}}$$

■

Im Folgenden geben wir eine Reihe äquivalenter Kriterien für die eindeutige Lösbarkeit[1] des linearen Gleichungssystems $A\mathbf{x} = \mathbf{b}$ an.

Далі ми наводимо низку еквівалентних критеріїв однозначної розв'язності[1] системи лінійних рівнянь $A\mathbf{x} = \mathbf{b}$.

Definition 3.15
Eine quadratische Matrix $A \in \mathbb{R}^{(n,n)}$ heißt regulär[1], falls $\mathrm{rang}(A) = n$ ist. Andernfalls heißt die Matrix A singulär[2].

Визначення 3.15
Квадратну матрицю $A \in \mathbb{R}^{(n,n)}$ називають невиродженою[1], якщо $\mathrm{rang}(A) = n$. В інших випадках матрицю A називають виродженою[2].

Satz 3.16
Sei $A \in \mathbb{R}^{(n,n)}$ eine quadratische Matrix. Dann sind äquivalent:

- $\mathrm{rang}(A) = n$ *(Sprechweise: A hat vollen Rang[1])*
- *A ist regulär*
- $A\mathbf{x} = \mathbf{b}$ *ist für jede rechte Seite* $\mathbf{b} \in \mathbb{R}^n$ *lösbar*
- $A\mathbf{x} = \mathbf{b}$ *ist für jede rechte Seite* $\mathbf{b} \in \mathbb{R}^n$ *eindeutig lösbar*
- *Das homogene lineare Gleichungssystem* $A\mathbf{x} = \mathbf{0}$ *besitzt nur die triviale Lösung[1]* $\mathbf{x} = \mathbf{0}$
- $\det(A) \neq 0$

Теорема 3.16
Нехай $A \in \mathbb{R}^{(n,n)}$ - це квадратна матриця. Тоді такі твердження є тотожними:

- $\mathrm{rang}(A) = n$ *(Кажуть: A має повний ранг[1])*
- *A є невиродженою*
- $A\mathbf{x} = \mathbf{b}$ *є розв'язною для будь-якої правої частини* $\mathbf{b} \in \mathbb{R}^n$
- $A\mathbf{x} = \mathbf{b}$ *є однозначно розв'язною для будь-якої правої частини* $\mathbf{b} \in \mathbb{R}^n$
- *Однорідна система лінійних рівнянь* $A\mathbf{x} = \mathbf{0}$ *має лише тривіальний (нульовий) розв'язок[1]* $\mathbf{x} = \mathbf{0}$
- $\det(A) \neq 0$

3.3 Die inverse Matrix
Обернена матриця

Es kommt vor, dass man mehrere lineare Gleichungssysteme $A\mathbf{x} = \mathbf{b}$ lösen will, die alle die gleiche Matrix A besitzen, aber unterschiedliche rechte Seiten $\mathbf{b} = \mathbf{b}_1, \mathbf{b}_2, \mathbf{b}_3, \ldots$. Nach dem bislang Gesagten müsste man dann für jede rechte Seite $\mathbf{b}_k$ erneut die Gauß-Elimination durchführen:

Іноді виникає необхідність розв'язати декілька систем лінійних рівнянь $A\mathbf{x} = \mathbf{b}$, які мають однакову матрицю A, але різні праві частини $\mathbf{b} = \mathbf{b}_1, \mathbf{b}_2, \mathbf{b}_3 \ldots$. Тоді, відповідно до сказаного вище, для кожної правої частини $\mathbf{b}_k$ було б потрібно знову виконати виключення Гаусса:

$$\begin{aligned} A\mathbf{x}_1 &= \mathbf{b}_1 \\ A\mathbf{x}_2 &= \mathbf{b}_2 \\ &\vdots \end{aligned}$$

Das geht unter bestimmten Voraussetzungen einfacher:

За певних умов це можна зробити зручніше:

Definition 3.17

Sei $A \in \mathbb{R}^{(n,n)}$ eine quadratische Matrix. Die Matrix A heißt invertierbar[1], falls es eine Matrix $B \in \mathbb{R}^{(n,n)}$ gibt mit:

Визначення 3.17

Нехай $A \in \mathbb{R}^{(n,n)}$ - це квадратна матриця. Матрицю A називають оборотною[1], якщо існує така матриця $B \in \mathbb{R}^{(n,n)}$, що:

$$A \cdot B = B \cdot A = I_n$$

In diesem Fall bezeichnen wir B als die zu A inverse Matrix[1] (oder Inverse[2]). Schreibweise: $B = A^{-1}$

У цьому випадку матрицю B називають оберненою до A[1] (або оберненою матрицею[2]) і позначаємо так: $B = A^{-1}$

Sobald wir die inverse Matrix A^{-1} kennen, können wir die Lösung des linearen Gleichungssystems $A\mathbf{x} = \mathbf{b}$ sehr einfach ausrechnen. Hierzu betrachten wir:

Щойно ми знаємо обернену матрицю A^{-1}, ми можемо легко обчислити розв'язок системи лінійних рівнянь $A\mathbf{x} = \mathbf{b}$. Отже, ми розглядаємо:

$$A \cdot \mathbf{x} = \mathbf{b}$$

Multipliziere beide Seiten der Gleichung von links mit A^{-1}:

Ми домножаємо обидві частини рівняння з лівого боку на A^{-1}:

$$\begin{aligned} \Leftrightarrow \underbrace{A^{-1} \cdot A}\cdot \mathbf{x} &= A^{-1} \cdot \mathbf{b} \\ \Leftrightarrow I_n \cdot \mathbf{x} &= A^{-1} \cdot \mathbf{b} \\ \Leftrightarrow \mathbf{x} &= A^{-1} \cdot \mathbf{b} \end{aligned}$$

Wir haben somit die (aufwendige) Lösung des linearen Gleichungssystems $A\mathbf{x} = \mathbf{b}$ auf ein (einfaches) Matrix·Vektor-Produkt $\mathbf{x} = A^{-1} \cdot \mathbf{b}$ reduziert. Dieses lässt sich auch für mehrere rechte Seiten $\mathbf{b}_1, \mathbf{b}_2, \ldots$ schnell berechnen.

Таким чином, ми звели (складний) розв'язок лінійної системи рівнянь $A\mathbf{x} = \mathbf{b}$ до (простого) добутку матриці на вектор $\mathbf{x} = A^{-1} \cdot \mathbf{b}$. Його вже можна швидко обчислити для декількох правих частин $\mathbf{b}_1, \mathbf{b}_2, \ldots$.

Frage: Wann ist eine Matrix A invertierbar und wie berechnet man die inverse Matrix A^{-1}?

Питання: за яких умов матриця A є оборотною та як обчислити обернену матрицю A^{-1}?

Satz 3.18

Eine quadratische Matrix $A \in \mathbb{R}^{(n,n)}$ ist genau dann invertierbar, falls sie regulär ist.

Теорема 3.18

Квадратна матриця $A \in \mathbb{R}^{(n,n)}$ є оборотною тоді і тільки тоді, коли вона є невиродженою.

Beispiel:

Приклад:

$$A = \begin{pmatrix} 1 & 0 & 2 \\ 0 & 1 & 1 \\ 1 & 1 & 0 \end{pmatrix} \in \mathbb{R}^{(3,3)}$$

Wir berechnen die Determinante[1] von A mit Hilfe der Regel von Sarrus[2]:

Ми обчислюємо детермінант (або визначник)[1] матриці A за допомогою правила Саррюса[2]:

$$\det A = \left|\begin{matrix} 1 & 0 & 2 \\ 0 & 1 & 1 \\ 1 & 1 & 0 \end{matrix}\right| \begin{matrix} 1 & 0 \\ 0 & 1 \\ 1 & 1 \end{matrix} = 0+0+0-2-1-0 = -3 \neq 0$$

Nach Satz 3.16 ist die Matrix A regulär und somit nach Satz 3.18 invertierbar.

За теоремою 3.16 матриця A є невиродженою, а згідно з теоремою 3.18 - оборотною.

Der Gauß-Jordan-Algorithmus
Алгоритм Гаусса-Жордана

Der Gauß-Jordan-Algorithmus[1] ist eine Verallgemeinerung der Gauß-Elimination, um die Inverse einer quadratischen Matrix $A \in \mathbb{R}^{(n,n)}$ zu berechnen.

Алгоритм Гаусса-Жордана[1] є узагальненням виключення Гаусса для обернення квадратної матриці $A \in \mathbb{R}^{(n,n)}$.

Ausgangspunkt: Wir beginnen mit einer erweiterten Matrixform, in der die Matrix $A \in \mathbb{R}^{(n,n)}$ und die n-dimensionale Einheitsmatrix I_n nebeneinander stehen:

Відправна точка: ми починаємо з розширеної матричної форми, в якій матриця $A \in \mathbb{R}^{(n,n)}$ та одинична матриця I_n порядку n стоять поруч:

$$\left(A \middle| I_n\right)$$
$$\Leftrightarrow \left(\begin{array}{ccc|ccc} 1 & 0 & 2 & 1 & 0 & 0 \\ 0 & 1 & 1 & 0 & 1 & 0 \\ 1 & 1 & 0 & 0 & 0 & 1 \end{array}\right)$$

Mit Hilfe der Gauß-Elimination bringen wir die Matrix A zunächst auf Zeilenstufenform:

За допомогою виключення Гаусса ми спочатку приводимо матрицю A до рядкової ступінчастої форми:

$$\underset{III \to III - I}{\Leftrightarrow} \left(\begin{array}{ccc|ccc} 1 & 0 & 2 & 1 & 0 & 0 \\ 0 & 1 & 1 & 0 & 1 & 0 \\ 0 & 1 & -2 & -1 & 0 & 1 \end{array}\right)$$
$$\underset{III \to III - II}{\Leftrightarrow} \left(\begin{array}{ccc|ccc} 1 & 0 & 2 & 1 & 0 & 0 \\ 0 & 1 & 1 & 0 & 1 & 0 \\ 0 & 0 & -3 & -1 & -1 & 1 \end{array}\right)$$

Nachdem wir die Zeilenstufenform erreicht haben, arbeiten wir uns von unten nach oben. Dabei machen wir die Pivotelemente auf der Hauptdiagonalen von A zu 1 und alle anderen Einträge zu 0:

Після того, як ми отримали рядкову ступінчасту форму, ми починаємо рухатися знизу вгору. При цьому ми робимо головні елементи на головній діагоналі матриці A рівними 1, а решту елементів - рівними 0:

$$\underset{-\frac{1}{3} \cdot III}{\Leftrightarrow} \left(\begin{array}{ccc|ccc} 1 & 0 & 2 & 1 & 0 & 0 \\ 0 & 1 & 1 & 0 & 1 & 0 \\ 0 & 0 & 1 & \frac{1}{3} & \frac{1}{3} & -\frac{1}{3} \end{array}\right)$$
$$\underset{II \to II - III}{\Leftrightarrow} \left(\begin{array}{ccc|ccc} 1 & 0 & 2 & 1 & 0 & 0 \\ 0 & 1 & 0 & -\frac{1}{3} & \frac{2}{3} & \frac{1}{3} \\ 0 & 0 & 1 & \frac{1}{3} & \frac{1}{3} & -\frac{1}{3} \end{array}\right)$$
$$\underset{I \to I - 2 \cdot III}{\Leftrightarrow} \left(\begin{array}{ccc|ccc} 1 & 0 & 0 & \frac{1}{3} & -\frac{2}{3} & \frac{2}{3} \\ 0 & 1 & 0 & -\frac{1}{3} & \frac{2}{3} & \frac{1}{3} \\ 0 & 0 & 1 & \frac{1}{3} & \frac{1}{3} & -\frac{1}{3} \end{array}\right)$$
$$\Leftrightarrow \left(I_n \middle| A^{-1}\right)$$

Am Ende steht links die Einheitsmatrix I_n und rechts die inverse Matrix A^{-1}.

Зрештою, ліворуч отримуємо одиничну матрицю I_n, а праворуч - обернену матрицю A^{-1}.

Bemerkung: Dieses Verfahren funktioniert für jede reguläre quadratische Matrix A, da reguläre Matrizen vollen Rang haben und somit in jeder Spalte der Zeilenstufenform ein Pivotelement steht.

Зауваження: цей метод працює для будь-якої невиродженої квадратної матриці A, оскільки невироджені матриці мають повний ранг і, відповідно, у кожному стовпці рядкової ступінчастої форми є головний елемент.

Für unser Beispiel zeigen wir, dass wir tatsächlich die inver-

У нашому прикладі ми доводимо, що дійсно обчислили

se Matrix A^{-1} berechnet haben, indem wir die Probe[1] durchführen:

обернену матрицю A^{-1}, шляхом такої перевірки[1]:

$$A \cdot A^{-1} = \begin{pmatrix} 1 & 0 & 2 \\ 0 & 1 & 1 \\ 1 & 1 & 0 \end{pmatrix} \begin{pmatrix} \frac{1}{3} & -\frac{2}{3} & \frac{2}{3} \\ -\frac{1}{3} & \frac{2}{3} & \frac{1}{3} \\ \frac{1}{3} & \frac{1}{3} & -\frac{1}{3} \end{pmatrix} = \begin{pmatrix} 1 & 0 & 0 \\ 0 & 1 & 0 \\ 0 & 0 & 1 \end{pmatrix} \quad \checkmark$$

$$A^{-1} \cdot A = \begin{pmatrix} \frac{1}{3} & -\frac{2}{3} & \frac{2}{3} \\ -\frac{1}{3} & \frac{2}{3} & \frac{1}{3} \\ \frac{1}{3} & \frac{1}{3} & -\frac{1}{3} \end{pmatrix} \begin{pmatrix} 1 & 0 & 2 \\ 0 & 1 & 1 \\ 1 & 1 & 0 \end{pmatrix} = \begin{pmatrix} 1 & 0 & 0 \\ 0 & 1 & 0 \\ 0 & 0 & 1 \end{pmatrix} \quad \checkmark$$

Anwendung: Wir lösen das lineare Gleichungssystem $A\mathbf{x} = \mathbf{b}$ mit $\mathbf{b} = (1\ 1\ 1)^T$:

Застосування: розв'язуємо систему лінійних рівнянь $A\mathbf{x} = \mathbf{b}$ з $\mathbf{b} = (1\ 1\ 1)^T$:

$$\mathbf{x} = A^{-1} \cdot \mathbf{b} = \begin{pmatrix} \frac{1}{3} & -\frac{2}{3} & \frac{2}{3} \\ -\frac{1}{3} & \frac{2}{3} & \frac{1}{3} \\ \frac{1}{3} & \frac{1}{3} & -\frac{1}{3} \end{pmatrix} \begin{pmatrix} 1 \\ 1 \\ 1 \end{pmatrix} = \begin{pmatrix} \frac{1}{3} \\ \frac{2}{3} \\ \frac{1}{3} \end{pmatrix}$$

Satz 3.19
Seien $A, B \in \mathbb{R}^{(n,n)}$ reguläre quadratische Matrizen. Dann gelten die folgenden Rechenregeln für die inverse Matrix:

Теорема 3.19
Нехай $A, B \in \mathbb{R}^{(n,n)}$ - це невироджені квадратні матриці. Тоді до оберненої матриці застосовують такі правила обчислення:

$$\begin{aligned} &\text{(i)} && (A^{-1})^{-1} = A \\ &\text{(ii)} && (A \cdot B)^{-1} = B^{-1} \cdot A^{-1} \\ &\text{(iii)} && (A^T)^{-1} = (A^{-1})^T \\ &\text{(iv)} && \det(A^{-1}) = \frac{1}{\det(A)} \end{aligned}$$

Beweis:
Zu (i): Für die Matrix A gilt:

Доведення:
До (i): для матриці A маємо:

$$A^{-1} \cdot A = A \cdot A^{-1} = I_n$$

Somit ist A die Inverse von A^{-1}.

Отже, A є оберненою до A^{-1}.

Zu (ii): Es gilt:

До (ii): маємо:

$$(B^{-1} \cdot \underbrace{A^{-1}) \cdot (A}_{I_n} \cdot B) = B^{-1} \cdot B = I_n \quad , \quad (A \cdot \underbrace{B) \cdot (B^{-1}}_{I_n} \cdot A^{-1}) = A \cdot A^{-1} = I_n$$

Somit ist $(B^{-1}A^{-1})$ die Inverse von (AB).

Отже, $(B^{-1}A^{-1})$ є оберненою до (AB).

Zu (iii): Mit den Rechenregeln für die transponierte Matrix gilt:

До (iii): застосовуємо правила обчислення транспонованої матриці та отримуємо:

$$I_n = (I_n)^T = (A \cdot A^{-1})^T = (A^{-1})^T \cdot A^T \quad , \quad I_n = (I_n)^T = (A^{-1} \cdot A)^T = A^T \cdot (A^{-1})^T$$

Somit ist $(A^{-1})^T$ die Inverse von A^T.

Отже, $(A^{-1})^T$ є оберненою до A^T.

Zu (iv): Mit dem Determinanten-Multiplikationssatz (Satz 3.6 (v)) gilt:

До (iv): за теоремою про множення детермінантів (теорема 3.6 (v)) маємо:

$$\begin{aligned} 1 &= \det(I_n) = \det(A \cdot A^{-1}) = \det(A) \cdot \det(A^{-1}) \\ \Leftrightarrow \det(A^{-1}) &= \frac{1}{\det(A)} \end{aligned}$$

■

Kapitel / Розділ 4
Vektorraumtheorie und lineare Abbildungen
Теорія векторного простору та лінійні відображення

In den vorangehenden Kapiteln wurde das Konzept des Vektorraums[1] eingeführt und in vielen Beispielen verwendet. Im Folgenden werden wir uns mit der allgemeinen[2] Theorie[3] der Vektorräume beschäftigen. Hierzu erinnern wir uns an die Vektorraum-Axiome[4] aus Definition 2.4:

У попередніх розділах було запроваджено поняття векторного простору[1] та численні приклади його використання. Надалі ми будемо займатися загальною[2] теорією[3] векторних просторів. Для цього ми згадаємо аксіоми[4] векторного простору, які наведені у визначенні 2.4:

Eine Menge[1] V heißt (reeller[2]) Vektorraum, falls für ihre Elemente[3] eine Vektoraddition[4] $\mathbf{a}+\mathbf{b}$ sowie ein skalares Vielfaches[5] $\lambda \cdot \mathbf{a}$ (mit $\lambda \in \mathbb{R}, \mathbf{a} \in V$) erklärt ist, so dass für alle $\mathbf{a}, \mathbf{b}, \mathbf{c} \in V$, ein festes $\mathbf{0} \in V$ und alle $\lambda, \mu \in \mathbb{R}$ gilt:

Множину[1] V називають (дійсним[2]) векторним простором, якщо для його елементів[3] є визначеними векторне додавання[4] $\mathbf{a}+\mathbf{b}$ та скалярне кратне[5] $\lambda \cdot \mathbf{a}$ (з $\lambda \in \mathbb{R}, \mathbf{a} \in V$), так що для всіх $\mathbf{a}, \mathbf{b}, \mathbf{c} \in V$, для фіксованого $\mathbf{0} \in V$ та всіх $\lambda, \mu \in \mathbb{R}$ є чинними:

Kommutativgesetz[1] der Vektoraddition:

Комутативний закон[1] додавання векторів:

$$\text{(i)} \qquad \mathbf{a}+\mathbf{b}=\mathbf{b}+\mathbf{a}$$

Assoziativgesetz[1] der Vektoraddition:

Асоціативний закон[1] додавання векторів:

$$\text{(ii)} \qquad \mathbf{a}+(\mathbf{b}+\mathbf{c})=(\mathbf{a}+\mathbf{b})+\mathbf{c}$$

Neutrales Element[1] der Vektoraddition:

Нейтральний елемент[1] додавання векторів (нульовий вектор[1]):

$$\text{(iii)} \qquad \mathbf{a}+\mathbf{0}=\mathbf{0}+\mathbf{a}=\mathbf{a}$$

Inverses Element[1] der Vektoraddition:

Обернений елемент[1] додавання векторів (протилежний вектор[1]):

$$\text{(iv)} \qquad \mathbf{a}+(-\mathbf{a})=(-\mathbf{a})+\mathbf{a}=\mathbf{0}$$

A. Johann et al., *Höhere Mathematik auf Deutsch und Ukrainisch Вища математика німецькою та українською мовами*,
https://doi.org/10.1007/978-3-662-71575-8_4

Verträglichkeitsbedingungen[1] für Vektoraddition und skalares Vielfaches:

Властивості узгодженості[1] для додавання векторів і множення на скаляр:

$$\begin{array}{ll} \text{(v)} & 1 \cdot \mathbf{a} = \mathbf{a} \\ \text{(vi)} & \lambda \cdot (\mu \cdot \mathbf{a}) = (\lambda \cdot \mu) \cdot \mathbf{a} \\ \text{(vii)} & (\lambda + \mu) \cdot \mathbf{a} = \lambda \cdot \mathbf{a} + \mu \cdot \mathbf{a} \\ \text{(viii)} & \lambda \cdot (\mathbf{a} + \mathbf{b}) = \lambda \cdot \mathbf{a} + \lambda \cdot \mathbf{b} \end{array}$$

Beispiel:
Wir haben bereits die folgenden Beispiele für reelle Vektorräume kennengelernt:

Приклад:
Ми вже ознайомились із такими прикладами дійсних векторних просторів:

- Die Menge aller n-dimensionalen[1] Spaltenvektoren[2]:
- Множина всіх n-вимірних[1] векторів-стовпців[2]:

$$\mathbb{R}^n$$

- Die Menge aller n-dimensionalen Zeilenvektoren[1]:
- Множина всіх n-вимірних векторів-рядків[1]:

$$\mathbb{R}_n = \left\{ \mathbf{x}^T \middle| \mathbf{x} \in \mathbb{R}^n \right\}$$

- Die Menge aller Matrizen[1] mit m Zeilen[2] und n Spalten[3]:
- Множина всіх матриць[1], які складаються з m рядків[2] та n стовпців[3]:

$$\mathbb{R}^{(m,n)}$$

- Die Menge aller Funktionen[1] $f\colon \mathbb{R} \to \mathbb{R}$:
- Множина всіх функцій[1] $f\colon \mathbb{R} \to \mathbb{R}$:

$$\mathrm{Abb}(\mathbb{R}, \mathbb{R})$$

4.1 Untervektorräume, Basis und Dimension
Підпростори, базис і розмірність

Ziel: Im Folgenden behandeln wir einen allgemeinen Beschreibungsrahmen für Geraden[1], Ebenen[2], Lösungsmengen[3] von linearen Gleichungssystemen[4] und vieles mehr.

Далі ми розглядаємо загальну концепцію визначення прямих[1], площин[2], множин розв'язків[3] систем лінійних рівнянь[4] та багато чого іншого.

Definition 4.1
Sei V ein Vektorraum. Eine nichtleere[1] Teilmenge[2] $U \subseteq V$ heißt Untervektorraum[3], falls U unter der Vektoraddition und dem skalaren Vielfachen abgeschlossen[4] ist:

Визначення 4.1
Нехай V - це векторний простір. Непорожню[1] підмножину[2] $U \subseteq V$ називають векторним підпростором[3], якщо U є замкненою[4] відносно додавання векторів і скалярного кратного:

$$\begin{array}{ll} \text{(i)} & \forall \mathbf{a}, \mathbf{b} \in U : \mathbf{a} + \mathbf{b} \in U \\ \text{(ii)} & \forall \mathbf{a} \in U \; \forall \lambda \in \mathbb{R} \colon \lambda \cdot \mathbf{a} \in U \end{array}$$

Bemerkung: Ein Untervektorraum erfüllt automatisch alle Vektorraum-Axiome. Insbesondere gilt: $\mathbf{0} \in U$, denn U nichtleer $\Rightarrow \exists \mathbf{a} \in U \underset{\text{(ii)}}{\Rightarrow} \mathbf{0} = 0 \cdot \mathbf{a} \in U$.

Зауваження: векторний підпростір автоматично задовольняє всім аксіомам векторного простору. Зокрема: $\mathbf{0} \in U$, і оскільки U є непорожнім $\Rightarrow \exists \mathbf{a} \in U \underset{\text{(ii)}}{\Rightarrow} \mathbf{0} = 0 \cdot \mathbf{a} \in U$.

Beispiel:
Der triviale[1] Untervektorraum $\{\mathbf{0}\}$ besteht nur aus dem Nullvektor[2] $\mathbf{0}$ und ist ein Untervektorraum jedes Vektorraums V.

Приклад:
Тривіальний[1] підпростір $\{\mathbf{0}\}$ складається лише з нульового вектора[2] $\mathbf{0}$ і є підпростором кожного векторного простору V.

Beispiel:
Sei $\mathbf{0} \neq \mathbf{v} \in V$. Dann ist die Ursprungsgerade[1] mit Richtungsvektor[2] $\mathbf{v}$ ein Untervektorraum von V:

Приклад:
Нехай $\mathbf{0} \neq \mathbf{v} \in V$. Тоді пряма, яка містить початок координат[1] і має напрямний вектор[2] $\mathbf{v}$, є підпростором V:

$$U = \mathbb{R} \cdot \mathbf{v} := \left\{\mu \cdot \mathbf{v} \middle| \mu \in \mathbb{R}\right\}$$

Beweis:
(i) Für $\mu \cdot \mathbf{v} \in U$ und $\hat{\mu} \cdot \mathbf{v} \in U$ gilt:

Доведення:
(i) Для $\mu \cdot \mathbf{v} \in U$ та $\hat{\mu} \cdot \mathbf{v} \in U$ маємо:

$$\mu \cdot \mathbf{v} + \hat{\mu} \cdot \mathbf{v} = (\mu + \hat{\mu}) \cdot \mathbf{v} \in U \qquad \checkmark$$

(ii) Für $\mu \cdot \mathbf{v} \in U$ und $\lambda \in \mathbb{R}$ gilt:

(ii) Для $\mu \cdot \mathbf{v} \in U$ та $\lambda \in \mathbb{R}$ маємо:

$$\lambda \cdot (\mu \cdot \mathbf{v}) = (\lambda \cdot \mu) \cdot \mathbf{v} \in U \qquad \checkmark$$

■

Beispiel:
Analog zum vorherigen Beispiel sind auch Ursprungsebenen[1] und Ursprungshyperebenen[2] Untervektorräume. Seien $\mathbf{v}_1, ..., \mathbf{v}_k \in V$ Richtungsvektoren und $\mu_1, ..., \mu_k \in \mathbb{R}$. Damit bilden wir eine Linearkombination[3]:

Приклад:
Аналогічно попередньому прикладу, площини, які містять початок координат[1], та гіперплощини, які містять початок координат[2], також є векторними підпросторами. Нехай $\mathbf{v}_1, ..., \mathbf{v}_k \in V$ - це напрямні вектори та $\mu_1, ..., \mu_k \in \mathbb{R}$. З цього ми утворюємо лінійну комбінацію[3]:

$$\sum_{i=1}^{k} \mu_i \cdot \mathbf{v}_i = \mu_1 \cdot \mathbf{v}_1 + ... + \mu_k \cdot \mathbf{v}_k$$

Als lineare Hülle[1] (oder Aufspann[2]) bezeichnen wir die Menge aller Linearkombinationen der Vektoren $\mathbf{v}_1, ..., \mathbf{v}_k$:

Лінійною оболонкою[1] (чи просто оболонкою[2]) називають множину всіх можливих лінійних комбінацій цих векторів $\mathbf{v}_1, ..., \mathbf{v}_k$:

$$\operatorname{span}(\mathbf{v}_1, ..., \mathbf{v}_k) := \left\{ \sum_{i=1}^{k} \mu_i \cdot \mathbf{v}_i \middle| \mu_1, ..., \mu_k \in \mathbb{R} \right\}$$

Die lineare Hülle $\operatorname{span}(\mathbf{v}_1, ..., \mathbf{v}_k)$ ist ein Untervektorraum von V.

Лінійна оболонка $\operatorname{span}(\mathbf{v}_1, ..., \mathbf{v}_k)$ є векторним підпростором V.

Beweis:
(i) Für

Доведення:
(i) Для

$$\mathbf{a} = \sum_{i=1}^{k} \mu_i \cdot \mathbf{v}_i \in \operatorname{span}(\mathbf{v}_1, ..., \mathbf{v}_k)$$

$$\mathbf{b} = \sum_{i=1}^{k} \hat{\mu}_i \cdot \mathbf{v}_i \in \operatorname{span}(\mathbf{v}_1, ..., \mathbf{v}_k)$$

gilt:

виконується:

$$\mathbf{a}+\mathbf{b} = \left(\sum_{i=1}^{k}\mu_i\cdot\mathbf{v}_i\right)+\left(\sum_{i=1}^{k}\hat{\mu}_i\cdot\mathbf{v}_i\right) = \sum_{i=1}^{k}(\mu_i\cdot\mathbf{v}_i+\hat{\mu}_i\cdot\mathbf{v}_i) = \sum_{i=1}^{k}(\mu_i+\hat{\mu}_i)\cdot\mathbf{v}_i \in \operatorname{span}(\mathbf{v}_1,...,\mathbf{v}_k) \quad \checkmark$$

(ii) Für $\mathbf{a} = \sum_{i=1}^{k}\mu_i\cdot\mathbf{v}_i$ und $\lambda\in\mathbb{R}$ gilt:

(ii) Для $\mathbf{a} = \sum_{i=1}^{k}\mu_i\cdot\mathbf{v}_i$ та $\lambda\in\mathbb{R}$ маємо:

$$\lambda\cdot\mathbf{a} = \lambda\cdot\sum_{i=1}^{k}\mu_i\cdot\mathbf{v}_i = \sum_{i=1}^{k}(\lambda\cdot\mu_i)\cdot\mathbf{v}_i \in \operatorname{span}(\mathbf{v}_1,...,\mathbf{v}_k) \quad \checkmark$$

■

Beispiel:
Sei $A\in\mathbb{R}^{(m,n)}$ eine Matrix. Dann ist der Kern[1] von A

Приклад:
Нехай $A\in\mathbb{R}^{(m,n)}$ - це матриця. Тоді ядро[1] матриці A

$$\operatorname{kern}(A) = \left\{\mathbf{x}\in\mathbb{R}^n \middle| A\cdot\mathbf{x}=\mathbf{0}\right\}$$

ein Untervektorraum des $\mathbb{R}^n$.

є векторним підпростором $\mathbb{R}^n$.

Beweis:
Wegen $\mathbf{0}\in\operatorname{kern}(A)$ ist $\operatorname{kern}(A)$ nichtleer. ✓

Доведення:
Оскільки $\mathbf{0}\in\operatorname{kern}(A)$, ядро $\operatorname{kern}(A)$ є непорожнім. ✓

(i) Für $\mathbf{x},\mathbf{y}\in\operatorname{kern}(A)$ gilt $A\cdot\mathbf{x}=\mathbf{0}$ und $A\cdot\mathbf{y}=\mathbf{0}$. Daraus folgt:

(i) Для $\mathbf{x},\mathbf{y}\in\operatorname{kern}(A)$ маємо $A\cdot\mathbf{x}=\mathbf{0}$ та $A\cdot\mathbf{y}=\mathbf{0}$. З цього випливає:

$$\mathbf{0} = A\cdot\mathbf{x}+A\cdot\mathbf{y} = A\cdot(\mathbf{x}+\mathbf{y}) \Rightarrow \mathbf{x}+\mathbf{y}\in\operatorname{kern}(A) \quad \checkmark$$

(ii) Für $\mathbf{x}\in\operatorname{kern}(A)$ und $\lambda\in\mathbb{R}$ gilt:

(ii) Для $\mathbf{x}\in\operatorname{kern}(A)$ та $\lambda\in\mathbb{R}$ маємо:

$$\mathbf{0} = A\cdot\mathbf{x} \Rightarrow \mathbf{0} = \lambda\cdot A\cdot\mathbf{x} = A\cdot(\lambda\cdot\mathbf{x}) \Rightarrow \lambda\cdot\mathbf{x}\in\operatorname{kern}(A) \quad \checkmark$$

■

Problem: Da Untervektorräume immer den Nullvektor $\mathbf{0}$ enthalten, lassen sich damit nur Ursprungsgeraden, Ursprungsebenen, Ursprungshyperebenen und Lösungsmengen von homogenen[1] linearen Gleichungssystemen $A\mathbf{x}=\mathbf{0}$ beschreiben. Damit sind Geraden, Ebenen und Hyperebenen ausgeschlossen, die nicht den Ursprung enthalten. Ebenso sind Lösungsmengen von nichthomogenen linearen Gleichungssystemen $A\mathbf{x}=\mathbf{b}$ mit $\mathbf{b}\neq\mathbf{0}$ ausgeschlossen.

Проблема: оскільки векторні підпростори завжди містять нульовий вектор $\mathbf{0}$, вони здатні описувати лише прямі, площини та гіперплощини, які містять початок координат, а також множини розв'язків однорідних[1] систем лінійних рівнянь $A\mathbf{x}=\mathbf{0}$. При цьому залишаються поза увагою прямі, площини та гіперплощини, які не містять початок координат, а також множини розв'язків неоднорідних систем лінійних рівнянь $A\mathbf{x}=\mathbf{b}$ з $\mathbf{b}\neq\mathbf{0}$.

Trick: Wir addieren zu einem Untervektorraum $U\subseteq V$ einen Aufpunkt[1] $\mathbf{a}\in V$.

Трюк: ми додаємо до векторного підпростору $U\subseteq V$ опорну точку[1] $\mathbf{a}\in V$.

Definition 4.2
Sei V ein Vektorraum, $U\subseteq V$ ein Untervektorraum und $\mathbf{a}\in V$ ein Aufpunkt. Damit konstruieren wir einen affinen[1] Untervektorraum von V:

Визначення 4.2
Нехай V - це векторний простір, $U\subseteq V$ - це векторний підпростір та $\mathbf{a}\in V$ - це опорна точка. За допомогою цього ми будуємо афінний[1] векторний підпростір V:

$$\mathbf{a}+U = \left\{\mathbf{a}+\mathbf{v} \middle| \mathbf{v}\in U\right\}$$

Beispiel:

Eine Ursprungsgerade mit Richtungsvektor $\mathbf{0} \neq \mathbf{v} \in V$ ist ein Untervektorraum:

Приклад:

Пряма, яка містить початок координат, $\mathbf{0} \neq \mathbf{v} \in V$ - це векторний підпростір:

$$U = \{\mu \cdot \mathbf{v} | \mu \in \mathbb{R}\}$$

Eine Gerade, die nicht durch den Ursprung verläuft, benötigt zusätzlich einen Aufpunkt $\mathbf{a} \in V$. Dies ist ein affiner Untervektorraum:

Пряма, яка не пролягає крізь початок координат, потребує додаткової точки $\mathbf{a} \in V$. Це - афінний векторний підпростір:

$$\mathbf{a} + U = \{\mathbf{a} + \mu \cdot \mathbf{v} | \mu \in \mathbb{R}\}$$

Im Folgenden konzentrieren wir uns ausschließlich auf Untervektorräume. Daraus lässt sich durch Addition eines Aufpunkts jedoch immer ein affiner Untervektorraum konstruieren.

Далі ми зосередимося виключно на векторних підпросторах. Однак із них завжди можна побудувати афінні векторні підпростори, додавши опорну точку.

Ziel: Bislang haben wir geometrische Objekte wie Geraden, Ebenen oder Hyperebenen sowie Lösungsmengen von homogenen linearen Gleichungssystemen als Untervektorräume interpretiert. Im Folgenden betrachten wir die umgekehrte Fragestellung: Wir wollen für einen gegebenen Vektorraum oder Untervektorraum eine Parameterdarstellung finden.

Мета: досі ми розглядали геометричні об'єкти, такі як прямі лінії, площини чи гіперплощини, а також множини розв'язків однорідних систем лінійних рівнянь, як векторні підпростори. Далі ми розглядаємо протилежне питання: ми хочемо для даного векторного простору або векторного підпростору знайти параметричне представлення.

Definition 4.3

Ein Vektorraum oder Untervektorraum V heißt von den Vektoren $\mathbf{v}_1, ..., \mathbf{v}_k \in V$ erzeugt[1], falls:

Визначення 4.3

Векторний простір або векторний підпростір V називають породженим[1] векторами $\mathbf{v}_1, ..., \mathbf{v}_k \in V$, якщо:

$$V = \text{span}(\mathbf{v}_1, ..., \mathbf{v}_k)$$

In diesem Fall bezeichnen wir die Vektoren $\mathbf{v}_1, ..., \mathbf{v}_k$ als Erzeugendensystem[1] von V.

У цьому випадку сукупність векторів $\mathbf{v}_1, ..., \mathbf{v}_k$ називають породжувальною системою[1] для V.

Dann lässt sich jeder Vektor $\mathbf{a} \in V$ als Linearkombination des Erzeugendensystems schreiben:

Тоді кожен вектор $\mathbf{a} \in V$ можна записати як лінійну комбінацію породжувальних векторів:

$$\mathbf{a} = \sum_{i=1}^{k} \mu_i \cdot \mathbf{v}_i$$

Beispiel:

Die Koordinateneinheitsvektoren[1] $\mathbf{e}_i, i = 1, ..., n$ bilden ein Erzeugendensystem des $\mathbb{R}^n$:

Приклад:

Одиничні координатні вектори[1] $\mathbf{e}_i, i = 1, ..., n$ утворюють породжувальну систему для $\mathbb{R}^n$:

$$\mathbf{e}_1 = \begin{pmatrix} 1 \\ 0 \\ \vdots \\ \vdots \\ 0 \end{pmatrix}, \mathbf{e}_2 = \begin{pmatrix} 0 \\ 1 \\ 0 \\ \vdots \\ 0 \end{pmatrix}, ..., \mathbf{e}_n = \begin{pmatrix} 0 \\ \vdots \\ \vdots \\ 0 \\ 1 \end{pmatrix}$$

Beispiel:

Die Ursprungsgerade $x+y=0$ bildet einen Untervektorraum $U \subseteq \mathbb{R}^2$. Dabei wird U vom Richtungsvektor $\mathbf{v}$ der Geraden erzeugt:

Приклад:

Пряма, що проходить крізь початок координат $x+y=0$, утворює векторний підпростір $U \subseteq \mathbb{R}^2$. При цьому U породжується напрямним вектором прямої $\mathbf{v}$:

$$\mathbf{v} = \begin{pmatrix} 1 \\ -1 \end{pmatrix}$$

Ebenso bilden die beiden folgenden Vektoren ein Erzeugendensystem von U:

Подібним чином два наступні вектори утворюють породжувальну систему для U:

$$\begin{pmatrix} 1 \\ -1 \end{pmatrix}, \begin{pmatrix} 2 \\ -2 \end{pmatrix}$$

Beide Vektoren sind parallel[1] und erzeugen daher nur einen eindimensionalen[2] Untervektorraum des $\mathbb{R}^2$.

Обидва вектори є паралельними[1] і тому породжують однаковий одновимірний[2] векторний підпростір $\mathbb{R}^2$.

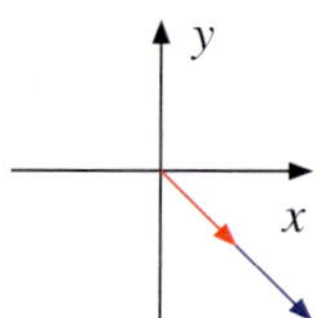

Abbildung / Рисунок 4.1
Die beiden Vektoren sind parallel
Два вектори є паралельними

Beispiel:

Im Gegensatz zum letzten Beispiel sind die beiden folgenden Vektoren nicht parallel und erzeugen somit den gesamten $\mathbb{R}^2$:

Приклад:

На відміну від останнього прикладу, наступні два вектори не є паралельними і, таким чином, породжують повне $\mathbb{R}^2$:

$$\begin{pmatrix} 1 \\ -1 \end{pmatrix}, \begin{pmatrix} 1 \\ 0 \end{pmatrix}$$

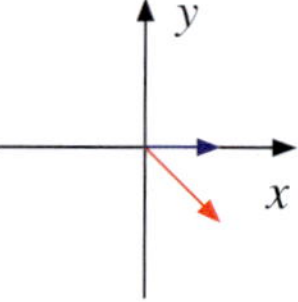

Abbildung / Рисунок 4.2
Die beiden Vektoren sind nicht parallel
Два вектори не є паралельними

Ziel: Wir haben im Beispiel gesehen, dass zwei Vektoren nur dann einen zweidimensionalen[1] Untervektorraum erzeugen, wenn sie nicht parallel sind. Im Folgenden behandeln wir daher die Frage, wann ein Erzeugendensystem eines Vektorraums oder eines Untervektorraums V minimal[2] ist. Dies führt uns zum Begriff der Basis[3].

Мета: ми побачили в прикладі, що два вектори утворюють двовимірний[1] векторний підпростір, лише якщо вони не є паралельними. Отже, далі ми розглядаємо питання, яка породжувальна система векторного простору або підпростору V є мінімальною[2]. Це приводить нас до поняття базису[3].

Definition 4.4

Die Vektoren $\mathbf{v}_1, \ldots, \mathbf{v}_k \in V$ heißen linear abhängig[1], falls es Zahlen $\lambda_1, \ldots, \lambda_k \in \mathbb{R}$ gibt, die nicht alle Null sind, so dass:

Визначення 4.4

Вектори $\mathbf{v}_1, \ldots, \mathbf{v}_k \in V$ називають лінійно залежними[1], якщо існують числа $\lambda_1, \ldots, \lambda_k \in \mathbb{R}$, не всі з яких дорівнюють нулю, такі що:

$$\lambda_1 \cdot \mathbf{v}_1 + \ldots + \lambda_k \cdot \mathbf{v}_k = \mathbf{0}$$

In diesem Fall lässt sich einer dieser Vektoren $\mathbf{v}_i$ (dessen Vorfaktor $\lambda_i \neq 0$ ist) als Linearkombination der anderen Vektoren schreiben:

У цьому випадку один із цих векторів $\mathbf{v}_i$ (коефіцієнт якого $\lambda_i \neq 0$) можна записати як лінійну комбінацію інших векторів:

$$\mathbf{v}_i = -\frac{1}{\lambda_i} \cdot \sum_{\substack{j=1 \\ j \neq i}}^{k} \lambda_j \cdot \mathbf{v}_j$$

Die Vektoren $\mathbf{v}_1, \ldots, \mathbf{v}_k \in V$ heißen hingegen linear unabhängig[1], falls:

З іншого боку, вектори $\mathbf{v}_1, \ldots, \mathbf{v}_k \in V$ називають лінійно незалежними[1], якщо:

$$\lambda_1 \cdot \mathbf{v}_1 + \ldots + \lambda_k \cdot \mathbf{v}_k = \mathbf{0} \Rightarrow \lambda_1 = \ldots = \lambda_k = 0$$

In diesem Fall lässt sich keiner der Vektoren als Linearkombination der anderen Vektoren schreiben.

У цьому випадку жоден із векторів не можна записати у вигляді лінійної комбінації інших векторів.

Beispiel:

Für die beiden Vektoren $\begin{pmatrix} 1 \\ -1 \end{pmatrix}$ und $\begin{pmatrix} 2 \\ -2 \end{pmatrix}$ gilt:

Приклад:

Для двох векторів $\begin{pmatrix} 1 \\ -1 \end{pmatrix}$ та $\begin{pmatrix} 2 \\ -2 \end{pmatrix}$ виконується:

$$2 \cdot \begin{pmatrix} 1 \\ -1 \end{pmatrix} + (-1) \cdot \begin{pmatrix} 2 \\ -2 \end{pmatrix} = \begin{pmatrix} 0 \\ 0 \end{pmatrix}$$

y
x

Die beiden Vektoren sind somit linear abhängig.

Таким чином, ці два вектори є лінійно залежними.

Beispiel:

Für die beiden Vektoren $\begin{pmatrix} 1 \\ 0 \end{pmatrix}$ und $\begin{pmatrix} 1 \\ -1 \end{pmatrix}$ gilt:

Приклад:

Для двох векторів $\begin{pmatrix} 1 \\ 0 \end{pmatrix}$ та $\begin{pmatrix} 1 \\ -1 \end{pmatrix}$ виконується:

$$\lambda_1 \cdot \begin{pmatrix} 1 \\ 0 \end{pmatrix} + \lambda_2 \cdot \begin{pmatrix} 1 \\ -1 \end{pmatrix} = \begin{pmatrix} 0 \\ 0 \end{pmatrix}$$
$$\Leftrightarrow \begin{pmatrix} 1 & 1 \\ 0 & -1 \end{pmatrix} \begin{pmatrix} \lambda_1 \\ \lambda_2 \end{pmatrix} = \begin{pmatrix} 0 \\ 0 \end{pmatrix}$$

y
x

Wir lösen das resultierende lineare Gleichungssystem durch Rückwärtssubstitution[1]:

Розв'язуємо отриману систему лінійних рівнянь шляхом зворотної підстановки[1]:

$$\begin{aligned} II: &\quad -\lambda_2 = 0 \Leftrightarrow \lambda_2 = 0 \\ I: &\quad \lambda_1 + \lambda_2 = 0 \underset{\lambda_2 = 0}{\Leftrightarrow} \lambda_1 = 0 \end{aligned}$$

Die beiden Vektoren sind somit linear unabhängig.

Таким чином, ці два вектори є лінійно незалежними.

Beispiel:

Für die beiden Vektoren $\begin{pmatrix} 1 \\ -1 \end{pmatrix}$ und $\begin{pmatrix} 0 \\ 0 \end{pmatrix}$ gilt:

Приклад:

Для двох векторів $\begin{pmatrix} 1 \\ -1 \end{pmatrix}$ та $\begin{pmatrix} 0 \\ 0 \end{pmatrix}$ виконується:

$$0 \cdot \begin{pmatrix} 1 \\ -1 \end{pmatrix} + 1 \cdot \begin{pmatrix} 0 \\ 0 \end{pmatrix} = \begin{pmatrix} 0 \\ 0 \end{pmatrix}$$

Die beiden Vektoren sind somit linear abhängig.

Таким чином, ці два вектори є лінійно залежними.

Beispiel:

Die Koordinateneinheitsvektoren

Приклад:

Одиничні координатні вектори

$$\mathbf{e}_1 = \begin{pmatrix} 1 \\ 0 \\ \vdots \\ \vdots \\ 0 \end{pmatrix}, \mathbf{e}_2 = \begin{pmatrix} 0 \\ 1 \\ 0 \\ \vdots \\ 0 \end{pmatrix}, \ldots, \mathbf{e}_n = \begin{pmatrix} 0 \\ \vdots \\ \vdots \\ 0 \\ 1 \end{pmatrix} \in \mathbb{R}^n$$

sind linear unabhängig, denn:

є лінійно незалежними, оскільки:

$$\lambda_1 \cdot \mathbf{e}_1 + \ldots + \lambda_n \cdot \mathbf{e}_n = \begin{pmatrix} \lambda_1 \\ \vdots \\ \lambda_n \end{pmatrix} = \begin{pmatrix} 0 \\ \vdots \\ 0 \end{pmatrix} \Leftrightarrow \lambda_1 = 0, \ldots, \lambda_n = 0$$

Definition 4.5

Sei V ein (reeller) Vektorraum. n Vektoren $\mathbf{v}_1, \ldots, \mathbf{v}_n$ heißen Basis[1] von V, falls:

(i) $\mathbf{v}_1, \ldots, \mathbf{v}_n$ sind linear unabhängig

(ii) $\mathbf{v}_1, \ldots, \mathbf{v}_n$ erzeugen V:

Визначення 4.5

Нехай V - це (дійсний) векторний простір. Сукупність n векторів $\mathbf{v}_1, \ldots, \mathbf{v}_n$ називають базисом[1] V, якщо:

(i) $\mathbf{v}_1, \ldots, \mathbf{v}_n$ є лінійно незалежними

(ii) $\mathbf{v}_1, \ldots, \mathbf{v}_n$ породжують V:

$$V = \operatorname{span}(\mathbf{v}_1, \ldots, \mathbf{v}_n)$$

Damit ist eine Basis ein minimales Erzeugendensystem.

Таким чином, базис є мінімальною породжувальною системою.

Beispiel:

Die Koordinateneinheitsvektoren $\mathbf{e}_1, \ldots, \mathbf{e}_n$ bilden eine Basis des $\mathbb{R}^n$. Wir bezeichnen diese als kanonische Basis[1].

Приклад:

Одиничні координатні вектори $\mathbf{e}_1, \ldots, \mathbf{e}_n$ утворюють базис $\mathbb{R}^n$, який називають канонічним базисом[1].

Beispiel:

Die beiden Vektoren $\begin{pmatrix} 1 \\ -1 \end{pmatrix}, \begin{pmatrix} 1 \\ 0 \end{pmatrix}$ bilden eine Basis des $\mathbb{R}^2$.

Приклад:

Два вектори $\begin{pmatrix} 1 \\ -1 \end{pmatrix}, \begin{pmatrix} 1 \\ 0 \end{pmatrix}$ утворюють базис $\mathbb{R}^2$.

Satz 4.6

Sei $\mathbf{v}_1, \ldots, \mathbf{v}_n$ eine Basis des (reellen) Vektorraums V. Dann gibt es zu jedem Vektor $\mathbf{a} \in V$ einen eindeutigen[1] Zahlenvektor[2] $\begin{pmatrix} a_1 & a_2 & \cdots & a_n \end{pmatrix}^T \in \mathbb{R}^n$, so dass sich $\mathbf{a}$ als Linearkombination aus Basisvektoren darstellen lässt:

Теорема 4.6

Нехай $\mathbf{v}_1, \ldots, \mathbf{v}_n$ - це базис (дійсного) векторного простору V. Тоді для кожного вектора $\mathbf{a} \in V$ існує єдиний[1] числовий вектор[2] $\begin{pmatrix} a_1 & a_2 & \cdots & a_n \end{pmatrix}^T \in \mathbb{R}^n$, такий що $\mathbf{a}$ можна представити як лінійну комбінацію базисних векторів:

$$\mathbf{a} = \sum_{i=1}^{n} a_i \cdot \mathbf{v}_i$$

Beweis:

Jede Basis ist ein Erzeugendensystem:

Доведення:

Кожен базис є породжувальною системою:

$$V = \operatorname{span}(\mathbf{v}_1, \ldots, \mathbf{v}_n) = \left\{ \sum_{i=1}^{n} \mu_i \cdot \mathbf{v}_i \,\middle|\, \mu_1, \ldots, \mu_n \in \mathbb{R} \right\}$$

Somit lässt sich jeder Vektor $\mathbf{a} \in V$ als Linearkombination der Basisvektoren $\mathbf{v}_1, \ldots, \mathbf{v}_n$ schreiben.

Таким чином, кожен вектор $\mathbf{a} \in V$ можна записати як лінійну комбінацію базисних векторів $\mathbf{v}_1, \ldots, \mathbf{v}_n$.

Zum Beweis der Eindeutigkeit[1] nehmen wir an, dass der Vektor $\mathbf{a} \in V$ zwei Darstellungen[2] besitzt. Dann folgt:

Для доведення єдиності[1] припустимо, що вектор $\mathbf{a} \in V$ має два представлення[2]. Звідси випливає:

$$\begin{aligned} \mathbf{a} &= \sum_{i=1}^{n} a_i \cdot \mathbf{v}_i = \sum_{i=1}^{n} b_i \cdot \mathbf{v}_i \\ \Leftrightarrow \quad \mathbf{0} &= \left(\sum_{i=1}^{n} a_i \cdot \mathbf{v}_i \right) - \left(\sum_{i=1}^{n} b_i \cdot \mathbf{v}_i \right) = \sum_{i=1}^{n} (a_i - b_i) \cdot \mathbf{v}_i \end{aligned}$$

Da die Vektoren $\mathbf{v}_1, \ldots, \mathbf{v}_n$ linear unabhängig sind, folgt daraus:

Оскільки вектори $\mathbf{v}_1, \ldots, \mathbf{v}_n$ є лінійно незалежними, то:

$$\begin{aligned} &\Rightarrow \quad (a_1 - b_1) = 0, \ldots, (a_n - b_n) = 0 \\ &\Rightarrow \quad a_1 = b_1, \ldots, a_n = b_n \end{aligned}$$

Damit ist die Darstellung $\mathbf{a} = \sum\limits_{i=1}^{n} a_i \cdot \mathbf{v}_i$ eindeutig.

Таким чином, представлення $\mathbf{a} = \sum\limits_{i=1}^{n} a_i \cdot \mathbf{v}_i$є єдиним.

■

Bemerkung: Falls V eine Basis $\mathbf{v}_1, \ldots, \mathbf{v}_n$ besitzt, so besagt der letzte Satz, dass es zu jedem Vektor $\mathbf{a} \in V$ einen eindeutigen Zahlenvektor $\begin{pmatrix} a_1 & \cdots & a_n \end{pmatrix}^T \in \mathbb{R}^n$ gibt, so dass:

Зауваження: якщо V має базис $\mathbf{v}_1, \ldots, \mathbf{v}_n$, то згідно останньої теореми для кожного вектора $\mathbf{a} \in V$ існує єдиний числовий вектор $\begin{pmatrix} a_1 & \cdots & a_n \end{pmatrix}^T \in \mathbb{R}^n$ такий, що:

$$\mathbf{a} = \sum_{i=1}^{n} a_i \cdot \mathbf{v}_i$$

Wir bezeichnen die a_i als Koordinaten[1] von $\mathbf{a}$ bezüglich der Basis $\mathbf{v}_1, \ldots, \mathbf{v}_n$.

Ми позначаємо через a_i координати[1] вектора $\mathbf{a}$ відносно базису $\mathbf{v}_1, \ldots, \mathbf{v}_n$.

Umgekehrt erhalten wir zu jedem Zahlenvektor $\begin{pmatrix} a_1 & \cdots & a_n \end{pmatrix}^T \in \mathbb{R}^n$ einen eindeutigen Vektor aus V. Diesen bezeichnen wir als Koordinatendarstellung[1] des Vektors $\mathbf{a}$:

І навпаки, для кожного числового вектора $\begin{pmatrix} a_1 & \cdots & a_n \end{pmatrix}^T \in \mathbb{R}^n$ ми отримуємо єдиний вектор із V. Це називають координатним представленням[1] вектора $\mathbf{a}$:

$$\mathbf{a} = \sum_{i=1}^{n} a_i \cdot \mathbf{v}_i$$

Sprechweise: Die beiden Vektorräume V und $\mathbb{R}^n$ sind isomorph[1].

Кажуть: два векторні простори V та $\mathbb{R}^n$ є ізоморфними[1].

Geometrische Interpretation: Eine Basis $\mathbf{v}_1,...,\mathbf{v}_n$ von V liefert ein Koordinatensystem[1]. Hierzu legen wir die Koordinatenachsen[2] jeweils in Richtung der Basisvektoren. Die Längeneinheit[3] jeder Koordinatenachse entspricht der Länge des zugehörigen Basisvektors.

Геометрична інтерпретація: базис $\mathbf{v}_1,...,\mathbf{v}_n$ у V задає систему координат[1]. Для цього розмістимо осі координат[2] у напрямку базисних векторів. Одиниця довжини[3] кожної координатної осі дорівнює довжині відповідного базисного вектора.

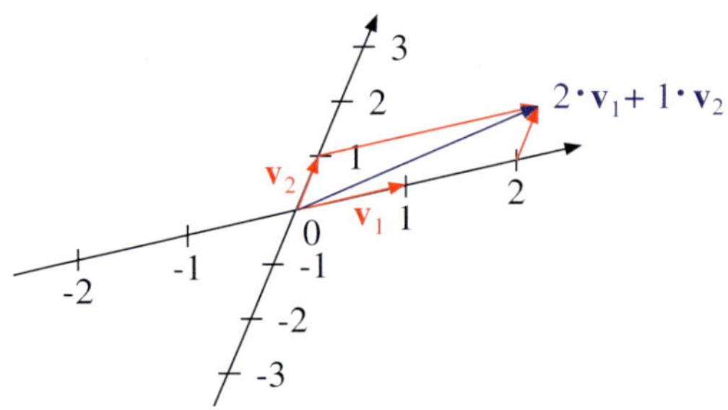

Abbildung / Рисунок 4.3
Jede Basis liefert ein Koordinatensystem
Кожний базис задає систему координат

Bemerkung: Falls V eine Basis $\mathbf{v}_1,...,\mathbf{v}_n$ aus n Vektoren besitzt, dann besteht jede andere mögliche Basis $\hat{\mathbf{v}}_1,...,\hat{\mathbf{v}}_n$ von V ebenfalls aus n Vektoren.

Зауваження: якщо V має базис $\mathbf{v}_1,...,\mathbf{v}_n$ із n векторів, то кожен інший можливий базис $\hat{\mathbf{v}}_1,...,\hat{\mathbf{v}}_n$ у V також складається з n векторів.

Sprechweise: V hat die Dimension[1] n:

Кажуть: V має розмірність[1] n:

$$\dim(V) = n$$

Beispiel:
Der $\mathbb{R}^n$ hat die Basis $\mathbf{e}_1,...,\mathbf{e}_n$ und ist damit n-dimensional.

Приклад:
$\mathbb{R}^n$ має базис $\mathbf{e}_1,...,\mathbf{e}_n$ і тому є n-вимірним.

Achtung: Nicht jeder Vektorraum besitzt eine Basis aus endlich[1] vielen Vektoren!

Увага: не кожен векторний простір має базис із скінченного[1] числа векторів!

Beispiel:
$\mathrm{Abb}(\mathbb{R},\mathbb{R})$ bezeichnet die Menge aller Funktionen $f\colon \mathbb{R} \to \mathbb{R}$. Dieser Vektorraum ist unendlich-dimensional. Denn die Funktionen $f_k(x) = x^k, k = 0,1,2,...$ sind linear unabhängig und unendlich viele. Trotzdem sind es noch zu wenige, um $\mathrm{Abb}(\mathbb{R},\mathbb{R})$ zu erzeugen.

Приклад:
$\mathrm{Abb}(\mathbb{R},\mathbb{R})$ позначає множину всіх функцій $f\colon \mathbb{R} \to \mathbb{R}$. Цей векторний простір є нескінченновимірним. Оскільки функції $f_k(x) = x^k, k = 0,1,2,...$ є лінійно незалежними, їх нескінченно багато. Проте, їх все ще замало для породження $\mathrm{Abb}(\mathbb{R},\mathbb{R})$.

Frage: Wie findet man eine Basis eines endlich-dimensionalen Vektorraums oder Untervektorraums V?

Питання: як знайти базис скінченновимірного векторного простору або векторного підпростору V?

Als Ausgangspunkt bestimmen wir zuerst ein Erzeugendensystem von V.

В якості відправної точки ми спочатку визначаємо породжувальну систему для V.

Beispiel:
Wir betrachten die folgende Lösungsmenge eines homogenen linearen Gleichungssystems:

Приклад:
Ми розглядаємо таку множину розв'язків однорідної системи лінійних рівнянь:

$$V = \left\{ \begin{pmatrix} \lambda+\mu \\ \nu+\mu \\ \lambda-\nu \end{pmatrix} \in \mathbb{R}^3 \middle| \lambda,\mu,\nu \in \mathbb{R} \right\}$$

Durch Ausklammern[1] der Parameter[2] λ, μ, ν erhalten wir:

Шляхом виведення за дужки[1] параметрів[2] λ, μ, ν отримуємо:

$$\begin{pmatrix} \lambda+\mu \\ \nu+\mu \\ \lambda-\nu \end{pmatrix} = \lambda \cdot \underbrace{\begin{pmatrix} 1 \\ 0 \\ 1 \end{pmatrix}}_{\mathbf{v}_1} + \mu \cdot \underbrace{\begin{pmatrix} 1 \\ 1 \\ 0 \end{pmatrix}}_{\mathbf{v}_2} + \nu \cdot \underbrace{\begin{pmatrix} 0 \\ 1 \\ -1 \end{pmatrix}}_{\mathbf{v}_3}$$

Alle Vektoren der Lösungsmenge V sind Linearkombinationen aus den drei Vektoren $\mathbf{v}_1, \mathbf{v}_2, \mathbf{v}_3$. Somit bilden diese ein Erzeugendensystem:

Усі вектори множини розв'язків V є лінійними комбінаціями трьох векторів $\mathbf{v}_1, \mathbf{v}_2, \mathbf{v}_3$. Таким чином, вони утворюють породжувальну систему:

$$V = \operatorname{span}(\mathbf{v}_1, \mathbf{v}_2, \mathbf{v}_3)$$

Nachdem wir ein Erzeugendensystem von V gefunden haben, bestimmen wir eine linear unabhängige Teilmenge des Erzeugendensystems. Diese ist dann eine Basis. Hierzu untersuchen wir, welche Vektoren des Erzeugendensystems sich als Linearkombination der anderen Vektoren darstellen lassen.

Після того, як ми знайшли породжувальну систему для V, визначаємо лінійно незалежну підмножину породжувальної системи, яка і є базисом. Для цього ми досліджуємо, які вектори породжувальної системи можна представити як лінійну комбінацію інших векторів.

Beispiel:
Wir betrachten das Erzeugendensystem aus dem letzten Beispiel:

Приклад:
Ми розглядаємо породжувальну систему з останнього прикладу:

$$\mathbf{v}_1 = \begin{pmatrix} 1 \\ 0 \\ 1 \end{pmatrix}, \mathbf{v}_2 = \begin{pmatrix} 1 \\ 1 \\ 0 \end{pmatrix}, \mathbf{v}_3 = \begin{pmatrix} 0 \\ 1 \\ -1 \end{pmatrix}$$

(i) Wir überprüfen, ob die Vektoren $\mathbf{v}_1, \mathbf{v}_2, \mathbf{v}_3$ bereits linear unabhängig sind:

(i) Перевіряємо, чи вектори $\mathbf{v}_1, \mathbf{v}_2, \mathbf{v}_3$ вже лінійно незалежні:

$$\begin{aligned} &\lambda_1 \cdot \mathbf{v}_1 + \lambda_2 \cdot \mathbf{v}_2 + \lambda_3 \cdot \mathbf{v}_3 = \mathbf{0} \\ \Leftrightarrow &\begin{pmatrix} 1\cdot\lambda_1 + 1\cdot\lambda_2 + 0\cdot\lambda_3 \\ 0\cdot\lambda_1 + 1\cdot\lambda_2 + 1\cdot\lambda_3 \\ 1\cdot\lambda_1 + 0\cdot\lambda_2 + (-1)\cdot\lambda_3 \end{pmatrix} = \begin{pmatrix} 0 \\ 0 \\ 0 \end{pmatrix} \end{aligned}$$

Das ist ein lineares Gleichungssystem für die Parameter $\lambda_1, \lambda_2, \lambda_3$. In den Spalten der erweiterten Matrixform[1] stehen jeweils die Vektoren $\mathbf{v}_1, \mathbf{v}_2, \mathbf{v}_3$:

Це система лінійних рівнянь для параметрів $\lambda_1, \lambda_2, \lambda_3$. У стовпцях розширеної матричної форми[1] знаходяться вектори $\mathbf{v}_1, \mathbf{v}_2, \mathbf{v}_3$:

$$\Leftrightarrow \left(\begin{array}{ccc|c} 1 & 1 & 0 & 0 \\ 0 & 1 & 1 & 0 \\ 1 & 0 & -1 & 0 \end{array}\right)$$

$$\begin{array}{ccc} \uparrow & \uparrow & \uparrow \\ \mathbf{v}_1 & \mathbf{v}_2 & \mathbf{v}_3 \end{array}$$

$$\underset{III \to III - I}{\Leftrightarrow} \left(\begin{array}{ccc|c} 1 & 1 & 0 & 0 \\ 0 & 1 & 1 & 0 \\ 0 & -1 & -1 & 0 \end{array}\right)$$

$$\underset{III \to III+II}{\Leftrightarrow} \left(\begin{array}{ccc|c} 1 & 1 & 0 & 0 \\ 0 & 1 & 1 & 0 \\ 0 & 0 & 0 & 0 \end{array}\right)$$

In der dritten Spalte steht kein Pivotelement[1]. Daher ist λ_3 eine unabhängige Variable[2]:

У третьому стовпці немає головного елемента[1]. Тому λ_3 є незалежною змінною[2]:

$$\lambda_3 = \mu \in \mathbb{R}$$

Durch Rückwärtssubstitution erhalten wir:

Шляхом зворотної підстановки отримуємо:

$$\begin{aligned} II: \quad & \lambda_2 + \lambda_3 = 0 \underset{\lambda_3=\mu}{\Leftrightarrow} \lambda_2 = -\mu \\ I: \quad & \lambda_1 + \lambda_2 = 0 \underset{\lambda_2=-\mu}{\Leftrightarrow} \lambda_1 = \mu \\ & \Rightarrow \begin{pmatrix} \lambda_1 \\ \lambda_2 \\ \lambda_3 \end{pmatrix} = \begin{pmatrix} \mu \\ -\mu \\ \mu \end{pmatrix} \end{aligned}$$

Für die Parameter $\lambda_1, \lambda_2, \lambda_3$ gibt es Lösungen, die ungleich 0 sind. Daher sind die Vektoren $\mathbf{v}_1, \mathbf{v}_2, \mathbf{v}_3$ linear abhängig. Für $\mu = 1$ beispielsweise erhalten wir:

Для параметрів $\lambda_1, \lambda_2, \lambda_3$ існують розв'язки, які не дорівнюють 0. Відтак вектори $\mathbf{v}_1, \mathbf{v}_2, \mathbf{v}_3$ є лінійно залежними. Наприклад, для $\mu = 1$ ми отримуємо:

$$1 \cdot \mathbf{v}_1 - 1 \cdot \mathbf{v}_2 + 1 \cdot \mathbf{v}_3 = \mathbf{0}$$

(ii) Da die Vektoren $\mathbf{v}_1, \mathbf{v}_2, \mathbf{v}_3$ linear abhängig sind, können wir einen der Vektoren als Linearkombination der anderen Vektoren darstellen. In unserem Beispiel lösen wir obige Gleichung nach $\mathbf{v}_3$ auf:

(ii) Оскільки вектори $\mathbf{v}_1, \mathbf{v}_2, \mathbf{v}_3$ є лінійно залежними, ми можемо представити один із векторів як лінійну комбінацію інших векторів. У нашому прикладі ми розв'язуємо попереднє рівняння відносно $\mathbf{v}_3$:

$$\begin{aligned} & \mathbf{v}_1 - \mathbf{v}_2 + \mathbf{v}_3 = 0 \\ \Rightarrow \quad & \mathbf{v}_3 = -\mathbf{v}_1 + \mathbf{v}_2 \end{aligned}$$

Da sich $\mathbf{v}_3$ als Linearkombination aus $\mathbf{v}_1$ und $\mathbf{v}_2$ darstellen lässt, wird V bereits von diesen beiden Vektoren erzeugt:

Оскільки $\mathbf{v}_3$ можна представити як лінійну комбінацію $\mathbf{v}_1$ і $\mathbf{v}_2$, то V вже породжено цими двома векторами:

$$V = \operatorname{span}(\mathbf{v}_1, \mathbf{v}_2)$$

Wir verwenden im Folgenden das kleinere Erzeugendensystem $\mathbf{v}_1, \mathbf{v}_2$ und fahren wieder mit (i) fort:

Далі ми використовуємо меншу породжувальну систему $\mathbf{v}_1, \mathbf{v}_2$ і продовжуємо знов з (i):

(i) Wir überprüfen, ob die Vektoren $\mathbf{v}_1$ und $\mathbf{v}_2$ linear unabhängig sind:

(i) Перевіряємо лінійну незалежність векторів $\mathbf{v}_1$ і $\mathbf{v}_2$:

$$\begin{aligned} & \lambda_1 \cdot \mathbf{v}_1 + \lambda_2 \cdot \mathbf{v}_2 = \mathbf{0} \\ \Leftrightarrow & \begin{pmatrix} 1 \cdot \lambda_1 + 1 \cdot \lambda_2 \\ 0 \cdot \lambda_1 + 1 \cdot \lambda_2 \\ 1 \cdot \lambda_1 + 0 \cdot \lambda_2 \end{pmatrix} = \begin{pmatrix} 0 \\ 0 \\ 0 \end{pmatrix} \\ \Leftrightarrow & \left(\begin{array}{cc|c} 1 & 1 & 0 \\ 0 & 1 & 0 \\ 1 & 0 & 0 \end{array}\right) \\ & \;\;\uparrow \;\;\; \uparrow \\ & \;\;\mathbf{v}_1 \; \mathbf{v}_2 \end{aligned}$$

$$\underset{III \to III - I}{\Leftrightarrow} \left(\begin{array}{cc|c} 1 & 1 & 0 \\ 0 & 1 & 0 \\ 0 & -1 & 0 \end{array}\right)$$

$$\underset{III \to III + II}{\Leftrightarrow} \left(\begin{array}{cc|c} 1 & 1 & 0 \\ 0 & 1 & 0 \\ 0 & 0 & 0 \end{array}\right)$$

$$\begin{aligned} II: &\quad \lambda_2 = 0 \\ I: &\quad \lambda_1 + \lambda_2 = 0 \underset{\lambda_2 = 0}{\Leftrightarrow} \lambda_1 = 0 \end{aligned}$$

Da alle Parameter λ_1, λ_2 gleich 0 werden, sind die Vektoren $\mathbf{v}_1, \mathbf{v}_2$ linear unabhängig. Somit bilden sie eine Basis von V.

Оскільки обидва параметри λ_1 і λ_2 дорівнюють 0, то вектори $\mathbf{v}_1$ і $\mathbf{v}_2$ є лінійно незалежними. Таким чином саме вони складають базис у V.

4.2 Lineare Abbildungen Лінійні відображення

Bislang haben wir gezeigt, dass wir zu jedem endlichdimensionalen (reellen) Vektorraum V eine Basis $\mathbf{v}_1, \dots, \mathbf{v}_n$ finden können. Diese liefert ein Koordinatensystem. Damit können wir jeden Vektor $\mathbf{x} = \sum_{i=1}^{n} x_i \cdot \mathbf{v}_i$ eindeutig mit einem Zahlenvektor $\begin{pmatrix} x_1 & \cdots & x_n \end{pmatrix}^T \in \mathbb{R}^n$ identifizieren. Diesen bezeichnen wir als Koordinatendarstellung des Vektors $\mathbf{x}$.

До цього моменту ми показали, що для кожного скінченновимірного (дійсного) векторного простору V ми можемо знайти базис $\mathbf{v}_1, \dots, \mathbf{v}_n$. Він задає систему координат. Завдяки цьому ми можемо кожному вектору $\mathbf{x} = \sum_{i=1}^{n} x_i \cdot \mathbf{v}_i$ однозначно поставити у відповідність числовий вектор $\begin{pmatrix} x_1 & \cdots & x_n \end{pmatrix}^T \in \mathbb{R}^n$. Це називають координатним представленням вектора $\mathbf{x}$.

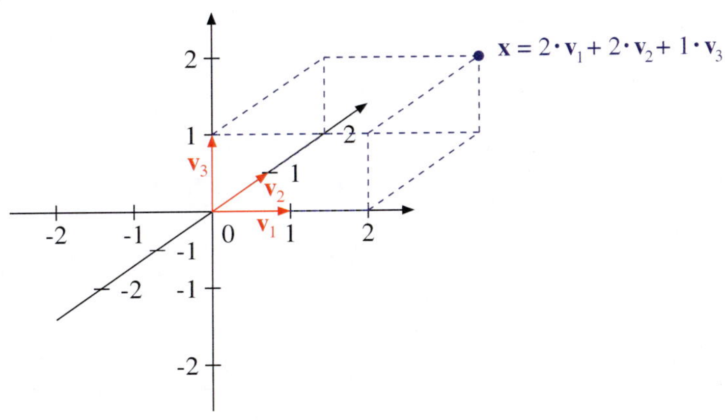

Abbildung / Рисунок 4.4
Eine Basis und das zugehörige Koordinatensystem
Базис і пов'язана з ним система координат

Beispiel:

Abhängig von der gewählten Basis hat ein Vektor $\mathbf{x} \in \mathbb{R}^2$ unterschiedliche Koordinatendarstellungen:

Приклад:

Залежно від обраного базиса вектор $\mathbf{x} \in \mathbb{R}^2$ має різні координатні представлення:

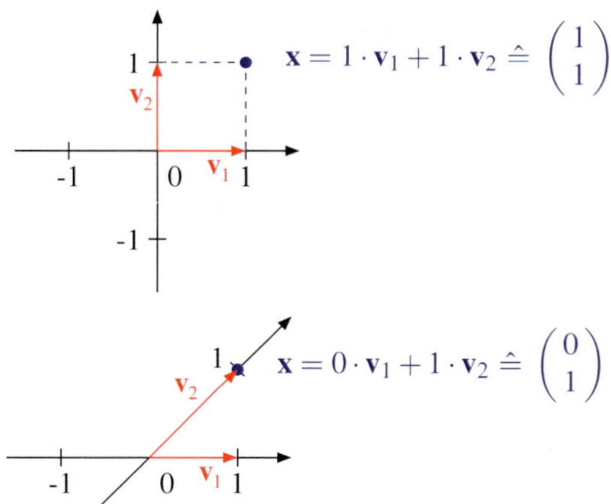

Im Folgenden wollen wir untersuchen, wie sich geometrische[1] Abbildungen[2] in Koordinaten darstellen lassen. Beispiele werden hier Drehungen[3] oder Spiegelungen[4] sein. Anschließend werden wir untersuchen, wie sich Koordinatendarstellungen bezüglich unterschiedlicher Basen (also Koordinatensystemen) ineinander umrechnen lassen. Das Schlüsselkonzept bei beiden Fragen ist das der linearen Abbildung[5]:

Далі ми хочемо дослідити, як геометричні[1] відображення[2] можуть бути представлені в координатах. Прикладами будуть повороти[3] та дзеркальні відбиття[4]. Надалі ми покажемо, як координатні представлення відносно різних базисів (тобто систем координат), можуть бути перетворені одне в одне. Ключовою концепцією в обох питаннях є лінійне відображення[5]:

Definition 4.7

Seien V, W (reelle) Vektorräume und $f\colon V \to W$ eine Abbildung[1] (oder Funktion[2]) mit der Definitionsmenge[3] V und Wertemenge[4] W. Die Abbildung f heißt linear[5], falls für alle $\mathbf{x}, \mathbf{y} \in V$ und $\lambda \in \mathbb{R}$ gilt:

Визначення 4.7

Нехай V, W - це (дійсні) векторні простори, а $f\colon V \to W$ - це відображення[1] (або функція[2]) з множиною визначення[3] V та множиною значень[4] W. Відображення f називається лінійним[5], якщо для всіх $\mathbf{x}, \mathbf{y} \in V$ та $\lambda \in \mathbb{R}$ виконуються умови:

$$\begin{aligned} &\text{(i)} && f(\mathbf{x}+\mathbf{y}) = f(\mathbf{x}) + f(\mathbf{y}) \\ &\text{(ii)} && f(\lambda \cdot \mathbf{x}) = \lambda \cdot f(\mathbf{x}) \end{aligned}$$

Beispiel:

Jede Matrix[1] $A \in \mathbb{R}^{(m,n)}$ liefert eine lineare Abbildung:

Приклад:

Кожна матриця[1] $A \in \mathbb{R}^{(m,n)}$ задає лінійне відображення:

$$f\colon \mathbb{R}^n \to \mathbb{R}^m, f(\mathbf{x}) = A \cdot \mathbf{x}$$

Beweis:

Wir zeigen mit Hilfe der Rechenregeln[1] für Matrizen, dass $f(\mathbf{x}) = A \cdot \mathbf{x}$ eine lineare Abbildung ist:

Доведення:

За допомогою правил обчислення[1] для матриць показуємо, що $f(\mathbf{x}) = A \cdot \mathbf{x}$ є лінійним відображенням:

$$\begin{aligned} &\text{(i)} && f(\mathbf{x}+\mathbf{y}) = A \cdot (\mathbf{x}+\mathbf{y}) = A \cdot \mathbf{x} + A \cdot \mathbf{y} = f(\mathbf{x}) + f(\mathbf{y}) \quad \checkmark \\ &\text{(ii)} && f(\lambda \cdot \mathbf{x}) = A \cdot (\lambda \cdot \mathbf{x}) = \lambda \cdot A \cdot \mathbf{x} = \lambda \cdot f(\mathbf{x}) \quad \checkmark \end{aligned}$$

■

Ziel: Wir haben gesehen, dass jede Matrix $A \in \mathbb{R}^{(m,n)}$ eine lineare Abbildung $f(\mathbf{x}) = A \cdot \mathbf{x}$ liefert. Im Folgenden wollen wir zeigen, dass auch die Umkehrung[1] gilt: In Koordinatendarstellung lässt sich jede lineare Abbildung in der Form $f(\mathbf{x}) = A \cdot \mathbf{x}$ darstellen. Die Matrix A hängt dabei von den gewählten Basen in der Definitionsmenge V und Wertemenge W ab.

Мета: ми побачили, що кожна матриця $A \in \mathbb{R}^{(m,n)}$ задає лінійне відображення $f(\mathbf{x}) = A \cdot \mathbf{x}$. Далі ми хочемо показати, що і обернене[1] також є вірним: кожне лінійне відображення у координатному представленні можна задати у формі $f(\mathbf{x}) = A \cdot \mathbf{x}$. Матриця A залежить від обраних базисів у множині визначення V і множині значень W.

Gegeben:

- (Reeller) Vektorraum V mit Basis $\mathbf{v}_1, \dots, \mathbf{v}_n$
- (Reeller) Vektorraum W mit Basis $\mathbf{w}_1, \dots, \mathbf{w}_m$
- Lineare Abbildung $f\colon V \to W$

Дано:

- (Дійсний) векторний простір V з базисом $\mathbf{v}_1, \dots, \mathbf{v}_n$
- (Дійсний) векторний простір W з базисом $\mathbf{w}_1, \dots, \mathbf{w}_m$
- Лінійне відображення $f\colon V \to W$

Zuerst schreiben wir den Vektor $\mathbf{x} \in V$ in Koordinaten bezüglich der Basis $\mathbf{v}_1, \dots, \mathbf{v}_n$:

Спочатку записуємо вектор $\mathbf{x} \in V$ у координатах базиса $\mathbf{v}_1, \dots, \mathbf{v}_n$:

$$\mathbf{x} = \sum_{j=1}^{n} x_j \cdot \mathbf{v}_j$$

Diese Darstellung setzen wir in die lineare Abbildung $f\colon V \to W$ ein:

Потім вставляємо це представлення в лінійне відображення $f\colon V \to W$:

$$f(\mathbf{x}) = f\left(\sum_{j=1}^{n} x_j \cdot \mathbf{v}_j\right)$$

Aufgrund der Linearität[1] von f gilt:

Завдяки лінійності[1] f маємо:

$$= \sum_{j=1}^{n} x_j \cdot f(\mathbf{v}_j)$$

Nun schreiben wir jeden Vektor $f(\mathbf{v}_j) \in W$, $j = 1, \dots, n$ in Koordinaten bezüglich der Basis $\mathbf{w}_1, \dots, \mathbf{w}_m$:

Тепер записуємо кожен з векторів $f(\mathbf{v}_j) \in W$, $j = 1, \dots, n$ у координатах відносно базису $\mathbf{w}_1, \dots, \mathbf{w}_m$:

$$f(\mathbf{v}_j) = \sum_{i=1}^{m} a_{ij} \cdot \mathbf{w}_i$$

Die Koeffizienten[1] a_{ij} bilden eine Matrix $A \in \mathbb{R}^{(m,n)}$. Diese hängt ausschließlich von den Basen $\mathbf{v}_1, \dots, \mathbf{v}_n$ und $\mathbf{w}_1, \dots, \mathbf{w}_m$ ab. Damit erhalten wir:

Коефіцієнти[1] a_{ij} утворюють матрицю $A \in \mathbb{R}^{(m,n)}$. Вона залежить виключно від базисів $\mathbf{v}_1, \dots, \mathbf{v}_n$ та $\mathbf{w}_1, \dots, \mathbf{w}_m$. Таким чином, ми отримуємо:

$$f(\mathbf{x}) = \sum_{i=1}^{m} \underbrace{\left(\sum_{j=1}^{n} a_{ij} \cdot x_j\right)}_{A \cdot \begin{pmatrix} x_1 \\ \vdots \\ x_n \end{pmatrix}} \cdot \mathbf{w}_i$$

In Koordinatenschreibweise lässt sich somit jede lineare Abbildung $f: V \to W$ als Matrix (oder Basisdarstellung[1]) $A =$

Отже, у координатному запису кожне лінійне відображення $f: V \to W$ можна записати як матрицю (або бази-

(a_{ij}) bezüglich der Basen $\mathbf{v}_1, \ldots, \mathbf{v}_n$ und $\mathbf{w}_1, \ldots, \mathbf{w}_m$ schreiben. Gegeben die Koordinaten von $\mathbf{x} \in V$:

сне представлення[1]) $A = (a_{ij})$ відносно базисів $\mathbf{v}_1, \ldots, \mathbf{v}_n$ і $\mathbf{w}_1, \ldots, \mathbf{w}_m$. Нехай надані координати $\mathbf{x} \in V$:

$$\mathbf{x} = \sum_{j=1}^{n} x_j \cdot \mathbf{v}_j$$

Gesucht die Koordinaten von $\mathbf{y} = f(\mathbf{x}) \in W$:

Треба знайти коодинати $\mathbf{y} = f(\mathbf{x}) \in W$:

$$\mathbf{y} = \sum_{i=1}^{m} y_i \cdot \mathbf{w}_i$$

Dann erhalten wir mit Hilfe des Matrix·Vektor-Produkts[1]:

Тоді, за допомогою добутка матриці на вектор[1] ми отримуємо:

$$\begin{pmatrix} y_1 \\ \vdots \\ y_m \end{pmatrix} = A \cdot \begin{pmatrix} x_1 \\ \vdots \\ x_n \end{pmatrix}$$

Beispiel:
Wir betrachten die Drehung[1] $D_\varphi : \mathbb{R}^2 \to \mathbb{R}^2$ um den Winkel[2] φ gegen den Uhrzeigersinn[3] um den Ursprung[4]. Sowohl für die Definitionsmenge $V = \mathbb{R}^2$ als auch für die Wertemenge $W = \mathbb{R}^2$ verwenden wir die kanonische Basis:

Приклад:
Ми розглядаємо поворот[1] $D_\varphi : \mathbb{R}^2 \to \mathbb{R}^2$ на кут[2] φ проти руху годинникової стрілки[3] навколо початку координат[4]. Як для множини визначення $V = \mathbb{R}^2$, так і для множини значень $W = \mathbb{R}^2$ ми використовуємо канонічний базис:

$$\mathbf{e}_1 = \begin{pmatrix} 1 \\ 0 \end{pmatrix}, \mathbf{e}_2 = \begin{pmatrix} 0 \\ 1 \end{pmatrix}$$

Wir wenden die Drehung D_φ der Reihe nach auf die Basisvektoren $\mathbf{e}_1, \mathbf{e}_2$ von V an und stellen das Ergebnis jeweils bezüglich der Basis $\mathbf{e}_1, \mathbf{e}_2$ von W dar:

Ми по черзі застосовуємо поворот D_φ до базисних векторів $\mathbf{e}_1, \mathbf{e}_2$ у V та для кожного представляємо результат відносно базису $\mathbf{e}_1, \mathbf{e}_2$ у W:

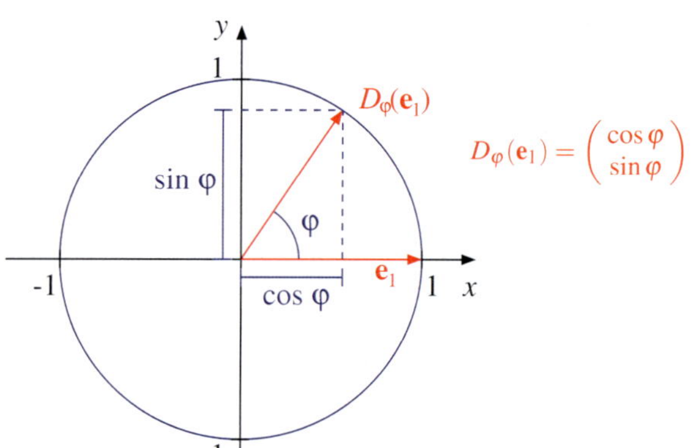

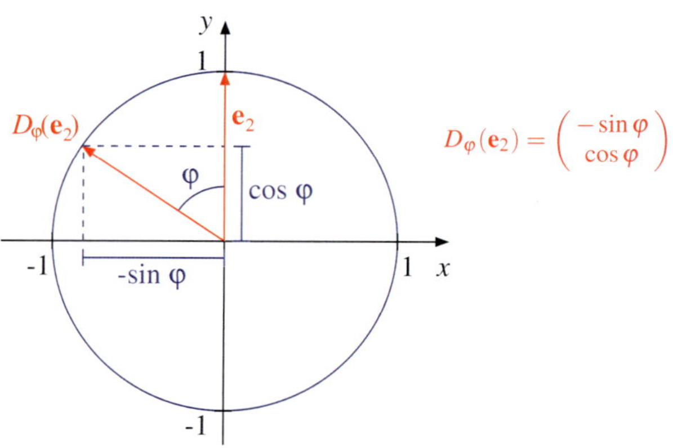

Abbildung / Рисунок 4.5
Wir wenden die Drehung D_φ auf die Basisvektoren $\mathbf{e}_1, \mathbf{e}_2$ von V an
Ми застосовуємо поворот D_φ до базисних векторів $\mathbf{e}_1, \mathbf{e}_2$ векторного простору V

Die Matrix A der Drehung D_φ bezüglich der gewählten Basen erhalten wir, indem wir $D_\varphi(\mathbf{e}_1)$ in die erste Spalte[1] von A schreiben und $D_\varphi(\mathbf{e}_2)$ in die zweite Spalte:

Матрицю A повороту D_φ відносно вибраних базисів ми отримуємо шляхом запису $D_\varphi(\mathbf{e}_1)$ у перший та $D_\varphi(\mathbf{e}_2)$ у другий стовпці[1] матриці A відповідно:

$$A = \begin{pmatrix} \cos\varphi & -\sin\varphi \\ \sin\varphi & \cos\varphi \end{pmatrix}$$
$$\quad\uparrow \qquad\qquad \uparrow$$
$$D_\varphi(\mathbf{e}_1) \qquad D_\varphi(\mathbf{e}_2)$$

Im allgemeinen Fall steht in der j-ten Spalte, $j = 1,...,n$ der Matrix A die Koordinatendarstellung des Vektors $f(\mathbf{v}_j) \in W$ bezüglich der Basis $\mathbf{w}_1,...,\mathbf{w}_m$.

У загальному випадку j-й стовпець, $j = 1,...,n$, матриці A містить координатне представлення вектора $f(\mathbf{v}_j) \in W$ відносно базису $\mathbf{w}_1,...,\mathbf{w}_m$.

Beispiel:
Wir betrachten die folgende lineare Abbildung $f:\mathbb{R}^3 \to \mathbb{R}^3$:

Приклад:
Ми розглядаємо таке лінійне відображення $f:\mathbb{R}^3 \to \mathbb{R}^3$:

$$f\begin{pmatrix} x \\ y \\ z \end{pmatrix} = \begin{pmatrix} x \\ y+2\cdot z \\ z \end{pmatrix}$$

Um die Matrix A bezüglich der kanonischen Basis in der Definitionsmenge und Wertemenge zu bestimmen, berechnen wir:

Щоби визначити матрицю A відносно канонічного базису в множині визначення і множині значень, обчислюємо:

$$f(\mathbf{e}_1) = f\begin{pmatrix} 1 \\ 0 \\ 0 \end{pmatrix} = \begin{pmatrix} 1 \\ 0+2\cdot 0 \\ 0 \end{pmatrix} = \begin{pmatrix} 1 \\ 0 \\ 0 \end{pmatrix}$$
$$f(\mathbf{e}_2) = f\begin{pmatrix} 0 \\ 1 \\ 0 \end{pmatrix} = \begin{pmatrix} 0 \\ 1+2\cdot 0 \\ 0 \end{pmatrix} = \begin{pmatrix} 0 \\ 1 \\ 0 \end{pmatrix}$$
$$f(\mathbf{e}_3) = f\begin{pmatrix} 0 \\ 0 \\ 1 \end{pmatrix} = \begin{pmatrix} 0 \\ 0+2\cdot 1 \\ 1 \end{pmatrix} = \begin{pmatrix} 0 \\ 2 \\ 1 \end{pmatrix}$$

Damit erhalten wir als Matrix der linearen Abbildung f:

Звідси ми отримуємо таку матрицю лінійного відображення f:

$$A = \begin{pmatrix} 1 & 0 & 0 \\ 0 & 1 & 2 \\ 0 & 0 & 1 \end{pmatrix}$$
$$\uparrow \qquad \uparrow \qquad \uparrow$$
$$f(\mathbf{e}_1)\ f(\mathbf{e}_2)\ f(\mathbf{e}_3)$$

Bemerkung: Seien V, W, Z (reelle) Vektorräume mit Basen $\mathbf{v}_1,...,\mathbf{v}_n$, $\mathbf{w}_1,...,\mathbf{w}_m$ und $\mathbf{z}_1,...,\mathbf{z}_l$. Wir betrachten die beiden Funktionen $f\colon V \to W$ mit Matrix $A \in \mathbb{R}^{(m,n)}$ sowie $g\colon W \to Z$ mit Matrix $B \in \mathbb{R}^{(l,m)}$. Wir betrachten die Hintereinanderausführung[1] (oder Komposition[2]) beider Funktionen (Sprechweise: "g nach f"):

Зауваження: нехай V, W, Z - це (дійсні) векторні простори з базисами $\mathbf{v}_1,...,\mathbf{v}_n$, $\mathbf{w}_1,...,\mathbf{w}_m$ та $\mathbf{z}_1,...,\mathbf{z}_l$. Ми розглядаємо дві функції: $f\colon V \to W$ з матрицею $A \in \mathbb{R}^{(m,n)}$ та $g\colon W \to Z$ з матрицею $B \in \mathbb{R}^{(l,m)}$. Ми розглядаємо послідовне виконання[1] (або композицію, чи суперпозицію[2]) двох функцій (кажуть: "g від f"):

$$g \circ f\colon V \to Z$$
$$(g \circ f)(\mathbf{x}) = g\left(f(\mathbf{x})\right)$$

Die Matrix der Hintereinanderausführung $g \circ f$ erhalten wir dann mit Hilfe des Matrixprodukts:

Матрицю послідовного виконання $g \circ f$ можна отримати за допомогою добутку матриць:

$$B \cdot A \in \mathbb{R}^{(l,n)}$$

Beweis:

Das folgende Diagramm[1] veranschaulicht unser Vorgehen:

Доведення:

Наступна діаграма[1] ілюструє наш порядок дії:

$$\begin{array}{ccccc} V & \underset{f}{\longrightarrow} & W & \underset{g}{\longrightarrow} & Z \\ \mathbf{x} & \longrightarrow & \mathbf{y} = f(\mathbf{x}) & \longrightarrow & \mathbf{z} = g(\mathbf{y}) = g(f(\mathbf{x})) \end{array}$$

Auf einen Vektor $\mathbf{x} \in V$ wenden wir zuerst die Funktion f an und erhalten $\mathbf{y} = f(\mathbf{x})$. Hierauf wenden wir die Funktion g an und erhalten $\mathbf{z} = g(\mathbf{y}) = g(f(\mathbf{x}))$.

Спочатку до вектора $\mathbf{x} \in V$ застосовуємо функцію f і отримуємо $\mathbf{y} = f(\mathbf{x})$. Потім застосовуємо функцію g і отримуємо $\mathbf{z} = g(\mathbf{y}) = g(f(\mathbf{x}))$.

Nun betrachten wir die Koordinatendarstellung bezüglich der gewählten Basen. Bezüglich der Basis $\mathbf{v}_1, \ldots, \mathbf{v}_n$ von V hat $\mathbf{x}$ die Koordinatendarstellung $\begin{pmatrix} x_1 \cdots x_n \end{pmatrix}^T \in \mathbb{R}^n$. Die Koordinatendarstellung $\begin{pmatrix} y_1 \cdots y_m \end{pmatrix}^T \in \mathbb{R}^m$ von $\mathbf{y} = f(\mathbf{x})$ bezüglich der Basis $\mathbf{w}_1, \ldots, \mathbf{w}_m$ von W erhalten wir, indem wir den Zahlenvektor $\begin{pmatrix} x_1 \cdots x_n \end{pmatrix}^T$ von links[1] mit der Matrix A multiplizieren. Die Anwendung der Funktion g auf den Vektor $\mathbf{y}$ entspricht in Koordinatendarstellung einer Multiplikation des Zahlenvektors $\begin{pmatrix} y_1 \cdots y_m \end{pmatrix}^T$ von links mit der Matrix B. Das Vorgehen veranschaulichen wir im folgenden Diagramm:

Тепер розглянемо координатне представлення відносно обраних базисів. Відносно базису $\mathbf{v}_1, \ldots, \mathbf{v}_n$ у V вектор $\mathbf{x}$ має координатне представлення $\begin{pmatrix} x_1 \cdots x_n \end{pmatrix}^T \in \mathbb{R}^n$. Координатне представлення $\begin{pmatrix} y_1 \cdots y_m \end{pmatrix}^T \in \mathbb{R}^m$ для $\mathbf{y} = f(\mathbf{x})$ відносно базису $\mathbf{w}_1, \ldots, \mathbf{w}_m$ у W ми отримуємо шляхом помноження числового вектора $\begin{pmatrix} x_1 \cdots x_n \end{pmatrix}^T$ зліва[1] на матрицю A. Застосування функції g до вектора $\mathbf{y}$ відповідає в координатному представленні множенню числового вектора $\begin{pmatrix} y_1 \cdots y_m \end{pmatrix}^T$ зліва на матрицю B. Порядок дії ми ілюструємо наступною діаграмою:

$$\begin{array}{ccccc} \mathbb{R}^n & \underset{A}{\longrightarrow} & \mathbb{R}^m & \underset{B}{\longrightarrow} & \mathbb{R}^l \\ \begin{pmatrix} x_1 \\ \vdots \\ x_n \end{pmatrix} & \longrightarrow & \begin{pmatrix} y_1 \\ \vdots \\ y_m \end{pmatrix} = A \cdot \begin{pmatrix} x_1 \\ \vdots \\ x_n \end{pmatrix} & \longrightarrow & \begin{pmatrix} z_1 \\ \vdots \\ z_l \end{pmatrix} = B \cdot \begin{pmatrix} y_1 \\ \vdots \\ y_m \end{pmatrix} = B \cdot A \cdot \begin{pmatrix} x_1 \\ \vdots \\ x_n \end{pmatrix} \end{array}$$

Im resultierenden Matrixprodukt $B \cdot A$ steht die Matrix A näher am Vektor $\begin{pmatrix} x_1 \cdots x_n \end{pmatrix}^T$ und wird daher zuerst darauf angewendet. Dies entspricht der Reihenfolge[1], dass wir die zugehörige Funktion f zuerst auf den Vektor $\mathbf{x}$ anwenden.

В отриманому добутку матриць $B \cdot A$ матриця A стоїть ближче до вектора $\begin{pmatrix} x_1 \cdots x_n \end{pmatrix}^T$ і тому застосовується до нього першою. Це описує таку послідовність дії[1], коли ми спочатку до вектора $\mathbf{x}$ застосовуємо відповідну функцію f.

■

Beispiel:

Wie betrachten die Hintereinanderausführung zweier Drehungen D_φ und D_ψ im $\mathbb{R}^2$: $D_\psi \circ D_\varphi$. Die Matrizen bezüglich der kanonischen Basis lauten:

Приклад:

Ми розглядаємо послідовне виконання двох поворотів D_φ та D_ψ у $\mathbb{R}^2$: $D_\psi \circ D_\varphi$. Матриці відносно канонічного базису мають вигляд:

$$D_\varphi : \begin{pmatrix} \cos\varphi & -\sin\varphi \\ \sin\varphi & \cos\varphi \end{pmatrix}$$

$$D_\psi : \begin{pmatrix} \cos\psi & -\sin\psi \\ \sin\psi & \cos\psi \end{pmatrix}$$

Die Matrix der Hintereinanderausführung $D_\psi \circ D_\varphi$ berechnen wir mit Hilfe des Matrixprodukts:

Матрицю послідовного виконання двох поворотів $D_\psi \circ D_\varphi$ ми обчислюємо за допомогою добутку матриць:

$$\begin{array}{cc} & \begin{pmatrix} \cos\varphi & -\sin\varphi \\ \sin\varphi & \cos\varphi \end{pmatrix} \\ D_\psi \circ D_\varphi : \begin{pmatrix} \cos\psi & -\sin\psi \\ \sin\psi & \cos\psi \end{pmatrix} & \begin{pmatrix} (\cos\psi\cdot\cos\varphi - \sin\psi\cdot\sin\varphi) & (-\cos\psi\cdot\sin\varphi - \sin\psi\cdot\cos\varphi) \\ (\sin\psi\cdot\cos\varphi + \cos\psi\cdot\sin\varphi) & (-\sin\psi\cdot\sin\varphi + \cos\psi\cdot\cos\varphi) \end{pmatrix} \\ & \parallel \\ & \begin{pmatrix} \cos(\varphi+\psi) & -\sin(\varphi+\psi) \\ \sin(\varphi+\psi) & \cos(\varphi+\psi) \end{pmatrix} : D_{(\varphi+\psi)} \end{array}$$

Dabei haben wir die trigonometrischen Funktionen[1] mit Hilfe der folgenden Additionstheoreme[2] vereinfacht:

При цьому ми спростили тригонометричні функції[1] за допомогою наступних формул для суми аргументів[2]:

$$\cos(\varphi+\psi) = \cos\varphi\cdot\cos\psi - \sin\varphi\cdot\sin\psi$$
$$\sin(\varphi+\psi) = \cos\varphi\cdot\sin\psi + \sin\varphi\cdot\cos\psi$$

Bemerkung: Sei $f\colon V \to V$ eine umkehrbare[1] lineare Abbildung. Dann ist die zugehörige Matrix A regulär[2] und die inverse Matrix[3] A^{-1} entspricht der Umkehrabbildung[4] f^{-1}.

Зауваження: нехай $f\colon V \to V$ - це оборотне[1] лінійне відображення. Тоді відповідна матриця A є невиродженою[2], а обернена матриця[3] A^{-1} задає обернене відображення[4] f^{-1}.

Basiswechsel
Зміна базису

Wir betrachten einen Vektorraum V mit Basis $\mathbf{v}_1, \ldots, \mathbf{v}_n$. Bezüglich dieser Basis können wir jeden Vektor $\mathbf{a} \in V$ in Koordinaten $\begin{pmatrix} a_1 \cdots a_n \end{pmatrix}^T \in \mathbb{R}^n$ schreiben. Damit ergibt sich die folgende Koordinatendarstellung:

Ми розглядаємо векторний простір V з базисом $\mathbf{v}_1, \ldots, \mathbf{v}_n$. Відносно цього базису ми можемо записати будь-який вектор $\mathbf{a} \in V$ в координатах $\begin{pmatrix} a_1 \cdots a_n \end{pmatrix}^T \in \mathbb{R}^n$. Це призводить до такого координатного представлення:

$$\mathbf{a} = \sum_{i=1}^{n} a_i \cdot \mathbf{v}_i$$

Beispiel:
Wir stellen einen gegebenen Vektor $\mathbf{a} \in \mathbb{R}^2$ bezüglich der kanonischen Basis $\mathbf{e}_1 = \begin{pmatrix} 1 \\ 0 \end{pmatrix}, \mathbf{e}_2 = \begin{pmatrix} 0 \\ 1 \end{pmatrix}$ dar:

Приклад:
Ми розкладаємо заданий вектор $\mathbf{a} \in \mathbb{R}^2$ по канонічному базису $\mathbf{e}_1 = \begin{pmatrix} 1 \\ 0 \end{pmatrix}, \mathbf{e}_2 = \begin{pmatrix} 0 \\ 1 \end{pmatrix}$:

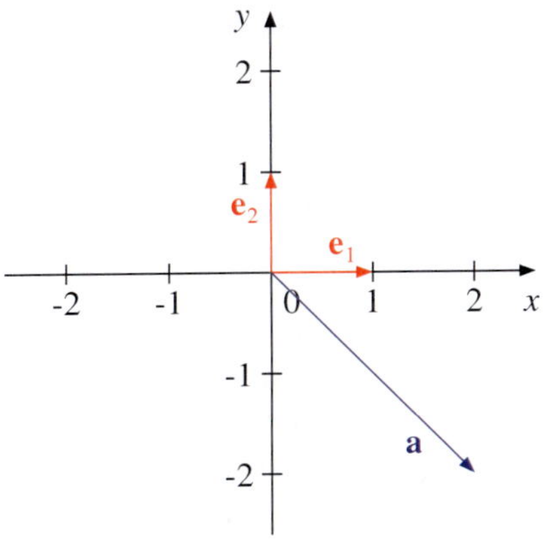

$$\begin{pmatrix} a_1 \\ a_2 \end{pmatrix} = \begin{pmatrix} 2 \\ -2 \end{pmatrix}$$

$$\Rightarrow \mathbf{a} = 2\cdot\mathbf{e}_1 - 2\cdot\mathbf{e}_2 = 2\cdot\begin{pmatrix} 1 \\ 0 \end{pmatrix} - 2\cdot\begin{pmatrix} 0 \\ 1 \end{pmatrix}$$

Ziel: Im Folgenden wollen wir die Koordinatendarstellung des Vektors $\mathbf{a} \in V$ bezüglich einer neuen Basis $\hat{\mathbf{v}}_1, \ldots, \hat{\mathbf{v}}_n$ von V bestimmen.

Мета: далі ми хочемо визначити координатне представлення вектора $\mathbf{a} \in V$ відносно нового базису $\hat{\mathbf{v}}_1, \ldots, \hat{\mathbf{v}}_n$ у V.

Beispiel:
Wir stellen den Vektor $\mathbf{a} \in \mathbb{R}^2$ aus dem letzten Beispiel bezüglich der neuen Basis $\hat{\mathbf{v}}_1 = \begin{pmatrix} 1 \\ 0 \end{pmatrix}, \hat{\mathbf{v}}_2 = \begin{pmatrix} -2 \\ 2 \end{pmatrix}$ dar:

Приклад:
Ми розкладаємо вектор $\mathbf{a} \in \mathbb{R}^2$ з попереднього прикладу по новому базису $\hat{\mathbf{v}}_1 = \begin{pmatrix} 1 \\ 0 \end{pmatrix}, \hat{\mathbf{v}}_2 = \begin{pmatrix} -2 \\ 2 \end{pmatrix}$:

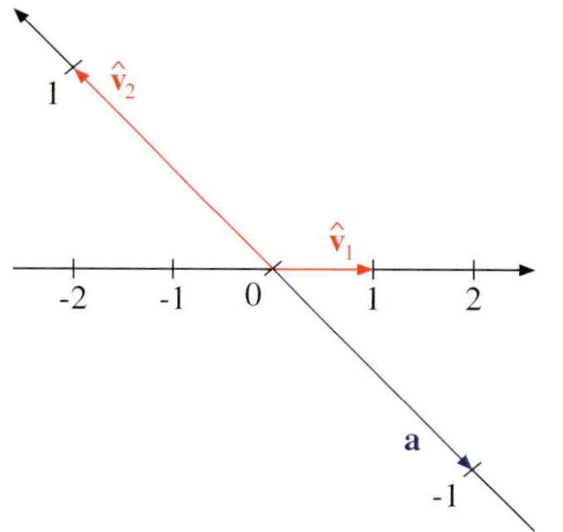

$$\mathbf{a} = 0 \cdot \hat{\mathbf{v}}_1 - 1 \cdot \hat{\mathbf{v}}_2$$

Damit erhalten wir die folgende Koordinatendarstellung bezüglich der neuen Basis $\hat{\mathbf{v}}_1, \hat{\mathbf{v}}_2$:

З цим ми отримуємо таке координатне представлення відносно нового базису $\hat{\mathbf{v}}_1, \hat{\mathbf{v}}_2$:

$$\begin{pmatrix} \hat{a}_1 \\ \hat{a}_2 \end{pmatrix} = \begin{pmatrix} 0 \\ -1 \end{pmatrix}$$

Frage: Wie rechnet man die Koordinatendarstellung bezüglich unterschiedlicher Basen ineinander um? Das heißt: Wie berechnet man die Koordinatendarstellung $\left(\hat{a}_1 \cdots \hat{a}_n\right)^T$ des Vektors $\mathbf{a} \in V$ bezüglich der neuen Basis $\hat{\mathbf{v}}_1, \ldots, \hat{\mathbf{v}}_n$ aus der Koordinatendarstellung $\left(a_1 \cdots a_n\right)^T$ bezüglich der alten Basis $\mathbf{v}_1, \ldots, \mathbf{v}_n$ und umgekehrt?

Питання: як перетворити координатні представлення відносно різних базисів одне в одне? Тобто, як обчислити координатне представлення $\left(\hat{a}_1 \cdots \hat{a}_n\right)^T$ вектора $\mathbf{a} \in V$ відносно нового базису $\hat{\mathbf{v}}_1, \ldots, \hat{\mathbf{v}}_n$ з координатного представлення $\left(a_1 \cdots a_n\right)^T$ відносно старого базису $\mathbf{v}_1, \ldots, \mathbf{v}_n$ і навпаки?

Idee: Wir bestimmen die Koordinatendarstellung jedes einzelnen der neuen Basisvektoren $\hat{\mathbf{v}}_1, \ldots, \hat{\mathbf{v}}_n$ bezüglich der alten Basis $\mathbf{v}_1, \ldots, \mathbf{v}_n$:

Ідея: ми визначаємо координатне представлення кожного з нових базисних векторів $\hat{\mathbf{v}}_1, \ldots, \hat{\mathbf{v}}_n$ відносно старого базису $\mathbf{v}_1, \ldots, \mathbf{v}_n$:

$$\begin{aligned} \hat{\mathbf{v}}_1 &= \sum_{i=1}^{n} s_{i1} \cdot \mathbf{v}_i \\ &\vdots \\ \hat{\mathbf{v}}_j &= \sum_{i=1}^{n} s_{ij} \cdot \mathbf{v}_i \\ &\vdots \\ \hat{\mathbf{v}}_n &= \sum_{i=1}^{n} s_{in} \cdot \mathbf{v}_i \end{aligned}$$

Die Koeffizienten s_{ij} bilden eine Matrix $S = (s_{ij}) \in \mathbb{R}^{(n,n)}$. Diese bezeichnen wir als die Matrix des Basisübergangs[1]. Mit ihrer Hilfe rechnen wir die Koordinatendarstellung bezüglich der neuen Basis $\hat{\mathbf{v}}_1, \ldots, \hat{\mathbf{v}}_n$ in die Koordinatendarstellung bezüglich der alten Basis $\mathbf{v}_1, \ldots, \mathbf{v}_n$ um. Damit gilt:

Коефіцієнти s_{ij} утворюють матрицю $S = (s_{ij}) \in \mathbb{R}^{(n,n)}$. Її називають матрицею переходу[1]. За допомогою цієї матриці ми переобчислюємо координатне представлення відносно нового базису $\hat{\mathbf{v}}_1, \ldots, \hat{\mathbf{v}}_n$ у координатне представлення відносно старого базису $\mathbf{v}_1, \ldots, \mathbf{v}_n$. Отже, є вірним таке:

$$\mathbf{a} = \sum_{j=1}^{n} \hat{a}_j \cdot \hat{\mathbf{v}}_j = \sum_{j=1}^{n} \left(\hat{a}_j \cdot \left(\sum_{i=1}^{n} s_{ij} \cdot \mathbf{v}_i \right) \right) = \sum_{i=1}^{n} \underbrace{\left(\sum_{j=1}^{n} s_{ij} \cdot \hat{a}_j \right)}_{a_i} \cdot \mathbf{v}_i$$

Somit können wir den Basiswechsel[1] von der neuen Basis $\hat{\mathbf{v}}_1, \ldots, \hat{\mathbf{v}}_n$ zur alten Basis $\mathbf{v}_1, \ldots, \mathbf{v}_n$ mit Hilfe des Matrix·Vektor-Produkts berechnen:

Отже, ми можемо обчислити координати вектора при базисному переході[1] від нового базиса $\hat{\mathbf{v}}_1, \ldots, \hat{\mathbf{v}}_n$ до старого базиса $\mathbf{v}_1, \ldots, \mathbf{v}_n$ за допомогою добутку матриці на вектор:

$$\begin{pmatrix} a_1 \\ \vdots \\ a_n \end{pmatrix} = S \cdot \begin{pmatrix} \hat{a}_1 \\ \vdots \\ \hat{a}_n \end{pmatrix}$$

Satz 4.8

Die Matrix des Basisübergangs S ist regulär und S^{-1} beschreibt den umgekehrten Basiswechsel[1] von der alten Basis $\mathbf{v}_1, \ldots, \mathbf{v}_n$ zur neuen Basis $\hat{\mathbf{v}}_1, \ldots, \hat{\mathbf{v}}_n$:

Теорема 4.8

Матриця базисного переходу S є невиродженою і S^{-1} задає перетворення координат вектора при базисному переході[1] від старого базиса $\mathbf{v}_1, \ldots, \mathbf{v}_n$ до нового базиса $\hat{\mathbf{v}}_1, \ldots, \hat{\mathbf{v}}_n$:

$$\begin{pmatrix} \hat{a}_1 \\ \vdots \\ \hat{a}_n \end{pmatrix} = S^{-1} \cdot \begin{pmatrix} a_1 \\ \vdots \\ a_n \end{pmatrix}$$

Beispiel:

Wir sind nun in der Lage, die Koordinatendarstellungen aus den letzten beiden Beispielen ineinander umzurechnen. Hierzu verwenden wir als alte Basis die kanonische Basis des $\mathbb{R}^2$:

Приклад:

Тепер ми можемо перетворити представлення координат з останніх двох прикладів одне в інше. Для цього у ролі старого базиса ми беремо канонічний базис у $\mathbb{R}^2$:

$$\mathbf{e}_1 = \begin{pmatrix} 1 \\ 0 \end{pmatrix}, \mathbf{e}_2 = \begin{pmatrix} 0 \\ 1 \end{pmatrix}$$

Als neue Basis verwenden wir:

У ролі нового базиса ми використовуємо:

$$\hat{\mathbf{v}}_1 = \begin{pmatrix} 1 \\ 0 \end{pmatrix} = 1 \cdot \mathbf{e}_1 + 0 \cdot \mathbf{e}_2, \hat{\mathbf{v}}_2 = \begin{pmatrix} -2 \\ 2 \end{pmatrix} = -2 \cdot \mathbf{e}_1 + 2 \cdot \mathbf{e}_2$$

In der j-ten Spalte der Matrix des Basisübergangs S steht jeweils die Koordinatendarstellung von $\hat{\mathbf{v}}_j$ bezüglich der alten Basis $\mathbf{e}_1, \mathbf{e}_2$:

Кожен j-й стовець матриці базисного переходу S містить координатне представлення $\hat{\mathbf{v}}_j$ відносно старого базиса $\mathbf{e}_1, \mathbf{e}_2$:

$$S = \begin{pmatrix} 1 & -2 \\ 0 & 2 \end{pmatrix}$$

Die inverse Matrix S^{-1} können wir mit Hilfe des Gauß-Jordan-Algorithmus[1] berechnen. Diese beschreibt den umgekehrten Basiswechsel $\mathbf{e}_1, \mathbf{e}_2 \to \hat{\mathbf{v}}_1, \hat{\mathbf{v}}_2$:

Обернену матрицю S^{-1} ми можемо обчислити за допомогою алгоритму Гаусса-Жордана[1]. Вона описує перетворення координат при зміні базису $\mathbf{e}_1, \mathbf{e}_2 \to \hat{\mathbf{v}}_1, \hat{\mathbf{v}}_2$:

$$S^{-1} = \begin{pmatrix} 1 & 1 \\ 0 & \frac{1}{2} \end{pmatrix}$$

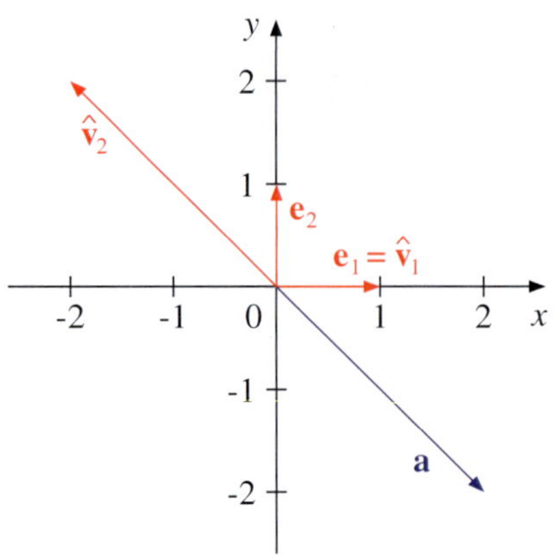

Abbildung / Рисунок 4.6
Die alte Basis $\mathbf{e}_1, \mathbf{e}_2$, die neue Basis $\hat{\mathbf{v}}_1, \hat{\mathbf{v}}_2$ und der Vektor $\mathbf{a}$
Старий базис $\mathbf{e}_1, \mathbf{e}_2$, новий базис $\hat{\mathbf{v}}_1, \hat{\mathbf{v}}_2$ та вектор $\mathbf{a}$

Mit Hilfe der Matrizen S und S^{-1} können wir die Koordinatendarstellung $\begin{pmatrix} a_1 & a_2 \end{pmatrix}^T$ des Vektors $\mathbf{a}$ bezüglich der alten Basis $\mathbf{e}_1, \mathbf{e}_2$ und die Koordinatendarstellung $\begin{pmatrix} \hat{a}_1 & \hat{a}_2 \end{pmatrix}^T$ bezüglich der neuen Basis $\hat{\mathbf{v}}_1, \hat{\mathbf{v}}_2$ ineinander umrechnen:

За допомогою матриць S та S^{-1} ми можемо координатні представлення вектора $\mathbf{a}$, тобто $\begin{pmatrix} a_1 & a_2 \end{pmatrix}^T$ відносно старого базису $\mathbf{e}_1, \mathbf{e}_2$ та $\begin{pmatrix} \hat{a}_1 & \hat{a}_2 \end{pmatrix}^T$ відносно нового базису $\hat{\mathbf{v}}_1, \hat{\mathbf{v}}_2$, перетворити одне в одне:

$$S^{-1} \cdot \begin{pmatrix} a_1 \\ a_2 \end{pmatrix} = \begin{pmatrix} 1 & 1 \\ 0 & \frac{1}{2} \end{pmatrix} \cdot \begin{pmatrix} 2 \\ -2 \end{pmatrix} = \begin{pmatrix} 0 \\ -1 \end{pmatrix} = \begin{pmatrix} \hat{a}_1 \\ \hat{a}_2 \end{pmatrix}$$
$$S \cdot \begin{pmatrix} \hat{a}_1 \\ \hat{a}_2 \end{pmatrix} = \begin{pmatrix} 1 & -2 \\ 0 & 2 \end{pmatrix} \cdot \begin{pmatrix} 0 \\ -1 \end{pmatrix} = \begin{pmatrix} 2 \\ -2 \end{pmatrix} = \begin{pmatrix} a_1 \\ a_2 \end{pmatrix}$$

Wir fassen das Ergebnis im folgenden Diagramm zusammen:

Ми підсумовуємо результат у наступній діаграмі:

$$\begin{pmatrix} 2 \\ -2 \end{pmatrix} = \begin{pmatrix} a_1 \\ a_2 \end{pmatrix} \underset{S}{\overset{S^{-1}}{\rightleftarrows}} \begin{pmatrix} \hat{a}_1 \\ \hat{a}_2 \end{pmatrix} = \begin{pmatrix} 0 \\ -1 \end{pmatrix}$$

Beweis (von Satz 4.8):
Sei Q die Matrix des Basisübergangs $\mathbf{v}_1, ..., \mathbf{v}_n \to \hat{\mathbf{v}}_1, ..., \hat{\mathbf{v}}_n$. Dann gilt für alle $\begin{pmatrix} a_1 \cdots a_n \end{pmatrix}^T \in \mathbb{R}^n$:

Доведення (теореми 4.8):
Нехай Q - це матриця базисного переходу $\mathbf{v}_1, ..., \mathbf{v}_n \to \hat{\mathbf{v}}_1, ..., \hat{\mathbf{v}}_n$. Тоді для всіх $\begin{pmatrix} a_1 \cdots a_n \end{pmatrix}^T \in \mathbb{R}^n$:

$$S \cdot Q \cdot \begin{pmatrix} a_1 \\ \vdots \\ a_n \end{pmatrix} = S \cdot \begin{pmatrix} \hat{a}_1 \\ \vdots \\ \hat{a}_n \end{pmatrix} = \begin{pmatrix} a_1 \\ \vdots \\ a_n \end{pmatrix} = I_n \cdot \begin{pmatrix} a_1 \\ \vdots \\ a_n \end{pmatrix}$$

Da der Zahlenvektor $\begin{pmatrix} a_1 \cdots a_n \end{pmatrix}^T \in \mathbb{R}^n$ beliebig war, gilt somit:

Оскільки числовий вектор $\begin{pmatrix} a_1 \cdots a_n \end{pmatrix}^T \in \mathbb{R}^n$ був довільним, то звідси випливає:

$$\Rightarrow S \cdot Q = I_n$$

Ebenso gilt für alle $\begin{pmatrix} \hat{a}_1 \cdots \hat{a}_n \end{pmatrix}^T \in \mathbb{R}^n$:

Так само, для всіх $\begin{pmatrix} \hat{a}_1 \cdots \hat{a}_n \end{pmatrix}^T \in \mathbb{R}^n$:

$$Q \cdot S \cdot \begin{pmatrix} \hat{a}_1 \\ \vdots \\ \hat{a}_n \end{pmatrix} = Q \cdot \begin{pmatrix} a_1 \\ \vdots \\ a_n \end{pmatrix} = \begin{pmatrix} \hat{a}_1 \\ \vdots \\ \hat{a}_n \end{pmatrix} = I_n \cdot \begin{pmatrix} \hat{a}_1 \\ \vdots \\ \hat{a}_n \end{pmatrix}$$

Da der Zahlenvektor $\left(\hat{a}_1 \cdots \hat{a}_n \right)^T \in \mathbb{R}^n$ beliebig war, erhalten wir auch hier:

Оскільки числовий вектор $\left(\hat{a}_1 \cdots \hat{a}_n \right)^T \in \mathbb{R}^n$ був довільним, то знов отримуємо:

$$\Rightarrow Q \cdot S = I_n$$

Aus $S \cdot Q = Q \cdot S = I_n$ folgt $Q = S^{-1}$ und somit ist die Matrix des Basisübergangs S invertierbar, also regulär.

З $S \cdot Q = Q \cdot S = I_n$ випливає $Q = S^{-1}$, і, відповідно, матриця базисного переходу S є оборотною, тобто невиродженою.

■

Anwendung: Durch die geschickte Wahl des Koordinatensystems lassen sich lineare Abbildungen deutlich einfacher konstruieren.

Застосування: вдало обрана система координат дає можливість будувати лінійні відображення набагато легше.

Beispiel:
Wir bestimmen die Matrix der Spiegelung f des $\mathbb{R}^2$ an einer Ursprungsgeraden, die im Winkel φ zur x-Achse liegt.

Приклад:
Ми визначаємо матрицю дзеркального відбиття f у $\mathbb{R}^2$ відносно прямої, яка проходить крізь початок координат і лежить під кутом φ до осі x.

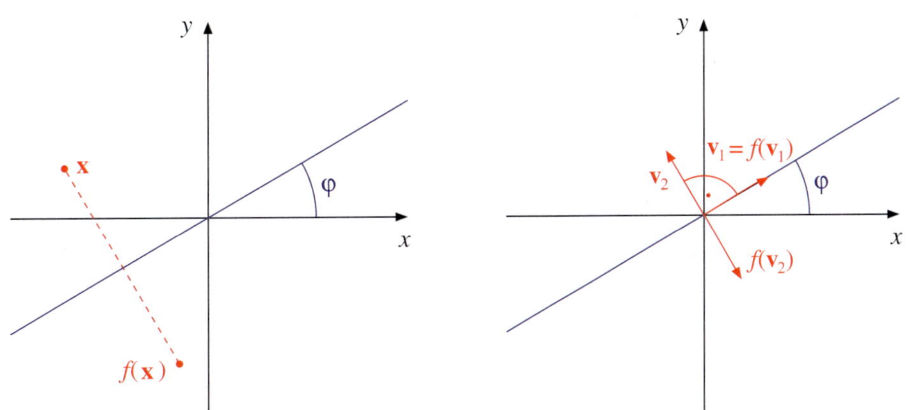

Abbildung / Рисунок 4.7
Die Spiegelung f und ihre Anwendung auf die Basisvektoren $\mathbf{v}_1, \mathbf{v}_2$
Дзеркальне відбиття f та його застосування до базисних векторів $\mathbf{v}_1, \mathbf{v}_2$

Wir verwenden eine Basis, deren erster Vektor $\mathbf{v}_1$ parallel[1] zur Spiegelungsgeraden[2] liegt und deren zweiter Vektor $\mathbf{v}_2$ senkrecht[3] dazu liegt:

Ми використовуємо базис, перший вектор якого $\mathbf{v}_1$ є паралельним[1] до осі дзеркального відбиття[2], а другий вектор $\mathbf{v}_2$ є перпендикулярним[3] до неї:

$$\mathbf{v}_1 = \begin{pmatrix} \cos\varphi \\ \sin\varphi \end{pmatrix}, \mathbf{v}_2 = \begin{pmatrix} -\sin\varphi \\ \cos\varphi \end{pmatrix}$$

Wir wenden die Spiegelung f auf beide Basisvektoren an:

Застосовуємо відображення f до обох базисних векторів:

$$f(\mathbf{v}_1) = 1 \cdot \mathbf{v}_1 + 0 \cdot \mathbf{v}_2$$
$$f(\mathbf{v}_2) = 0 \cdot \mathbf{v}_1 - 1 \cdot \mathbf{v}_2$$

Damit erhalten wir die Matrix A der Spiegelung f bezüglich der Basis $\mathbf{v}_1, \mathbf{v}_2$:

З цим ми отримуємо матрицю A відображення f відносно базису $\mathbf{v}_1, \mathbf{v}_2$:

$$A = \begin{pmatrix} 1 & 0 \\ 0 & -1 \end{pmatrix}$$

Im Folgenden wollen wir die Matrix B der Spiegelung f bezüglich der kanonischen Basis $\mathbf{e}_1, \mathbf{e}_2$ bestimmen. Es gilt:

Далі ми хочемо визначити матрицю B відображення f відносно канонічного базису $\mathbf{e}_1, \mathbf{e}_2$. Ми маємо:

$$\mathbf{v}_1 = \cos\varphi \cdot \mathbf{e}_1 + \sin\varphi \cdot \mathbf{e}_2$$
$$\mathbf{v}_2 = -\sin\varphi \cdot \mathbf{e}_1 + \cos\varphi \cdot \mathbf{e}_2$$

Damit erhalten wir die Matrix S des Basisübergangs von der Koordinatendarstellung bezüglich der Basis $\mathbf{v}_1, \mathbf{v}_2$ zur Koordinatendarstellung bezüglich der kanonischen Basis $\mathbf{e}_1, \mathbf{e}_2$:

З цього ми отримуємо матрицю S перетворення координат при переході від базису $\mathbf{v}_1, \mathbf{v}_2$ до канонічного базису $\mathbf{e}_1, \mathbf{e}_2$:

$$S = \begin{pmatrix} \cos\varphi & -\sin\varphi \\ \sin\varphi & \cos\varphi \end{pmatrix}$$

Die inverse Matrix S^{-1} liefert den Basisübergang von der Koordinatendarstellung bezüglich der kanonischen Basis $\mathbf{e}_1, \mathbf{e}_2$ zur Koordinatendarstellung bezüglich der Basis $\mathbf{v}_1, \mathbf{v}_2$:

Обернена матриця S^{-1} описує перетворення координат при переході від каноничного базису $\mathbf{e}_1, \mathbf{e}_2$ до базису $\mathbf{v}_1, \mathbf{v}_2$:

$$S^{-1} = \begin{pmatrix} \cos\varphi & \sin\varphi \\ -\sin\varphi & \cos\varphi \end{pmatrix}$$

Das weitere Vorgehen veranschaulichen wir im folgenden Diagramm:

Подальшу процедуру зображено на наступній діаграмі:

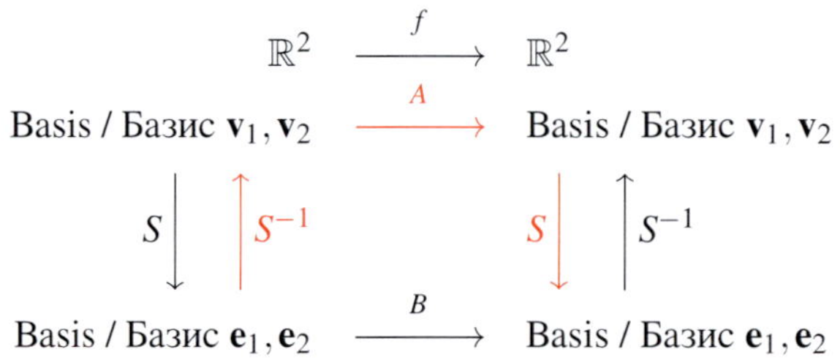

$$\begin{array}{ccc} \mathbb{R}^2 & \xrightarrow{f} & \mathbb{R}^2 \\ \text{Basis / Базис } \mathbf{v}_1, \mathbf{v}_2 & \xrightarrow{A} & \text{Basis / Базис } \mathbf{v}_1, \mathbf{v}_2 \\ S \downarrow \quad \uparrow S^{-1} & & S \downarrow \quad \uparrow S^{-1} \\ \text{Basis / Базис } \mathbf{e}_1, \mathbf{e}_2 & \xrightarrow{B} & \text{Basis / Базис } \mathbf{e}_1, \mathbf{e}_2 \end{array}$$

Die Spiegelung f bildet den $\mathbb{R}^2$ (im Diagramm auf der linken Seite) auf den $\mathbb{R}^2$ (im Diagramm auf der rechten Seite) ab. Im $\mathbb{R}^2$ betrachten wir jeweils die Darstellung bezüglich der kanonischen Basis $\mathbf{e}_1, \mathbf{e}_2$ (unten) und bezüglich der Basis $\mathbf{v}_1, \mathbf{v}_2$ (darüber).

Дзеркальне відбиття f відображає $\mathbb{R}^2$ (ліворуч на діаграмі) на $\mathbb{R}^2$ (праворуч на діаграмі). У кожному $\mathbb{R}^2$ ми розглядаємо представлення відносно канонічного базису $\mathbf{e}_1, \mathbf{e}_2$ (внизу) і відносно базису $\mathbf{v}_1, \mathbf{v}_2$ (вгорі).

Wir wollen einen Zahlenvektor $\mathbf{x}$ bezüglich der kanonischen Basis (links unten) mit Hilfe der Matrix B auf einen Zahlenvektor $\mathbf{y}$ bezüglich der kanonischen Basis (rechts unten) abbilden. Hierzu können wir einerseits den direkten Weg[1] von links unten nach rechts unten gehen. Dies entspricht der Multiplikation mit der Matrix B:

Ми хочемо за допомогою матриці B відобразити числовий вектор $\mathbf{x}$ у представленні відносно канонічного базису (внизу ліворуч) на числовий вектор $\mathbf{y}$ також у представленні відносно канонічного базису (внизу праворуч). Для цього ми можемо піти прямим шляхом[1] з нижнього лівого кута в нижній правий. Це відповідає множенню на матрицю B:

$$\mathbf{y} = B \cdot \mathbf{x}$$

Alternativ können wir den Umweg[1] über die Basis $\mathbf{v}_1, \mathbf{v}_2$ gehen: Hierzu gehen wir zuerst nach oben (Multiplikation mit der Matrix S^{-1}), dann nach rechts (Multiplikation mit der Matrix A) und anschließend nach unten (Multiplikation mit der Matrix S). Da Matrizen von links mit dem Vektor $\mathbf{x}$ multipliziert werden, muss immer diejenige Matrix am nächsten an $\mathbf{x}$ stehen, die zuerst darauf angewandt wird:

Натомість ми можемо піти обхідним шляхом[1] через базис $\mathbf{v}_1, \mathbf{v}_2$: для цього ми спочатку йдемо вгору (множення на матрицю S^{-1}), потім праворуч (множення на матрицю A) і, нарешті, вниз (множення на матрицю S). Оскільки матриці помножають на вектор $\mathbf{x}$ зліва, то найближча до $\mathbf{x}$ завжди повинна бути та, яку застосовують першою:

$$\mathbf{y} = S \cdot A \cdot S^{-1} \cdot \mathbf{x}$$

Beide Wege, um den Zahlenvektor $\mathbf{y}$ zu berechnen, sind äquivalent[1]. Damit erhalten wir für die Matrix B der Spiegelung f bezüglich der kanonischen Basis $\mathbf{e}_1, \mathbf{e}_2$:

Обидва способи обчислення числового вектора $\mathbf{y}$ є еквівалентними[1]. Отже, матрицю B дзеркального відбиття f відносно канонічного базису $\mathbf{e}_1, \mathbf{e}_2$ ми отримуємо таким шляхом:

$$\begin{aligned}
\Rightarrow B &= S \cdot A \cdot S^{-1} \\
&= \underbrace{\begin{pmatrix} \cos\varphi & -\sin\varphi \\ \sin\varphi & \cos\varphi \end{pmatrix}}_{S} \cdot \underbrace{\begin{pmatrix} 1 & 0 \\ 0 & -1 \end{pmatrix}}_{A} \cdot \underbrace{\begin{pmatrix} \cos\varphi & \sin\varphi \\ -\sin\varphi & \cos\varphi \end{pmatrix}}_{S^{-1}} \\
&= \begin{pmatrix} \cos\varphi & -\sin\varphi \\ \sin\varphi & \cos\varphi \end{pmatrix} \cdot \begin{pmatrix} \cos\varphi & \sin\varphi \\ \sin\varphi & -\cos\varphi \end{pmatrix} \\
&= \begin{pmatrix} \cos^2\varphi - \sin^2\varphi & 2 \cdot \cos\varphi \cdot \sin\varphi \\ 2 \cdot \cos\varphi \cdot \sin\varphi & \sin^2\varphi - \cos^2\varphi \end{pmatrix} \\
&= \begin{pmatrix} \cos 2\varphi & \sin 2\varphi \\ \sin 2\varphi & -\cos 2\varphi \end{pmatrix}
\end{aligned}$$

Im letzten Schritt haben wir die trigonometrischen Funktionen mit Hilfe der folgenden Additionstheoreme vereinfacht:

На останньому кроці ми спростили тригонометричні функції за допомогою таких теорем додавання:

$$\begin{aligned}
\cos 2\varphi &= \cos^2\varphi - \sin^2\varphi \\
\sin 2\varphi &= 2 \cdot \cos\varphi \cdot \sin\varphi
\end{aligned}$$

Definition 4.9

Zwei quadratische Matrizen $A, B \in \mathbb{R}^{(n,n)}$ heißen ähnlich[1], falls es eine reguläre Matrix $S \in \mathbb{R}^{(n,n)}$ gibt mit:

Визначення 4.9

Дві квадратні матриці $A, B \in \mathbb{R}^{(n,n)}$ називають подібними[1], якщо існує невироджена матриця $S \in \mathbb{R}^{(n,n)}$, така що:

$$A = S^{-1} \cdot B \cdot S$$

Beispiel:

Für die beiden Matrizen A und B aus dem letzten Beispiel gilt:

Приклад:

Для двох матриць A та B з останнього прикладу виконується:

$$B = S \cdot A \cdot S^{-1}$$

Wir multiplizieren mit S von rechts:

Множимо на S справа:

$$\Leftrightarrow \quad B \cdot S = S \cdot A$$

Wir multiplizieren mit S^{-1} von links:

Множимо на S^{-1} зліва:

$$\Leftrightarrow \quad S^{-1} \cdot B \cdot S = A$$

Somit sind die Matrizen A und B ähnlich.

Відтак, матриці A та B є подібними.

Bemerkung: Für lineare Abbildungen zwischen unterschiedlichen Vektorräumen $f\colon V \to W$ modifizieren wir das obige Diagramm folgendermaßen:

Зауваження: для лінійного відображення між різними векторними просторами $f\colon V \to W$ ми змінюємо вищенаведену діаграму в такий спосіб:

$$\begin{array}{ccc}
V & \xrightarrow{f} & W \\
\text{Basis / Базис } \mathbf{v}_1,\ldots,\mathbf{v}_n & \xrightarrow{A} & \text{Basis / Базис } \mathbf{w}_1,\ldots,\mathbf{w}_m \\
S \big\downarrow \quad \big\uparrow S^{-1} & & T \big\downarrow \quad \big\uparrow T^{-1} \\
\text{Basis / Базис } \hat{\mathbf{v}}_1,\ldots,\hat{\mathbf{v}}_n & \xrightarrow{B} & \text{Basis / Базис } \hat{\mathbf{w}}_1,\ldots,\hat{\mathbf{w}}_m
\end{array}$$

Wir schreiben die Matrizen erneut von rechts nach links. Damit lesen wir die folgenden Umrechnungsformeln[1] ab:

Ми знову записуємо матриці справа наліво. Це призводить до наступних формул перетворення[1]:

$$B = TAS^{-1}$$
$$A = T^{-1}BS$$

Beispiel:

Wir betrachten die Matrix B einer linearen Abbildung $f\colon V \to W$ und führen Basiswechsel S in V und T in W durch.

Приклад:

Ми розглядаємо матрицю B лінійного відображення $f\colon V \to W$ та здійснюємо базисні переходи з матрицею S у V та матрицею T у W.

$$B = \begin{pmatrix} 1 & 3 \\ -3 & 1 \\ -1 & -3 \end{pmatrix}, S = \begin{pmatrix} \frac{1}{5} & -\frac{1}{10} \\ \frac{1}{10} & \frac{1}{5} \end{pmatrix}, T^{-1} = \begin{pmatrix} 1 & -1 & 0 \\ 0 & 1 & -1 \\ 1 & 0 & 1 \end{pmatrix}$$

Mit obiger Umrechnungsformel erhalten wir:

За вищенаведеною формулою перетворення отримуємо:

$$\Rightarrow \quad A = T^{-1}BS = \begin{pmatrix} 1 & -1 & 0 \\ 0 & 1 & -1 \\ 1 & 0 & 1 \end{pmatrix} \begin{pmatrix} 1 & 3 \\ -3 & 1 \\ -1 & -3 \end{pmatrix} \begin{pmatrix} \frac{1}{5} & -\frac{1}{10} \\ \frac{1}{10} & \frac{1}{5} \end{pmatrix} = \begin{pmatrix} 1 & 0 \\ 0 & 1 \\ 0 & 0 \end{pmatrix}$$

Bezüglich der neuen Basis besitzt die lineare Abbildung f eine deutlich einfachere Matrix A.

Відносно нових базисів лінійне відображення f має набагато простішу матрицю A.

Beobachtung: Mit Hilfe eines passenden Basiswechsels lassen sich somit nicht nur komplizierte[1] Matrizen aus einfachen[2] Matrizen konstruieren[3]. Es lassen sich auch komplizierte Matrizen analysieren[4], indem man sie auf eine einfache Form[5] bringt. Dies führt zum Normalformproblem[6]:

Спостереження: за допомогою вдало підібраної заміни базису можно не тільки будувати[3] складні[1] матриці з простих[2]. Можна також досліджувати[4] складні матриці шляхом приведення їх до простої форми[5]. Звідси випливає проблема нормальної форми[6]:

Normalformproblem: Finde zu einer gegebenen linearen Abbildung $f\colon V \to W$ Basen $\mathbf{v}_1,\ldots,\mathbf{v}_n$ von V und $\mathbf{w}_1,\ldots,\mathbf{w}_m$ von W, so dass die Matrix $A \in \mathbb{R}^{(m,n)}$ von f eine möglichst einfache Form hat.

Проблема нормальної форми: для заданого лінійного відображення $f\colon V \to W$ ми шукаємо базис $\mathbf{v}_1,\ldots,\mathbf{v}_n$ у V та базис $\mathbf{w}_1,\ldots,\mathbf{w}_m$ у W, відносно яких матриця $A \in \mathbb{R}^{(m,n)}$ відображення f має якомога простішу форму.

Definition 4.10

Zwei Matrizen $A,B \in \mathbb{R}^{(m,n)}$ heißen äquivalent[1], falls es reguläre Matrizen $S \in \mathbb{R}^{(n,n)}$ und $T \in \mathbb{R}^{(m,m)}$ gibt, so dass:

Визначення 4.10

Дві матриці $A,B \in \mathbb{R}^{(m,n)}$ називають еквівалентними[1], якщо існують такі невироджені матриці $S \in \mathbb{R}^{(n,n)}$ та $T \in \mathbb{R}^{(m,m)}$ що:

$$A = T^{-1}BS$$

Satz 4.11

Zwei Matrizen $A,B \in \mathbb{R}^{(m,n)}$ sind genau dann äquivalent, falls sie den gleichen Rang[1] besitzen.

Теорема 4.11

Дві матриці $A,B \in \mathbb{R}^{(m,n)}$ є еквівалентними тоді і тільки тоді, коли вони мають однаковий ранг[1].

Folgerung: Jede Matrix $B \in \mathbb{R}^{(m,n)}$ ist äquivalent zu einer Matrix der folgenden Normalform[1]:

Наслідок: кожна матриця $B \in \mathbb{R}^{(m,n)}$ є еквівалентною матриці у наступній нормальній формі[1]:

$$D_r = \underbrace{\begin{pmatrix} 1 & 0 & \cdots & 0 & 0 & \cdots & 0 \\ 0 & 1 & \ddots & \vdots & \vdots & & \vdots \\ \vdots & \ddots & \ddots & 0 & 0 & \cdots & 0 \\ 0 & \cdots & 0 & 1 & 0 & \cdots & 0 \\ 0 & \cdots & 0 & 0 & 0 & \cdots & 0 \\ \vdots & & \vdots & \vdots & \vdots & & \vdots \\ 0 & \cdots & 0 & 0 & 0 & \cdots & 0 \end{pmatrix}}_{r} \left.\vphantom{\begin{matrix}1\\1\\1\\1\end{matrix}}\right\} r \qquad r = \operatorname{rang}(A)$$

Im Falle quadratischer Matrizen B ist die folgende Variante des Normalformproblems von großem Interesse. Dabei fordert man, dass die beiden Matrizen des Basisübergangs $S = T$ übereinstimmen. Dann sind die beiden Matrizen B und $A = S^{-1}BS$ nicht nur äquivalent, sondern sogar ähnlich:

Якщо матриця B має квадратну форму, нижченаведений варіант проблеми нормальної форми викликає значний інтерес. Для цього додатково потрібно, щоб матриці базисних переходів збігалися, тобто $S = T$. У цьому випадку матриці B та $A = S^{-1}BS$ є не тільки еквівалентними, але навіть подібними.

Jordansches Normalformproblem: Finde zu einer gegebenen quadratischen Matrix $B \in \mathbb{R}^{(n,n)}$ eine möglichst einfache ähnliche Matrix $A \in \mathbb{R}^{(n,n)}$.

Проблема нормальної форми Жордана: знайти для даної квадратної матриці $B \in \mathbb{R}^{(n,n)}$ якомога простійшу подібну матрицю $A \in \mathbb{R}^{(n,n)}$.

Das Jordansche Normalformproblem ist wesentlich schwieriger als das Normalformproblem. Wir werden es später in einem eigenen Kapitel über Eigenwertprobleme[1] behandeln.

Проблема нормальної форми Жордана є набагато складнішою, ніж проблема нормальної форми. Ми розглянемо її пізніше в окремому розділі, присвяченому проблемі власних значень[1].

4.3 Orthogonalität
Ортогональність

Wir betrachten im Folgenden einen euklidischen Vektorraum[1] V mit Skalarprodukt[2] $\langle \mathbf{x}, \mathbf{y} \rangle$ und induzierter Norm[3] $\|\mathbf{x}\| := \sqrt{\langle \mathbf{x}, \mathbf{x} \rangle}$.

Далі ми розглядаємо евклідів векторний простір[1] V зі скалярним добутком[2] $\langle \mathbf{x}, \mathbf{y} \rangle$ та породженою нормою[3] $\|\mathbf{x}\| := \sqrt{\langle \mathbf{x}, \mathbf{x} \rangle}$.

Beispiel:
Der $\mathbb{R}^n$ mit dem euklidischen Skalarprodukt[1]

Приклад:
Простір $\mathbb{R}^n$ з евклідовим скалярним добутком[1]

$$\langle \mathbf{x}, \mathbf{y} \rangle = \sum_{i=1}^{n} x_i \cdot y_i$$

und der euklidischen Norm[1]:

та евклідовою нормою[1]:

$$\|\mathbf{x}\|_2 = \sqrt{\langle \mathbf{x}, \mathbf{x} \rangle} = \sqrt{\sum_{i=1}^{n} x_i^2}$$

Definition 4.12
Sei V ein euklidischer Vektorraum mit Basis $\mathbf{v}_1, \ldots, \mathbf{v}_n$. Diese heißt:

Визначення 4.12
Нехай V - це евклідів векторний простір із базисом $\mathbf{v}_1, \ldots, \mathbf{v}_n$. Цей базис називають:

- *Orthogonalbasis[1] (Abkürzung: OGB), falls alle Basisvektoren paarweise[2] senkrecht[3] aufeinander stehen:*

- *Ортогональним базисом[1] (скорочення: ОГБ), якщо всі базисні вектори є попарно[2] перпендикулярними[3] один до одного:*

$$\langle \mathbf{v}_i, \mathbf{v}_j \rangle \begin{cases} = 0 \ , \ i \neq j \\ > 0 \ , \ i = j \end{cases}$$

- *Orthonormalbasis[1] (Abkürzung: ONB), falls alle Basisvektoren eine Orthogonalbasis bilden und zusätzlich die Länge[2] 1 haben:*

- *Ортонормованим базисом[1] (скорочення: ОНБ), якщо всі базисні вектори створюють ортогональний базис і додатково мають довжину[2] 1:*

$$\langle \mathbf{v}_i, \mathbf{v}_j \rangle = \delta_{ij} = \begin{cases} 0 \ , \ i \neq j \\ 1 \ , \ i = j \end{cases}$$

Beispiel:
Die kanonische Basis des $\mathbb{R}^n$ ist eine Orthonormalbasis (bezüglich des euklidischen Skalarprodukts):

Приклад:
Канонічний базис $\mathbb{R}^n$ є ортонормованим базисом (відносно евклідового скалярного добутку):

$$\mathbf{e}_1 = \begin{pmatrix} 1 \\ 0 \\ \vdots \\ \vdots \\ 0 \end{pmatrix}, \mathbf{e}_2 = \begin{pmatrix} 0 \\ 1 \\ 0 \\ \vdots \\ 0 \end{pmatrix}, \ldots, \mathbf{e}_n = \begin{pmatrix} 0 \\ \vdots \\ \vdots \\ 0 \\ 1 \end{pmatrix}$$

Beispiel:
Die folgenden beiden Vektoren bilden eine Orthonormalbasis des $\mathbb{R}^2$:

Приклад:
Наведені нижче два вектори утворюють ортонормований базис у $\mathbb{R}^2$:

$$\mathbf{v}_1 = \begin{pmatrix} \frac{1}{\sqrt{2}} \\ \frac{1}{\sqrt{2}} \end{pmatrix}, \mathbf{v}_2 = \begin{pmatrix} \frac{1}{\sqrt{2}} \\ -\frac{1}{\sqrt{2}} \end{pmatrix}$$

Beweis: **Доведення:**

$$\langle \mathbf{v}_1, \mathbf{v}_1 \rangle = \left\langle \begin{pmatrix} \frac{1}{\sqrt{2}} \\ \frac{1}{\sqrt{2}} \end{pmatrix}, \begin{pmatrix} \frac{1}{\sqrt{2}} \\ \frac{1}{\sqrt{2}} \end{pmatrix} \right\rangle = \frac{1}{\sqrt{2}} \cdot \frac{1}{\sqrt{2}} + \frac{1}{\sqrt{2}} \cdot \frac{1}{\sqrt{2}} = 1$$

$$\langle \mathbf{v}_2, \mathbf{v}_2 \rangle = \left\langle \begin{pmatrix} \frac{1}{\sqrt{2}} \\ -\frac{1}{\sqrt{2}} \end{pmatrix}, \begin{pmatrix} \frac{1}{\sqrt{2}} \\ -\frac{1}{\sqrt{2}} \end{pmatrix} \right\rangle = \frac{1}{\sqrt{2}} \cdot \frac{1}{\sqrt{2}} + \left(-\frac{1}{\sqrt{2}}\right)\left(-\frac{1}{\sqrt{2}}\right) = 1$$

$$\langle \mathbf{v}_2, \mathbf{v}_1 \rangle = \langle \mathbf{v}_1, \mathbf{v}_2 \rangle = \left\langle \begin{pmatrix} \frac{1}{\sqrt{2}} \\ \frac{1}{\sqrt{2}} \end{pmatrix}, \begin{pmatrix} \frac{1}{\sqrt{2}} \\ -\frac{1}{\sqrt{2}} \end{pmatrix} \right\rangle = \frac{1}{\sqrt{2}} \cdot \frac{1}{\sqrt{2}} - \frac{1}{\sqrt{2}} \cdot \frac{1}{\sqrt{2}} = 0$$

■

Lemma 4.13 **Лема 4.13**

Sei $\mathbf{v}_1, ..., \mathbf{v}_m \in V$ ein Orthogonalsystem[1] (Abkürzung: OGS):

Нехай $\mathbf{v}_1, ..., \mathbf{v}_m \in V$ - це ортогональна система[1] (скорочення: ОГС):

$$\langle \mathbf{v}_i, \mathbf{v}_j \rangle \begin{cases} = 0 \ , \ i \neq j \\ > 0 \ , \ i = j \end{cases}$$

Dann sind die Vektoren $\mathbf{v}_1, ..., \mathbf{v}_m$ linear unabhängig.

Тоді вектори $\mathbf{v}_1, ..., \mathbf{v}_m$ є лінійно незалежними.

Beweis: **Доведення:**

Sei $\sum\limits_{i=1}^{m} \lambda_i \cdot \mathbf{v}_i = \mathbf{0}$. Dann gilt für alle $j = 1, ..., m$:

Нехай $\sum\limits_{i=1}^{m} \lambda_i \cdot \mathbf{v}_i = \mathbf{0}$. Тоді для всіх $j = 1, ..., m$ маємо:

$$0 = \langle \mathbf{0}, \mathbf{v}_j \rangle = \left\langle \underbrace{\sum_{i=1}^{m} \lambda_i \cdot \mathbf{v}_i}_{\mathbf{0}}, \mathbf{v}_j \right\rangle$$

$$= \sum_{i=1}^{m} \lambda_i \cdot \langle \mathbf{v}_i, \mathbf{v}_j \rangle$$

Da die Vektoren $\mathbf{v}_1, ..., \mathbf{v}_m$ ein Orthogonalsystem sind, wird das Skalarprodukt 0 für $i \neq j$. Damit verschwinden alle Summanden[1] bis auf einen:

Оскільки вектори $\mathbf{v}_1, ..., \mathbf{v}_m$ є ортогональною системою, скалярний добуток дорівнює 0 для $i \neq j$. Це означає, що всі доданки[1], крім одного, зникають:

$$= \lambda_j \cdot \underbrace{\langle \mathbf{v}_j, \mathbf{v}_j \rangle}_{>0}$$

$$\Rightarrow \lambda_j = 0$$

■

Anwendung: Im allgemeinen Fall muss man zur Berechnung der Koordinaten[1] a_i eines Vektors $\mathbf{a} \in V$ ein lineares Gleichungssystem[2] lösen. Bezüglich einer Orthonormalbasis lassen sich die Koordinaten a_i jedoch deutlich einfacher mit Hilfe des Skalarprodukts bestimmen. Es gilt:

Застосування: у загальному випадку для обчислення координат[1] a_i вектора $\mathbf{a} \in V$ необхідно розв'язати систему лінійних рівнянь[2]. Але у випадку ортонормованого базису координати a_i можна визначити набагато легше за допомогою скалярного добутку. Ми маємо:

$$\mathbf{a} = \sum_{i=1}^{n} \underbrace{\langle \mathbf{a}, \mathbf{v}_i \rangle}_{a_i} \cdot \mathbf{v}_i$$

Damit erhalten wir:

З цим ми отримуємо:

$$a_i = \langle \mathbf{a}, \mathbf{v}_i \rangle$$

Beweis:

Sei $\mathbf{v}_1, ..., \mathbf{v}_n$ eine Orthonormalbasis von V. Dann lässt sich jeder Vektor $\mathbf{a} \in V$ als Linearkombination[1] der Basisvektoren darstellen:

Доведення:

Нехай $\mathbf{v}_1, ..., \mathbf{v}_n$ - це ортонормований базис у V. Тоді кожен вектор $\mathbf{a} \in V$ можна представити як лінійну комбінацію[1] базисних векторів:

$$\mathbf{a} = \sum_{i=1}^{n} a_i \cdot \mathbf{v}_i$$

Für ein beliebiges $j \in \{1, ..., n\}$ gilt:

Для будь-якого $j \in \{1, ..., n\}$ маємо:

$$\begin{aligned} \langle \mathbf{a}, \mathbf{v}_j \rangle &= \left\langle \sum_{i=1}^{n} a_i \cdot \mathbf{v}_i, \mathbf{v}_j \right\rangle \\ &= \sum_{i=1}^{n} a_i \cdot \langle \mathbf{v}_i, \mathbf{v}_j \rangle \end{aligned}$$

Da die $\mathbf{v}_1, ..., \mathbf{v}_n$ eine Orthonormalbasis sind, wird das Skalarprodukt 0 für $i \neq j$. Damit verschwinden alle Summanden bis auf einen:

Оскільки $\mathbf{v}_1, ..., \mathbf{v}_n$ є ортонормованим базисом, скалярний добуток дорівнює 0 для $i \neq j$. Тобто всі доданки, крім одного, зникають:

$$\begin{aligned} &= a_j \cdot \underbrace{\langle \mathbf{v}_j, \mathbf{v}_j \rangle}_{1} \\ &= a_j \end{aligned}$$

■

Beispiel:

Приклад:

$$\mathbf{v}_1 = \begin{pmatrix} \frac{1}{\sqrt{2}} \\ \frac{1}{\sqrt{2}} \end{pmatrix}, \mathbf{v}_2 = \begin{pmatrix} \frac{1}{\sqrt{2}} \\ -\frac{1}{\sqrt{2}} \end{pmatrix}, \mathbf{a} = \begin{pmatrix} 1 \\ 0 \end{pmatrix}$$

Wir haben bereits gezeigt, dass $\mathbf{v}_1, \mathbf{v}_2$ eine Orthonormalbasis des $\mathbb{R}^2$ sind. Damit gilt:

Раніше ми показали, що $\mathbf{v}_1, \mathbf{v}_2$ є ортонормованим базисом у $\mathbb{R}^2$. Тому маємо:

$$\begin{aligned} \mathbf{a} &= \langle \mathbf{a}, \mathbf{v}_1 \rangle \cdot \mathbf{v}_1 + \langle \mathbf{a}, \mathbf{v}_2 \rangle \cdot \mathbf{v}_2 \\ &= \left\langle \begin{pmatrix} 1 \\ 0 \end{pmatrix}, \begin{pmatrix} \frac{1}{\sqrt{2}} \\ \frac{1}{\sqrt{2}} \end{pmatrix} \right\rangle \cdot \begin{pmatrix} \frac{1}{\sqrt{2}} \\ \frac{1}{\sqrt{2}} \end{pmatrix} + \left\langle \begin{pmatrix} 1 \\ 0 \end{pmatrix}, \begin{pmatrix} \frac{1}{\sqrt{2}} \\ -\frac{1}{\sqrt{2}} \end{pmatrix} \right\rangle \cdot \begin{pmatrix} \frac{1}{\sqrt{2}} \\ -\frac{1}{\sqrt{2}} \end{pmatrix} \\ &= \underbrace{\frac{1}{\sqrt{2}}}_{a_1} \cdot \begin{pmatrix} \frac{1}{\sqrt{2}} \\ \frac{1}{\sqrt{2}} \end{pmatrix} + \underbrace{\frac{1}{\sqrt{2}}}_{a_2} \cdot \begin{pmatrix} \frac{1}{\sqrt{2}} \\ -\frac{1}{\sqrt{2}} \end{pmatrix} \end{aligned}$$

Frage: Wie findet man eine Orthonormalbasis für einen gegebenen Vektorraum oder Untervektorraum V?

Питання: як знайти ортонормований базис для даного векторного простору або підпростору V?

Orthonormalisierungsverfahren nach Gram/Schmidt
Процес ортогоналізації Грама-Шмідта

Gegeben: Basis $\mathbf{v}_1,\dots,\mathbf{v}_n$ von V. Diese muss keine Orthonormalbasis sein.

Дано: базис $\mathbf{v}_1,\dots,\mathbf{v}_n$ у V, який не є ортонормованим.

Ziel: Bestimme Orthonormalbasis $\mathbf{w}_1,\dots,\mathbf{w}_n$ von V.

Мета: побудувати ортонормований базіс $\mathbf{w}_1,\dots,\mathbf{w}_n$ у V.

Beispiel:
Wir betrachten die folgende Basis eines Untervektorraums $V \subseteq \mathbb{R}^4$:

Приклад:
Ми розглядаємо такий базис векторного підпростору $V \subseteq \mathbb{R}^4$:

$$V = \operatorname{span}\left(\underbrace{\begin{pmatrix}0\\0\\0\\3\end{pmatrix}}_{\mathbf{v}_1},\underbrace{\begin{pmatrix}0\\0\\2\\3\end{pmatrix}}_{\mathbf{v}_2},\underbrace{\begin{pmatrix}0\\1\\2\\3\end{pmatrix}}_{\mathbf{v}_3}\right)$$

1. Schritt: Normiere[1] $\mathbf{v}_1$:

1-й крок: нормалізуємо[1] $\mathbf{v}_1$:

$$\mathbf{w}_1 = \frac{1}{\|\mathbf{v}_1\|}\cdot \mathbf{v}_1$$

Beispiel:

Приклад:

$$\mathbf{w}_1 = \frac{1}{\left\|\begin{pmatrix}0\\0\\0\\3\end{pmatrix}\right\|_2}\cdot\begin{pmatrix}0\\0\\0\\3\end{pmatrix} = \frac{1}{\sqrt{0^2+0^2+0^2+3^2}}\cdot\begin{pmatrix}0\\0\\0\\3\end{pmatrix} = \begin{pmatrix}0\\0\\0\\1\end{pmatrix}$$

2. Schritt: Bestimme die zu $\mathbf{w}_1$ orthogonale Komponente[1] von $\mathbf{v}_2$:

2-й крок: визначаємо у $\mathbf{v}_2$ ортогональну компоненту[1], тобто компоненту, яка є ортогональною до $\mathbf{w}_1$:

$$\hat{\mathbf{w}}_2 = \mathbf{v}_2 - \langle \mathbf{v}_2, \mathbf{w}_1\rangle \cdot \mathbf{w}_1$$

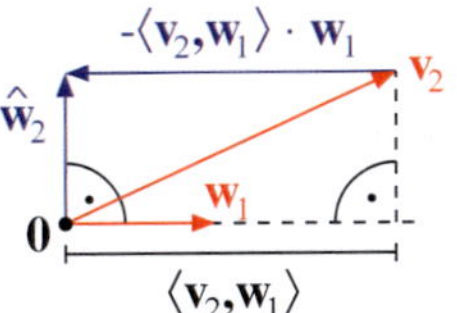

Das so konstruierte $\hat{\mathbf{w}}_2$ ist orthogonal zu $\mathbf{w}_1$, denn:

Побудований таким шляхом $\hat{\mathbf{w}}_2$ є ортогональним до $\mathbf{w}_1$, оскільки:

$$\begin{aligned}\langle \hat{\mathbf{w}}_2, \mathbf{w}_1\rangle &= \langle \mathbf{v}_2 - \langle \mathbf{v}_2, \mathbf{w}_1\rangle \cdot \mathbf{w}_1, \mathbf{w}_1\rangle \\ &= \langle \mathbf{v}_2, \mathbf{w}_1\rangle - \langle\langle \mathbf{v}_2, \mathbf{w}_1\rangle \cdot \mathbf{w}_1, \mathbf{w}_1\rangle \\ &= \langle \mathbf{v}_2, \mathbf{w}_1\rangle - \langle \mathbf{v}_2, \mathbf{w}_1\rangle \cdot \underbrace{\langle \mathbf{w}_1, \mathbf{w}_1\rangle}_{1} \\ &= 0 \quad \checkmark\end{aligned}$$

Beispiel:

Приклад:

$$\hat{\mathbf{w}}_2 = \begin{pmatrix}0\\0\\2\\3\end{pmatrix} - \left\langle \begin{pmatrix}0\\0\\2\\3\end{pmatrix}, \begin{pmatrix}0\\0\\0\\1\end{pmatrix} \right\rangle \cdot \begin{pmatrix}0\\0\\0\\1\end{pmatrix} = \begin{pmatrix}0\\0\\2\\3\end{pmatrix} - 3 \cdot \begin{pmatrix}0\\0\\0\\1\end{pmatrix} = \begin{pmatrix}0\\0\\2\\0\end{pmatrix}$$

3. Schritt: Normiere $\hat{\mathbf{w}}_2$:

3-й крок: нормалізуємо $\hat{\mathbf{w}}_2$:

$$\mathbf{w}_2 = \frac{1}{\|\hat{\mathbf{w}}_2\|} \cdot \hat{\mathbf{w}}_2$$

Beispiel:

Приклад:

$$\mathbf{w}_2 = \frac{1}{\left\| \begin{pmatrix}0\\0\\2\\0\end{pmatrix} \right\|_2} \cdot \begin{pmatrix}0\\0\\2\\0\end{pmatrix} = \frac{1}{\sqrt{0^2+0^2+2^2+0^2}} \cdot \begin{pmatrix}0\\0\\2\\0\end{pmatrix} = \begin{pmatrix}0\\0\\1\\0\end{pmatrix}$$

Für alle weiteren Vektoren $\mathbf{v}_3, \ldots, \mathbf{v}_n$ verallgemeinern[1] wir den 2. Schritt und wenden ihn zusammen mit dem 3. Schritt der Reihe nach auf jeden Vektor an:

Для всіх подальших векторів $\mathbf{v}_3, \ldots, \mathbf{v}_n$ ми узагальнюємо[1] 2-й крок і застосовуємо його разом із 3-м кроком до кожного вектора по черзі.

Verallgemeinerter 2. Schritt: Wenn $\mathbf{w}_1, \ldots, \mathbf{w}_k$ bereits berechnet sind, dann bestimme die zu $\mathbf{w}_1, \ldots, \mathbf{w}_k$ orthogonale Komponente von $\mathbf{v}_{k+1}$:

Узагальнений 2-й крок: якщо $\mathbf{w}_1, \ldots, \mathbf{w}_k$ вже обчислені, тоді визначаємо у $\mathbf{v}_{k+1}$ компоненту, ортогональну до $\mathbf{w}_1, \ldots, \mathbf{w}_k$:

$$\hat{\mathbf{w}}_{k+1} = \mathbf{v}_{k+1} - \sum_{i=1}^{k} \langle \mathbf{v}_{k+1}, \mathbf{w}_i \rangle \cdot \mathbf{w}_i$$

Das so konstruierte $\hat{\mathbf{w}}_{k+1}$ ist orthogonal zu allen $\mathbf{w}_j, j = 1, \ldots, k$, denn:

Побудований таким шляхом $\hat{\mathbf{w}}_{k+1}$ є ортогональним до всіх $\mathbf{w}_j, j = 1, \ldots, k$, оскільки:

$$\begin{aligned} \langle \hat{\mathbf{w}}_{k+1}, \mathbf{w}_j \rangle &= \left\langle \mathbf{v}_{k+1} - \sum_{i=1}^{k} \langle \mathbf{v}_{k+1}, \mathbf{w}_i \rangle \cdot \mathbf{w}_i, \mathbf{w}_j \right\rangle \\ &= \langle \mathbf{v}_{k+1}, \mathbf{w}_j \rangle - \sum_{i=1}^{k} \langle \mathbf{v}_{k+1}, \mathbf{w}_i \rangle \cdot \langle \mathbf{w}_i, \mathbf{w}_j \rangle \end{aligned}$$

Da die $\mathbf{w}_1, \ldots, \mathbf{w}_k$ ein Orthonormalsystem sind, wird das Skalarprodukt $\langle \mathbf{w}_i, \mathbf{w}_j \rangle$ gleich 0 für $i \neq j$. Damit verschwinden alle Summanden bis auf einen:

Оскільки $\mathbf{w}_1, \ldots, \mathbf{w}_k$ є ортонормальною системою, скалярний добуток $\langle \mathbf{w}_i, \mathbf{w}_j \rangle$ дорівнює 0 для $i \neq j$. Це означає, що всі доданки, крім одного, зникають:

$$\begin{aligned} &= \langle \mathbf{v}_{k+1}, \mathbf{w}_j \rangle - \langle \mathbf{v}_{k+1}, \mathbf{w}_j \rangle \cdot \underbrace{\langle \mathbf{w}_j, \mathbf{w}_j \rangle}_{1} \\ &= 0 \qquad \checkmark \end{aligned}$$

Beispiel:

Приклад:

$$\hat{\mathbf{w}}_3 = \begin{pmatrix}0\\1\\2\\3\end{pmatrix} - \left(\left\langle \begin{pmatrix}0\\1\\2\\3\end{pmatrix}, \begin{pmatrix}0\\0\\0\\1\end{pmatrix} \right\rangle \cdot \begin{pmatrix}0\\0\\0\\1\end{pmatrix} + \left\langle \begin{pmatrix}0\\1\\2\\3\end{pmatrix}, \begin{pmatrix}0\\0\\1\\0\end{pmatrix} \right\rangle \cdot \begin{pmatrix}0\\0\\1\\0\end{pmatrix} \right)$$

$$= \begin{pmatrix} 0 \\ 1 \\ 2 \\ 3 \end{pmatrix} - \left(3 \cdot \begin{pmatrix} 0 \\ 0 \\ 0 \\ 1 \end{pmatrix} + 2 \cdot \begin{pmatrix} 0 \\ 0 \\ 1 \\ 0 \end{pmatrix} \right) = \begin{pmatrix} 0 \\ 1 \\ 0 \\ 0 \end{pmatrix}$$

3. Schritt: Normiere $\hat{\mathbf{w}}_{k+1}$:

3-й крок: нормалізуємо $\hat{\mathbf{w}}_{k+1}$:

$$\mathbf{w}_{k+1} = \frac{1}{\|\hat{\mathbf{w}}_{k+1}\|} \cdot \hat{\mathbf{w}}_{k+1}$$

Beispiel:

Приклад:

$$\mathbf{w}_3 = \frac{1}{\left\| \begin{pmatrix} 0 \\ 1 \\ 0 \\ 0 \end{pmatrix} \right\|_2} \cdot \begin{pmatrix} 0 \\ 1 \\ 0 \\ 0 \end{pmatrix} = \begin{pmatrix} 0 \\ 1 \\ 0 \\ 0 \end{pmatrix}$$

Nachdem wir alle Basisvektoren $\mathbf{v}_1, \ldots, \mathbf{v}_n$ der Reihe nach abgearbeitet haben, erhalten wir am Ende eine Orthonormalbasis $\mathbf{w}_1, \ldots, \mathbf{w}_n$.

Після того, як ми послідовно опрацювали всі базисні вектори $\mathbf{v}_1, \ldots, \mathbf{v}_n$, ми врешті отримуємо ортонормований базис $\mathbf{w}_1, \ldots, \mathbf{w}_n$.

Beispiel:

Приклад:

$$V = \operatorname{span}\left(\underbrace{\begin{pmatrix} 0 \\ 0 \\ 0 \\ 1 \end{pmatrix}}_{\mathbf{w}_1}, \underbrace{\begin{pmatrix} 0 \\ 0 \\ 1 \\ 0 \end{pmatrix}}_{\mathbf{w}_2}, \underbrace{\begin{pmatrix} 0 \\ 1 \\ 0 \\ 0 \end{pmatrix}}_{\mathbf{w}_3} \right)$$

Bemerkung: Sei $U \subseteq V$ ein Untervektorraum mit Orthonormalbasis $\mathbf{w}_1, \ldots, \mathbf{w}_m$. Dann erhalten wir die orthogonale Projektion[1] von $\mathbf{x} \in V$ auf U durch die folgende lineare Abbildung:

Зауваження: нехай $U \subseteq V$ - це векторний підпростір з ортонормованим базисом $\mathbf{w}_1, \ldots, \mathbf{w}_m$. Тоді ми отримуємо ортогональну проекцію[1] $\mathbf{x} \in V$ на U за допомогою такого лінійного відображення:

$$P_U(\mathbf{x}) = \sum_{i=1}^{m} \langle \mathbf{x}, \mathbf{w}_i \rangle \cdot \mathbf{w}_i$$

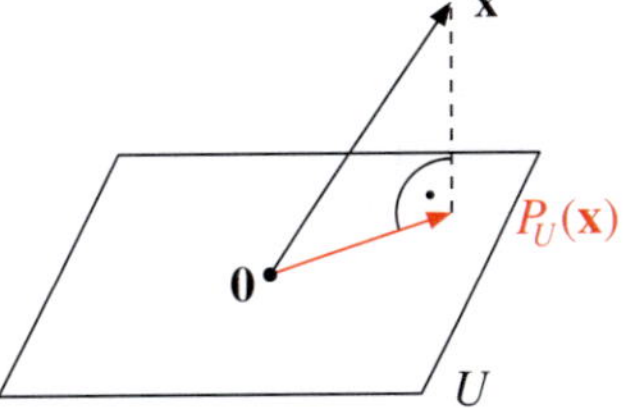

Im $\mathbb{R}^n$ mit dem euklidischen Skalarprodukt erhalten wir:

У $\mathbb{R}^n$ з евклідовим скалярним добутком ми отримуємо:

$$\begin{aligned} P_U(\mathbf{x}) &= \sum_{i=1}^{m} \underbrace{\langle \mathbf{x}, \mathbf{w}_i \rangle}_{\in \mathbb{R}} \cdot \mathbf{w}_i \\ &= \sum_{i=1}^{m} \mathbf{w}_i \cdot \langle \mathbf{w}_i, \mathbf{x} \rangle \\ &= \sum_{i=1}^{m} \mathbf{w}_i \cdot \mathbf{w}_i^T \cdot \mathbf{x} \\ &= \left(\sum_{i=1}^{m} \mathbf{w}_i \cdot \mathbf{w}_i^T \right) \cdot \mathbf{x} \end{aligned}$$

Damit wird die orthogonale Projektion P_U durch die folgende Matrix dargestellt:

Таким чином, ортогональну проекцію P_U представлено наступною матрицею:

$$P_U = \sum_{i=1}^{m} \mathbf{w}_i \cdot \mathbf{w}_i^T$$

Beispiel:
Wir berechnen die Matrix P_U der orthogonalen Projektion auf den Untervektorraum $U \subseteq \mathbb{R}^4$:

Приклад:
Ми обчислюємо P_U, тобто матрицю ортогональної проекції на векторний підпростір $U \subseteq \mathbb{R}^4$:

$$U = \operatorname{span}\left(\underbrace{\begin{pmatrix}0\\0\\0\\1\end{pmatrix}}_{\mathbf{w}_1}, \underbrace{\begin{pmatrix}0\\0\\1\\0\end{pmatrix}}_{\mathbf{w}_2}, \underbrace{\begin{pmatrix}0\\1\\0\\0\end{pmatrix}}_{\mathbf{w}_3}\right)$$

$$\begin{aligned}
\Rightarrow P_U &= \mathbf{w}_1 \cdot \mathbf{w}_1^T + \mathbf{w}_2 \cdot \mathbf{w}_2^T + \mathbf{w}_3 \cdot \mathbf{w}_3^T \\
&= \begin{pmatrix}0\\0\\0\\1\end{pmatrix}\begin{pmatrix}0&0&0&1\end{pmatrix} + \begin{pmatrix}0\\0\\1\\0\end{pmatrix}\begin{pmatrix}0&0&1&0\end{pmatrix} + \begin{pmatrix}0\\1\\0\\0\end{pmatrix}\begin{pmatrix}0&1&0&0\end{pmatrix} \\
&= \begin{pmatrix}0&0&0&0\\0&0&0&0\\0&0&0&0\\0&0&0&1\end{pmatrix} + \begin{pmatrix}0&0&0&0\\0&0&0&0\\0&0&1&0\\0&0&0&0\end{pmatrix} + \begin{pmatrix}0&0&0&0\\0&1&0&0\\0&0&0&0\\0&0&0&0\end{pmatrix} \\
&= \begin{pmatrix}0&0&0&0\\0&1&0&0\\0&0&1&0\\0&0&0&1\end{pmatrix}
\end{aligned}$$

Orthogonale Transformationen
Ортогональні перетворення

Definition 4.14
Eine lineare Abbildung $f: V \to V$ heißt orthogonal[1], falls sie das Skalarprodukt invariant[2] lässt:

Визначення 4.14
Лінійне відображення $f: V \to V$ називають ортогональним[1], якщо воно залишає скалярний добуток незмінним[2]:

$$\forall \mathbf{x}, \mathbf{y} \in V: \ \langle f(\mathbf{x}), f(\mathbf{y}) \rangle = \langle \mathbf{x}, \mathbf{y} \rangle$$

Satz 4.15
Orthogonale Abbildungen sind Kongruenz-Abbildungen[1] (das heißt: längentreu[2] und winkeltreu[3]).

Теорема 4.15
Ортогональні відображення є конгруентними[1] (тобто: зберігають довжини[2] та зберігають кути[3]).

Beweis:
Sei $f\colon V \to V$ eine orthogonale Abbildung. Für alle $\mathbf{x} \in V$ gilt dann:

Доведення:
Нехай $f\colon V \to V$ - це ортогональне відображення. Тоді для всіх $\mathbf{x} \in V$ маємо:

$$\|f(\mathbf{x})\| = \sqrt{\langle f(\mathbf{x}), f(\mathbf{x})\rangle} = \sqrt{\langle \mathbf{x}, \mathbf{x}\rangle} = \|\mathbf{x}\|$$

Damit ist f längentreu.

Таким чином, f зберігає довжини.

Seien $\mathbf{x}, \mathbf{y} \neq \mathbf{0}$. Dann gilt aufgrund der Längentreue $\|f(\mathbf{x})\| = \|\mathbf{x}\| \neq 0$ und $\|f(\mathbf{y})\| = \|\mathbf{y}\| \neq 0$. Somit folgt:

Нехай $\mathbf{x}, \mathbf{y} \neq \mathbf{0}$. Тоді, завдяки зберіганню довжини $\|f(\mathbf{x})\| = \|\mathbf{x}\| \neq 0$ та $\|f(\mathbf{y})\| = \|\mathbf{y}\| \neq 0$. Звідси випливає:

$$\cos\sphericalangle(f(\mathbf{x}), f(\mathbf{y})) = \frac{\langle f(\mathbf{x}), f(\mathbf{y})\rangle}{\|f(\mathbf{x})\| \cdot \|f(\mathbf{y})\|} = \frac{\langle \mathbf{x}, \mathbf{y}\rangle}{\|\mathbf{x}\| \cdot \|\mathbf{y}\|} = \cos\sphericalangle(\mathbf{x}, \mathbf{y})$$

Damit ist f winkeltreu.

Таким чином, f зберігає кути.

■

Beispiel:
Wir betrachten die Drehung $f\colon \mathbb{R}^2 \to \mathbb{R}^2$ um den Winkel φ gegen den Uhrzeigersinn um den Ursprung:

Приклад:
Ми розглядаємо поворот $f\colon \mathbb{R}^2 \to \mathbb{R}^2$ на кут φ проти годинникової стрілки навколо початку координат:

$$f(\mathbf{x}) = \begin{pmatrix} \cos\varphi & -\sin\varphi \\ \sin\varphi & \cos\varphi \end{pmatrix} \cdot \mathbf{x}$$

Es gilt:

Має місце:

$$\begin{aligned}
\langle f(\mathbf{x}), f(\mathbf{y})\rangle &= \left\langle \begin{pmatrix} \cos\varphi & -\sin\varphi \\ \sin\varphi & \cos\varphi \end{pmatrix} \begin{pmatrix} x_1 \\ x_2 \end{pmatrix}, \begin{pmatrix} \cos\varphi & -\sin\varphi \\ \sin\varphi & \cos\varphi \end{pmatrix} \begin{pmatrix} y_1 \\ y_2 \end{pmatrix} \right\rangle \\
&= \left\langle \begin{pmatrix} \cos\varphi \cdot x_1 - \sin\varphi \cdot x_2 \\ \sin\varphi \cdot x_1 + \cos\varphi \cdot x_2 \end{pmatrix}, \begin{pmatrix} \cos\varphi \cdot y_1 - \sin\varphi \cdot y_2 \\ \sin\varphi \cdot y_1 + \cos\varphi \cdot y_2 \end{pmatrix} \right\rangle \\
&= (\cos\varphi \cdot x_1 - \sin\varphi \cdot x_2)(\cos\varphi \cdot y_1 - \sin\varphi \cdot y_2) + (\sin\varphi \cdot x_1 + \cos\varphi \cdot x_2)(\sin\varphi \cdot y_1 + \cos\varphi \cdot y_2) \\
&= \cos^2\varphi \cdot x_1 \cdot y_1 - \cos\varphi \cdot \sin\varphi \cdot x_1 \cdot y_2 - \sin\varphi \cdot \cos\varphi \cdot x_2 \cdot y_1 + \sin^2\varphi \cdot x_2 \cdot y_2 \\
&\quad + \sin^2\varphi \cdot x_1 \cdot y_1 + \sin\varphi \cdot \cos\varphi \cdot x_1 \cdot y_2 + \cos\varphi \cdot \sin\varphi \cdot x_2 \cdot y_1 + \cos^2\varphi \cdot x_2 \cdot y_2 \\
&= \underbrace{(\cos^2\varphi + \sin^2\varphi)}_{1} \cdot x_1 \cdot y_1 + \underbrace{(\sin^2\varphi + \cos^2\varphi)}_{1} \cdot x_2 \cdot y_2 \\
&= x_1 \cdot y_1 + x_2 \cdot y_2 \\
&= \left\langle \begin{pmatrix} x_1 \\ x_2 \end{pmatrix}, \begin{pmatrix} y_1 \\ y_2 \end{pmatrix} \right\rangle \\
&= \langle \mathbf{x}, \mathbf{y}\rangle
\end{aligned}$$

Die Drehung f lässt das Skalarprodukt invariant und ist somit eine orthogonale Abbildung.

Поворот f залишає скалярний добуток незмінним і відтак є ортогональним відображенням.

Beobachtung: Wir betrachten im Folgenden den $\mathbb{R}^n$ mit euklidischem Skalarprodukt und kanonischer Basis. Sei $Q \in \mathbb{R}^{(n,n)}$ die Matrix einer orthogonalen Abbildung $f\colon \mathbb{R}^n \to \mathbb{R}^n$. Dann gilt für alle $\mathbf{x}, \mathbf{y} \in \mathbb{R}^n$:

Спостереження: далі ми розглядаємо $\mathbb{R}^n$ з евклідовим скалярним добутком і канонічним базисом. Нехай $Q \in \mathbb{R}^{(n,n)}$ - це матриця ортогонального відображення $f\colon \mathbb{R}^n \to \mathbb{R}^n$. Тоді для всіх $\mathbf{x}, \mathbf{y} \in \mathbb{R}^n$:

$$\langle Q\mathbf{x}, Q\mathbf{y}\rangle = \langle \mathbf{x}, \mathbf{y}\rangle$$

$$\Leftrightarrow \quad (Q\mathbf{x})^T \cdot (Q\mathbf{y}) = \mathbf{x}^T\mathbf{y}$$
$$\Leftrightarrow \quad \mathbf{x}^T \cdot Q^T \cdot Q \cdot \mathbf{y} = \mathbf{x}^T\mathbf{y}$$

Dies gilt für alle Vektoren $\mathbf{x}, \mathbf{y} \in \mathbb{R}^n$. Daher gilt:

Це виконується для всіх векторів $\mathbf{x}, \mathbf{y} \in \mathbb{R}^n$. Звідси ми отримуємо:

$$\Leftrightarrow \quad Q^T \cdot Q = I_n$$

Man kann zudem zeigen, dass $Q \cdot Q^T = I_n$. Damit ist Q eine orthogonale Matrix[1]. (Erinnerung: Das heißt $Q^T \cdot Q = Q \cdot Q^T = I_n$ und somit $Q^{-1} = Q^T$.)

Можна додатково показати, що $Q \cdot Q^T = I_n$. Отже, Q є ортогональною матрицею[1]. (Нагадуємо: це означає, що $Q^T \cdot Q = Q \cdot Q^T = I_n$ і відповідно $Q^{-1} = Q^T$.)

Beispiel:
Die Drehmatrix[1] D_φ ist eine orthogonale Matrix:

Приклад:
Матриця повороту[1] D_φ є ортогональною матрицею:

$$D_\varphi = \begin{pmatrix} \cos\varphi & -\sin\varphi \\ \sin\varphi & \cos\varphi \end{pmatrix}$$

$$D_\varphi^T \cdot D_\varphi = \begin{pmatrix} \cos\varphi & \sin\varphi \\ -\sin\varphi & \cos\varphi \end{pmatrix} \begin{pmatrix} \begin{matrix}\cos\varphi \\ \sin\varphi\end{matrix} & \begin{matrix}-\sin\varphi \\ \cos\varphi\end{matrix} \\ (\cos^2\varphi + \sin^2\varphi) & (-\cos\varphi \cdot \sin\varphi + \sin\varphi \cdot \cos\varphi) \\ (-\sin\varphi \cdot \cos\varphi + \cos\varphi \cdot \sin\varphi) & (\sin^2\varphi + \cos^2\varphi) \end{pmatrix} = \begin{pmatrix} 1 & 0 \\ 0 & 1 \end{pmatrix} \quad \checkmark$$

$$D_\varphi \cdot D_\varphi^T = \begin{pmatrix} \cos\varphi & -\sin\varphi \\ \sin\varphi & \cos\varphi \end{pmatrix} \begin{pmatrix} \begin{matrix}\cos\varphi \\ -\sin\varphi\end{matrix} & \begin{matrix}\sin\varphi \\ \cos\varphi\end{matrix} \\ (\cos^2\varphi + \sin^2\varphi) & (\cos\varphi \cdot \sin\varphi - \sin\varphi \cdot \cos\varphi) \\ (\sin\varphi \cdot \cos\varphi - \cos\varphi \cdot \sin\varphi) & (\sin^2\varphi + \cos^2\varphi) \end{pmatrix} = \begin{pmatrix} 1 & 0 \\ 0 & 1 \end{pmatrix} \quad \checkmark$$

Beispiel:
Die Matrix S der Spiegelung[1] an der x-Achse ist eine orthogonale Matrix:

Приклад:
Матриця S дзеркального відбиття[1] відносно осі x є ортогональною матрицею:

$$S = \begin{pmatrix} 1 & 0 \\ 0 & -1 \end{pmatrix}$$

$$S^T \cdot S = \begin{pmatrix} 1 & 0 \\ 0 & -1 \end{pmatrix} \begin{pmatrix} 1 & 0 \\ 0 & -1 \end{pmatrix} = \begin{pmatrix} 1 & 0 \\ 0 & 1 \end{pmatrix} \quad \checkmark$$
$$S \cdot S^T = \begin{pmatrix} 1 & 0 \\ 0 & -1 \end{pmatrix} \begin{pmatrix} 1 & 0 \\ 0 & -1 \end{pmatrix} = \begin{pmatrix} 1 & 0 \\ 0 & 1 \end{pmatrix} \quad \checkmark$$

Beobachtung: Für die Determinante[1] einer orthogonalen Matrix Q gilt:

Спостереження: для детермінанту[1] ортогональної матриці Q є вірним таке:

$$\det(Q) = \pm 1$$

Interpretation: Q ist volumentreu[1].

Інтерпретація: Q зберігає об'єм[1].

Beweis: **Доведення:**

$$1 = \det(I_n) = \det(Q^T Q) = \det(Q^T) \cdot \det(Q) = \det(Q) \cdot \det(Q) = (\det(Q))^2 \Rightarrow \det(Q) = \pm 1$$

■

Wir sind nun in der Lage, orthogonale Matrizen zu klassifizieren[1]:

Наразі ми здатні класифікувати[1] ортогональні матриці:

Definition 4.16 **Визначення 4.16**

Eine orthogonale Matrix Q heißt:

- *Drehung*[1], *falls* $\det(Q) = 1$
- *Drehspiegelung*[1] *(oder Umlegung*[2]*), falls* $\det(Q) = -1$

Ортогональну матрицю Q називають:

- *Поворот*[1] *(або правильне обертання*[1]*), якщо* $\det(Q) = 1$
- *Поворот з відбиттям*[1] *(або неправильне обертання*[2]*), якщо* $\det(Q) = -1$

Beispiel: **Приклад:**

$$\det(D_\varphi) = \det\begin{pmatrix} \cos\varphi & -\sin\varphi \\ \sin\varphi & \cos\varphi \end{pmatrix} = \cos^2\varphi - (-\sin^2\varphi) = 1$$

Damit liegt eine Drehung vor.

Тобто, здійснюється поворот.

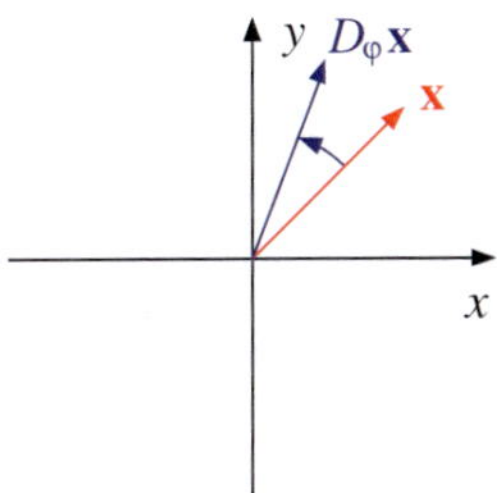

Abbildung / Рисунок 4.8
Die Drehung D_φ im $\mathbb{R}^2$
Поворот D_φ у $\mathbb{R}^2$

Beispiel: **Приклад:**

$$\det(S) = \det\begin{pmatrix} 1 & 0 \\ 0 & -1 \end{pmatrix} = -1 - 0 = -1$$

Damit liegt eine Drehspiegelung vor.

Тобто, здійснюється поворот із відбиттям.

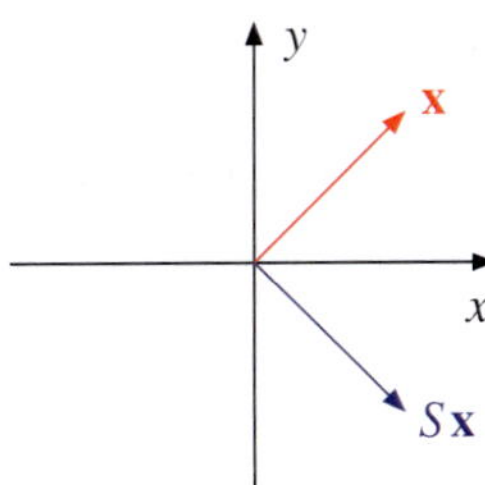

Abbildung / Рисунок 4.9
Die Spiegelung S im $\mathbb{R}^2$
Дзеркальне відбиття S у $\mathbb{R}^2$

Bemerkung: Im $\mathbb{R}^2$ lässt sich jede Drehspiegelung als Spiegelung an einer Ursprungsgeraden[1] interpretieren. Bereits im $\mathbb{R}^3$ ist es nicht mehr möglich, jede Drehspiegelung als Spiegelung an einer Ursprungsebene[2] darzustellen. Hier kann zusätzlich eine Drehung auftreten, deren Drehachse[3] senkrecht auf der Spiegelungsebene[4] steht.

Зауваження: у $\mathbb{R}^2$ кожний поворот з відбиттям можно виконати шляхом дзеркального відбиття відносно деякої прямої, яка проходить крізь початок координат[1]. Але вже у $\mathbb{R}^3$ представлення повороту з відбиттям у якості дзеркального відбиття відносно поверхні, яка проходить крізь початок координат[2] не є можливим. У цьому разі може трапитись такий поворот, вісь повороту[3] якого перпендикулярна до поверхні відбиття[4].

Beispiel:

Приклад:

$$Q = \frac{1}{3}\begin{pmatrix} 1 & 2 & 2 \\ 2 & 1 & -2 \\ -2 & 2 & -1 \end{pmatrix}$$

Wir zeigen zunächst, dass Q eine orthogonale Matrix ist:

Спочатку ми показуємо, що Q є ортогональною матрицею:

$$\begin{array}{cc} & \begin{pmatrix} \frac{1}{3} & \frac{2}{3} & \frac{2}{3} \\ \frac{2}{3} & \frac{1}{3} & -\frac{2}{3} \\ -\frac{2}{3} & \frac{2}{3} & -\frac{1}{3} \end{pmatrix} \\ Q^T Q = \begin{pmatrix} \frac{1}{3} & \frac{2}{3} & -\frac{2}{3} \\ \frac{2}{3} & \frac{1}{3} & \frac{2}{3} \\ \frac{2}{3} & -\frac{2}{3} & -\frac{1}{3} \end{pmatrix} & \begin{pmatrix} 1 & 0 & 0 \\ 0 & 1 & 0 \\ 0 & 0 & 1 \end{pmatrix} \end{array}$$

$$\begin{array}{cc} & \begin{pmatrix} \frac{1}{3} & \frac{2}{3} & -\frac{2}{3} \\ \frac{2}{3} & \frac{1}{3} & \frac{2}{3} \\ \frac{2}{3} & -\frac{2}{3} & -\frac{1}{3} \end{pmatrix} \\ QQ^T = \begin{pmatrix} \frac{1}{3} & \frac{2}{3} & \frac{2}{3} \\ \frac{2}{3} & \frac{1}{3} & -\frac{2}{3} \\ -\frac{2}{3} & \frac{2}{3} & -\frac{1}{3} \end{pmatrix} & \begin{pmatrix} 1 & 0 & 0 \\ 0 & 1 & 0 \\ 0 & 0 & 1 \end{pmatrix} \end{array}$$

Nun klassifizieren wir Q mit Hilfe der Determinante:

Потім ми класифікуємо Q за допомогою детермінанта:

$$\det(Q) = \left|\begin{array}{ccc|cc} \frac{1}{3} & \frac{2}{3} & \frac{2}{3} & \frac{1}{3} & \frac{2}{3} \\ \frac{2}{3} & \frac{1}{3} & -\frac{2}{3} & \frac{2}{3} & \frac{1}{3} \\ -\frac{2}{3} & \frac{2}{3} & -\frac{1}{3} & -\frac{2}{3} & \frac{2}{3} \end{array}\right| = -\frac{1}{27} + \frac{8}{27} + \frac{8}{27} + \frac{4}{27} + \frac{4}{27} + \frac{4}{27} = 1$$

Damit ist Q eine Drehung. Im Folgenden wollen wir mehr über Q herausfinden:

Отже Q є поворотом. Надалі ми хочемо дізнатися про Q ще більше.

Jede (nichttriviale[1]) Drehung im $\mathbb{R}^3$ besitzt eine feste Drehachse[2] $\mathbf{a} + \lambda \cdot \mathbf{v}$. (Achtung: Das gilt nicht in höheren Dimensionen[3]!) Wegen $Q \cdot \mathbf{0} = \mathbf{0}$ liegt der Ursprung auf der Drehachse und wir können als Aufpunkt[4] $\mathbf{a} = \mathbf{0}$ wählen.

Кожен (нетривіальний[1]) поворот у $\mathbb{R}^3$ має фіксовану вісь повороту[2] $\mathbf{a} + \lambda \cdot \mathbf{v}$. (Увага: це не стосується вищих розмірностей[3]!) Оскільки $Q \cdot \mathbf{0} = \mathbf{0}$, початок координат лежить на осі повороту, і ми можемо в якості опорної точки[4] вибрати $\mathbf{a} = \mathbf{0}$.

Die Drehung Q lässt die Drehachse $\lambda \cdot \mathbf{v}$ invariant. Insbesondere für $\lambda = 1$ gilt somit:

Поворот Q залишає вісь повороту $\lambda \cdot \mathbf{v}$ незмінною. Зокрема для $\lambda = 1$ виконується таке:

$$\begin{aligned} & Q \cdot \mathbf{v} = \mathbf{v} \\ \Leftrightarrow \quad & Q\mathbf{v} = I_3 \cdot \mathbf{v} \\ \Leftrightarrow \quad & (Q - I_3) \cdot \mathbf{v} = \mathbf{0} \end{aligned}$$

Den Richtungsvektor $\mathbf{v}$ können wir somit als Lösung des homogenen[1] linearen Gleichungssystems $(Q - I_3) \cdot \mathbf{v} = \mathbf{0}$ bestimmen. Es gilt:

Відтак, ми можемо визначити напрямний вектор $\mathbf{v}$ як розв'язок однорідної[1] системи лінійних рівнянь $(Q - I_3) \cdot \mathbf{v} = \mathbf{0}$. Ми маємо:

$$Q - I_3 = \begin{pmatrix} \frac{1}{3} & \frac{2}{3} & \frac{2}{3} \\ \frac{2}{3} & \frac{1}{3} & -\frac{2}{3} \\ -\frac{2}{3} & \frac{2}{3} & -\frac{1}{3} \end{pmatrix} - \begin{pmatrix} 1 & 0 & 0 \\ 0 & 1 & 0 \\ 0 & 0 & 1 \end{pmatrix} = \begin{pmatrix} -\frac{2}{3} & \frac{2}{3} & \frac{2}{3} \\ \frac{2}{3} & -\frac{2}{3} & -\frac{2}{3} \\ -\frac{2}{3} & \frac{2}{3} & -\frac{4}{3} \end{pmatrix}$$

Wir bringen das lineare Gleichungssystem mit Hilfe der Gauß-Elimination[1] auf Zeilenstufenform[2]:

За допомогою виключення Гаусса[1] ми зводимо систему лінійних рівнянь до рядкової ступінчастої форми[2]:

$$\left(\begin{array}{ccc|c} -\frac{2}{3} & \frac{2}{3} & \frac{2}{3} & 0 \\ \frac{2}{3} & -\frac{2}{3} & -\frac{2}{3} & 0 \\ -\frac{2}{3} & \frac{2}{3} & -\frac{4}{3} & 0 \end{array}\right) \underset{\substack{II \to II+I \\ III \to III-I}}{\Leftrightarrow} \left(\begin{array}{ccc|c} -\frac{2}{3} & \frac{2}{3} & \frac{2}{3} & 0 \\ 0 & 0 & 0 & 0 \\ 0 & 0 & -2 & 0 \end{array}\right) \underset{II \leftrightarrow III}{\Leftrightarrow} \left(\begin{array}{ccc|c} -\frac{2}{3} & \frac{2}{3} & \frac{2}{3} & 0 \\ 0 & 0 & -2 & 0 \\ 0 & 0 & 0 & 0 \end{array}\right)$$

Rückwärtssubstitution[1] liefert:

Зворотна підстановка[1] призводить до:

$$II: \qquad -2 \cdot v_3 = 0 \Leftrightarrow v_3 = 0$$

In der 2. Spalte[1] steht kein Pivotelement[2]. Damit erhalten wir eine unabhängige Variable[3]:

У 2-му стовпці[1] немає головного елемента[2]. Відтак, ми отримуємо незалежну змінну[3]:

$$\begin{aligned} & v_2 = \lambda \in \mathbb{R} \\ I: \qquad & -\frac{2}{3} \cdot v_1 + \frac{2}{3} \cdot v_2 + \frac{2}{3} \cdot v_3 = 0 \underset{\substack{v_2=\lambda \\ v_3=0}}{\Leftrightarrow} v_1 = \lambda \end{aligned}$$

Wir erhalten somit als Drehachse:

Звідси ми отримуємо вісь повороту:

$$\mathbf{v} = \begin{pmatrix} \lambda \\ \lambda \\ 0 \end{pmatrix} = \lambda \cdot \begin{pmatrix} 1 \\ 1 \\ 0 \end{pmatrix} \quad , \quad \lambda \in \mathbb{R}$$

Nun wollen wir Q in ein geschicktes Koordinatensystem[1] transformieren. Den ersten Basisvektor $\mathbf{v}_1$ wählen wir in Richtung der Drehachse:

Тепер ми хочемо перетворити Q у зручну систему координат[1]. Перший базисний вектор $\mathbf{v}_1$ ми вибираємо у напрямку осі повороту:

$$\mathbf{v}_1 = \begin{pmatrix} 1 \\ 1 \\ 0 \end{pmatrix}$$

Wir ergänzen $\mathbf{v}_1$ zu einer Basis des $\mathbb{R}^3$:

Ми доповнюємо $\mathbf{v}_1$ до базиса в $\mathbb{R}^3$ двома векторами:

$$\mathbf{v}_2 = \begin{pmatrix} 1 \\ 0 \\ 0 \end{pmatrix}, \mathbf{v}_3 = \begin{pmatrix} 0 \\ 0 \\ 1 \end{pmatrix}$$

Mit Hilfe des Orthonormalisierungsverfahrens nach Gram/Schmidt erzeugen wir eine Orthonormalbasis. Da hierbei der erste Basisvektor $\mathbf{v}_1$ nur normiert wird, ist garantiert, dass $\mathbf{w}_1$ ebenfalls in Richtung der Drehachse zeigt.

За допомогою процесу ортогоналізації Грама-Шмідта ми будуємо ортонормований базис. Оскільки при цьому перший базисний вектор $\mathbf{v}_1$ лише нормується, гарантовано, що $\mathbf{w}_1$ також вказує в напрямку осі повороту.

$$\mathbf{w}_1 = \frac{1}{\left\|\begin{pmatrix}1\\1\\0\end{pmatrix}\right\|_2} \cdot \begin{pmatrix}1\\1\\0\end{pmatrix} = \begin{pmatrix}\frac{1}{\sqrt{2}}\\ \frac{1}{\sqrt{2}}\\ 0\end{pmatrix}$$

$$\hat{\mathbf{w}}_2 = \begin{pmatrix}1\\0\\0\end{pmatrix} - \underbrace{\left\langle \begin{pmatrix}1\\0\\0\end{pmatrix}, \begin{pmatrix}\frac{1}{\sqrt{2}}\\ \frac{1}{\sqrt{2}}\\ 0\end{pmatrix} \right\rangle}_{\frac{1}{\sqrt{2}}} \cdot \begin{pmatrix}\frac{1}{\sqrt{2}}\\ \frac{1}{\sqrt{2}}\\ 0\end{pmatrix} = \begin{pmatrix}\frac{1}{2}\\ -\frac{1}{2}\\ 0\end{pmatrix}$$

$$\mathbf{w}_2 = \frac{1}{\left\|\begin{pmatrix}\frac{1}{2}\\-\frac{1}{2}\\0\end{pmatrix}\right\|_2} \cdot \begin{pmatrix}\frac{1}{2}\\-\frac{1}{2}\\0\end{pmatrix} = \begin{pmatrix}\frac{1}{\sqrt{2}}\\ -\frac{1}{\sqrt{2}}\\ 0\end{pmatrix}$$

$$\hat{\mathbf{w}}_3 = \begin{pmatrix}0\\0\\1\end{pmatrix} - \left\langle \begin{pmatrix}0\\0\\1\end{pmatrix}, \begin{pmatrix}\frac{1}{\sqrt{2}}\\ \frac{1}{\sqrt{2}}\\ 0\end{pmatrix} \right\rangle \begin{pmatrix}\frac{1}{\sqrt{2}}\\ \frac{1}{\sqrt{2}}\\ 0\end{pmatrix} - \left\langle \begin{pmatrix}0\\0\\1\end{pmatrix}, \begin{pmatrix}\frac{1}{\sqrt{2}}\\ -\frac{1}{\sqrt{2}}\\ 0\end{pmatrix} \right\rangle \begin{pmatrix}\frac{1}{\sqrt{2}}\\ -\frac{1}{\sqrt{2}}\\ 0\end{pmatrix} = \begin{pmatrix}0\\0\\1\end{pmatrix}$$

$$\mathbf{w}_3 = \frac{1}{\left\|\begin{pmatrix}0\\0\\1\end{pmatrix}\right\|_2} \cdot \begin{pmatrix}0\\0\\1\end{pmatrix} = \begin{pmatrix}0\\0\\1\end{pmatrix}$$

Nun führen wir den Basisübergang durch. In den Spalten der Matrix S stehen die Basisvektoren $\mathbf{w}_1, \mathbf{w}_2, \mathbf{w}_3$ (dargestellt bezüglich der kanonischen Basis):

Тепер виконаємо базисний перехід. Стовпці матриці S містять базисні вектори $\mathbf{w}_1, \mathbf{w}_2, \mathbf{w}_3$ (представлені відносно канонічного базису):

$$S = \begin{pmatrix}\frac{1}{\sqrt{2}} & \frac{1}{\sqrt{2}} & 0\\ \frac{1}{\sqrt{2}} & -\frac{1}{\sqrt{2}} & 0\\ 0 & 0 & 1\end{pmatrix}$$
$$\begin{matrix}\uparrow & \uparrow & \uparrow\\ \mathbf{w}_1 & \mathbf{w}_2 & \mathbf{w}_3\end{matrix}$$

$$S^{-1} = \begin{pmatrix}\frac{1}{\sqrt{2}} & \frac{1}{\sqrt{2}} & 0\\ \frac{1}{\sqrt{2}} & -\frac{1}{\sqrt{2}} & 0\\ 0 & 0 & 1\end{pmatrix}$$

$$\Rightarrow \quad S^{-1} \cdot Q \cdot S = \begin{pmatrix}1 & 0 & 0\\ 0 & -\frac{1}{3} & \frac{\sqrt{8}}{3}\\ 0 & -\frac{\sqrt{8}}{3} & -\frac{1}{3}\end{pmatrix} = \begin{pmatrix}1 & 0 & 0\\ 0 & \cos\varphi & -\sin\varphi\\ 0 & \sin\varphi & \cos\varphi\end{pmatrix}$$

Dies ist eine Drehung in der $(\mathbf{w}_2, \mathbf{w}_3)$-Ebene um den Winkel[1] $\varphi = -1.9106$ (das entspricht $-70.5287°$).

Це є поворотом у $(\mathbf{w}_2, \mathbf{w}_3)$-площині на кут[1] $\varphi = -1.9106$ (що відповідає $-70.5287°$).

In diesem Beispiel haben wir gesehen, wie sich eine lineare Abbildung durch die Wahl einer geschickten Basis in möglichst einfacher Form darstellen und damit analysieren lässt. Ein allgemeines Verfahren, um eine solche Basis zu finden, werden wir im Kapitel über Eigenwertprobleme[1] behandeln.

У цьому прикладі ми побачили, як завдяки вибору зручного базису лінійне відображення може бути представлено в найпростішій формі та потім досліджено. Загальну процедуру пошуку такого базису буде розроблено в розділі, який стосується проблеми власних векторів[1].

Kapitel / Розділ 5

Lineare Ausgleichsprobleme
Задача лінійної підгонки

In der Praxis stellt sich oft die Frage, wie man empirische[1] Messwerte[2] möglichst gut durch eine idealisierte[3] Gleichung[4] beschreibt. Die Form[5] der Gleichung steht dabei oft fest (zum Beispiel eine quadratische[6] Gleichung). Jedoch müssen Parameter[7] anhand der Messwerte bestimmt werden.

На практиці часто виникає питання, як найкраще описати емпіричні[1] дані вимірювань[2] за допомогою ідеалізованого[3] рівняння[4]. При цьому рівняння часто задають у певної формі[5] (наприклад, квадратне[6] рівняння). Проте параметри[7] мають бути визначені на основі виміряних значень.

Beispiel:
Ein Fahrzeug[1] wird von der Geschwindigkeit[2] v bis zum Stillstand[3] abgebremst[4]. Für die Länge[5] des Bremswegs[6] b setzt man eine quadratische Gleichung an:

Приклад:
Автомобіль[1] гальмує[4] від швидкості[2] v до повної зупинки[3]. Довжину[5] гальмівного шляху[6] b визначають за допомогою квадратного рівняння:

$$b = a_0 + a_1 \cdot v + a_2 \cdot v^2$$

Die Parameter $a_0, a_1, a_2 \in \mathbb{R}$ hängen von der Bauart[1] des Fahrzeugs ab.

Параметри $a_0, a_1, a_2 \in \mathbb{R}$ залежать від конструкції[1] автомобіля.

Frage: Wie bestimmt man die Parameter a_0, a_1, a_2 mit Hilfe von Messwerten?

Питання: як визначити параметри a_0, a_1, a_2 на підставі виміряних значень?

Hierzu messen wir für drei verschiedene Geschwindigkeiten v_i den jeweiligen Bremsweg b_i:

Для цього ми вимірюємо для трьох різних швидкостей v_i відповідний гальмівний шлях b_i:

v_i [km/h]	9	17	25
b_i [m]	3	9	14

Die Messwerte v_i, b_i setzen wir in die Gleichung $a_0 + a_1 \cdot v_i + a_2 \cdot v_i^2 = b_i$ ein. Für jedes $i \in \{1,2,3\}$ erhalten wir eine Gleichung:

Виміряні значення v_i, b_i ми підставляємо в рівняння $a_0 + a_1 \cdot v_i + a_2 \cdot v_i^2 = b_i$. Для кожного $i \in \{1,2,3\}$ здобуваємо рівняння:

$$\begin{cases} a_0 + a_1 v_1 + a_2 v_1^2 = b_1 \\ a_0 + a_1 v_2 + a_2 v_2^2 = b_2 \\ a_0 + a_1 v_3 + a_2 v_3^2 = b_3 \end{cases}$$

A. Johann et al., *Höhere Mathematik auf Deutsch und Ukrainisch*
Вища математика німецькою та українською мовами,
https://doi.org/10.1007/978-3-662-71575-8_5

Das ist ein lineares Gleichungssystem[1] für die Parameter a_0, a_1, a_2. Die erweiterte Matrixform[2] lautet:

Це є система лінійних рівнянь[1] для параметрів a_0, a_1, a_2. Розширена матрична форма[2] має вигляд:

$$\Leftrightarrow \begin{pmatrix} 1 & v_1 & v_1^2 \\ 1 & v_2 & v_2^2 \\ 1 & v_3 & v_3^2 \end{pmatrix} \begin{pmatrix} a_0 \\ a_1 \\ a_2 \end{pmatrix} = \begin{pmatrix} b_1 \\ b_2 \\ b_3 \end{pmatrix}$$

Nun setzen wir für v_i, b_i die obigen Messwerte ein:

Тепер покладемо для v_i, b_i наведені вище виміряні значення:

$$\Leftrightarrow \begin{pmatrix} 1 & 9 & 9^2 \\ 1 & 17 & 17^2 \\ 1 & 25 & 25^2 \end{pmatrix} \begin{pmatrix} a_0 \\ a_1 \\ a_2 \end{pmatrix} = \begin{pmatrix} 3 \\ 9 \\ 14 \end{pmatrix}$$

$$\Leftrightarrow \begin{pmatrix} 1 & 9 & 81 \\ 1 & 17 & 289 \\ 1 & 25 & 625 \end{pmatrix} \begin{pmatrix} a_0 \\ a_1 \\ a_2 \end{pmatrix} = \begin{pmatrix} 3 \\ 9 \\ 14 \end{pmatrix}$$

Dieses lineare Gleichungssystem lösen wir durch Gauß-Elimination[1] und erhalten als Ergebnis:

Здобуту систему лінійних рівнянь ми розв'язуємо методом виключення Гаусса[1] і здобуваємо результат:

$$\Leftrightarrow \begin{pmatrix} a_0 \\ a_1 \\ a_2 \end{pmatrix} = \begin{pmatrix} -\frac{633}{128} \\ \frac{61}{64} \\ -\frac{1}{128} \end{pmatrix} \approx \begin{pmatrix} -4.9453 \\ 0.9531 \\ -0.0078 \end{pmatrix}$$

Mit Hilfe dieser Parameter a_0, a_1, a_2 erhalten wir die folgende Gleichung für den Bremsweg:

На підставі знайдених параметрів a_0, a_1, a_2 здобуваємо наступне рівняння для гальмівного шляху:

$$b = \underbrace{-\frac{633}{128}}_{a_0} + \underbrace{\frac{61}{64}}_{a_1} \cdot v \underbrace{- \frac{1}{128}}_{a_2} \cdot v^2$$

Problem: Bei jeder Messung treten zwangsläufig Messfehler[1] auf. Daher stimmen die soeben berechneten Parameter a_0, a_1, a_2 nur ungefähr.

Dieses Problem lässt sich umgehen, indem man mehr Messungen durchführt und die Kurve[1] $b = a_0 + a_1 \cdot v + a_2 \cdot v^2$ möglichst gut durch die Messwerte legt. Man spricht dann von einer Ausgleichskurve[2].

Проблема: при кожному вимірюванні неминуче виникають похибки вимірювання[1]. Відтак, щойно обчислені параметри a_0, a_1, a_2 є лише наближено вірними.

Цієї проблеми можна уникнути, якщо провести більше вимірювань і прокласти криву[1] $b = a_0 + a_1 \cdot v + a_2 \cdot v^2$ якомога точніше крізь виміряні величини. Таку криву називають кривою підгонки[2].

Beispiel:

Wir messen den Bremsweg b_i nicht nur für drei, sondern für fünf Geschwindigkeiten v_i:

Приклад:

Ми вимірюємо гальмівний шлях b_i тепер не для трьох, а для п'яти швидкостей v_i:

v_i [km/h]	9	17	17	25	35
b_i [m]	3	9	5	14	23

Wenn man mehr (fehlerbehaftete[1]) Messwerte $i = 1, \ldots, m$ hat als zu bestimmende Parameter vorliegen, dann ist das resultierende lineare Gleichungssystem überbestimmt[2]:

Коли (обтяжених похибками[1]) виміряних значень $i = 1, \ldots, m$ більше, ніж параметрів, які потрібно визначити, відповідна система лінійних рівнянь є надлишково-визначеною або перевизначеною[2]:

$$\begin{cases} a_0 + a_1 \cdot v_1 + a_2 \cdot v_1^2 &= b_1 \\ a_0 + a_1 \cdot v_2 + a_2 \cdot v_2^2 &= b_2 \\ \vdots & \vdots \\ a_0 + a_1 \cdot v_m + a_2 \cdot v_m^2 &= b_m \end{cases}$$

$$\Leftrightarrow \underbrace{\begin{pmatrix} 1 & v_1 & v_1^2 \\ 1 & v_2 & v_2^2 \\ \vdots & \vdots & \vdots \\ 1 & v_m & v_m^2 \end{pmatrix}}_{A} \cdot \underbrace{\begin{pmatrix} a_0 \\ a_1 \\ a_2 \end{pmatrix}}_{\mathbf{x}} = \underbrace{\begin{pmatrix} b_1 \\ b_2 \\ \vdots \\ b_m \end{pmatrix}}_{\mathbf{b}}$$

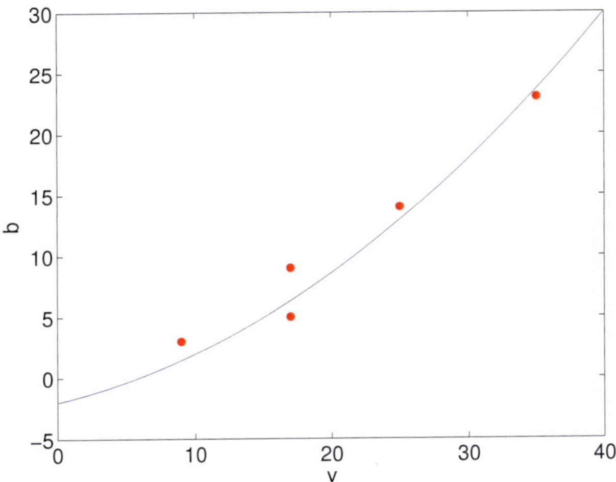

Abbildung / Рисунок 5.1
Die Ausgleichskurve verläuft möglichst gut durch die Messwerte
Крива підгонки, яку наближено якомога точніше до виміряних значень

Problem: Ein überbestimmtes lineares Gleichungssystem ist in der Regel nicht lösbar. Im Folgenden bestimmen wir eine möglichst gute Näherungslösung[1] $\mathbf{x} = \begin{pmatrix} a_0 & a_1 & a_2 \end{pmatrix}^T$.

Проблема: перевизначену систему лінійних рівнянь, як правило, не можна розв'язати. Надалі ми визначаємо найкращий наближений розв'язок[1] $\mathbf{x} = \begin{pmatrix} a_0 & a_1 & a_2 \end{pmatrix}^T$.

Methode der kleinsten Fehlerquadrate
Метод найменших квадратів

Für eine Lösung $\mathbf{x}$ der Gleichung $A\mathbf{x} = \mathbf{b}$ gilt:

Для розв'язку $\mathbf{x}$ рівняння $A\mathbf{x} = \mathbf{b}$ маємо:

$$A \cdot \mathbf{x} = \mathbf{b}$$
$$\Leftrightarrow A \cdot \mathbf{x} - \mathbf{b} = \mathbf{0}$$

Falls jedoch $\mathbf{x}$ keine Lösung ist, so gibt der Residuenvektor[1] die Abweichung[2] von $A \cdot \mathbf{x}$ zur rechten Seite[3] $\mathbf{b}$ an:

Проте, якщо $\mathbf{x}$ не є розв'язком, залишковий вектор[1] містить відхилення[2] $A \cdot \mathbf{x}$ від правої частини[3] $\mathbf{b}$:

$$\begin{aligned}\mathbf{r} &= A \cdot \mathbf{x} - \mathbf{b} \\ &= \begin{pmatrix} 1 & v_1 & v_1^2 \\ \vdots & \vdots & \vdots \\ 1 & v_m & v_m^2 \end{pmatrix} \cdot \begin{pmatrix} a_0 \\ a_1 \\ a_2 \end{pmatrix} - \begin{pmatrix} b_1 \\ \vdots \\ b_m \end{pmatrix} \\ &= \begin{pmatrix} a_0 + a_1 \cdot v_1 + a_2 \cdot v_1^2 - b_1 \\ \vdots \\ a_0 + a_1 \cdot v_m + a_2 \cdot v_m^2 - b_m \end{pmatrix}\end{aligned}$$

In den einzelnen Zeilen[1] des Residuenvektors **r** steht somit jeweils der Funktionswert[2] $a_0 + a_1 \cdot v_i + a_2 \cdot v_i^2$ der Ausgleichskurve an der Stelle[3] v_i minus dem Messwert b_i.

Відповідно, кожен рядок[1] залишкового вектора **r** містить значення функції[2] $a_0 + a_1 \cdot v_i + a_2 \cdot v_i^2$ кривої підгонки в точці[3] v_i мінус виміряне значення b_i.

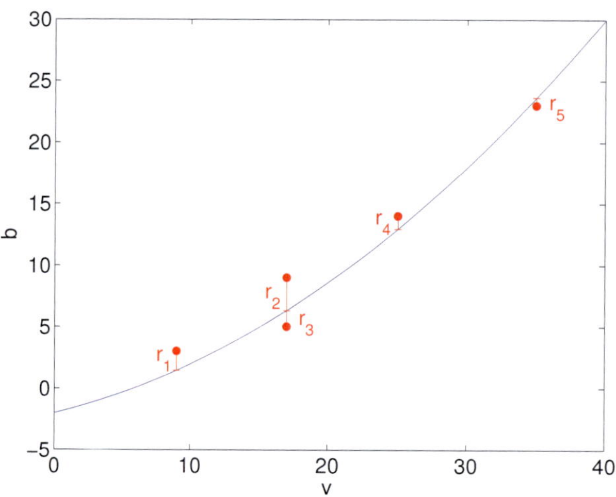

Abbildung / Рисунок 5.2

Der Residuenvektor $\mathbf{r} = \begin{pmatrix} r_1 & r_2 & r_3 & r_4 & r_5 \end{pmatrix}^T$ gibt die Abweichung der Ausgleichskurve zu den einzelnen Messwerten an

Залишковий вектор $\mathbf{r} = \begin{pmatrix} r_1 & r_2 & r_3 & r_4 & r_5 \end{pmatrix}^T$ містить відхилення кривої підгонки від окремих виміряних значень

Im Folgenden behandeln wir die Frage, was wir exakt darunter verstehen, dass die Ausgleichskurve "möglichst gut" die Messwerte approximiert[1]. Eine Maßzahl[2] für die Güte[3] der Approximation[4] ist die euklidische Norm[5] des Residuenvektors. Wir bezeichnen dies als Methode der kleinsten Fehlerquadrate[6]:

Далі ми пояснюємо, що саме ми маємо на увазі, коли кажемо, що крива підгонки наближає[1] виміряні значення "якнайкраще ". Мірою[2] якості[3] наближення[4] є евклідова норма[5] залишкового вектора. Це називають методом найменших квадратів[6]:

$$\|\mathbf{r}\|_2 = \|A\mathbf{x} - \mathbf{b}\|_2 = \sqrt{\sum_{i=1}^{m} \left(a_0 + a_1 \cdot v_i + a_2 \cdot v_i^2 - b_i\right)^2}$$

Definition 5.1

Seien $m > n, A \in \mathbb{R}^{(m,n)}$ und $\mathbf{b} \in \mathbb{R}^m$. Unter einem linearen Ausgleichsproblem[1] verstehen wir die Aufgabe[2], ein $\mathbf{x} \in \mathbb{R}^n$ zu bestimmen, so dass die euklidische Norm des Residuenvektors $\|A\mathbf{x} - \mathbf{b}\|_2$ minimal[3] wird.

Визначення 5.1

Нехай $m > n, A \in \mathbb{R}^{(m,n)}$ та $\mathbf{b} \in \mathbb{R}^m$. Під задачею лінійної підгонки[1] ми розуміємо знаходження[2] такого $\mathbf{x} \in \mathbb{R}^n$, при якому евклідова норма залишкового вектора стає $\|A\mathbf{x} - \mathbf{b}\|_2$ мінімальною[3].

Satz 5.2
Das lineare Ausgleichsproblem besitzt exakt die gleichen Lösungen $\mathbf{x} \in \mathbb{R}^n$ *wie die Normalengleichung*[1]*:*

Теорема 5.2
Задача лінійної підгонки має той же самий розв'язок $\mathbf{x} \in \mathbb{R}^n$*, що і рівняння нормалі*[1]*:*

$$A^T A\mathbf{x} = A^T \mathbf{b}$$

Falls $\mathrm{rang}(A) = n$*, so ist diese Lösung eindeutig.*

Якщо $\mathrm{rang}(A) = n$*, то цей розв'язок є єдиним.*

Beispiel:
Wir kommen zurück zum Bremsweg $b = a_0 + a_1 \cdot v + a_2 \cdot v^2$ eines Fahrzeugs. Gegeben seien fünf Messwerte:

Приклад:
Повертаємося до гальмівного шляху автомобіля $b = a_0 + a_1 \cdot v + a_2 \cdot v^2$. Дано п'ять виміряних значень:

v_i [km/h]	9	17	17	25	35
b_i [m]	3	9	5	14	23

Wie zuvor erhalten wir das folgende überbestimmte lineare Gleichungssystem:

Як і раніше, здобуваємо таку перевизначену систему лінійних рівнянь:

$$\underbrace{\begin{pmatrix} 1 & 9 & 81 \\ 1 & 17 & 289 \\ 1 & 17 & 289 \\ 1 & 25 & 625 \\ 1 & 35 & 1225 \end{pmatrix}}_{A} \begin{pmatrix} a_0 \\ a_1 \\ a_2 \end{pmatrix} = \underbrace{\begin{pmatrix} 3 \\ 9 \\ 5 \\ 14 \\ 23 \end{pmatrix}}_{\mathbf{b}}$$

Wir setzen A und $\mathbf{b}$ in die Normalengleichung ein:

Підставляємо A і $\mathbf{b}$ у рівняння нормалі:

$$\underbrace{\begin{pmatrix} 5 & 103 & 2504 \\ 103 & 2509 & 69055 \\ 2509 & 69055 & 2064853 \end{pmatrix}}_{A^T A} \begin{pmatrix} a_0 \\ a_1 \\ a_2 \end{pmatrix} = \underbrace{\begin{pmatrix} 54 \\ 1420 \\ 41214 \end{pmatrix}}_{A^T \mathbf{b}}$$

Wir lösen das lineare Gleichungssystem durch Gauß-Elimination und erhalten für die Parameter a_0, a_1, a_2:

Розв'язуємо систему лінійних рівнянь методом виключення Гаусса і здобуваємо параметри a_0, a_1, a_2:

$$\begin{pmatrix} a_0 \\ a_1 \\ a_2 \end{pmatrix} = \begin{pmatrix} -\frac{35247}{67168} \\ \frac{1631}{6297} \\ \frac{2405}{201504} \end{pmatrix} \approx \begin{pmatrix} -0.5248 \\ 0.2590 \\ 0.0119 \end{pmatrix}$$

Die zugehörige Ausgleichskurve ist in Abbildung 5.1 und 5.2 gezeichnet.

Відповідна крива підгонки зображена на рисунках 5.1 та 5.2.

Beweis (von Satz 5.2):
Die Matrix[1] $A \in \mathbb{R}^{(m,n)}$ liefert eine lineare Abbildung[2] $\mathbf{x} \mapsto A\mathbf{x}$. Sei $U = \{A\mathbf{y} \mid \mathbf{y} \in \mathbb{R}^n\} \subseteq \mathbb{R}^m$ der Untervektorraum[3] aller Bildvektoren[4] dieser linearen Abbildung.

Die euklidische Norm (und somit die Länge) des Residuenvektors $A\mathbf{x} - \mathbf{b}$ wird genau dann minimal, falls $(A\mathbf{x} - \mathbf{b}) \perp U$.

Доведення (теореми 5.2):
Матриця[1] $A \in \mathbb{R}^{(m,n)}$ задає лінійне відображення[2] $\mathbf{x} \mapsto A\mathbf{x}$. Нехай $U = \{A\mathbf{y} \mid \mathbf{y} \in \mathbb{R}^n\} \subseteq \mathbb{R}^m$ це векторний підпростір[3] усіх векторі-зображень[4] цього лінійного відображення.

Евклідова норма (а відтак і довжина) залишкового вектора $A\mathbf{x} - \mathbf{b}$ стає мінімальною тоді і тільки тоді, коли

Das ist genau dann der Fall, wenn für alle $\mathbf{y} \in \mathbb{R}^n$ gilt:

$(A\mathbf{x} - \mathbf{b}) \perp U$. Це відбувається саме тоді, коли для всіх $\mathbf{y} \in \mathbb{R}^n$ виконується таке:

$$\begin{aligned} 0 &= \langle A\mathbf{y}, A\mathbf{x} - \mathbf{b} \rangle \\ &= (A\mathbf{y})^T \cdot (A\mathbf{x} - \mathbf{b}) \\ &= \mathbf{y}^T A^T \cdot (A\mathbf{x} - \mathbf{b}) \end{aligned}$$

Da der Vektor $\mathbf{y} \in \mathbb{R}^n$ beliebig gewählt werden kann, ist dies genau dann der Fall, wenn gilt:

Оскільки вектор $\mathbf{y} \in \mathbb{R}^n$ може бути обраний довільно, це відбувається тоді і тільки тоді, коли:

$$\Leftrightarrow \mathbf{0} = A^T \cdot (A\mathbf{x} - \mathbf{b})$$

Daraus erhalten wir die Normalengleichung:

З цього ми здобуваємо рівняння нормалі:

$$\Leftrightarrow A^T A\mathbf{x} = A^T \mathbf{b}$$

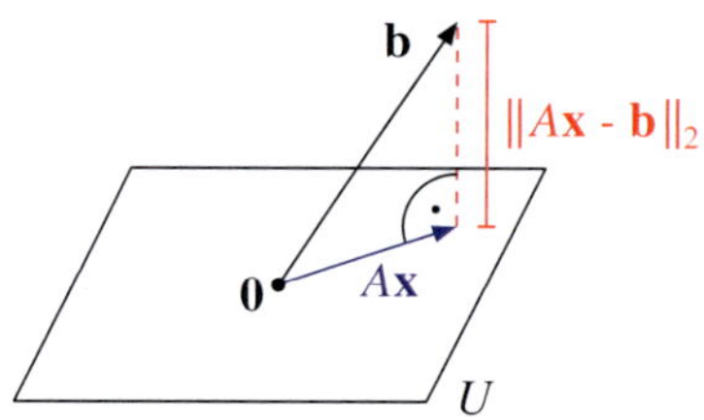

Abbildung / Рисунок 5.3
Wir bestimmen die Lösung $\mathbf{x} \in \mathbb{R}^n$ des Ausgleichsproblems so, dass der Residuenvektor $A\mathbf{x} - \mathbf{b}$ senkrecht auf U steht
Ми визначаємо розв'язок $\mathbf{x} \in \mathbb{R}^n$ задачі підгонки таким чином, що залишковий вектор $A\mathbf{x} - \mathbf{b}$ стає перпендикулярним до U

Mit der orthogonalen Projektion[1] P_U gilt:

Позначення ортогональної проекції[1] через P_U призводить до:

$$A\mathbf{x} = P_U \mathbf{b}$$

Falls $\text{rang}(A) = n$, besitzt dieses lineare Gleichungssystem eine eindeutige[1] Lösung $\mathbf{x} \in \mathbb{R}^n$.

Якщо $\text{rang}(A) = n$, то ця система лінійних рівнянь має єдиний[1] розв'язок $\mathbf{x} \in \mathbb{R}^n$.

■

Bemerkung: Die Methode der linearen Ausgleichsrechnung lässt sich immer dann anwenden, wenn die zu bestimmenden Parameter $a_1, \ldots, a_n$ linear in der Ansatzfunktion[1] vorkommen:

Зауваження: метод лінійної підгонки можна застосовувати завжди, коли параметри $a_1, \ldots, a_n$, які необхідно визначити, входять до наближаючої функції[1] лінійно:

$$b(t) = \sum_{i=1}^{n} a_i \cdot f_i(t)$$

Beispiel: **Приклад:**

$$b(t) = a_1 \cdot \cos(t) + a_2 \cdot \sin(t)$$

Die beiden Parameter a_1, a_2 kommen linear in der Ansatzfunktion vor. Damit ist die Methode der linearen Ausgleichsrechnung anwendbar.

Обидва параметри a_1, a_2 входять до наближаючої функції лінійно. Отже, метод лінійної підгонки можна застосовувати.

Beispiel: **Приклад:**

$$b(t) = a_1 \cdot \mathrm{e}^t + a_2 \cdot \mathrm{e}^{2 \cdot t} + a_3 \cdot \mathrm{e}^{3 \cdot t}$$

Die Parameter a_1, a_2, a_3 kommen linear in der Ansatzfunktion vor. Damit ist die Methode der linearen Ausgleichsrechnung anwendbar.

Параметри a_1, a_2, a_3 входять до наближаючої функції лінійно. Тобто, можна застосовувати метод лінійної підгонки.

Beispiel: **Приклад:**

$$b(t) = a_1 \cdot \mathrm{e}^{a_2 \cdot t}$$

Der Parameter a_2 kommt nicht linear in der Ansatzfunktion vor. Somit ist die Methode der linearen Ausgleichsrechnung in diesem Fall nicht anwendbar.

Параметр a_2 входить до наближаючої функції нелінійно. Тому в цьому випадку метод лінійної підгонки непридатний.

Gegeben eine Ansatzfunktion $b(t) = \sum_{i=1}^{n} a_i \cdot f_i(t)$ sowie eine Menge von Messwerten:

Задано наближаючу функцію $b(t) = \sum_{i=1}^{n} a_i \cdot f_i(t)$ та набір виміряних значень:

t_1	t_2	t_3	$\cdots$	t_m
b_1	b_2	b_3	$\cdots$	b_m

Dann erhalten wir das folgende (überbestimmte) lineare Gleichungssystem zur Bestimmung der Parameter $a_1, \ldots, a_n$:

Тоді здобуваємо наступну (перевизначену) систему лінійних рівнянь для знаходження параметрів $a_1, \ldots, a_n$:

$$\begin{pmatrix} f_1(t_1) & \cdots & f_n(t_1) \\ \vdots & & \vdots \\ f_1(t_m) & \cdots & f_n(t_m) \end{pmatrix} \begin{pmatrix} a_1 \\ \vdots \\ a_n \end{pmatrix} = \begin{pmatrix} b_1 \\ \vdots \\ b_m \end{pmatrix}$$

Die gesuchten Parameter $a_1, \ldots, a_n$ lassen sich nun mit Hilfe der Normalengleichung bestimmen.

Потрібні параметри $a_1, \ldots, a_n$ тепер можна визначити за допомогою рівняння нормалі.

Kapitel / Розділ 6
Komplexe Zahlen und Vektorräume
Комплексні числа та векторні простори

6.1 Komplexe Zahlen und Gleichungen höheren Grades
Комплексні числа та рівняння вищих степенів

Bislang haben wir als grundlegenden Zahlenraum[1] die reellen Zahlen[2] $\mathbb{R}$ verwendet. In vielen Anwendungen ist es jedoch sinnvoll, den Zahlenraum zu erweitern[3]. Der Hauptgrund für diese Erweiterung[4] liegt in der Frage nach der Lösbarkeit[5] von polynomialen[6] Gleichungen:

До цього моменту в якості основного числового простору[1] ми використовували дійсні числа[2] $\mathbb{R}$. Проте в багатьох додатках доцільно розширити[3] числовий простір. Головна підстава для такого розширення[4] полягає в питанні розв'язності[5] поліноміальних[6] рівнянь:

$$a_n \cdot z^n + a_{n-1} \cdot z^{n-1} + \ldots + a_1 \cdot z + a_0 = 0$$

Beispiel:
Die Gleichung $z^2 + 1 = 0 \Leftrightarrow z^2 = -1$ besitzt keine reelle Lösung[1] $z \in \mathbb{R}$, da für jede reelle Zahl z gilt, dass $z^2 \geq 0$.

Приклад:
Рівняння $z^2 + 1 = 0 \Leftrightarrow z^2 = -1$ не має дійсного розв'язку[1] $z \in \mathbb{R}$, оскільки для кожного дійсного числа z виконується умова $z^2 \geq 0$.

Definition 6.1
Wir führen eine (nicht reelle) Zahl i *ein, für die gilt:*

Визначення 6.1
Ми запроваджуємо (недійсне) число i*, для якого виконується таке:*

$$\mathrm{i}^2 = -1$$

Diese Zahl i ist per Konstruktion[1] eine Lösung der Gleichung $z^2 + 1 = 0$. Es ist zunächst ohne Bedeutung, ob die Zahl i eine anschauliche Interpretation besitzt. Diese Frage werden wir später beantworten.

Це число i за побудовою[1] є розв'язком рівняння $z^2 + 1 = 0$. Попервах є неважливим, чи має число i зрозуміле тлумачення. Це питання ми висвітлимо пізніше.

Mit Hilfe der Zahl i und einigen grundlegenden Rechenregeln[1] werden wir die reellen Zahlen $\mathbb{R}$ zu einem größeren Zahlenraum $\mathbb{C}$ erweitern, in dem beliebige polynomiale Gleichungen lösbar sind.

За допомогою числа i та деяких основних правил обчислення[1] ми розширимо дійсні числа $\mathbb{R}$ до більшого числового простору $\mathbb{C}$, у якому можливо розв'язувати будь-які поліноміальні рівняння.

Syntaktisch[1] verwenden wir die Zahl i genau so, als wäre sie eine Variable[2] x oder ein (unbekannter) Parameter[3] c. Zusätzlich verwenden wir die Identität[4] $\mathrm{i}^2 = -1$. Damit sind Ausdrücke[5] wie $2 \cdot \mathrm{i}$ oder $1 + \mathrm{i}$ sinnvoll definiert.

Синтаксично[1] ми використуємо число i так, ніби воно є змінною[2] x або (невідомим) параметром[3] c. Додатково ми застосовуємо тотожність[4] $\mathrm{i}^2 = -1$. Внаслідок цього такі вирази[5], як $2 \cdot \mathrm{i}$ або $1 + \mathrm{i}$, набувають змістовної визначеності.

A. Johann et al., *Höhere Mathematik auf Deutsch und Ukrainisch*
Вища математика німецькою та українською мовами,
https://doi.org/10.1007/978-3-662-71575-8_6

Definition 6.2
Seien $a, b \in \mathbb{R}$. Als komplexe Zahlen[1] $\mathbb{C}$ bezeichnen wir die Menge[2] sämtlicher Zahlen z der folgenden Form:

Визначення 6.2
Нехай $a, b \in \mathbb{R}$. Комплексними числами[1] $\mathbb{C}$ називають множину[2] усіх чисел z у наступній формі:

$$z = a + b \cdot \mathrm{i}$$

Geometrische Interpretation: Mit Hilfe der Basisvektoren[1] 1 und i können wir die komplexen Zahlen $\mathbb{C}$ als zweidimensionalen[2] reellen Vektorraum[3] interpretieren. Wir bezeichnen diesen auch als Gaußsche Zahlenebene[4]:

Геометрична інтерпретація: за допомогою базисних векторів[1] 1 та i ми можемо подати комплексні числа $\mathbb{C}$ як двовимірний[2] дійсний векторний простір[3]. Його також називають гауссовою числовою площиною[4]:

$$\mathbb{C} = \{z = a \cdot 1 + b \cdot \mathrm{i} \mid a, b \in \mathbb{R}\}$$

Jede komplexe Zahl $z = a + b \cdot \mathrm{i}$ ist somit eine Linearkombination[1] aus den Basisvektoren 1 und i. Die Koeffizienten $a, b \in \mathbb{R}$ können wir als Koordinaten[2] interpretieren. Wir verwenden die folgende Bezeichnung:

У такий спосіб кожне комплексне число $z = a + b \cdot \mathrm{i}$ являє собою лінійну комбінацію[1] базисних векторів 1 та i. Коефіцієнти $a, b \in \mathbb{R}$ можна розуміти як координати[2]. Ми використовуємо таке позначення:

$a = \mathrm{Re}(z)$ Realteil von z / дійсна частина z

$b = \mathrm{Im}(z)$ Imaginärteil von z / уявна частина z

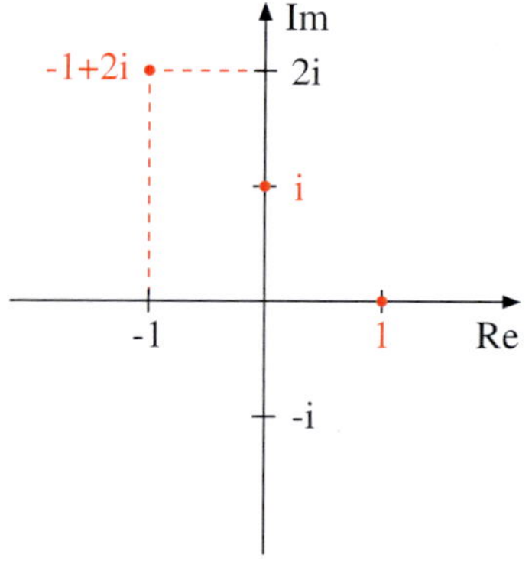

Abbildung / Рисунок 6.1
Die komplexe Zahl $z = -1 + 2\mathrm{i}$ hat den Realteil $\mathrm{Re}(z) = -1$ und den Imaginärteil $\mathrm{Im}(z) = 2$
Комплексне число $z = -1 + 2\mathrm{i}$ має дійсну частину $\mathrm{Re}(z) = -1$ та уявну частину $\mathrm{Im}(z) = 2$

Bemerkung: Die reellen Zahlen $\mathbb{R}$ entsprechen genau denjenigen komplexen Zahlen $z = a + b \cdot \mathrm{i}$ mit Imaginärteil $b = 0$. Damit ist $\mathbb{R} = \mathrm{span}(1)$ ein Untervektorraum[1] von $\mathbb{C}$.

Зауваження: дійсні числа $\mathbb{R}$ точно відповідають комплексним числам $z = a + b \cdot \mathrm{i}$ з уявною частиною $b = 0$. Отже, $\mathbb{R} = \mathrm{span}(1)$ є векторним підпростором[1] $\mathbb{C}$.

Rechenregeln
Правила розрахунку

Seien $z_1 = a_1 + b_1 \cdot \mathrm{i}$ und $z_2 = a_2 + b_2 \cdot \mathrm{i}$ zwei komplexe Zahlen mit $a_1, a_2, b_1, b_2 \in \mathbb{R}$.

Нехай $z_1 = a_1 + b_1 \cdot \mathrm{i}$ та $z_2 = a_2 + b_2 \cdot \mathrm{i}$ - це два комплексних числа з $a_1, a_2, b_1, b_2 \in \mathbb{R}$.

Die Gleichheit[1], Summe[2] und Differenz[3] zweier komplexer

Рівність[1], сума[2] та різниця[3] двох комплексних чисел об-

Zahlen berechnet man koordinatenweise[4] (das heißt: separat für den Realteil und Imaginärteil). Dies entspricht der zuvor besprochenen geometrischen Interpretation der komplexen Zahlen als zweidimensionalem reellem Vektorraum:

числюються покоординатно[4] (тобто окремо для дійсної та уявної частин). Це узгоджується з наведеною раніше геометричною інтерпретацією комплексних чисел як двовимірного дійсного векторного простору:

$$\begin{aligned} &\text{(i)} && a_1 + b_1 \cdot \mathrm{i} = a_2 + b_2 \cdot \mathrm{i} \Leftrightarrow a_1 = a_2 \wedge b_1 = b_2 \\ &\text{(ii)} && (a_1 + b_1 \cdot \mathrm{i}) + (a_2 + b_2 \cdot \mathrm{i}) = (a_1 + a_2) + (b_1 + b_2) \cdot \mathrm{i} \\ &\text{(iii)} && (a_1 + b_1 \cdot \mathrm{i}) - (a_2 + b_2 \cdot \mathrm{i}) = (a_1 - a_2) + (b_1 - b_2) \cdot \mathrm{i} \end{aligned}$$

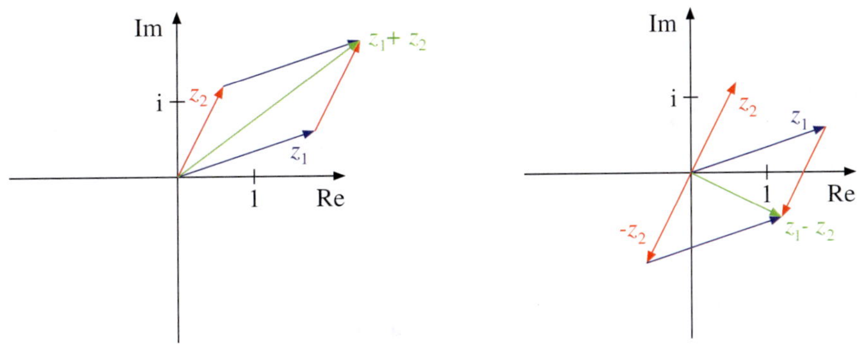

Abbildung / Рисунок 6.2
Die Addition (links) und Subtraktion (rechts) zweier komplexer Zahlen $z_1, z_2 \in \mathbb{C}$ in der Gaußschen Zahlenebene erfolgt genau so, wie für geometrische Vektoren in der Ebene
Додавання (ліворуч) і віднімання (праворуч) двох комплексних чисел $z_1, z_2 \in \mathbb{C}$ на гауссовій числовій площині виконується точно так само, як і для геометричних векторів на площині

Bei der Multiplikation[1] zweier komplexer Zahlen verwenden wir die Identität $\mathrm{i}^2 = -1$. Hierdurch können wir das Ergebnis wieder in der Form $a + b \cdot \mathrm{i}$ mit $a, b \in \mathbb{R}$ schreiben:

Для множення[1] двох комплексних чисел ми застосовуєм тотожність $\mathrm{i}^2 = -1$. Це дає можливість знов записати результат у вигляді $a + b \cdot \mathrm{i}$ з $a, b \in \mathbb{R}$:

$$\begin{aligned} \text{(iv)} \quad (a_1 + b_1 \cdot \mathrm{i}) \cdot (a_2 + b_2 \cdot \mathrm{i}) &= a_1 a_2 + a_1 b_2 \cdot \mathrm{i} + b_1 a_2 \cdot \mathrm{i} + b_1 b_2 \cdot \underbrace{\mathrm{i}^2}_{-1} \\ &= \underbrace{(a_1 a_2 - b_1 b_2)}_{\in \mathbb{R}} + \underbrace{(a_1 b_2 + b_1 a_2)}_{\in \mathbb{R}} \cdot \mathrm{i} \end{aligned}$$

Bei der Division[1] zweier komplexer Zahlen fordern wir, dass der Nenner[2] nicht Null[3] wird: $0 \neq z_2 = a_2 + b_2 \cdot \mathrm{i} \Leftrightarrow a_2 \neq 0 \vee b_2 \neq 0$. Durch geschicktes Erweitern[4] des Bruches[5] können wir das Ergebnis wieder in der Form $a + b \cdot \mathrm{i}$ mit $a, b \in \mathbb{R}$ schreiben:

У випадку ділення[1] двох комплексних чисел ми вимагаємо, щоб знаменник[2] не дорівнював нулю[3]: $0 \neq z_2 = a_2 + b_2 \cdot \mathrm{i} \Leftrightarrow a_2 \neq 0 \vee b_2 \neq 0$. Шляхом належного розширення[4] дробу[5] ми знову можемо записати результат у вигляді $a + b \cdot \mathrm{i}$ з $a, b \in \mathbb{R}$:

$$\begin{aligned} \text{(v)} \quad \frac{a_1 + b_1 \cdot \mathrm{i}}{a_2 + b_2 \cdot \mathrm{i}} &= \frac{(a_1 + b_1 \cdot \mathrm{i}) \cdot (a_2 - b_2 \cdot \mathrm{i})}{(a_2 + b_2 \cdot \mathrm{i}) \cdot (a_2 - b_2 \cdot \mathrm{i})} \\ &= \frac{(a_1 a_2 + b_1 b_2) + (-a_1 b_2 + b_1 a_2) \cdot \mathrm{i}}{(a_2^2 + b_2^2) + (-a_2 b_2 + b_2 a_2) \cdot \mathrm{i}} \\ &= \underbrace{\frac{a_1 a_2 + b_1 b_2}{a_2^2 + b_2^2}}_{\in \mathbb{R}} + \underbrace{\frac{b_1 a_2 - a_1 b_2}{a_2^2 + b_2^2}}_{\in \mathbb{R}} \cdot \mathrm{i} \end{aligned}$$

Zusammenfassend stellen wir fest: Die komplexen Zahlen sind abgeschlossen[1] unter den vier Grundrechenarten[2]. Das heißt: Die Summe, Differenz, Multiplikation und Division (mit Nenner $\neq 0$) zweier komplexer Zahlen liefert immer eine komplexe Zahl. Damit bilden die komplexen Zahlen $\mathbb{C}$ einen sinnvollen Zahlenbereich, den wir in Zukunft an Stelle der reellen Zahlen $\mathbb{R}$ verwenden wollen.

У підсумку зазначаємо, що комплексні числа є замкненими[1] відносно чотирьох основних арифметичних дій[2]. Це означає: сума, різниця, множення та ділення (зі знаменником $\neq 0$) двох комплексних чисел завжди дають комплексне число. В такий спосіб комплексні числа створюють змістовну числову множину $\mathbb{C}$, яку ми будемо надалі використовувати замість дійсних чисел $\mathbb{R}$.

Bei der Division zweier komplexer Zahlen haben wir dadurch einen reellen Nenner erzeugt, dass wir das Vorzeichen[1] des Imaginärteils des ursprünglichen Nenners $a_2 + b_2 \cdot \mathrm{i}$ umgekehrt und mit der resultierenden komplexen Zahl $a_2 - b_2 \cdot \mathrm{i}$ den Bruch erweitert haben. Dies führt uns zu folgender Definition:

У разі ділення двох комплексних чисел ми зробили знаменник дійсним шляхом зміни знаку[1] уявної частини первинного знаменника $a_2 + b_2 \cdot \mathrm{i}$ на протилежний та розширення дробу отриманим комплексним числом $a_2 - b_2 \cdot \mathrm{i}$. Це підводить нас до наступного визначення:

Definition 6.3

Zu jeder komplexen Zahl $z = a + b \cdot \mathrm{i}$ mit $a, b \in \mathbb{R}$ definieren wir eine konjugiert komplexe[1] Zahl:

Визначення 6.3

Для кожного комплексного числа $z = a + b \cdot \mathrm{i}$ з $a, b \in \mathbb{R}$ ми визначаємо спряжене комплексне[1] число:

$$\bar{z} = a - b \cdot \mathrm{i}$$

Anwendung: Sei $z = a + b \cdot \mathrm{i}$ mit $a, b \in \mathbb{R}$. Mit Hilfe der konjugiert komplexen Zahl $\bar{z} = a - b \cdot \mathrm{i}$ können wir die folgenden Ausdrücke bilden:

Застосування: нехай $z = a + b \cdot \mathrm{i}$ з $a, b \in \mathbb{R}$. За допомогою спряженого комплексного числа $\bar{z} = a - b \cdot \mathrm{i}$ ми можемо скласти такі вирази:

$$z \cdot \bar{z} = (a + b \cdot \mathrm{i}) \cdot (a - b \cdot \mathrm{i}) = a^2 + b^2 \in \mathbb{R}$$

$$\frac{1}{2}(z + \bar{z}) = \frac{1}{2}((a + b\mathrm{i}) + (a - b\mathrm{i})) = \frac{1}{2}(2 \cdot a) = a = \mathrm{Re}(z)$$

$$\frac{1}{2\mathrm{i}}(z - \bar{z}) = \frac{1}{2\mathrm{i}}((a + b\mathrm{i}) - (a - b\mathrm{i})) = \frac{1}{2\mathrm{i}}(2 \cdot b\mathrm{i}) = b = \mathrm{Im}(z)$$

Beispiel:

Wir verwenden die obigen Rechenregeln für die Grundrechenarten:

Приклад:

Ми використовуємо наведені вище правила обчислення для основних арифметичних перетворень:

$$(-1 + 2\mathrm{i}) - \overline{(4 - 3\mathrm{i})} = (-1 + 2\mathrm{i}) - (4 + 3\mathrm{i}) = (-1 - 4) + (2 - 3)\mathrm{i} = -5 - \mathrm{i}$$

Beispiel:

Приклад:

$$\frac{-1 + 2\mathrm{i}}{4 - 3\mathrm{i}} = \frac{(-1) \cdot 4 + 2 \cdot (-3)}{4^2 + (-3)^2} + \frac{4 \cdot 2 - (-1) \cdot (-3)}{4^2 + (-3)^2}\mathrm{i} = \frac{-4 - 6}{16 + 9} + \frac{8 - 3}{16 + 9}\mathrm{i} = -\frac{10}{25} + \frac{5}{25}\mathrm{i} = -\frac{2}{5} + \frac{1}{5}\mathrm{i}$$

Beispiel:

Wir berechnen einige Potenzen[1] von i:

Приклад:

Обчислюємо деякі степені[1] від i:

$$\begin{aligned}
\mathrm{i}^2 &= (0 + 1 \cdot \mathrm{i}) \cdot (0 + 1 \cdot \mathrm{i}) = (0 \cdot 0 - 1 \cdot 1) + (0 \cdot 1 + 1 \cdot 0)\mathrm{i} = -1 \\
\mathrm{i}^3 &= \mathrm{i}^2 \cdot \mathrm{i} = (-1 + 0 \cdot \mathrm{i}) \cdot (0 + 1 \cdot \mathrm{i}) = ((-1) \cdot 0 + 0 \cdot 1) + ((-1) \cdot 1 + 0 \cdot 0)\mathrm{i} = -\mathrm{i} \\
\mathrm{i}^4 &= \mathrm{i}^2 \cdot \mathrm{i}^2 = (-1) \cdot (-1) = 1 \\
\mathrm{i}^5 &= \mathrm{i}^4 \cdot \mathrm{i} = 1 \cdot \mathrm{i} = \mathrm{i} \\
\mathrm{i}^6 &= \mathrm{i}^4 \cdot \mathrm{i}^2 = 1 \cdot (-1) = -1
\end{aligned}$$

Insgesamt haben wir damit zwei Lösungen der Gleichung[1] $z^2+1=0$ gefunden. Für $z_1=\mathrm{i}$ gilt:

У такий спосіб ми знайшли сукупно два розв'язки рівняння[1] $z^2+1=0$. Для $z_1=\mathrm{i}$ маємо:

$$z_1^2+1=\mathrm{i}^2+1=-1+1=0 \qquad \checkmark$$

Zudem gilt für $z_2=\mathrm{i}^3=-\mathrm{i}$:

Додатково для $z_2=\mathrm{i}^3=-\mathrm{i}$ маємо:

$$z_2^2+1=\left(\mathrm{i}^3\right)^2+1=\mathrm{i}^6+1=-1+1=0 \qquad \checkmark$$

Definition 6.4

Der Betrag[1] einer komplexen Zahl $z=a+b\cdot\mathrm{i}$ mit $a,b\in\mathbb{R}$ ist gegeben durch:

Визначення 6.4

Модуль (абсолютне значення)[1] комплексного числа $z=a+b\cdot\mathrm{i}$ з $a,b\in\mathbb{R}$ визначають так:

$$|z|=\sqrt{z\cdot\bar{z}}=\sqrt{a^2+b^2}$$

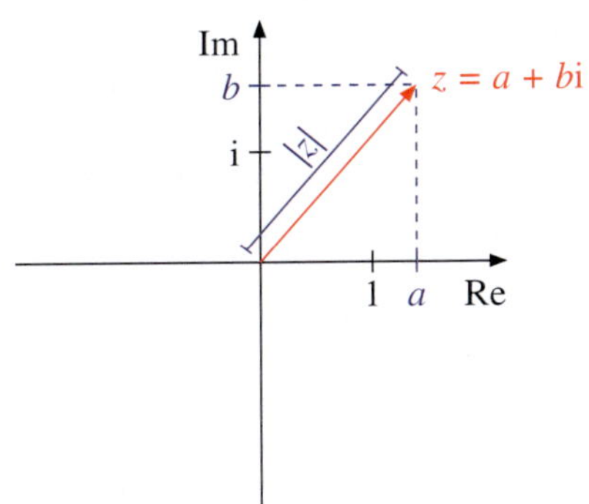

Abbildung / Рисунок 6.3

Der Betrag $|z|$ einer komplexen Zahl $z=a+b\cdot\mathrm{i}$ entspricht in der Gaußschen Zahlenebene dem Abstand[1] zum Ursprung[2]

Модуль $|z|$ комплексного числа $z=a+b\cdot\mathrm{i}$ дорівнює відстані[1] до початку координат[2] на гауссовій числовій площині

Satz 6.5

Seien $z_1,z_2\in\mathbb{C}$. Dann gelten die üblichen Rechenregeln für den Betrag:

Теорема 6.5

Нехай $z_1,z_2\in\mathbb{C}$. Тоді для модуля діють звичайні властивості:

(i) $|z_1+z_2|\le|z_1|+|z_2|$ *Dreiecksungleichung[1] / нерівність трикутника[1]*

(ii) $|z_1-z_2|\ge|z_1|-|z_2|$

(iii) $|z_1\cdot z_2|=|z_1|\cdot|z_2|$

(iv) $\left|\frac{z_1}{z_2}\right|=\frac{|z_1|}{|z_2|}$

Beispiel:

Приклад:

$$|\mathrm{i}|=|0+1\cdot\mathrm{i}|=\sqrt{0^2+1^2}=1$$

Beispiel:

Приклад:

$$|4-3\mathrm{i}| = \sqrt{4^2+(-3)^2} = \sqrt{16+9} = \sqrt{25} = 5$$

Beispiel:
Wir rechnen die Rechenregel (iii) nach:

Приклад:
Тепер продемонструємо прямим розрахунком властивість (iii):

$$\begin{array}{c} |(4-3\mathrm{i})\cdot\mathrm{i}| = |4-3\mathrm{i}|\cdot|\mathrm{i}| = 5\cdot 1 = 5 \\ \| \\ |3+4\mathrm{i}| = \sqrt{3^2+4^2} = \sqrt{9+16} = \sqrt{25} = 5 \qquad \checkmark \end{array}$$

Polardarstellung
Полярна форма

Bislang haben wir eine komplexe Zahl $z \in \mathbb{C}$ durch ihren Realteil und Imaginärteil $z = a + b\mathrm{i}$ angegeben. Alternativ können wir in der Gaußsche Zahlenebene ihren Abstand $r = |z|$ zum Ursprung und ihren Winkel[1] φ zur positiven reellen Halbachse[2] angeben. Das Zahlenpaar[3] r, φ bezeichnet man als Polardarstellung[4] der komplexen Zahl z.

Дотепер ми подавали комплексне число $z \in \mathbb{C}$ через його дійсну та уявну частини як $z = a + b\mathrm{i}$. Крім того, на гаусовій числовій площині ми можемо вказати його відстань $r = |z|$ до початку координат та його кут[1] φ до додатної дійсної півосі[2]. Цю пару чисел[3] r, φ називають полярною формою[4] комплексного числа z.

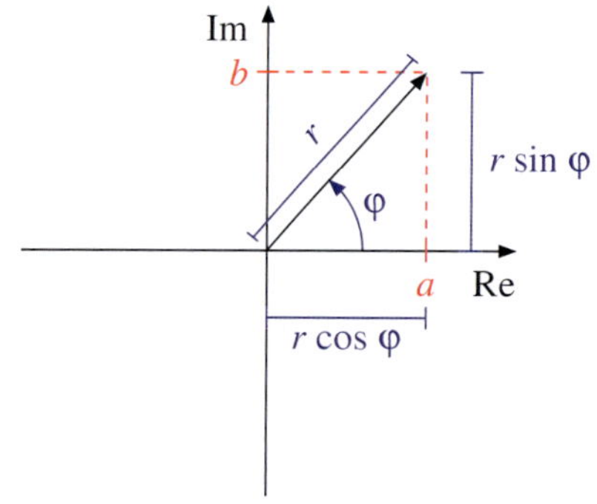

Abbildung / Рисунок 6.4
Polardarstellung r, φ einer komplexen Zahl $z = a + b\mathrm{i}$
Полярна форма r, φ комплексного числа $z = a + b\mathrm{i}$

Es gilt:

Виконується таке:

$$\begin{aligned} z &= r\cdot(\cos\varphi + \mathrm{i}\cdot\sin\varphi) \\ &= \underbrace{r\cdot\cos\varphi}_{a} + \mathrm{i}\cdot\underbrace{r\cdot\sin\varphi}_{b} \end{aligned}$$

Damit erhalten wir die Umrechnungsformel[1] von Polardarstellung r, φ in Realteil und Imaginärteil a, b:

Звідси випливає формула перетворення[1] полярної форми r, φ у дійсну та уявну частини a, b:

$$\begin{aligned} a &= r\cdot\cos\varphi \\ b &= r\cdot\sin\varphi \end{aligned}$$

Die umgekehrte[1] Umrechnungsformel von Realteil und Imaginärteil a, b in Polardarstellung r, φ lautet:

Формула зворотного[1] перетворення дійсної та уявної частин a, b у полярну форму r, φ має вигляд:

$$\begin{aligned} r &= |z| = \sqrt{a^2+b^2} \\ \varphi &= \arg(z) \end{aligned}$$

Dabei verwenden wir:

Додатково ми використовуємо:

Definition 6.6

Das Argument[1] $\arg : \mathbb{C} \to]-\pi, \pi]$ gibt in der Gaußschen Zahlenebene den Winkel der komplexen Zahl z zur positiven reellen Halbachse an:

Визначення 6.6

Аргумент[1] $\arg : \mathbb{C} \to]-\pi, \pi]$ задає кут між комплексним числом z та додатною дійсною піввіссю на гауссовій числовій площині:

$$\arg(z) = \begin{cases} \arctan\left(\frac{b}{a}\right) - \pi & , a < 0 \wedge b < 0 \\ -\frac{\pi}{2} & , a = 0 \wedge b < 0 \\ \arctan\left(\frac{b}{a}\right) & , a > 0 \\ +\frac{\pi}{2} & , a = 0 \wedge b > 0 \\ \arctan\left(\frac{b}{a}\right) + \pi & , a < 0 \wedge b \geq 0 \\ 0 & , a = 0 \wedge b = 0 \end{cases}$$

Geometrisch[1] ist das Argument für $z = 0$ nicht definiert, da der Nullvektor[2] in der Gaußschen Zahlenebene keine Richtung[3] besitzt. Wir vermeiden jedoch Fallunterscheidungen[4], wenn wir das Argument auch in diesem Fall definieren. Die spezielle Wahl $\arg(0) = 0$ ist dabei willkürlich[5]. Sie hat wegen $r = |0| = 0$ keinen Einfluss auf die Umrechnung in Realteil und Imaginärteil.

У випадку $z = 0$ аргумент не є геометрично[1] визначеним, оскільки нульовий вектор[2] не має напрямку[3] на гауссовій числовій площині. Однак, розбіжності в описуванні окремих варіантів[4] можна уникнути, якщо визначити аргумент також і в цому випадку. Особливий вибір $\arg(0) = 0$ є також довільним[5]. Оскільки $r = |0| = 0$, він не впливає на перерахунок у дійсну та уявну частини.

Bemerkung: In Polardarstellung macht die Angabe des Winkels $\varphi \in \mathbb{R}$ nur bis auf ganzzahlige Vielfache[1] von 2π Sinn, denn $\varphi + 2\pi \cdot k$ ergibt für jedes $k \in \mathbb{Z}$ die gleiche komplexe Zahl.

Зауваження: у полярній формі задання кута $\varphi \in \mathbb{R}$ має сенс лише до цілих кратних[1] 2π, оскільки $\varphi + 2\pi \cdot k$ породжує однакові комплексні числа для кожного $k \in \mathbb{Z}$.

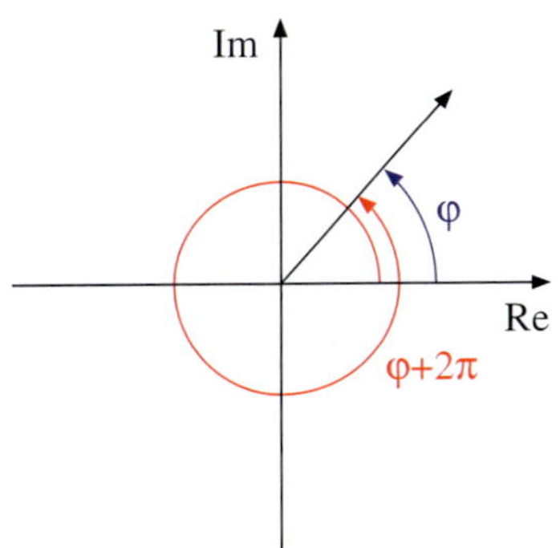

Abbildung / Рисунок 6.5
In Polardarstellung ergeben die Winkel φ und $\varphi + 2\pi$ die gleiche komplexe Zahl
У полярній формі кути φ та $\varphi + 2\pi$ породжують однакові комплексні числа

Um Vieldeutigkeit[1] bei der Angabe des Winkels φ zu vermeiden, verwenden wir:

Аби уникнути багатозначності[1] при заданні кута φ, ми використовуємо:

Definition 6.7

Sei $m \in \mathbb{R}$ mit $m > 0$. Zwei reelle Zahlen $a, b \in \mathbb{R}$ heißen kongruent modulo m[1], falls eine ganze Zahl $k \in \mathbb{Z}$ existiert mit:

Визначення 6.7

Нехай $m \in \mathbb{R}$ з $m > 0$. Два дійсних числа $a, b \in \mathbb{R}$ називають конгруентними за модулем m[1], якщо існує таке ціле число $k \in \mathbb{Z}$, що:

$$a = b + k \cdot m$$

Schreibweise:

Позначення:

$$a = b \ (\mathrm{mod}\ m)$$

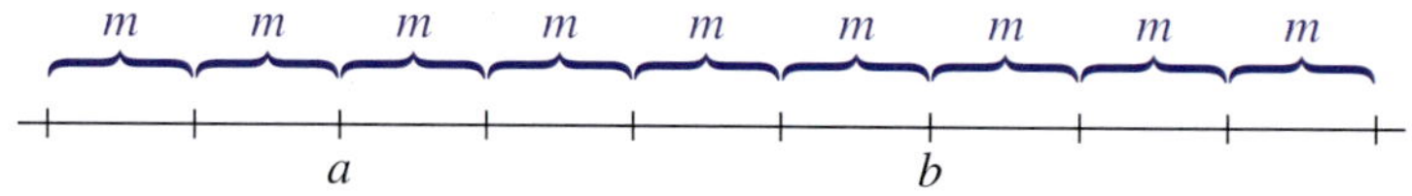

Abbildung / Рисунок 6.6
Zwei Zahlen $a, b \in \mathbb{R}$ sind kongruent modulo m, wenn ihr Abstand ein ganzzahliges Vielfaches von m ist
Два числа $a, b \in \mathbb{R}$ конгруентні за модулем m, якщо відстань між ними є цілим кратним m

Beispiel:
Es gilt $-\pi = 3\pi \ (\mathrm{mod}\ 2\pi)$, denn:

Приклад:
Маємо $-\pi = 3\pi \ (\mathrm{mod}\ 2\pi)$, оскільки:

$$-\pi = 3\pi + \underbrace{(-2)}_{\in \mathbb{Z}} \cdot 2\pi$$

Anwendung: In Polardarstellung geben wir den Winkel φ modulo 2π an. Damit gilt:

Застосування: в полярній формі задаємо кут φ за модулем 2π. Тоді маємо:

$$r \geq 0$$
$$\varphi \in \mathbb{R} \ (\mathrm{mod}\ 2\pi)$$

Diese Darstellung[1] ist für $r > 0$ eindeutig[2].

Таке представлення[1] є однозначним[2] для $r > 0$.

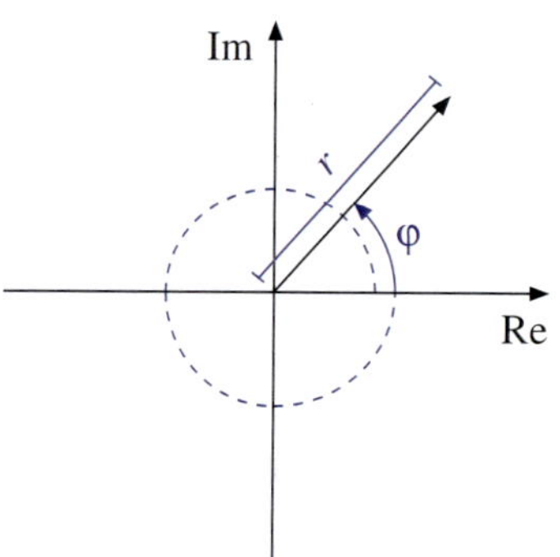

Abbildung / Рисунок 6.7
Die Polardarstellung gibt den Abstand $r \geq 0$ zum Ursprung und den Winkel $\varphi \in \mathbb{R}$ $(\mathrm{mod}\ 2\pi)$ zur positiven reellen Halbachse an
У полярній формі $r \geq 0$ задає відстань до початку координат, а $\varphi \in \mathbb{R}$ $(\mathrm{mod}\ 2\pi)$ задає кут до додатної дійсної півосі

Beispiel:
Gegeben eine komplexe Zahl in Polardarstellung:

Приклад:
Дано комплексне число в полярній формі:

$$r=\sqrt{2}, \varphi=\frac{7\pi}{4}$$

Umrechnung in Realteil und Imaginärteil:

Визначення дійсної та уявної частин:

$$\Rightarrow z=\sqrt{2}\cdot\underbrace{\cos\frac{7\pi}{4}}_{\frac{1}{\sqrt{2}}}+\mathrm{i}\cdot\sqrt{2}\cdot\underbrace{\sin\frac{7\pi}{4}}_{-\frac{1}{\sqrt{2}}}=1-\mathrm{i}$$

Wenn wir das Ergebnis $1-\mathrm{i}$ zurück in Polardarstellung umrechnen, erhalten wir:

Коли ми перетворюємо результат $1-\mathrm{i}$ назад у полярну форму, то отримуємо:

$$\hat{z}=1-\mathrm{i}=\underbrace{1}_{\hat{a}}+\underbrace{(-1)}_{\hat{b}}\cdot\mathrm{i}$$
$$\Rightarrow \hat{r}=|\hat{z}|=\sqrt{1^2+(-1)^2}=\sqrt{2}$$
$$\Rightarrow \hat{\varphi}\underset{\hat{a}>0}{=}\arctan\left(\frac{-1}{1}\right)=-\frac{\pi}{4}$$

Es gilt $r=\hat{r}$. Die Winkel $\varphi=\frac{7\pi}{4}$ und $\hat{\varphi}=-\frac{\pi}{4}$ stimmen jedoch nur dann überein, wenn man modulo 2π rechnet:

Вірно, що $r=\hat{r}$. Проте кути $\varphi=\frac{7\pi}{4}$ та $\hat{\varphi}=-\frac{\pi}{4}$ збігаються, лише якщо врахувати модуль 2π:

$$\frac{7\pi}{4}=-\frac{\pi}{4}+\underbrace{1}_{\in\mathbb{Z}}\cdot 2\pi$$

Damit gilt $\varphi=\hat{\varphi} \pmod{2\pi}$.

Отже, є вірним, що $\varphi=\hat{\varphi} \pmod{2\pi}$.

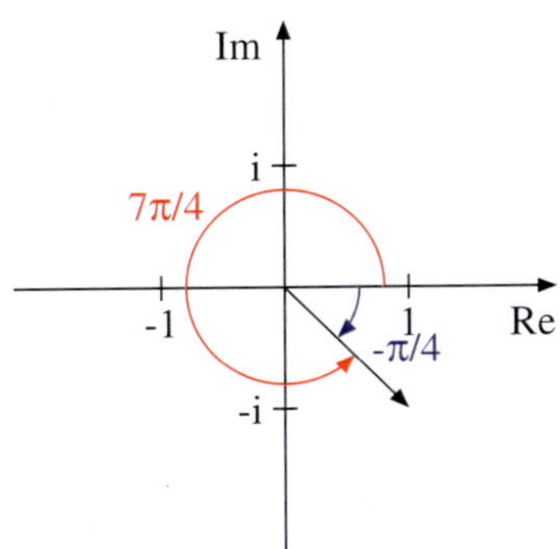

Abbildung / Рисунок 6.8
Die beiden Winkel $\varphi=\frac{7\pi}{4}$ und $\hat{\varphi}=-\frac{\pi}{4}$ stimmen modulo 2π überein
Два кути $\varphi=\frac{7\pi}{4}$ та $\hat{\varphi}=-\frac{\pi}{4}$ збігаються за модулем 2π

Anwendung: Multiplikation[1] zweier komplexer Zahlen in Polardarstellung. Es seien:

Застосування: множення[1] двох комплексних чисел у полярній формі. Беремо числа:

$$z_1=r_1\cdot(\cos\varphi_1+\mathrm{i}\cdot\sin\varphi_1)$$
$$z_2=r_2\cdot(\cos\varphi_2+\mathrm{i}\cdot\sin\varphi_2)$$

Damit erhalten wir:

Тоді отримуємо:

$$\begin{aligned} z_1 \cdot z_2 &= r_1 \cdot (\cos\varphi_1 + \mathrm{i}\cdot\sin\varphi_1)\cdot r_2\cdot(\cos\varphi_2+\mathrm{i}\cdot\sin\varphi_2) \\ &= r_1\cdot r_2\cdot \left[(\cos\varphi_1\cdot\cos\varphi_2-\sin\varphi_1\cdot\sin\varphi_2)+\mathrm{i}\cdot(\sin\varphi_1\cdot\cos\varphi_2+\cos\varphi_1\cdot\sin\varphi_2)\right]\end{aligned}$$

Wir verwenden die Additionstheoreme[1] für $\cos(\varphi_1+\varphi_2)$ und $\sin(\varphi_1+\varphi_2)$:

Застосовуємо теореми додавання[1] для $\cos(\varphi_1+\varphi_2)$ та $\sin(\varphi_1+\varphi_2)$:

$$= r_1\cdot r_2\cdot\left(\cos(\varphi_1+\varphi_2)+\mathrm{i}\cdot\sin(\varphi_1+\varphi_2)\right)$$

Geometrische Interpretation: Bei der Multiplikation zweier komplexer Zahlen werden die Beträge r_1, r_2 multipliziert[1] und die Winkel φ_1, φ_2 addiert[2].

Геометрична інтерпретація: при множенні двох комплексних чисел їх модулі r_1, r_2 перемножуються[1], а кути φ_1, φ_2 додаються[2].

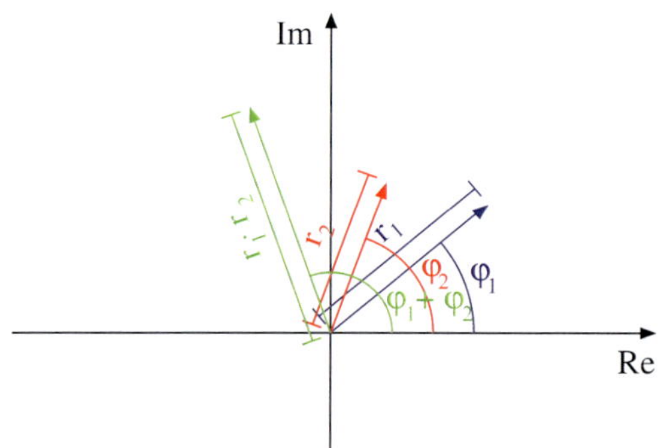

Abbildung / Рисунок 6.9
Geometrische Interpretation der Multiplikation zweier komplexer Zahlen
Геометрична інтерпретація множення двох комплексних чисел

Beispiel:

Wir berechnen die n-te Potenz[1] von i. Dazu schreiben wir zunächst i in Polardarstellung:

Приклад:

Ми обчислюємо n-й степінь[1] i. Для цього спочатку записуємо i в полярній формі:

$$\begin{aligned} \mathrm{i} &= \underbrace{0}_{a} + \underbrace{1}_{b}\cdot\mathrm{i} \\ \Rightarrow r &= |\mathrm{i}| = 1 \\ \Rightarrow \varphi &= \arg(\mathrm{i}) \underset{a=0,b>0}{=} \frac{\pi}{2}\end{aligned}$$

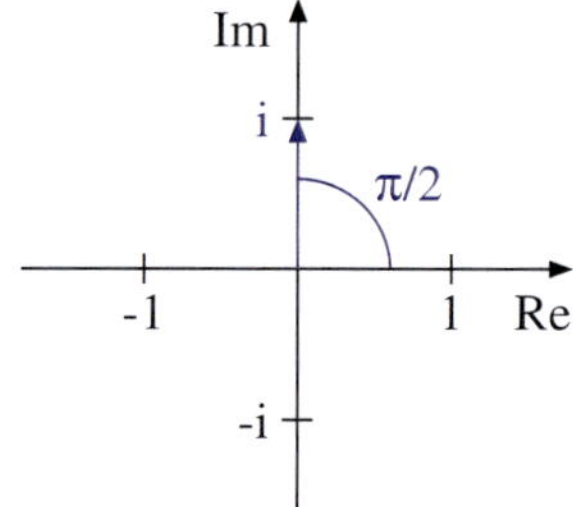

Damit erhalten wir für i^2:

Звідси випливає для i^2:

$$\begin{aligned} \mathrm{i}^2 &= \mathrm{i}\cdot\mathrm{i} \\ &= 1\cdot 1\cdot\left(\cos\left(\frac{\pi}{2}+\frac{\pi}{2}\right)+\mathrm{i}\cdot\sin\left(\frac{\pi}{2}+\frac{\pi}{2}\right)\right) \\ &= 1\cdot\left(\underbrace{\cos(\pi)}_{-1}+\mathrm{i}\cdot\underbrace{\sin(\pi)}_{0}\right) \\ &= -1\end{aligned}$$

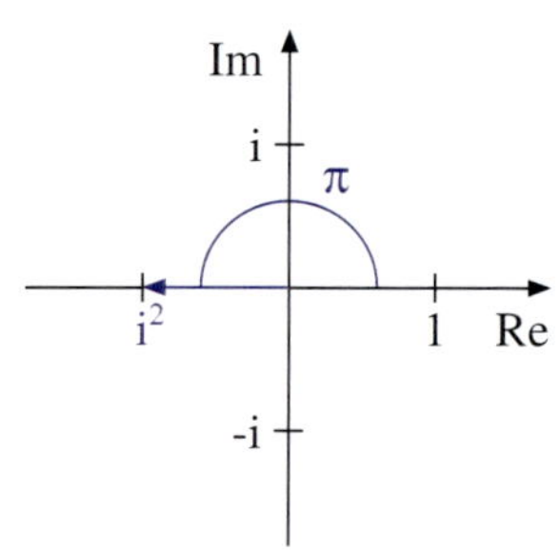

Für die n-te Potenz i^n erhalten wir durch n-fache Multiplikation von i mit sich selbst:

Для n-го степеня отримуємо i^n шляхом n-кратних помножень i на себе:

$$i^n = 1^n \cdot \left(\cos(n \cdot \tfrac{\pi}{2}) + i \cdot \sin(n \cdot \tfrac{\pi}{2})\right)$$

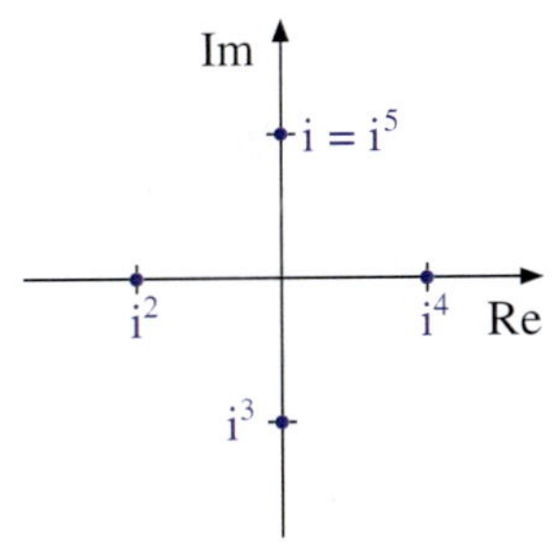

Um die Multiplikation zweier komplexer Zahlen in Polardarstellung herzuleiten, mussten wir Additionstheoreme verwenden. Das lässt sich mit Hilfe des folgenden Satzes vereinfachen:

Задля визначення множення двох комплексних чисел у полярній формі нам довелося скористатися теоремами додавання. Цей шлях можна спростити за допомогою такої теореми:

Satz 6.8 (Eulersche Formel)
Für komplexe Zahlen $z \in \mathbb{C}$ gilt der folgende Zusammenhang zwischen der Exponentialfunktion[1] und den trigonometrischen Funktionen[2]:

Теорема 6.8 (Формула Ейлера)
Для комплексних чисел $z \in \mathbb{C}$ між експоненційною функцією[1] та тригонометричними функціями[2] існує наступне співвідношення:

$$e^{i \cdot z} = \cos z + i \cdot \sin z$$

Damit vereinfacht sich die Polardarstellung einer komplexen Zahl zu:

Це спрощує представлення комплексного числа в полярній формі:

$$z = r \cdot e^{i \cdot \varphi}$$

Für die Multiplikation zweier komplexer Zahlen $z_1 = r_1 \cdot e^{i\varphi_1}$ und $z_2 = r_2 \cdot e^{i\varphi_2}$ gilt damit:

Для множення двох комплексних чисел $z_1 = r_1 \cdot e^{i \cdot \varphi_1}$ та $z_2 = r_2 \cdot e^{i \cdot \varphi_2}$ маємо:

$$\begin{aligned} z_1 \cdot z_2 &= r_1 \cdot e^{i\varphi_1} \cdot r_2 \cdot e^{i\varphi_2} \\ &= r_1 \cdot r_2 \cdot \left(e^{i\varphi_1} \cdot e^{i\varphi_2}\right) \\ &= r_1 \cdot r_2 \cdot e^{i\varphi_1 + i\varphi_2} \\ &= r_1 \cdot r_2 \cdot e^{i(\varphi_1 + \varphi_2)} \end{aligned}$$

Beispiel:
Wir schreiben die komplexe Zahl $1 - i$ in Polardarstellung:

Приклад:
Записуємо комплексне число $1 - i$ в полярній формі:

$$1 - i = \sqrt{2} \cdot e^{i\frac{7}{4}\pi}$$

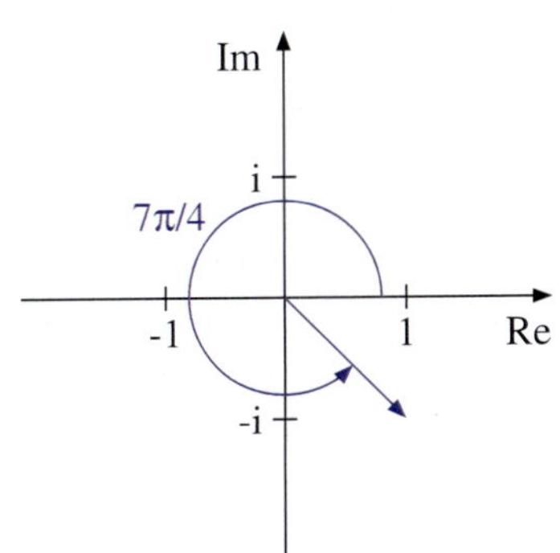

Damit erhalten wir:

Тоді отримуємо:

$$\begin{aligned}(1-\mathrm{i})^2 &= \left(\sqrt{2}\cdot \mathrm{e}^{\mathrm{i}\frac{7}{4}\pi}\right)^2\\ &= (\sqrt{2})^2\cdot \mathrm{e}^{\mathrm{i}\cdot 2\cdot\frac{7}{4}\pi}\\ &= 2\cdot \mathrm{e}^{\mathrm{i}\cdot\frac{7}{2}\pi}\end{aligned}$$

Den Winkel können wir vereinfachen, indem wir mod 2π rechnen:

Ми можемо спростити кут, якщо врахуємо mod 2π:

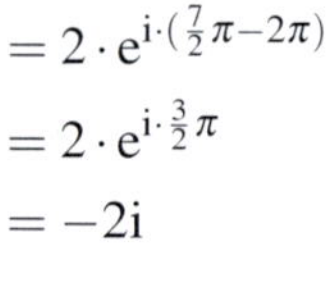

$$\begin{aligned}&= 2\cdot \mathrm{e}^{\mathrm{i}\cdot(\frac{7}{2}\pi-2\pi)}\\ &= 2\cdot \mathrm{e}^{\mathrm{i}\cdot\frac{3}{2}\pi}\\ &= -2\mathrm{i}\end{aligned}$$

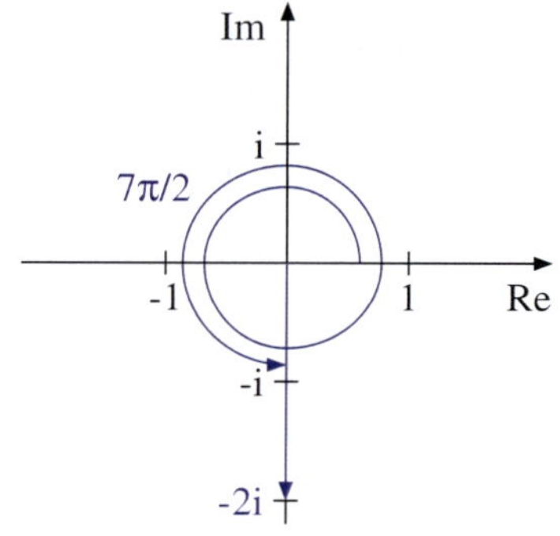

Komplexe Lösungen der Gleichung $z^n = c$
Комплексні розв'язки рівняння $z^n = c$

Im Folgenden wollen wir alle komplexen Lösungen der Gleichung $z^n = c$ mit $c \in \mathbb{C}$ bestimmen.

Надалі ми хочемо визначити всі комплексні розв'язки рівняння $z^n = c$ з $c \in \mathbb{C}$.

1. Schritt: Schreibe die rechte Seite[1] $c \in \mathbb{C}$ in Polardarstellung:

1-й крок: записуємо праву частину[1] $c \in \mathbb{C}$ в полярній формі:

$$c = |c|\cdot \mathrm{e}^{\mathrm{i}\cdot\arg(c)}$$

Beispiel:
Wir betrachten die Gleichung:

Приклад:
Ми розглядаємо рівняння:

$$z^3 = -8$$

Hier ist $n = 3$ und $c = -8$. Wir schreiben c in Polardarstellung:

Тут $n = 3$ та $c = -8$. Записуємо c в полярній формі:

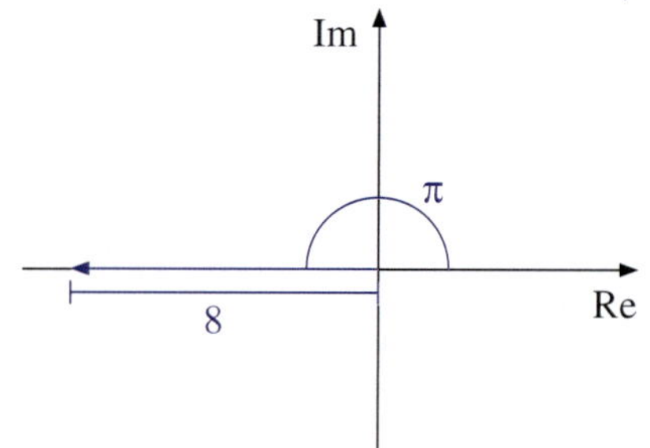

$$c = -8 = 8\cdot \mathrm{e}^{\mathrm{i}\pi}$$

2. Schritt: Löse $z^n = c$ in Polardarstellung.

2-й крок: подаємо $z^n = c$ в полярній формі:

Für $z = r \cdot e^{i\varphi}$ erhalten wir:

Для $z = r \cdot e^{i\varphi}$ отримуємо:

$$r^n \cdot e^{in\varphi} = z^n \overset{!}{=} c = |c| \cdot e^{i \cdot \arg(c)}$$

Wir bestimmen $r \geq 0$, indem wir die Beträge vergleichen:

Знаходимо $r \geq 0$ шляхом зіставлення модулів:

$$\begin{aligned} r^n &= |c| \\ \Leftrightarrow r &= \sqrt[n]{|c|} \end{aligned}$$

Wir bestimmen φ, indem wir die Winkel (mod 2π) vergleichen. Mit $k \in \mathbb{Z}$ gilt:

Знаходимо φ шляхом зіставлення (mod 2π) кутів. Для $k \in \mathbb{Z}$ вірно таке:

$$\begin{aligned} n \cdot \varphi &= \arg(z) \pmod{2\pi} \\ \Leftrightarrow n \cdot \varphi &= \arg(z) + 2\pi k \\ \Leftrightarrow \varphi &= \frac{1}{n}\big(\arg(z) + 2\pi k\big) \end{aligned}$$

Beispiel:

Приклад:

Obiges Beispiel lautet in Polardarstellung:

Наведений вище приклад у полярній формі виглядає так:

$$\underbrace{r^3 \cdot e^{i \cdot 3 \cdot \varphi}}_{z^3} \overset{!}{=} \underbrace{8 \cdot e^{i\pi}}_{c}$$

Für den Betrag r erhalten wir:

Для модуля r знаходимо:

$$r = \sqrt[n]{|c|} = \sqrt[3]{8} = 2$$

Für den Winkel φ_k erhalten wir in Abhängigkeit von $k \in \mathbb{Z}$:

Для кута φ_k отримуємо таку залежність від $k \in \mathbb{Z}$:

$$\begin{aligned} \varphi_k &= \frac{1}{n}\big(\arg(z) + 2\pi k\big) \\ &= \frac{1}{3}\big(\pi + 2\pi k\big) \end{aligned}$$

Wir setzen der Reihe nach Werte für $k \in \mathbb{Z}$ ein:

Далі ми підставляєм послідовно значення $k \in \mathbb{Z}$:

$$\begin{aligned} k = 0: &\quad \varphi_0 = \frac{1}{3}\big(\pi + 2\pi \cdot 0\big) = \frac{\pi}{3} \\ k = 1: &\quad \varphi_1 = \frac{1}{3}\big(\pi + 2\pi \cdot 1\big) = \pi \\ k = 2: &\quad \varphi_2 = \frac{1}{3}\big(\pi + 2\pi \cdot 2\big) = \frac{5\pi}{3} \\ k = 3: &\quad \varphi_2 = \frac{1}{3}\big(\pi + 2\pi \cdot 3\big) = \frac{7\pi}{3} \underset{\text{mod } 2\pi}{=} \frac{7\pi}{3} - 2\pi = \frac{\pi}{3} = \varphi_0 \end{aligned}$$

Alle weiteren Fälle entsprechen dem 0-ten bis $(n-1)$-ten Fall.

Решта випадків відповідають випадкам від 0-го до $(n-1)$-го.

Insgesamt erhalten wir $n = 3$ unterschiedliche Lösungen der Gleichung $z^3 = -8$:

У підсумку ми отримуємо $n = 3$ різні розв'язки рівняння $z^3 = -8$:

$$z_0 = r \cdot e^{i\varphi_0} = 2 \cdot e^{i \cdot \frac{\pi}{3}} = 2 \cdot \Big(\underbrace{\cos\frac{\pi}{3}}_{\frac{1}{2}} + i \cdot \underbrace{\sin\frac{\pi}{3}}_{\frac{\sqrt{3}}{2}}\Big) = 1 + \sqrt{3}i$$

$$z_1 = r \cdot e^{i\varphi_1} = 2 \cdot e^{i\pi} = 2 \cdot \Big(\underbrace{\cos\pi}_{-1} + i \cdot \underbrace{\sin\pi}_{0}\Big) = -2$$

$$z_2 = r \cdot e^{i\varphi_2} = 2 \cdot e^{i\frac{5}{3}\pi} = 2 \cdot \Big(\underbrace{\cos\frac{5\pi}{3}}_{\frac{1}{2}} + i \cdot \underbrace{\sin\frac{5\pi}{3}}_{-\frac{\sqrt{3}}{2}}\Big) = 1 - \sqrt{3}i$$

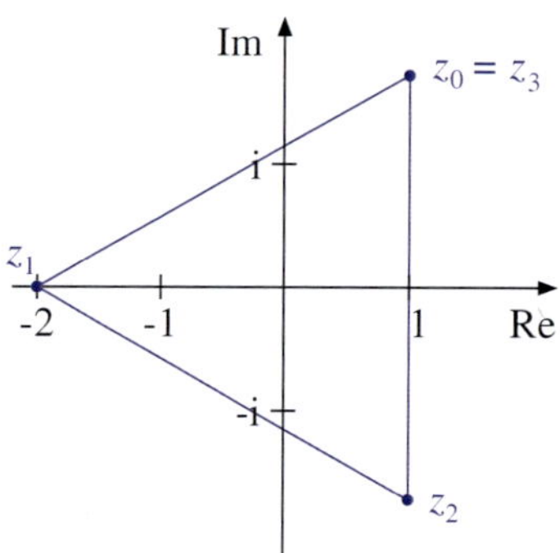

Abbildung / Рисунок 6.10
Die Lösungen der Gleichung $z^n = c$ liegen auf den Eckpunkten[1] eines gleichseitigen n-Ecks[2]
Розв'язки рівняння $z^n = c$ містяться на вершинах[1] рівностороннього n-кутника[2]

Zusammenfassung: Die Gleichung $z^n = c$ besitzt n unterschiedliche komplexe Lösungen:

Підсумок: рівняння $z^n = c$ має n різних комплексних розв'язків:

$$z_k = \sqrt[n]{|c|} \cdot e^{i \cdot \frac{1}{n} \cdot (\arg(c) + 2\pi \cdot k)} \quad , \quad k = 0, 1, ..., n-1$$

Beispiel:
Für das obige Beispiel $z^3 = -8$ erhalten wir mit dieser Lösungsformel[1] wie zuvor:

Приклад:
Для наведеного вище прикладу $z^3 = -8$ ми отримуємо за допомогою цієї обчислювальної формули[1] те ж саме, що й раніше:

$$z_k = \sqrt[3]{8} \cdot e^{i \cdot \frac{1}{3} \cdot (\pi + 2\pi \cdot k)} \quad , \quad k = 0, 1, 2$$

$$z_0 = 2 \cdot e^{i \cdot \frac{1}{3} \cdot (\pi + 2\pi \cdot 0)} = 2e^{i\frac{\pi}{3}} = 1 + \sqrt{3}i$$

$$z_1 = 2 \cdot e^{i \cdot \frac{1}{3} \cdot (\pi + 2\pi \cdot 1)} = 2e^{i\pi} = -2$$

$$z_2 = 2 \cdot e^{i \cdot \frac{1}{3} \cdot (\pi + 2\pi \cdot 2)} = 2e^{i\frac{5}{3}\pi} = 1 - \sqrt{3}i$$

Komplexe Lösungen quadratischer Gleichungen
Комплексні розв'язки квадратних рівнянь

Im Folgenden wollen wir komplexe Lösungen der quadratischen Gleichung[1] $a \cdot z^2 + b \cdot z + c = 0$ mit $a, b, c \in \mathbb{C}$ und $a \neq 0$ bestimmen:

Далі ми хочемо знайти комплексні розв'язки квадратного рівняння[1] $a \cdot z^2 + b \cdot z + c = 0$ з $a, b, c \in \mathbb{C}$ та $a \neq 0$:

1. Schritt: Quadratische Ergänzung[1]

1-й крок: виділення квадрату[1]

Wegen $a \neq 0$ können wir die quadratische Gleichung durch a dividieren:

Оскільки $a \neq 0$, ми можемо розділити квадратне рівняння на a:

$$\begin{aligned} a \cdot z^2 + b \cdot z + c &= 0 \qquad \Big| : a \\ \Leftrightarrow z^2 + \frac{b}{a} \cdot z + \frac{c}{a} &= 0 \end{aligned}$$

Wir addieren Null:

Додаємо нуль:

$$\begin{aligned} &\Leftrightarrow z^2 + 2 \cdot \frac{b}{2a} \cdot z + \underbrace{\left(\frac{b}{2a}\right)^2 - \left(\frac{b}{2a}\right)^2}_{0} + \frac{c}{a} = 0 \\ &\Leftrightarrow z^2 + 2 \cdot \frac{b}{2a} \cdot z + \left(\frac{b}{2a}\right)^2 = \left(\frac{b}{2a}\right)^2 - \frac{c}{a} \end{aligned}$$

Auf der linken Seite der Gleichung verwenden wir die erste binomische Formel[1]:

У лівій частині рівняння ми використовуємо першу біноміальну формулу[1]:

$$\Leftrightarrow \left(z + \frac{b}{2a}\right)^2 = \frac{b^2 - 4ac}{4a^2}$$

Beispiel:

Приклад:

Wir betrachten die folgende quadratische Gleichung:

Ми розглядаємо таке квадратне рівняння:

$$\underbrace{4}_{a} \cdot z^2 + \underbrace{(4 - 8\mathrm{i})}_{b} \cdot z \underbrace{- 3}_{c} = 0$$

Quadratische Ergänzung liefert:

Виділення квадрату надає:

$$\left(z + \frac{b}{2a}\right)^2 = \frac{b^2 - 4ac}{4a^2}$$

Wir setzen $a = 4$, $b = 4 - 8\mathrm{i}$ und $c = -3$ ein:

Ми покладаємо $a = 4$, $b = 4 - 8\mathrm{i}$ та $c = -3$:

$$\begin{aligned} &\Leftrightarrow \left(z + \frac{4 - 8\mathrm{i}}{2 \cdot 4}\right)^2 = \frac{(4 - 8\mathrm{i})^2 - 4 \cdot 4 \cdot (-3)}{4 \cdot 4^2} \\ &\Leftrightarrow \left(z + \frac{1 - 2\mathrm{i}}{2}\right)^2 = -\mathrm{i} \end{aligned}$$

2. Schritt: Wir setzen $w = z + \frac{b}{2a}$. Damit erhalten wir:

2-й крок: ми покладаємо $w = z + \frac{b}{2a}$. Це дає нам:

$$w^2 = \underbrace{\frac{b^2 - 4ac}{4a^2}}_{d}$$

Dies ist eine Gleichung der Form $w^2 = d$, für die wir bereits zuvor eine Lösungsformel hergeleitet haben:

Це рівняння має вигляд $w^2 = d$, для якого ми раніше вже вивели формулу розв'язку:

$$\begin{aligned} w_k &= \sqrt[2]{|d|} \cdot e^{i \cdot \frac{1}{2} \cdot (\arg(d) + 2\pi \cdot k)} \quad , \quad k = 0, 1 \\ \Leftrightarrow w_{0/1} &= \pm\sqrt{|d|} \cdot e^{i \cdot \frac{1}{2} \cdot \arg(d)} \\ &= \pm\sqrt{\left|\frac{b^2 - 4ac}{4a^2}\right|} \cdot e^{i \cdot \frac{1}{2} \cdot \arg\left(\frac{b^2 - 4ac}{4a^2}\right)} \end{aligned}$$

Beispiel:
Im obigen Beispiel haben wir (durch quadratische Ergänzung) erhalten:

Приклад:
У наведеному вище прикладі ми отримали (за допомогою виділення квадрату):

$$\Big(\underbrace{z + \frac{1 - 2i}{2}}_{w}\Big)^2 = \underbrace{-i}_{d}$$

Einsetzen in die Lösungsformel liefert:

Введення цього значення в обчислювальну формулу надає:

$$\begin{aligned} w_{0/1} &= \pm\sqrt{|-i|} \cdot e^{i \cdot \frac{1}{2} \cdot \arg(-i)} \\ &= \pm\sqrt{1} \cdot e^{i \cdot \frac{1}{2} \cdot (-\frac{\pi}{2})} \\ &= \pm 1 \cdot e^{-i\frac{\pi}{4}} \\ &= \pm 1 \cdot \left(\cos\left(-\frac{\pi}{4}\right) + i \cdot \sin\left(-\frac{\pi}{4}\right)\right) \\ &= \pm\left(\frac{1}{\sqrt{2}} - \frac{1}{\sqrt{2}} i\right) \end{aligned}$$

3. Schritt: Wir lösen $w = z + \frac{b}{2a}$ nach z auf und setzen das Ergebnis aus Schritt 2 ein:

3-й крок: Розв'язуємо $w = z + \frac{b}{2a}$ відносно z і підставляємо результат з кроку 2:

$$\begin{aligned} z_{0/1} &= -\frac{b}{2a} + w_{0/1} \\ &= -\frac{b}{2a} \pm w_0 \\ &= -\frac{b}{2a} \pm \sqrt{\left|\frac{b^2 - 4ac}{4a^2}\right|} \cdot e^{i \cdot \frac{1}{2} \cdot \arg\left(\frac{b^2 - 4ac}{4a^2}\right)} \end{aligned}$$

Beispiel:
Im obigen Beispiel haben wir erhalten:

Приклад:
У наведеному вище прикладі ми отримали:

$$w_0 = \frac{1}{\sqrt{2}} - \frac{1}{\sqrt{2}} i$$

Einsetzen liefert:

Підстановка надає:

$$\begin{aligned} z_{0/1} &= -\frac{b}{2a} \pm w_0 \\ &= -\frac{4-8\mathrm{i}}{2\cdot 4} \pm \left(\frac{1}{\sqrt{2}} - \frac{1}{\sqrt{2}}\mathrm{i}\right) \\ \Rightarrow z_0 &= \frac{-1+2\mathrm{i}}{2} + \left(\frac{1}{\sqrt{2}} - \frac{1}{\sqrt{2}}\mathrm{i}\right) = \left(-\frac{1}{2} + \frac{1}{\sqrt{2}}\right) + \left(1 - \frac{1}{\sqrt{2}}\right)\mathrm{i} \\ \Rightarrow z_1 &= \frac{-1+2\mathrm{i}}{2} - \left(\frac{1}{\sqrt{2}} - \frac{1}{\sqrt{2}}\mathrm{i}\right) = \left(-\frac{1}{2} - \frac{1}{\sqrt{2}}\right) + \left(1 + \frac{1}{\sqrt{2}}\right)\mathrm{i} \end{aligned}$$

Bemerkung: Im Fall reeller Koeffizienten[1] $a, b, c \in \mathbb{R}, a \neq 0$ erhalten wir die Mitternachtsformel[2]:

Зауваження: у випадку дійсних коефіцієнтів[1] $a, b, c \in \mathbb{R}, a \neq 0$ ми отримуємо формулу загального розв'язку квадратного рівняння[2]:

- 1. Fall: $b^2 - 4ac > 0$

  Dann liegt $\frac{b^2-4ac}{4a^2}$ auf der positiven reellen Halbachse. Somit ist $\arg\left(\frac{b^2-4ac}{4a^2}\right) = 0$ und wir erhalten:

- 1-й випадок: $b^2 - 4ac > 0$

  Тоді $\frac{b^2-4ac}{4a^2}$ лежить на додатній дійсній півосі. Отже, $\arg\left(\frac{b^2-4ac}{4a^2}\right) = 0$ і ми отримуємо:

$$\begin{aligned} z_{0/1} &= -\frac{b}{2a} \pm \sqrt{\left|\frac{b^2-4ac}{4a^2}\right|} \cdot e^{\mathrm{i}\cdot\frac{1}{2}\cdot\arg\left(\frac{b^2-4ac}{4a^2}\right)} \\ &= -\frac{b}{2a} \pm \sqrt{\frac{b^2-4ac}{4a^2}} \cdot \underbrace{e^{\mathrm{i}\cdot\frac{1}{2}\cdot 0}}_{1} \\ &= \frac{1}{2a}\left(-b \pm \sqrt{b^2-4ac}\right) \end{aligned}$$

- 2. Fall: $b^2 - 4ac = 0$

  Dann ist $\frac{b^2-4ac}{4a^2} = 0$ und wir erhalten eine doppelte Nullstelle[1]:

- 2-й випадок: $b^2 - 4ac = 0$

  Тоді $\frac{b^2-4ac}{4a^2} = 0$ і ми отримуємо подвійний нуль[1]:

$$\begin{aligned} z_{0/1} &= -\frac{b}{2a} \pm \sqrt{\left|\frac{b^2-4ac}{4a^2}\right|} \cdot e^{\mathrm{i}\cdot\frac{1}{2}\cdot\arg\left(\frac{b^2-4ac}{4a^2}\right)} \\ &= -\frac{b}{2a} \pm 0 \\ &= -\frac{b}{2a} \end{aligned}$$

- 3. Fall: $b^2 - 4ac < 0$

  Dann liegt $\frac{b^2-4ac}{4a^2}$ auf der negativen reellen Halbachse. Somit ist $\arg\left(\frac{b^2-4ac}{4a^2}\right) = \pi$ und wir erhalten:

- 3-й випадок: $b^2 - 4ac < 0$

  Тоді $\frac{b^2-4ac}{4a^2}$ лежить на від'ємній дійсній півосі. Отже, $\arg\left(\frac{b^2-4ac}{4a^2}\right) = \pi$ і ми отримуємо:

$$\begin{aligned} z_{0/1} &= -\frac{b}{2a} \pm \sqrt{\left|\frac{b^2-4ac}{4a^2}\right|} \cdot e^{\mathrm{i}\cdot\frac{1}{2}\cdot\arg\left(\frac{b^2-4ac}{4a^2}\right)} \\ &= -\frac{b}{2a} \pm \sqrt{-\frac{b^2-4ac}{4a^2}} \cdot \underbrace{e^{\mathrm{i}\cdot\frac{1}{2}\cdot\pi}}_{\mathrm{i}} \\ &= \frac{1}{2a}\left(-b \pm \mathrm{i}\sqrt{-(b^2-4ac)}\right) \end{aligned}$$

Bemerkung: Die beiden Lösungen $z_{0/1}$ der quadratischen Gleichung $a \cdot z^2 + b \cdot z + c = 0$ sind Nullstellen[1] des quadratischen Polynoms[2] $p(z) = a \cdot z^2 + b \cdot z + c$. Hierfür gilt die folgende Linearfaktorzerlegung[3]:

Зауваження: обидва розв'язки $z_{0/1}$ квадратного рівняння $a \cdot z^2 + b \cdot z + c = 0$ є коренями (або нулями)[1] квадратного полінома[2] $p(z) = a \cdot z^2 + b \cdot z + c$. Для нього має місце наступна лінійна факторизація полінома[3]:

$$p(z) = a \cdot z^2 + b \cdot z + c = a \cdot (z - z_0) \cdot (z - z_1)$$

Dabei bezeichnen wir $(z - z_0)$ und $(z - z_1)$ als Linearfaktoren[1]. Im allgemeinen Fall gilt:

До того ж, $(z - z_0)$ та $(z - z_1)$ називають лінійними множниками[1]. У загальному випадку має місце:

Satz 6.9 (Fundamentalsatz der Algebra)
Gegeben sei ein Polynom[1] vom Grad[2] $n \in \mathbb{N}$:

Теорема 6.9 (Основна теорема алгебри)
Нехай дано поліном[1] степеня[2] $n \in \mathbb{N}$:

$$\begin{aligned} p(z) &= a_n \cdot z^n + a_{n-1} \cdot z^{n-1} + \ldots + a_1 \cdot z + a_0 \\ &= \sum_{k=0}^{n} a_k \cdot z^k \end{aligned}$$

Dabei seien $a_k \in \mathbb{C}, k = 0, 1, \ldots, n$ Koeffizienten mit $a_n \neq 0$. Dann gibt es n Nullstellen $z_1, z_2, \ldots, z_n \in \mathbb{C}$, so dass folgende Linearfaktorzerlegung gilt:

До того ж коефіцієнти $a_k \in \mathbb{C}, k = 0, 1, \ldots, n$ та $a_n \neq 0$. Тоді існують n коренів $z_1, z_2, \ldots, z_n \in \mathbb{C}$, які задовольняють наступній лінійній факторизації:

$$\begin{aligned} p(z) &= a_n \cdot (z - z_1) \cdot (z - z_2) \cdot \ldots \cdot (z - z_n) \\ &= a_n \cdot \prod_{k=1}^{n} (z - z_k) \end{aligned}$$

Bemerkung: Auch wenn das Polynom $p(z)$ reell ist (das heißt: wenn alle Koeffizienten $a_k \in \mathbb{R}, k = 0, 1, \ldots, n$), dann können dennoch einige der Nullstellen z_k komplex sein. Dieser Fall tritt bereits bei quadratischen Polynomen ein, falls $b^2 - 4ac < 0$.

Зауваження: навіть якщо поліном $p(z)$ є дійсним (тобто всі коефіцієнти $a_k \in \mathbb{R}, k = 0, 1, \ldots, n$), деякі з коренів z_k можуть бути комплексними. Саме це відбувається у випадку квадратичних поліномів, якщо $b^2 - 4ac < 0$.

Bemerkung: Der Fundamentalsatz der Algebra macht nur eine Aussage über die Existenz[1] der Nullstellen $z_1, \ldots, z_n$. Er sagt nichts darüber aus, wie man sie berechnet. Für $n \leq 4$ gibt es Lösungsformeln. Ab $n = 5$ kennt man die Nullstellen nur noch in wenigen Spezialfällen[2] (wie zum Beispiel $0 = p(z) = z^n - c \Leftrightarrow z^n = c$). Falls keine Lösungsformel bekannt ist, müssen die Nullstellen näherungsweise[3] auf dem Rechner[4] bestimmt werden. Manchmal ist es jedoch möglich, zumindest einige Nullstellen durch Raten[5] zu bestimmen. Dann lässt sich der Grad des Polynoms durch Polynomdivision[6] reduzieren.

Зауваження: основна теорема алгебри лише стверджує факт існування[1] коренів $z_1, \ldots, z_n$. Вона нічого не каже про те, як їх обчислити. Для $n \leq 4$ існують формули розв'язків. Починаючи з $n = 5$ корені є відомими лише у кількох особливих випадках[2] (наприклад, $0 = p(z) = z^n - c \Leftrightarrow z^n = c$). Якщо формула розв'язку невідома, корені потрібно визначати наближено[3] за допомогою калькулятора[4]. Проте іноді принаймні деякі з коренів можна визначити здогадом[5]. Тоді степінь полінома можна зменшити шляхом ділення поліномів[6].

Beispiel:
Wir betrachten das folgende kubische[1] Polynom:

Приклад:
Ми розглядаємо такий кубічний[1] поліном:

$$p(z) = 2z^3 + z^2 - 7z - 2$$

Wir bestimmen die Nullstelle $z_1 = -2$ durch Raten:

Визначаємо корінь $z_1 = -2$ здогадом:

$$p(-2) = 2 \cdot (-2)^3 + (-2)^2 - 7 \cdot (-2) - 2 = 0 \qquad \checkmark$$

Der zugehörige Linearfaktor lautet $(z - z_1) = (z - (-2)) = (z+2)$. Wir dividieren das Polynom $p(z)$ mittels Polynomdivision durch diesen Linearfaktor:

Відповідний лінійний множник дорівнює $(z - z_1) = (z - (-2)) = (z+2)$. Ділимо поліном $p(z)$ на цей лінійний множник шляхом ділення поліномів:

$$\begin{array}{l} (2z^3 + z^2 - 7z - 2) : (z+2) = 2z^2 - 3z - 1 \\ \underline{-(2z^3 + 4z^2)} \\ \quad -3z^2 - 7z - 2 \\ \quad \underline{-(-3z^2 - 6z)} \\ \qquad\quad - z - 2 \\ \qquad\quad \underline{-(- z - 2)} \\ \qquad\qquad\quad 0 \end{array}$$

Wir erhalten ein quadratisches Polynom $2z^2 - 3z - 1$. Dessen Nullstellen können wir mit Hilfe der Mitternachtsformel bestimmen:

Отримуємо квадратний поліном $2z^2 - 3z - 1$. Його корені можна визначити за допомогою формули загального розв'язку квадратного рівняння:

$$\begin{aligned} z_{2/3} &= \frac{1}{2 \cdot 2}\left(-(-3) \pm \sqrt{(-3)^2 - 4 \cdot 2 \cdot (-1)}\right) \\ &= \frac{1}{4}\left(3 \pm \sqrt{17}\right) \end{aligned}$$

Insgesamt besitzt das Polynom $p(z) = 2z^3 + z^2 - 7z - 2$ somit die drei Nullstellen -2, $\frac{3+\sqrt{17}}{4}$, $\frac{3-\sqrt{17}}{4}$. Damit erhalten wir die folgende Linearfaktorzerlegung:

У сукупності поліном $p(z) = 2z^3 + z^2 - 7z - 2$ має три корені -2, $\frac{3+\sqrt{17}}{4}$, $\frac{3-\sqrt{17}}{4}$. Відтак, ми отримуємо таку лінійну факторизацію:

$$p(z) = 2 \cdot \left(z+2\right) \cdot \left(z - \frac{3+\sqrt{17}}{4}\right) \cdot \left(z - \frac{3-\sqrt{17}}{4}\right)$$

6.2 Komplexe Vektorräume und Matrizen
Комплексні векторні простори та матриці

Analog zum $\mathbb{R}^n$ betrachten wir im Folgenden den Raum der komplexen Zahlenvektoren[1] $\mathbb{C}^n$:

Подібно до $\mathbb{R}^n$ ми розглядаємо надалі простір комплексних числових векторів[1] $\mathbb{C}^n$:

$$\mathbb{C}^n = \left\{ \begin{pmatrix} z_1 \\ \vdots \\ z_n \end{pmatrix} \middle| \, z_1, \ldots, z_n \in \mathbb{C} \right\}$$

Die Vektoraddition[1] und das skalare Vielfache[2] mit einer komplexen Zahl $\lambda \in \mathbb{C}$ definieren wir koordinatenweise[3]. Damit bildet der $\mathbb{C}^n$ einen komplexen Vektorraum[4]:

Ми визначаємо векторне додавання[1] і скалярний добуток[2] з комплексним числом $\lambda \in \mathbb{C}$ у координатній формі[3]. В такий спосіб $\mathbb{C}^n$ утворює комплексний векторний простір[4]:

$$\begin{pmatrix} z_1 \\ \vdots \\ z_n \end{pmatrix} + \begin{pmatrix} \hat{z}_1 \\ \vdots \\ \hat{z}_n \end{pmatrix} = \begin{pmatrix} z_1 + \hat{z}_1 \\ \vdots \\ z_n + \hat{z}_n \end{pmatrix}$$

$$\lambda \cdot \begin{pmatrix} z_1 \\ \vdots \\ z_n \end{pmatrix} = \begin{pmatrix} \lambda \cdot z_1 \\ \vdots \\ \lambda \cdot z_n \end{pmatrix}$$

Alles, was wir über reelle Vektorräume gesagt haben, gilt auch für komplexe Vektorräume, wenn wir $\mathbb{R}$ durch $\mathbb{C}$ ersetzen.

Все, що ми сказали про дійсні векторні простори, є вірним також і для комплексних векторних просторів, якщо ми замінимо $\mathbb{R}$ на $\mathbb{C}$.

Beispiel:
Wir rechnen mit komplexen Vektoren $\mathbf{a}, \mathbf{b} \in \mathbb{C}^3$:

Приклад:
Ми виконуємо обчислення з комплексними векторами $\mathbf{a}, \mathbf{b} \in \mathbb{C}^3$:

$$\mathbf{a} = \begin{pmatrix} 1 \\ 0 \\ \mathrm{i} \end{pmatrix}$$

$$\mathbf{b} = \begin{pmatrix} 1+\mathrm{i} \\ -2\mathrm{i} \\ 0 \end{pmatrix}$$

$$\mathbf{a} + \mathrm{i} \cdot \mathbf{b} = \begin{pmatrix} 1 \\ 0 \\ \mathrm{i} \end{pmatrix} + \mathrm{i} \cdot \begin{pmatrix} 1+\mathrm{i} \\ -2\mathrm{i} \\ 0 \end{pmatrix} = \begin{pmatrix} 1 \\ 0 \\ \mathrm{i} \end{pmatrix} + \begin{pmatrix} \mathrm{i} \cdot (1+\mathrm{i}) \\ \mathrm{i} \cdot (-2)\mathrm{i} \\ \mathrm{i} \cdot 0 \end{pmatrix} = \begin{pmatrix} 1 \\ 0 \\ \mathrm{i} \end{pmatrix} + \begin{pmatrix} -1+\mathrm{i} \\ 2 \\ 0 \end{pmatrix} = \begin{pmatrix} \mathrm{i} \\ 2 \\ \mathrm{i} \end{pmatrix}$$

Analog zum $\mathbb{R}^n$ definieren wir im $\mathbb{C}^n$ die folgenden Normen[1]:

Подібно до $\mathbb{R}^n$ ми визначаємо в $\mathbb{C}^n$ наступні норми[1]:

$$\|\mathbf{z}\|_p = \sqrt[p]{\sum_{k=1}^{n} |z_k|^p}$$

$$\|\mathbf{z}\|_\infty = \max_{k=1,\ldots,n} |z_k|$$

Bemerkung: In $\mathbb{C}$ gilt nicht mehr $z_k^2 \geq 0$. Daher können in der euklidischen Norm[1] die Betragsstriche[2] nicht weggelassen werden:

Зауваження: в $\mathbb{C}$ нерівність $z_k^2 \geq 0$ більш не виконується. Тому подвійни риски[2] у позначенні евклідової норми[1] не можна опускати:

$$\|\mathbf{z}\|_2 = \sqrt{\sum_{k=1}^{n} |z_k|^2}$$

Beispiel:
Wir berechnen die euklidische Norm eines komplexen Vektors:

Приклад:
Ми обчислюємо евклідову норму комплексного вектора:

$$\left\| \begin{pmatrix} 1+\mathrm{i} \\ -2\mathrm{i} \\ 0 \end{pmatrix} \right\|_2 = \sqrt{|1+\mathrm{i}|^2 + |-2\mathrm{i}|^2 + |0|^2} = \sqrt{2+4+0} = \sqrt{6}$$

Definition 6.10

Sei $A \in \mathbb{C}^{(m,n)}$ eine komplexe Matrix[1]. Wenn wir die Zeilen[2] und Spalten[3] von A vertauschen und von allen Einträgen[4] die konjugiert komplexe[5] Zahl bilden, so erhalten wir die adjungierte Matrix[6] A^*:

Визначення 6.10

Нехай $A \in \mathbb{C}^{(m,n)}$ - це комплексна матриця[1]. Якщо поміняти місцями рядки[2] та стовпці[3] матриці A та для кожного її елементу[4] утворити комплексно-спряжене[5] число, ми отримаємо спряжену матрицю[6] A^*:

$$A = \begin{pmatrix} a_{11} & \cdots & a_{1n} \\ \vdots & & \vdots \\ a_{m1} & \cdots & a_{mn} \end{pmatrix} \in \mathbb{C}^{(m,n)} \quad \Rightarrow \quad A^* = \begin{pmatrix} \overline{a_{11}} & \cdots & \overline{a_{m1}} \\ \vdots & & \vdots \\ \overline{a_{1n}} & \cdots & \overline{a_{mn}} \end{pmatrix} \in \mathbb{C}^{(n,m)}$$

Bemerkung: Die adjungierte Matrix A^* entspricht der transponierten Matrix[1] A^T mit anschließender komplexer Konjugation[2] aller Einträge:

Зауваження: спряжена матриця A^* дорівнює транспонованій матриці[1] A^T з подальшим комплексним спряженням[2] усіх її елементів:

$$A^* = \overline{A^T}$$

Für reelle Matrizen[1] $A \in \mathbb{R}^{(m,n)}$ stimmen die adjungierte Matrix A^* und die transponierte Matrix A^T überein.

Для дійсних матриць[1] $A \in \mathbb{R}^{(m,n)}$ спряжена матриця A^* та транспонована матриця A^T збігаються.

Strategie: Im komplexen Fall ersetzen wir die transponierte Matrix durch die adjungierte Matrix. Damit erhalten wir die folgende Verallgemeinerung des euklidischen Skalarprodukts[1]:

Стратегія: у комплексному випадку ми замінюємо транспоновану матрицю на спряжену матрицю. Це дає нам таке узагальнення евклідового скалярного добутку[1]:

Definition 6.11

Seien $\mathbf{a}, \mathbf{b} \in \mathbb{C}^n$. Wir definieren das hermitesche Skalarprodukt[1]:

Визначення 6.11

Нехай $\mathbf{a}, \mathbf{b} \in \mathbb{C}^n$. Ми визначаємо ермітів скалярний добуток[1] так:

$$\langle \mathbf{a}, \mathbf{b} \rangle = \mathbf{a}^* \mathbf{b} = \sum_{k=1}^{n} \overline{a_k} \cdot b_k$$

Als induzierte Norm[1] erhalten wir die euklidische Norm:

В якості індукованої норми[1] ми отримуємо евклідову норму:

$$\|\mathbf{a}\|_2 = \sqrt{\langle \mathbf{a}, \mathbf{a} \rangle} = \sqrt{\mathbf{a}^* \mathbf{a}} = \sqrt{\sum_{k=1}^{n} \overline{a_k} a_k} = \sqrt{\sum_{k=1}^{n} |a_k|^2}$$

Rechenregeln: Die Rechenregeln für das reelle Skalarprodukt sind für das hermitesche Skalarprodukt nicht alle gültig. Es gilt jedoch weiterhin das Distributivgesetz[1]:

Правила обчислення: не всі правила обчислення дійсного скалярного добутку є чинними для ермітового скалярного добутку. Однак, розподільний закон[1] все ще має чинність:

$$\langle \mathbf{a}+\mathbf{b}, \mathbf{c} \rangle = \langle \mathbf{a}, \mathbf{c} \rangle + \langle \mathbf{b}, \mathbf{c} \rangle$$
$$\langle \mathbf{c}, \mathbf{a}+\mathbf{b} \rangle = \langle \mathbf{c}, \mathbf{a} \rangle + \langle \mathbf{c}, \mathbf{b} \rangle$$

Allerdings gilt kein Kommutativgesetz[1]. Stattdessen gilt:

Проте, комутативний закон[1] не діє. Замість цього маємо:

$$\langle \mathbf{a}, \mathbf{b} \rangle = \overline{\langle \mathbf{b}, \mathbf{a} \rangle}$$

Im zweiten Argument[1] gilt weiterhin die Homogenität[2]:

У другому аргументі[1] все ще зберігається однорідність[2]:

$$\langle \mathbf{a}, \lambda \cdot \mathbf{b} \rangle = \lambda \cdot \langle \mathbf{a}, \mathbf{b} \rangle$$

Im ersten Argument gilt stattdessen:

Натомість, для першого аргументу діє наступне:

$$\langle \lambda \cdot \mathbf{a}, \mathbf{b} \rangle = \overline{\lambda} \cdot \langle \mathbf{a}, \mathbf{b} \rangle$$

Diese Änderungen sind notwendig, damit das hermitesche Skalarprodukt weiterhin positiv definit[1] ist:

Ці зміни необхідні для того, щоб ермітів скалярний добуток залишався додатно визначеним[1]

$$\langle \mathbf{a}, \mathbf{a} \rangle \in \mathbb{R}_0^+$$
$$\langle \mathbf{a}, \mathbf{a} \rangle = 0 \Leftrightarrow \mathbf{a} = 0$$

Beispiel:

Wir berechnen ein hermitesches Skalarprodukt:

Приклад:

Ми обчислюємо ермітів скалярний добуток:

$$\left\langle \begin{pmatrix} 1 \\ 0 \\ \mathrm{i} \end{pmatrix}, \begin{pmatrix} 1+\mathrm{i} \\ -2\mathrm{i} \\ 0 \end{pmatrix} \right\rangle = \begin{pmatrix} 1 & 0 & -\mathrm{i} \end{pmatrix} \begin{pmatrix} 1+\mathrm{i} \\ -2\mathrm{i} \\ 0 \end{pmatrix} = 1 \cdot (1+\mathrm{i}) + 0 \cdot (-2\mathrm{i}) + (-\mathrm{i}) \cdot 0 = 1+\mathrm{i}$$

Im Folgenden verallgemeinern wir den Begriff einer symmetrischen Matrix[1] $A = A^T$ auf den komplexen Fall:

Надалі ми узагальнюємо розуміння симетричної матриці[1] $A = A^T$ на комплексний випадок:

Definition 6.12

Eine quadratische komplexe Matrix $A \in \mathbb{C}^{(n,n)}$ heißt hermitesch[1], falls:

Визначення 6.12

Квадратну комплексну матрицю $A \in \mathbb{C}^{(n,n)}$ називають ермітовою[1], якщо:

$$A = A^*$$

Ebenso verallgemeinern wir den Begriff einer orthogonalen Matrix[1] $A \cdot A^T = A^T \cdot A = I_n$ auf den komplexen Fall:

Подібно ми узагальнюємо розуміння ортогональної матриці[1] $A \cdot A^T = A^T \cdot A = I_n$ на комплексний випадок:

Definition 6.13

Eine quadratische komplexe Matrix $A \in \mathbb{C}^{(n,n)}$ heißt unitär[1], falls:

Визначення 6.13

Квадратну комплексну матрицю $A \in \mathbb{C}^{(n,n)}$ називають одиничною[1], якщо:

$$A \cdot A^* = A^* \cdot A = I_n$$

Kapitel / Розділ 7
Eigenwertprobleme
Проблема власних значень

In diesem Kapitel wollen wir uns mit Eigenwertproblemen[1] beschäftigen. Darunter verstehen wir die folgende Fragestellung: Gegeben eine quadratische[2] Matrix[3] $A \in \mathbb{R}^{(n,n)}$ oder $A \in \mathbb{C}^{(n,n)}$. Gesucht sind Paare[4] von Vektoren[5] $\mathbf{x} \in \mathbb{C}^n$ und Zahlen[6] $\lambda \in \mathbb{C}$, so dass die Eigenwertgleichung[7] erfüllt ist:

У цьому розділі ми розглядаємо проблему власних значень[1]. Під нею ми розуміємо наступну задачу. Дана квадратна[2] матриця[3] $A \in \mathbb{R}^{(n,n)}$ або $A \in \mathbb{C}^{(n,n)}$. Ми шукаємо пари[4], вектор[5] $\mathbf{x} \in \mathbb{C}^n$ і число[6] $\lambda \in \mathbb{C}$, які задовольняють рівнянню на власні значення[7]:

$$A \cdot \mathbf{x} = \lambda \cdot \mathbf{x}$$

Viele Anwendungen[1] führen auf Eigenwertprobleme.

До проблеми власних значень призводять багато застосувань[1].

Beispiel:

Приклад:

- Knicklast[1] eines Balkens[2]

- Навантаження у разі вигинання[1] балки[2]

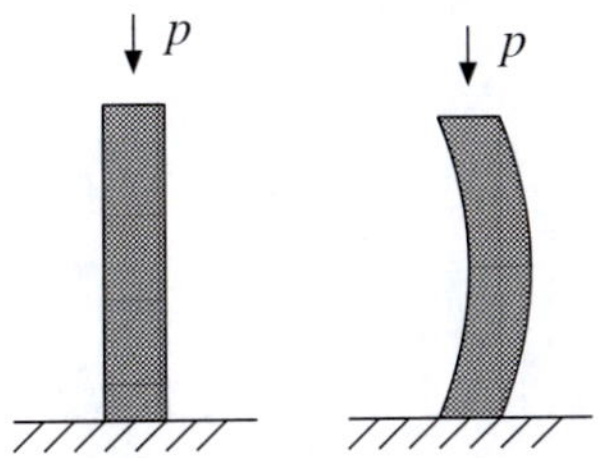

Abbildung / Рисунок 7.1
Unter welcher Last[1] p knickt ein Balken ein?
Під дією якого навантаження[1] p балка вигинається?

- Beulversagen[1]

- Прогин навантажених оболонок[1]

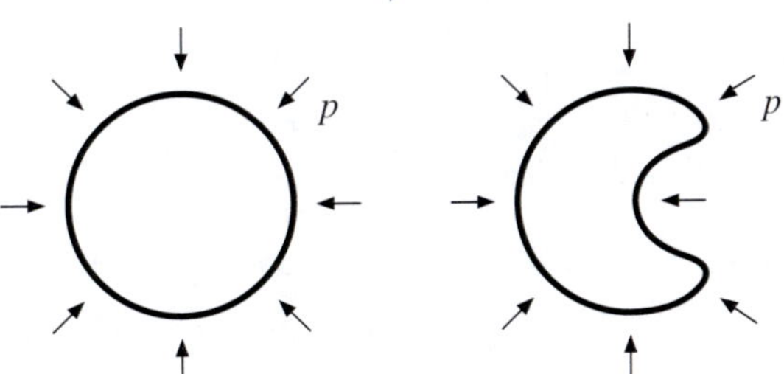

Abbildung / Рисунок 7.2
Unter welchem äußeren Druck[1] p beult[2] sich ein Hohlkörper[3] (zum Beispiel ein Rohr) ein?
Під дією якого зовнішнього тиску[1] p прогинається[2] порожнисте тіло[3] (наприклад, труба)?

A. Johann et al., *Höhere Mathematik auf Deutsch und Ukrainisch*
Вища математика німецькою та українською мовами,
https://doi.org/10.1007/978-3-662-71575-8_7

- Hauptträgheitsachsen[1] eines Bauteils[2] (zum Beispiel eines asymmetrischen[3] Balkens)
- Hauptspannungen[1] in der Elastizitätstheorie[2]
- Stabilitätsanalyse[1] von Bauwerken[2] gegenüber äußeren Kräften[3] (zum Beispiel durch Wind oder Erdbeben)

- Головні несучі осі[1] споруди[2] (наприклад, асиметричної[3] балки)
- Головні напруження[1] в теорії пружності[2]
- Аналіз стійкості[1] будівель і споруд[2] проти зовнішніх сил[3] (наприклад, вітру чи землетрусу)

7.1 Eigenwerte und Eigenvektoren Власні значення та власні вектори

Definition 7.1
Sei $A \in \mathbb{R}^{(n,n)}$ oder $A \in \mathbb{C}^{(n,n)}$ eine quadratische Matrix. Eine Zahl $\lambda \in \mathbb{C}$ heißt Eigenwert[1] von A, falls es einen Vektor $\mathbf{x} \in \mathbb{C}^n \setminus \{\mathbf{0}\}$ gibt, so dass gilt:

Визначення 7.1
Нехай $A \in \mathbb{R}^{(n,n)}$ або $A \in \mathbb{C}^{(n,n)}$ - це квадратна матриця. Число $\lambda \in \mathbb{C}$ називають власним значенням[1] матриці A, якщо існує вектор $\mathbf{x} \in \mathbb{C}^n \setminus \{\mathbf{0}\}$ такий, що:

$$A \cdot \mathbf{x} = \lambda \cdot \mathbf{x}$$

Der Vektor $\mathbf{x}$ heißt dann Eigenvektor[1] von A zum Eigenwert λ.

Тоді вектор $\mathbf{x}$ називають власним вектором[1] матриці A, що відповідає власному значенню λ.

Bemerkung: Die Bedingung[1] $\mathbf{x} \neq \mathbf{0}$ ist wichtig, denn für $\mathbf{x} = \mathbf{0}$ wäre die Gleichung $A \cdot \mathbf{x} = \lambda \cdot \mathbf{x}$ für jedes beliebige $\lambda \in \mathbb{C}$ erfüllt.

Зауваження: умова[1] $\mathbf{x} \neq \mathbf{0}$ є важливою, оскільки для $\mathbf{x} = \mathbf{0}$ рівняння $A \cdot \mathbf{x} = \lambda \cdot \mathbf{x}$ буде виконано для будь-якого $\lambda \in \mathbb{C}$.

Beispiel:

Приклад:

$$\underbrace{\begin{pmatrix} \frac{1}{3} & \frac{2}{3} & \frac{2}{3} \\ \frac{2}{3} & \frac{1}{3} & -\frac{2}{3} \\ -\frac{2}{3} & \frac{2}{3} & -\frac{1}{3} \end{pmatrix}}_{A} \underbrace{\begin{pmatrix} 1 \\ 1 \\ 0 \end{pmatrix}}_{\mathbf{x}} = \underbrace{1}_{\lambda} \cdot \underbrace{\begin{pmatrix} 1 \\ 1 \\ 0 \end{pmatrix}}_{\mathbf{x}}$$

Somit ist $\mathbf{x} = \begin{pmatrix} 1 & 1 & 0 \end{pmatrix}^T$ ein Eigenvektor von A zum Eigenwert $\lambda = 1$.

Отже, $\mathbf{x} = \begin{pmatrix} 1 & 1 & 0 \end{pmatrix}^T$ є власним вектором матриці A з власним значенням $\lambda = 1$.

$$\begin{pmatrix} \frac{1}{3} & \frac{2}{3} & \frac{2}{3} \\ \frac{2}{3} & \frac{1}{3} & -\frac{2}{3} \\ -\frac{2}{3} & \frac{2}{3} & -\frac{1}{3} \end{pmatrix} \begin{pmatrix} \frac{1}{\sqrt{2}} \\ -\frac{1}{\sqrt{2}} \\ \mathrm{i} \end{pmatrix} = \frac{-1+\sqrt{8}\mathrm{i}}{3} \cdot \begin{pmatrix} \frac{1}{\sqrt{2}} \\ -\frac{1}{\sqrt{2}} \\ \mathrm{i} \end{pmatrix}$$

Somit ist $\mathbf{x} = \begin{pmatrix} \frac{1}{\sqrt{2}} & -\frac{1}{\sqrt{2}} & \mathrm{i} \end{pmatrix}^T$ ein Eigenvektor von A zum Eigenwert $\lambda = \frac{-1+\sqrt{8}\mathrm{i}}{3}$.

Отже, $\mathbf{x} = \begin{pmatrix} \frac{1}{\sqrt{2}} & -\frac{1}{\sqrt{2}} & \mathrm{i} \end{pmatrix}^T$ є власним вектором матриці A з власним значенням $\lambda = \frac{-1+\sqrt{8}\mathrm{i}}{3}$.

Bemerkung: Sei λ Eigenwert einer Matrix A. Die Menge[1] aller zugehörigen Eigenvektoren $\mathbf{x}$ bildet (zusammen mit dem Nullvektor[2] $\mathbf{0}$) einen Untervektorraum[3] des $\mathbb{C}^n$:

Зауваження: нехай λ - це власне значення матриці A. Множина[1] всіх відповідних власних векторів $\mathbf{x}$ (разом із нульовим вектором[2] $\mathbf{0}$) утворює векторний підпростір[3] у $\mathbb{C}^n$:

$$E_\lambda = \{\mathbf{x} \in \mathbb{C}^n \mid A \cdot \mathbf{x} = \lambda \cdot \mathbf{x}\}$$

E_λ bezeichnen wir als Eigenraum[1] der Matrix A zum Eigenwert λ.

E_λ називають власним простором[1] матриці A з власним значенням λ.

Es gilt:

Вірно таке:

$$\begin{aligned} A \cdot \mathbf{x} = \lambda \cdot \mathbf{x} &\Leftrightarrow A \cdot \mathbf{x} - \lambda \cdot \mathbf{x} = \mathbf{0} \\ &\Leftrightarrow A \cdot \mathbf{x} - \lambda \cdot I_n \cdot \mathbf{x} = \mathbf{0} \\ &\Leftrightarrow (A - \lambda \cdot I_n) \cdot \mathbf{x} = \mathbf{0} \end{aligned}$$

Somit können wir den Eigenraum E_λ als Lösungsmenge[1] des homogenen[2] linearen Gleichungssystems[3] $(A - \lambda \cdot I_n) \cdot \mathbf{x} = \mathbf{0}$ bestimmen. Dies entspricht dem Kern[4] der Matrix $(A - \lambda \cdot I_n)$:

Тому ми можемо визначити власний простір E_λ як множину розв'язків[1] однорідної[2] системи лінійних рівнянь[3] $(A - \lambda \cdot I_n) \cdot \mathbf{x} = \mathbf{0}$. Він дорівнює ядру[4] матриці $(A - \lambda \cdot I_n)$:

$$E_\lambda = \operatorname{kern}(A - \lambda \cdot I_n)$$

Diese Formel[1] werden wir im Folgenden benutzen, um zu einem gegebenen Eigenwert λ die Menge aller zugehörigen Eigenvektoren $\mathbf{x} \in E_\lambda \setminus \{\mathbf{0}\}$ zu berechnen.

Цю формулу[1] ми будемо далі вживати для обчислення множини всіх власних векторів $\mathbf{x} \in E_\lambda \setminus \{\mathbf{0}\}$, які відповідають наданому власному значенню λ.

Es bleibt nur noch die Frage zu beantworten, wie man die Eigenwerte λ einer Matrix A bestimmt. Wir haben zuvor gesehen, dass die Eigenwertgleichung $A \cdot \mathbf{x} = \lambda \cdot \mathbf{x}$ äquivalent[1] ist zum folgenden homogenen linearen Gleichungssystem:

Нам залишилося лише дати відповідь, як знайти власні значення λ матриці A. Раніше ми бачили, що рівняння на власні значення $A \cdot \mathbf{x} = \lambda \cdot \mathbf{x}$ є еквівалентним[1] такій однорідній системі лінійних рівнянь:

$$(A - \lambda \cdot I_n) \cdot \mathbf{x} = \mathbf{0}$$

Dieses Gleichungssystem besitzt (unabhängig von $\lambda \in \mathbb{C}$) immer die Nulllösung[1] $\mathbf{x} = \mathbf{0}$. Eine nichttriviale[2] Lösung $\mathbf{x} \neq \mathbf{0}$ erhalten wir somit nur dann, wenn das Gleichungssystem mehr als eine Lösung besitzt. Dies ist genau dann der Fall, wenn die Matrix $A - \lambda \cdot I_n$ singulär[3] (das heißt: nicht regulär[4]) ist. Nach Satz 3.16 ist dies äquivalent zu:

Ця система рівнянь завжди має нульовий розв'язок[1] $\mathbf{x} = \mathbf{0}$ (незалежно від $\lambda \in \mathbb{C}$). Отже, нетривіальний[2] розв'язок $\mathbf{x} \neq \mathbf{0}$ ми отримуємо лише тоді, коли система рівнянь має більше одного розв'язку. Це саме той випадок, коли матриця $A - \lambda \cdot I_n$ є сингулярною або виродженою[3] (тобто, не є невиродженою[4]). Згідно з теоремою 3.16 це еквівалентно:

$$\det(A - \lambda \cdot I_n) = 0$$

Diese Gleichung bezeichnen wir als charakteristische Gleichung[1]. Ihre Lösungen $\lambda \in \mathbb{C}$ sind die Eigenwerte der Matrix A.

Це рівняння називають характеристичним рівнянням[1]. Його розв'язки $\lambda \in \mathbb{C}$ є власними значеннями матриці A.

Beispiel:
Wir betrachten die folgende Matrix:

Приклад:
Ми розглядаємо таку матрицю:

$$A = \begin{pmatrix} 3 & 2 & 0 \\ -3 & -2 & 0 \\ -3 & -3 & 1 \end{pmatrix}$$

Wir berechnen die Eigenwerte von A als Lösungen der charakteristischen Gleichung:

Ми обчислюємо власні значення A як розв'язки характеристичного рівняння:

$$0 = \det(A - \lambda \cdot I_3)$$
$$= \det\left(\begin{pmatrix} 3 & 2 & 0 \\ -3 & -2 & 0 \\ -3 & -3 & 1 \end{pmatrix} - \begin{pmatrix} \lambda & 0 & 0 \\ 0 & \lambda & 0 \\ 0 & 0 & \lambda \end{pmatrix}\right)$$
$$= \det\begin{pmatrix} (3-\lambda) & 2 & 0 \\ -3 & (-2-\lambda) & 0 \\ -3 & -3 & (1-\lambda) \end{pmatrix}$$

Wir berechnen die Determinate[1] mit Hilfe der Regel von Sarrus[2]:

Ми обчислюємо детермінант[1] за допомогою правила Сарруса[2]

$$= \left|\begin{matrix} (3-\lambda) & 2 & 0 \\ -3 & (-2-\lambda) & 0 \\ -3 & -3 & (1-\lambda) \end{matrix}\right| \begin{matrix} (3-\lambda) & 2 \\ -3 & (-2-\lambda) \\ -3 & -3 \end{matrix}$$
$$= (3-\lambda)\cdot(-2-\lambda)\cdot(1-\lambda)+0+0-0-0-(1-\lambda)\cdot(-3)\cdot 2$$

Wir können den gemeinsamen Faktor[1] $(1-\lambda)$ ausklammern[2]:

Ми можемо спільний множник[1] $(1-\lambda)$ винести за дужки[2]:

$$= (1-\lambda)\cdot((3-\lambda)\cdot(-2-\lambda)+6)$$
$$= (1-\lambda)\cdot(\lambda^2-\lambda)$$
$$= (1-\lambda)\cdot(\lambda-1)\cdot\lambda$$
$$= \underbrace{-(\lambda-1)^2\cdot(\lambda-0)}_{p(\lambda)}$$

Bemerkung: Wenn wir $\det(A - \lambda \cdot I_n)$ ausrechnen, erhalten wir ein Polynom[1] $p(\lambda)$. Dieses bezeichnen wir als das charakteristische Polynom[2] der Matrix A:

Зауваження: при обчисленні $\det(A - \lambda \cdot I_n)$ ми отримуємо поліном[1] $p(\lambda)$. Його називають характеристичним поліномом[2] матриці A:

$$p(\lambda) = \det(A - \lambda \cdot I_n)$$

Für $A \in \mathbb{R}^{(n,n)}$ oder $A \in \mathbb{C}^{(n,n)}$ hat das charakteristische Polynom den Grad[1] n. Die Eigenwerte der Matrix A sind die Nullstellen[2] des charakteristischen Polynoms.

Для $A \in \mathbb{R}^{(n,n)}$ або $A \in \mathbb{C}^{(n,n)}$ характеристичний поліном має степінь[1] n. Власні значення матриці A є коренями (або нулями)[2] характеристичного полінома.

Beispiel:
Für obige Matrix A erhalten wir:

Приклад:
Для наданої вище матриці A ми отримуємо:

$$0 = p(\lambda) = -(\lambda-1)^2\cdot(\lambda-0)$$

Das charakteristische Polynom $p(\lambda)$ besitzt die Nullstellen $\lambda_1 = 1$ und $\lambda_2 = 0$. Damit besitzt die Matrix A die Eigenwerte $\lambda_1 = 1$ und $\lambda_2 = 0$.

Характеристичний поліном $p(\lambda)$ має корені $\lambda_1 = 1$ та $\lambda_2 = 0$. Таким чином, матриця A має власні значення $\lambda_1 = 1$ та $\lambda_2 = 0$.

Bemerkung: A und A^T besitzen das gleiche charakteristische Polynom.

Зауваження: A і A^T мають однакові характеристичні поліноми.

Beweis:
Für die charakteristischen Polynome von A und A^T gilt:

Доведення:
Для характеристичних поліномів A і A^T є вірним таке:

$$\det(A - \lambda \cdot I_n) = \det\left((A - \lambda \cdot I_n)^T\right) = \det(A^T - \lambda \cdot I_n^T) = \det(A^T - \lambda \cdot I_n)$$

■

Definition 7.2
Als algebraische Vielfachheit[1] $a(\lambda_k)$ eines Eigenwerts λ_k der Matrix A bezeichnen wir die Vielfachheit des zugehörigen Linearfaktors[2] $(\lambda - \lambda_k)$ im charakteristischen Polynom.

Визначення 7.2
Алгебраїчною кратністю[1] $a(\lambda_k)$ власного значення λ_k матриці A називають кратність відповідного лінійного множника[2] $(\lambda - \lambda_k)$ у характеристичному поліномі.

Beispiel:
Im obigen Beispiel haben wir das folgende charakteristische Polynom erhalten:

Приклад:
У наведеному вище прикладі ми здобули такий характеристичний поліном:

$$p(\lambda) = -(\lambda - 1)^2 \cdot (\lambda - 0)^1$$

- $\lambda_1 = 1$ ist eine doppelte Nullstelle[1]. Somit gilt:
- $\lambda_1 = 1$ - це подвійний корінь[1]. Тому вірно таке:

$$a(1) = 2$$

- $\lambda_2 = 0$ ist eine einfache Nullstelle[1]. Somit gilt:
- $\lambda_2 = 0$ - це простий корінь[1]. Тому вірно таке:

$$a(0) = 1$$

Bemerkung: Sei $A \in \mathbb{R}^{(n,n)}$ oder $A \in \mathbb{C}^{(n,n)}$. Dann ist die Summe der algebraischen Vielfachheiten sämtlicher Eigenwerte λ_k von A immer gleich n.

Зауваження: нехай $A \in \mathbb{R}^{(n,n)}$ або $A \in \mathbb{C}^{(n,n)}$. Тоді сума алгебраїчних кратних всіх власних значень λ_k матриці A завжди дорівнює n.

Beispiel:
Im obigen Beispiel gilt:

Приклад:
У наведеному вище прикладі вірно таке:

$$a(1) + a(0) = 2 + 1 = 3 = n$$

Wir fassen die Strategie zum Finden von Eigenwerten und Eigenvektoren im folgenden Satz zusammen:

Зводимо підсумок щодо стратегії пошуку власних значень і власних векторів у наступну теорему

Satz 7.3
Sei $A \in \mathbb{R}^{(n,n)}$ oder $A \in \mathbb{C}^{(n,n)}$ eine quadratische Matrix. Dann bestimmen wir die Eigenwerte $\lambda \in \mathbb{C}$ von A, indem wir die Nullstellen des charakteristischen Polynoms berechnen:

Теорема 7.3
Нехай $A \in \mathbb{R}^{(n,n)}$ або $A \in \mathbb{C}^{(n,n)}$ - це квадратна матриця. Тоді ми визначаємо власні значення $\lambda \in \mathbb{C}$ матриці A шляхом обчислення коренів характеристичного полінома:

$$0 = p(\lambda) = \det(A - \lambda \cdot I_n)$$

Anschließend bestimmen wir zu jedem Eigenwert λ_k den zugehörigen Eigenraum:

Надалі для кожного власного значення λ_k ми визначаємо відповідний власний простір:

$$E_{\lambda_k} = \mathrm{kern}(A - \lambda_k \cdot I_n)$$

Damit ist jedes $\mathbf{x} \in E_{\lambda_k} \setminus \{\mathbf{0}\}$ ein Eigenvektor von A zum Eigenwert λ_k.

Це означає, що кожен $\mathbf{x} \in E_{\lambda_k} \setminus \{\mathbf{0}\}$ є власним вектором матриці A з власним значенням λ_k.

Beispiel:

Für die Matrix A aus dem obigen Beispiel haben wir die Eigenwerte $\lambda_1 = 1$ und $\lambda_2 = 0$ bestimmt. Nun wollen wir zu beiden Eigenwerten die zugehörigen Eigenräume bestimmen.

Приклад:

Для матриці A з наведеного вище прикладу ми визначили власні значення $\lambda_1 = 1$ та $\lambda_2 = 0$. Тепер ми хочемо визначити відповідні власні простори для обох власних значень.

Für $\lambda_1 = 1$ erhalten wir:

Для $\lambda_1 = 1$ ми отримуємо:

$$\begin{aligned} E_1 &= \operatorname{kern}(A - 1 \cdot I_3) \\ &= \operatorname{kern}\left(\begin{pmatrix} 3 & 2 & 0 \\ -3 & -2 & 0 \\ -3 & -3 & 1 \end{pmatrix} - \begin{pmatrix} 1 & 0 & 0 \\ 0 & 1 & 0 \\ 0 & 0 & 1 \end{pmatrix}\right) \\ &= \operatorname{kern}\left(\begin{pmatrix} 2 & 2 & 0 \\ -3 & -3 & 0 \\ -3 & -3 & 0 \end{pmatrix}\right) \end{aligned}$$

Um den Kern zu bestimmen, lösen wir das homogene lineare Gleichungssystem $(A - 1 \cdot I_3) \cdot \mathbf{x} = \mathbf{0}$. Durch Gauß-Elimination[1] bringen wir das Gleichungssystem zunächst auf Zeilenstufenform[2]:

Для визначення ядра ми розв'язуємо однорідну систему лінійних рівнянь $(A - 1 \cdot I_3) \cdot \mathbf{x} = \mathbf{0}$. Шляхом виключення Гаусса[1] ми спочатку приводимо систему рівнянь до рядкової ступінчастої форми[2]:

$$\left(\begin{array}{ccc|c} 2 & 2 & 0 & 0 \\ -3 & -3 & 0 & 0 \\ -3 & -3 & 0 & 0 \end{array}\right) \underset{\substack{II \to II + \frac{3}{2} \cdot I \\ III \to III + \frac{3}{2} \cdot I}}{\Leftrightarrow} \left(\begin{array}{ccc|c} 2 & 2 & 0 & 0 \\ 0 & 0 & 0 & 0 \\ 0 & 0 & 0 & 0 \end{array}\right)$$

Durch Rückwärtssubstitution[1] erhalten wir:

Шляхом зворотної заміни[1] ми отримуємо:

$$\begin{aligned} III: &\quad 0 = 0 \quad \checkmark \\ II: &\quad 0 = 0 \quad \checkmark \end{aligned}$$

In der zweiten und dritten Spalte[1] steht kein Pivotelement[2]. Daher sind x_2 und x_3 unabhängige Variablen[3]:

У другому та третьому стовпцях[1] немає головного елемента[2]. Отже, x_2 та x_3 є незалежними змінними[3]:

$$\begin{aligned} x_2 &= \nu \in \mathbb{C} \\ x_3 &= \mu \in \mathbb{C} \end{aligned}$$

Einsetzen in die erste Zeile[1] liefert:

Підстановка в перший рядок[1] дає:

$$I: \quad 2 \cdot x_1 + 2 \cdot x_2 = 0 \underset{x_2 = \nu}{\Leftrightarrow} x_1 = -\nu$$

Wir erhalten als Lösung des Gleichungssystems:

Ми отримуємо такий розв'язок системи рівнянь:

$$\mathbf{x} = \begin{pmatrix} -\nu \\ \nu \\ \mu \end{pmatrix} = \nu \cdot \begin{pmatrix} -1 \\ 1 \\ 0 \end{pmatrix} + \mu \cdot \begin{pmatrix} 0 \\ 0 \\ 1 \end{pmatrix} \quad , \quad \nu, \mu \in \mathbb{C}$$

Jeder dieser Vektoren (mit Ausnahme des Nullvektors $\mathbf{x} = \mathbf{0}$) ist ein Eigenvektor zum Eigenwert $\lambda_1 = 1$. Als zugehörigen Eigenraum erhalten wir:

Кожен із цих векторів (за винятком нульового вектора $\mathbf{x} = \mathbf{0}$) є власним вектором із власним значенням $\lambda_1 = 1$. В якості відповідного власного простору ми отримуємо:

$$E_1 = \operatorname{span}\left(\begin{pmatrix}-1\\1\\0\end{pmatrix}, \begin{pmatrix}0\\0\\1\end{pmatrix}\right) = \left\{\nu \cdot \begin{pmatrix}-1\\1\\0\end{pmatrix} + \mu \cdot \begin{pmatrix}0\\0\\1\end{pmatrix} \middle| \nu, \mu \in \mathbb{C}\right\}$$

Ganz analog erhalten wir für $\lambda_2 = 0$:

Аналогічно для $\lambda_2 = 0$ ми отримуємо:

$$\begin{aligned}E_0 &= \operatorname{kern}(A - 0 \cdot I_3)\\ &= \operatorname{kern}\left(\begin{pmatrix}3 & 2 & 0\\-3 & -2 & 0\\-3 & -3 & 1\end{pmatrix} - \begin{pmatrix}0 & 0 & 0\\0 & 0 & 0\\0 & 0 & 0\end{pmatrix}\right)\\ &= \operatorname{kern}\left(\begin{pmatrix}3 & 2 & 0\\-3 & -2 & 0\\-3 & -3 & 1\end{pmatrix}\right)\end{aligned}$$

Wir bringen das homogene lineare Gleichungssystem $(A - 0 \cdot I_3) \cdot \mathbf{x} = \mathbf{0}$ durch Gauß-Elimination auf Zeilenstufenform:

Шляхом виключення Гаусса ми зводимо однорідну систему лінійних рівнянь $(A - 0 \cdot I_3) \cdot \mathbf{x} = \mathbf{0}$ до рядкової ступінчастої форми:

$$\left(\begin{array}{ccc|c}3 & 2 & 0 & 0\\-3 & -2 & 0 & 0\\-3 & -3 & 1 & 0\end{array}\right) \underset{\substack{II \to II + I\\III \to III + I}}{\Leftrightarrow} \left(\begin{array}{ccc|c}3 & 2 & 0 & 0\\0 & 0 & 0 & 0\\0 & -1 & 1 & 0\end{array}\right) \underset{II \leftrightarrow III}{\Leftrightarrow} \left(\begin{array}{ccc|c}3 & 2 & 0 & 0\\0 & -1 & 1 & 0\\0 & 0 & 0 & 0\end{array}\right)$$

Durch Rückwärtssubstitution erhalten wir:

Шляхом зворотної заміни отримуємо:

$$III: \quad 0 = 0 \quad \checkmark$$

In der dritten Spalte steht kein Pivotelement. Daher ist x_3 eine unabhängige Variable:

У третьому стовпці немає головного елемента. Тому x_3 є незалежною змінною:

$$x_3 = \mu \in \mathbb{C}$$

Einsetzen in die zweite und erste Zeile liefert:

Коли ми вставляємо його в другий і перший рядки, ми отримуємо:

$$\begin{aligned}II: &\quad -x_2 + x_3 = 0 \underset{x_3 = \mu}{\Leftrightarrow} x_2 = \mu\\ I: &\quad 3x_1 + 2x_2 = 0 \underset{x_2 = \mu}{\Leftrightarrow} x_1 = -\frac{2}{3}\mu\end{aligned}$$

Wir erhalten als Lösung des Gleichungssystems:

Ми отримуємо розв'язок системи рівнянь у такому вигляді:

$$\mathbf{x} = \mu \cdot \begin{pmatrix}-\frac{2}{3}\\1\\1\end{pmatrix}, \quad \mu \in \mathbb{C}$$

Jeder dieser Vektoren (mit Ausnahme des Nullvektors $\mathbf{x} = \mathbf{0}$) ist ein Eigenvektor zum Eigenwert $\lambda_2 = 0$. Als zugehörigen Eigenraum erhalten wir:

Кожен із цих векторів (за винятком нульового вектора $\mathbf{x} = \mathbf{0}$) є власним вектором із власним значенням $\lambda_2 = 0$. В якості відповідного власного простору ми отримуємо:

$$E_0 = \operatorname{span}\left(\begin{pmatrix} -\frac{2}{3} \\ 1 \\ 1 \end{pmatrix}\right) = \left\{ \mu \cdot \begin{pmatrix} -\frac{2}{3} \\ 1 \\ 1 \end{pmatrix} \middle| \mu \in \mathbb{C} \right\}$$

Definition 7.4

Als geometrische Vielfachheit[1] $g(\lambda_k)$ eines Eigenwerts λ_k bezeichnen wir die Dimension[2] des zugehörigen Eigenraums E_{λ_k}:

Визначення 7.4

Геометричною кратністю[1] $g(\lambda_k)$ власного значення λ_k називають розмірність[2] відповідного власного простору E_{λ_k}:

$$g(\lambda_k) = \dim(E_{\lambda_k}) = \dim\big(\operatorname{kern}(A - \lambda_k \cdot I_n)\big)$$

Bemerkung: Für die geometrische Vielfachheit $g(\lambda_k)$ und die algebraische Vielfachheit $a(\lambda_k)$ eines Eigenwerts λ_k gilt:

Зауваження: для геометричної кратності $g(\lambda_k)$ та алгебраїчної кратності $a(\lambda_k)$ власного значення λ_k є вірним таке:

$$1 \leq g(\lambda_k) \leq a(\lambda_k)$$

Beispiel:

Für das obige Beispiel erhalten wir:

Приклад:

Для наведеного вище прикладу ми отримуємо:

$$g(1) = \dim(E_1) = \dim\left(\operatorname{span}\left(\begin{pmatrix} -1 \\ 1 \\ 0 \end{pmatrix}, \begin{pmatrix} 0 \\ 0 \\ 1 \end{pmatrix}\right)\right) = 2$$
$$g(0) = \dim(E_0) = \dim\left(\operatorname{span}\left(\begin{pmatrix} -\frac{2}{3} \\ 1 \\ 1 \end{pmatrix}\right)\right) = 1$$

Mit den zuvor berechneten algebraischen Vielfachheiten gilt dann:

Тоді з попередньо обчисленими алгебраїчними кратними виконується таке:

$$1 \leq \underbrace{g(1)}_{2} \leq \underbrace{a(1)}_{2} \qquad \checkmark$$
$$1 \leq \underbrace{g(0)}_{1} \leq \underbrace{a(0)}_{1} \qquad \checkmark$$

Satz 7.5

Seien $\mathbf{x}_1, \ldots, \mathbf{x}_m$ Eigenvektoren zu paarweise[1] verschiedenen Eigenwerten $\lambda_1, \ldots, \lambda_m$ (das heißt $\lambda_j \neq \lambda_k$ für $j \neq k$). Dann sind die Vektoren $\mathbf{x}_1, \ldots, \mathbf{x}_m$ linear unabhängig[2].

Теорема 7.5

Нехай $\mathbf{x}_1, \ldots, \mathbf{x}_m$ - це власні вектори для попарно[1] різних власних значень $\lambda_1, \ldots, \lambda_m$ (тобто $\lambda_j \neq \lambda_k$ для $j \neq k$). Тоді вектори $\mathbf{x}_1, \ldots, \mathbf{x}_m$ є лінійно незалежними[2].

Beweis:
Wir verwenden vollständige Induktion[1] nach der Anzahl m der Eigenvektoren:

Induktionsanfang[1] $m = 1$:
$\mathbf{x}_1$ ist ein Eigenvektor. Somit gilt $\mathbf{x}_1 \neq \mathbf{0}$. Daher gilt die Gleichung $\alpha_1 \cdot \mathbf{x}_1 = \mathbf{0}$ nur für $\alpha_1 = 0$. Somit ist der Vektor $\mathbf{x}_1$ linear unabhängig.

Induktionsschritt[1] $m \to m+1$:
Wir setzen voraus[2], dass die Vektoren $\mathbf{x}_1, \ldots, \mathbf{x}_m$ linear unabhängig sind und wollen zeigen, dass die Vektoren $\mathbf{x}_1, \ldots, \mathbf{x}_m, \mathbf{x}_{m+1}$ dann ebenfalls linear unabhängig sind. Sei:

Доведення:
Ми використовуємо повну індукцію[1] по кількості власних векторів m:

База індукції[1] $m = 1$:
$\mathbf{x}_1$ є власним вектором. Тому є вірним таке: $\mathbf{x}_1 \neq \mathbf{0}$. Тоді рівняння $\alpha_1 \cdot \mathbf{x}_1 = \mathbf{0}$ є вірним лише для $\alpha_1 = 0$. Таким чином, вектор $\mathbf{x}_1$ є лінійно незалежним.

Крок індукції[1] $m \to m+1$:
Ми припускаємо[2], що вектори $\mathbf{x}_1, \ldots, \mathbf{x}_m$ є лінійно незалежними, і хочемо показати, що вектори $\mathbf{x}_1, \ldots, \mathbf{x}_m, \mathbf{x}_{m+1}$ також є лінійно незалежними. Нехай:

$$\sum_{j=1}^{m+1} \alpha_j \cdot \mathbf{x}_j = \mathbf{0}$$

Wir multiplizieren von links mit $(A - \lambda_{m+1} \cdot I_n)$:

Ми множимо зліва на $(A - \lambda_{m+1} \cdot I_n)$:

$$\begin{aligned} &\Rightarrow \quad (A - \lambda_{m+1} \cdot I_n) \sum_{j=1}^{m+1} \alpha_j \cdot \mathbf{x}_j = \mathbf{0} \\ &\Leftrightarrow \quad \sum_{j=1}^{m+1} \alpha_j \cdot (A - \lambda_{m+1} \cdot I_n) \cdot \mathbf{x}_j = \mathbf{0} \end{aligned}$$

$\mathbf{x}_j$ ist Eigenvektor zum Eigenwert λ_j. Mit $A \cdot \mathbf{x}_j = \lambda_j \cdot \mathbf{x}_j$ erhalten wir:

$\mathbf{x}_j$ - це власний вектор з власним значенням λ_j. Із $A \cdot \mathbf{x}_j = \lambda_j \cdot \mathbf{x}_j$ ми отримуємо:

$$\begin{aligned} &\Leftrightarrow \quad \sum_{j=1}^{m+1} \alpha_j \cdot (\lambda_j - \lambda_{m+1}) \cdot \mathbf{x}_j = \mathbf{0} \\ &\Leftrightarrow \quad \sum_{j=1}^{m} \alpha_j \cdot (\lambda_j - \lambda_{m+1}) \cdot \mathbf{x}_j + \alpha_{m+1} \cdot \underbrace{(\lambda_{m+1} - \lambda_{m+1})}_{0} \cdot \mathbf{x}_{m+1} = \mathbf{0} \\ &\Leftrightarrow \quad \sum_{j=1}^{m} \alpha_j \cdot (\lambda_j - \lambda_{m+1}) \cdot \mathbf{x}_j = \mathbf{0} \end{aligned}$$

Wir haben vorausgesetzt, dass die Vektoren $\mathbf{x}_1, \ldots, \mathbf{x}_m$ linear unabhängig sind. Somit folgt:

Ми припустили, що вектори $\mathbf{x}_1, \ldots, \mathbf{x}_m$ є лінійно незалежними. Звідси випливає:

$$\Rightarrow \quad \alpha_1 = \ldots = \alpha_m = 0$$

Wir kommen zurück zur ursprünglichen Gleichung und setzen $\alpha_1 = \ldots = \alpha_m = 0$ ein:

Ми повертаємося до первинного рівняння і підставляємо: $\alpha_1 = \ldots = \alpha_m = 0$

$$\mathbf{0} = \sum_{j=1}^{m+1} \alpha_j \cdot \mathbf{x}_j = \sum_{j=1}^{m} \underbrace{\alpha_j}_{0} \cdot \mathbf{x}_j + \alpha_{m+1} \cdot \mathbf{x}_{m+1} = \alpha_{m+1} \cdot \mathbf{x}_{m+1}$$

Da $\mathbf{x}_{m+1}$ ein Eigenvektor ist, gilt $\mathbf{x}_{m+1} \neq \mathbf{0}$. Daher gilt die Gleichung $\mathbf{0} = \alpha_{m+1} \cdot \mathbf{x}_{m+1}$ nur für $\alpha_{m+1} = 0$. Wir haben somit gezeigt, dass für alle Koeffizienten[1] gilt $\alpha_1 = \ldots = \alpha_{m+1} = 0$. Damit sind die Vektoren $\mathbf{x}_1, \ldots, \mathbf{x}_{m+1}$ linear unabhängig.

Оскільки $\mathbf{x}_{m+1}$ є власним вектором, то є вірним, що $\mathbf{x}_{m+1} \neq \mathbf{0}$. Тому рівняння $\mathbf{0} = \alpha_{m+1} \cdot \mathbf{x}_{m+1}$ є справедливим лише для $\alpha_{m+1} = 0$. У такий спосіб ми довели, що для всіх коефіцієнтів[1] маємо $\alpha_1 = \ldots = \alpha_{m+1} = 0$. Це означає, що вектори $\mathbf{x}_1, \ldots, \mathbf{x}_{m+1}$ є лінійно незалежними.

■

7.2 Diagonalisierung von Matrizen Діагоналізація матриць

Mit Hilfe von Eigenwerten und Eigenvektoren sind wir nun in der Lage, den einfachsten (und wichtigsten) Fall des Jordanschen Normalformproblems[1] aus Kapitel 4.2 zu lösen: Die Diagonalisierung[2] einer quadratischen[3] Matrix[4].

За допомогою власних значень і власних векторів ми можемо тепер розв'язати найпростіший (і найважливіший) випадок проблеми нормальної форми Жордана[1] з розділу 4.2: діагоналізацію[2] квадратної[3] матриці[4].

Ziel: Gegeben eine quadratische Matrix $A \in \mathbb{R}^{(n,n)}$ oder $A \in \mathbb{C}^{(n,n)}$. Mit Hilfe eines geschickten Basiswechsels[1] suchen wir eine zu A ähnliche[2] Diagonalmatrix[3]:

Мета: дана квадратна матриця $A \in \mathbb{R}^{(n,n)}$ або $A \in \mathbb{C}^{(n,n)}$. За допомогою розумної заміни базису[1] ми шукаємо подібну[2] до A діагональну матрицю[3]:

$$\Lambda = \begin{pmatrix} \lambda_1 & 0 & \cdots & 0 \\ 0 & \ddots & \ddots & \vdots \\ \vdots & \ddots & \ddots & 0 \\ 0 & \cdots & 0 & \lambda_n \end{pmatrix} \in \mathbb{C}^{(n,n)}$$

Konkret bedeutet das: Wir suchen eine reguläre[1] Matrix $S \in \mathbb{C}^{(n,n)}$ mit:

Зокрема, це означає: ми шукаємо таку невироджену[1] матрицю $S \in \mathbb{C}^{(n,n)}$, що:

$$\Lambda = S^{-1} \cdot A \cdot S$$

Idee: A wirkt auf Eigenvektoren $\mathbf{x}_k$ wie eine Streckung[1] um den (möglicherweise komplexen) Faktor[2] λ_k. Falls eine Basis[3] aus Eigenvektoren existiert, so wird A bezüglich dieser Basis zu einer Diagonalmatrix Λ.

Ідея: A діє на власні вектори $\mathbf{x}_k$ як видовження[1] з множником[2] λ_k (можливо комплексним). Якщо базис[3] із власних векторів існує, то A перетворюється відносно цього базису на діагональну матрицю Λ.

Formal können wir das folgendermaßen verstehen: Sei $\mathbf{v}_1, \ldots, \mathbf{v}_n$ eine Basis aus Eigenvektoren der Matrix A mit zugehörigen Eigenwerten $\lambda_1, \ldots, \lambda_n$. Die Matrix S des Basisübergangs[1] von der kanonischen Basis[2] zur Basis aus Eigenvektoren erhalten wir, indem wir $\mathbf{v}_1, \ldots, \mathbf{v}_n$ der Reihe nach in die Spalten[3] von S schreiben:

Формально це можна розуміти так: нехай $\mathbf{v}_1, \ldots, \mathbf{v}_n$ - це базис із власних векторів матриці A з відповідними власними значеннями $\lambda_1, \ldots, \lambda_n$. Ми отримуємо матрицю S базисного переходу[1] від канонічного базису[2] до базису з власних векторів шляхом послідовного запису векторів $\mathbf{v}_1, \ldots, \mathbf{v}_n$ у стовпці[3] матриці S:

$$S = \begin{pmatrix} \mathbf{v}_1 & \ldots & \mathbf{v}_n \end{pmatrix} \in \mathbb{C}^{(n,n)}$$

Wenn wir die Matrix S von links mit A multiplizieren, so werden die einzelnen Spalten $\mathbf{v}_k$ von S jeweils zu $A \cdot \mathbf{v}_k$:

Якщо ми помножимо матрицю S зліва на A, кожен стовпець $\mathbf{v}_k$ матриці S перетвориться на $A \cdot \mathbf{v}_k$:

$$\begin{aligned} A \cdot S &= A \cdot \begin{pmatrix} \mathbf{v}_1 & \ldots & \mathbf{v}_n \end{pmatrix} \\ &= \begin{pmatrix} (A \cdot \mathbf{v}_1) & \ldots & (A \cdot \mathbf{v}_n) \end{pmatrix} \end{aligned}$$

Die $\mathbf{v}_k$ sind Eigenvektoren von A. Somit gilt:

$\mathbf{v}_k$ є власними векторами A. Тому маємо:

$$= \begin{pmatrix} (\lambda_1 \cdot \mathbf{v}_1) & \ldots & (\lambda_n \cdot \mathbf{v}_n) \end{pmatrix}$$

Dieser Ausdruck entspricht der Multiplikation von rechts mit einer Diagonalmatrix:

Цей вираз відповідає множенню справа на діагональну матрицю:

$$= \begin{pmatrix} \mathbf{v}_1 \dots \mathbf{v}_n \end{pmatrix} \cdot \begin{pmatrix} \lambda_1 & 0 & \cdots & 0 \\ 0 & \ddots & \ddots & \vdots \\ \vdots & \ddots & \ddots & 0 \\ 0 & \cdots & 0 & \lambda_n \end{pmatrix}$$

$$= S \cdot \Lambda$$

Nach Voraussetzung bilden die Spalten $\mathbf{v}_1, \dots, \mathbf{v}_n$ der Matrix S eine Basis des $\mathbb{R}^n$. Sie sind somit linear unabhängig[1]. Daher ist S regulär, also invertierbar[2]. Durch Multiplikation von links mit S^{-1} erhalten wir:

Згідно до передумови, стовпці $\mathbf{v}_1, \dots, \mathbf{v}_n$ матриці S утворюють базис $\mathbb{R}^n$. Тому вони є лінійно незалежними[1]. Відтак, матриця S є невиродженою, тобто оборотною[2]. Шляхом множення зліва на S^{-1} ми отримуємо:

$$\Leftrightarrow S^{-1} \cdot A \cdot S = \underbrace{S^{-1} \cdot S}_{I_n} \cdot \Lambda$$

$$= \Lambda$$

Hiermit haben wir das Jordansche Normalformproblem gelöst und eine zu A ähnliche Diagonalmatrix Λ gefunden.

У такий спосіб ми розв'язали проблему нормальної форми Жордана та знайшли подібну до A діагональну матрицю Λ.

Beispiel:

Приклад:

Wir betrachten erneut die folgende Matrix:

Ми знову розглядаємо таку матрицю:

$$A = \begin{pmatrix} 3 & 2 & 0 \\ -3 & -2 & 0 \\ -3 & -3 & 1 \end{pmatrix}$$

Wir haben bereits gezeigt, dass der Eigenraum E_1 zum Eigenwert $\lambda_1 = 1$ von den beiden folgenden Eigenvektoren aufgespannt[1] wird:

Раніше ми показали, що власний простір E_1 з власним значенням $\lambda_1 = 1$ породжується[1] такими двома власними векторами:

$$\mathbf{v}_1 = \begin{pmatrix} -1 \\ 1 \\ 0 \end{pmatrix} \quad , \quad \mathbf{v}_2 = \begin{pmatrix} 0 \\ 0 \\ 1 \end{pmatrix}$$

Der Eigenraum E_0 zum Eigenwert $\lambda_2 = 0$ wird aufgespannt von:

Власний простір E_0 з власним значенням $\lambda_2 = 0$ породжується вектором:

$$\mathbf{v}_3 = \begin{pmatrix} -\frac{2}{3} \\ 1 \\ 1 \end{pmatrix}$$

Die Eigenvektoren $\mathbf{v}_1, \mathbf{v}_2, \mathbf{v}_3$ bilden eine Basis des $\mathbb{R}^3$. Wir schreiben sie der Reihe nach in die Spalten der Matrix S des Basisübergangs:

Власні вектори $\mathbf{v}_1, \mathbf{v}_2, \mathbf{v}_3$ утворюють базис в $\mathbb{R}^3$. Ми записуємо їх послідовно в стовпці матриці базисного переходу S:

$$S = \begin{pmatrix} -1 & 0 & -\frac{2}{3} \\ 1 & 0 & 1 \\ 0 & 1 & 1 \end{pmatrix}$$

Mit Hilfe des Gauß-Jordan-Algorithmus[1] können wir die inverse Matrix S^{-1} berechnen:

За допомогою алгоритму Гаусса-Жордана[1] ми можемо обчислити обернену матрицю S^{-1}:

$$S^{-1} = \begin{pmatrix} -3 & -2 & 0 \\ -3 & -3 & 1 \\ 3 & 3 & 0 \end{pmatrix}$$

Damit erhalten wir:

У такий спосіб ми отримуємо:

$$\Rightarrow \Lambda = S^{-1} \cdot A \cdot S = \begin{pmatrix} 1 & 0 & 0 \\ 0 & 1 & 0 \\ 0 & 0 & 0 \end{pmatrix} = \begin{pmatrix} \lambda_1 & 0 & 0 \\ 0 & \lambda_1 & 0 \\ 0 & 0 & \lambda_2 \end{pmatrix}$$

Auf der Diagonalen[1] von Λ stehen die Eigenwerte $\lambda_1, ..., \lambda_n$ in der gleichen Reihenfolge[2], in der die zugehörigen Eigenvektoren $\mathbf{v}_1, ..., \mathbf{v}_n$ in der Matrix S stehen.

На діагоналі[1] матриці Λ власні значення $\lambda_1, ..., \lambda_n$ знаходяться в тому ж порядку[2], в якому відповідні власні вектори $\mathbf{v}_1, ..., \mathbf{v}_n$ знаходяться в матриці S.

Bemerkung: Nicht jede quadratische Matrix ist diagonalisierbar[1].

Зауваження: не кожну квадратну матрицю можна діагоналізувати[1].

Beispiel:
Wir betrachten die folgende quadratische Matrix:

Приклад:
Ми розглядаємо таку квадратну матрицю:

$$B = \begin{pmatrix} 1 & 1 \\ 0 & 1 \end{pmatrix}$$

Als charakteristisches Polynom erhalten wir:

В якості характеристичного полінома отримуємо:

$$p(\lambda) = \det(B - \lambda \cdot I_2) = \det \begin{pmatrix} (1-\lambda) & 1 \\ 0 & (1-\lambda) \end{pmatrix} = (1-\lambda)^2$$

$p(\lambda)$ hat die doppelte Nullstelle 1. Damit hat B den Eigenwert $\lambda_1 = 1$ mit der algebraischen Vielfachheit $a(1) = 2$.

$p(\lambda)$ має подвійний корень, який дорівнює 1. Тому B має власне значення $\lambda_1 = 1$ з алгебраїчною кратністю $a(1) = 2$.

Wir bestimmen den zugehörigen Eigenraum:

Визначаємо відповідний власний простір:

$$E_1 = \text{kern}(A - 1 \cdot I_2) = \text{kern}\left(\begin{pmatrix} 1 & 1 \\ 0 & 1 \end{pmatrix} - \begin{pmatrix} 1 & 0 \\ 0 & 1 \end{pmatrix}\right) = \text{kern}\left(\begin{pmatrix} 0 & 1 \\ 0 & 0 \end{pmatrix}\right)$$

Das resultierende homogene lineare Gleichungssystem hat bereits Zeilenstufenform:

Здобута однорідна система лінійних рівнянь вже має рядкову ступінчасту форму:

$$\left(\begin{array}{cc|c} 0 & 1 & 0 \\ 0 & 0 & 0 \end{array}\right)$$

Durch Rückwärtssubstitution erhalten wir:

Шляхом зворотної заміни знаходимо:

$$\begin{aligned} II: &\quad 0 = 0 \quad \checkmark \\ I: &\quad x_2 = 0 \end{aligned}$$

In der ersten Spalte steht kein Pivotelement. Daher ist x_1 eine unabhängige Variable:

У першому стовпці немає опорного елемента. Тому x_1 є незалежною змінною:

$$x_1 = \mu \in \mathbb{C}$$

Wir erhalten als Lösung des Gleichungssystems:

У такий спосіб ми знаходимо розв'язок системи рівнянь:

$$\mathbf{x} = \mu \cdot \begin{pmatrix} 1 \\ 0 \end{pmatrix} \quad , \quad \mu \in \mathbb{C}$$

Damit erhalten wir den Eigenraum:

Це дає нам власний простір:

$$E_1 = \text{span}\left(\begin{pmatrix} 1 \\ 0 \end{pmatrix}\right)$$

Dieser Eigenraum ist eindimensional[1]. Daher hat $\lambda_1 = 1$ die geometrische Vielfachheit $g(1) = 1$. Es gilt:

Цей власний простір є одновимірним[1]. Тому $\lambda_1 = 1$ має геометричну кратність $g(1) = 1$. Тоді маємо:

$$g(1) = 1 < 2 = a(1)$$

Die Eigenvektoren der Matrix B spannen nur einen eindimensionalen Untervektorraum[1] des $\mathbb{R}^2$ auf. Somit existiert keine Basis aus Eigenvektoren. Daher ist B nicht diagonalisierbar.

Власні вектори матриці B породжують лише одновимірний векторний підпростір[1] в $\mathbb{R}^2$. Отже, базис із власних векторів не існує. Відтак, матрицю B не можна діагоналізувати.

Bemerkung: Obige Matrix B ist der einfachste nichttriviale Fall einer Jordanschen Normalform[1]. Wir haben gesehen, dass nicht jede quadratische Matrix diagonalisierbar ist. Man kann jedoch zeigen, dass jede quadratische Matrix zu einer Matrix in Jordanscher Normalform ähnlich ist. Dies wollen wir hier jedoch nicht weiter behandeln.

Зауваження: наведена вище матриця B є найпростішим нетривіальним випадком жорданової нормальної форми[1]. Ми побачили, що не кожну квадратну матрицю можна діагоналізувати. Проте, можна показати, що кожна квадратна матриця є подібною до якоїсь матриці в жордановій нормальній формі. Однак, ми не будемо розглядати тут це питання.

Ob eine quadratische Matrix diagonalisierbar ist, lässt sich mit Hilfe des folgenden Kriteriums[1] überprüfen:

Чи можна діагоналізувати квадратну матрицю, можна перевірити за допомогою такого критерію[1]:

Satz 7.6
Sei $A \in \mathbb{R}^{(n,n)}$ oder $A \in \mathbb{C}^{(n,n)}$ eine quadratische Matrix. A ist genau dann diagonalisierbar, falls eine Basis aus Eigenvektoren existiert. Dies ist genau dann der Fall, falls für alle Eigenwerte λ_k die geometrische und die algebraische Vielfachheit übereinstimmen:

Теорема 7.6
Нехай $A \in \mathbb{R}^{(n,n)}$ або $A \in \mathbb{C}^{(n,n)}$ - це квадратна матриця. A можна діагоналізувати тоді і тільки тоді, коли існує базис із власних векторів. Це має місце тоді і тільки тоді, коли для всіх власних значень λ_k геометрична та алгебраїчна кратності збігаються:

$$g(\lambda_k) = a(\lambda_k)$$

Bemerkung: Es gilt $1 \leq g(\lambda_k) \leq a(\lambda_k)$. Im Fall, dass eine Matrix A paarweise verschiedene Eigenwerte besitzt, folgt hieraus:

Зауваження: є вірним, що $1 \leq g(\lambda_k) \leq a(\lambda_k)$. У випадку, коли матриця A має попарно різні власні значення, випливає:

$$g(\lambda_k) = a(\lambda_k) = 1$$

Dann ist A diagonalisierbar.

Тоді A можна діагоналізувати.

Bemerkung: Ähnliche Matrizen $B = S^{-1} \cdot A \cdot S$ besitzen die gleichen Eigenwerte, denn es gilt:

Зауваження: подібні матриці $B = S^{-1} \cdot A \cdot S$ мають однакові власні значення, оскільки:

$$A \cdot \mathbf{x} = \lambda \cdot \mathbf{x} \Leftrightarrow S^{-1} \cdot A \cdot \underbrace{S \cdot S^{-1}}_{I_n} \cdot \mathbf{x} = S^{-1} \cdot \lambda \cdot \mathbf{x} \Leftrightarrow \underbrace{(S^{-1} \cdot A \cdot S)}_{B} \cdot \underbrace{(S^{-1} \cdot \mathbf{x})}_{\mathbf{y}} = \lambda \cdot \underbrace{(S^{-1} \cdot \mathbf{x})}_{\mathbf{y}}$$

Ebenso stimmen die algebraischen und geometrischen Vielfachheiten überein, nicht jedoch die Eigenvektoren.

Так само узгоджуються алгебраїчні та геометричні кратні, але не власні вектори.

Beispiel:
Wir haben zuvor gezeigt, dass die folgenden beiden Matrizen ähnlich sind:

Приклад:
Раніше ми показали, що такі дві матриці є подібними:

$$A = \begin{pmatrix} 3 & 2 & 0 \\ -3 & -2 & 0 \\ -3 & -3 & 1 \end{pmatrix} \quad , \quad \Lambda = \begin{pmatrix} 1 & 0 & 0 \\ 0 & 1 & 0 \\ 0 & 0 & 0 \end{pmatrix}$$

A und Λ haben die gleichen Eigenwerte:

A і Λ мають однакові власні значення:

$$\begin{aligned} \lambda_1 &= 1 \qquad a(1) = 2 \\ \lambda_2 &= 0 \qquad a(0) = 1 \end{aligned}$$

Für die Eigenräume gilt:

Для власних просторів маємо:

A	Λ	
$E_1 = \text{span}\left(\begin{pmatrix} -1 \\ 1 \\ 0 \end{pmatrix}, \begin{pmatrix} 0 \\ 0 \\ 1 \end{pmatrix}\right)$	$E_1 = \text{span}\left(\begin{pmatrix} 1 \\ 0 \\ 0 \end{pmatrix}, \begin{pmatrix} 0 \\ 1 \\ 0 \end{pmatrix}\right)$	$\Rightarrow g(1) = 2$
$E_0 = \text{span}\left(\begin{pmatrix} -\frac{2}{3} \\ 1 \\ 1 \end{pmatrix}\right)$	$E_0 = \text{span}\left(\begin{pmatrix} 0 \\ 0 \\ 1 \end{pmatrix}\right)$	$\Rightarrow g(0) = 1$

Beispiel:
Das einfachste Beispiel, in dem komplexe[1] Eigenwerte auftreten, ist eine Drehmatrix[2]:

Приклад:
Найпростішим прикладом, в якому зустрічаються комплексні[1] власні значення, є матриця повороту[2]:

$$D_\varphi = \begin{pmatrix} \cos\varphi & -\sin\varphi \\ \sin\varphi & \cos\varphi \end{pmatrix}$$

Als charakteristisches Polynom erhalten wir:

В якості характеристичного полінома отримуємо:

$$p(\lambda) = \det(D_\varphi - \lambda \cdot I_2) = \det\begin{pmatrix} (\cos\varphi - \lambda) & -\sin\varphi \\ \sin\varphi & (\cos\varphi - \lambda) \end{pmatrix} = (\cos\varphi - \lambda)^2 + \sin^2\varphi$$

Wir bestimmen die Nullstellen des charakteristischen Polynoms:

Визначаємо корені характеристичного полінома:

$$\begin{aligned} & 0 = p(\lambda) \\ \Leftrightarrow \quad & 0 = (\cos\varphi - \lambda)^2 + \sin^2\varphi \\ \Leftrightarrow \quad & (\cos\varphi - \lambda)^2 = -\sin^2\varphi \\ \Leftrightarrow \quad & \cos\varphi - \lambda = \mp \mathrm{i}\cdot\sin\varphi \\ \Leftrightarrow \quad & \lambda_{1/2} = \cos\varphi \pm \mathrm{i}\cdot\sin\varphi = \mathrm{e}^{\pm\mathrm{i}\varphi} \end{aligned}$$

1. Fall: $\varphi \neq 0 \pmod{\pi}$

1-й випадок: $\varphi \neq 0 \pmod{\pi}$

In diesem Fall ist $\sin\varphi \neq 0$ und die beiden Eigenwerte sind unterschiedlich. Somit gilt:

У цьому разі $\sin\varphi \neq 0$ і два власні значення є різними. Тому:

$$a(\lambda_{1/2}) = g(\lambda_{1/2}) = 1$$

Wir bestimmen den Eigenraum zum Eigenwert $\lambda_1 = \mathrm{e}^{\mathrm{i}\varphi} = \cos\varphi + \mathrm{i}\cdot\sin\varphi$:

Визначаємо власний простір з власним значенням $\lambda_1 = \mathrm{e}^{\mathrm{i}\varphi} = \cos\varphi + \mathrm{i}\cdot\sin\varphi$:

$$\begin{aligned} E_{\lambda_1} &= \operatorname{kern}(D_\varphi - (\cos\varphi + \mathrm{i}\cdot\sin\varphi)\cdot I_3) \\ &= \operatorname{kern}\left(\begin{pmatrix} \cos\varphi & -\sin\varphi \\ \sin\varphi & \cos\varphi \end{pmatrix} - \begin{pmatrix} (\cos\varphi + \mathrm{i}\cdot\sin\varphi) & 0 \\ 0 & (\cos\varphi + \mathrm{i}\cdot\sin\varphi) \end{pmatrix}\right) \\ &= \operatorname{kern}\left(\begin{pmatrix} -\mathrm{i}\cdot\sin\varphi & -\sin\varphi \\ \sin\varphi & -\mathrm{i}\cdot\sin\varphi \end{pmatrix}\right) \end{aligned}$$

Wir lösen das homogene lineare Gleichungssystem:

Розв'язуємо однорідну систему лінійних рівнянь:

$$\left(\begin{array}{cc|c} -\mathrm{i}\cdot\sin\varphi & -\sin\varphi & 0 \\ \sin\varphi & -\mathrm{i}\cdot\sin\varphi & 0 \end{array}\right) \underset{II\to II-\mathrm{i}\cdot I}{\Leftrightarrow} \left(\begin{array}{cc|c} -\mathrm{i}\cdot\sin\varphi & -\sin\varphi & 0 \\ 0 & 0 & 0 \end{array}\right)$$

$$II: \qquad 0 = 0 \qquad \checkmark$$

In der zweiten Spalte steht kein Pivotelement. Daher ist x_2 eine unabhängige Variable:

У другому стовпці немає головного елемента. Тому x_2 є незалежною змінною:

$$x_2 = \mu \in \mathbb{C}$$

Einsetzen in die erste Zeile liefert:

Підстановка в перший рядок надає:

$$I: \qquad -\mathrm{i}\cdot\sin\varphi\cdot x_1 - \sin\varphi\cdot x_2 = 0 \Leftrightarrow x_1 = \mathrm{i}\cdot x_2 \underset{x_2=\mu}{\Leftrightarrow} x_1 = \mathrm{i}\cdot\mu$$

Damit erhalten wir als Eigenraum:

Це дає нам такий власний простір:

$$E_{\lambda_1} = \left\{\mu\cdot\begin{pmatrix}\mathrm{i}\\1\end{pmatrix}\middle|\,\mu\in\mathbb{C}\right\} = \operatorname{span}\left(\begin{pmatrix}\mathrm{i}\\1\end{pmatrix}\right)$$

Den Eigenraum zum Eigenwert $\lambda_2 = e^{-i\varphi} = \cos\varphi - i \cdot \sin\varphi$ können wir auf die gleiche Weise berechnen. Das geht allerdings auch einfacher:

У такий самий спосіб ми можемо обчислити власний простір з власним значенням $\lambda_2 = e^{-i\varphi} = \cos\varphi - i \cdot \sin\varphi$. Однак є простіший шлях:

Trick: Falls eine reelle Matrix $A \in \mathbb{R}^{(n,n)}$ einen komplexen Eigenwert λ (mit Eigenvektor $\mathbf{x}$) besitzt, dann ist auch $\bar{\lambda}$ ein Eigenwert (mit Eigenvektor $\bar{\mathbf{x}}$).

Трюк: якщо дійсна матриця $A \in \mathbb{R}^{(n,n)}$ має комплексне власне значення λ (з власним вектором $\mathbf{x}$), то $\bar{\lambda}$ також є власним значенням (з власним вектором $\bar{\mathbf{x}}$).

Beweis:
Sei λ ein Eigenwert von A mit Eigenvektor $\mathbf{x}$:

Доведення:
Нехай λ - це власне значення матриці A з власним вектором $\mathbf{x}$:

$$A \cdot \mathbf{x} = \lambda \cdot \mathbf{x}$$

Wir bilden auf beiden Seiten der Gleichung das komplex Konjugierte[1]:

З обох сторін рівняння ми здійснюємо комплексне спряження[1]:

$$\Leftrightarrow \quad \overline{A \cdot \mathbf{x}} = \overline{\lambda \cdot \mathbf{x}}$$

Die Matrix A ist reell. Somit gilt $\bar{A} = A$:

Матриця A є дійсною. Тому $\bar{A} = A$:

$$\Leftrightarrow \quad A \cdot \bar{\mathbf{x}} = \bar{\lambda} \cdot \bar{\mathbf{x}}$$

Damit ist auch $\bar{\lambda}$ ein Eigenwert von A mit Eigenvektor $\bar{\mathbf{x}}$.

Це означає, що $\bar{\lambda}$ також є власним значенням матриці A з власним вектором $\bar{\mathbf{x}}$.

■

In unserem Beispiel gilt $\lambda_2 = \overline{\lambda_1} = \overline{\cos\varphi + i \cdot \sin\varphi} = \cos\varphi - i \cdot \sin\varphi$. Damit erhalten wir als Eigenraum:

У нашому прикладі $\lambda_2 = \overline{\lambda_1} = \overline{\cos\varphi + i \cdot \sin\varphi} = \cos\varphi - i \cdot \sin\varphi$. Це дає нам такий власний простір:

$$E_{\lambda_2} = \operatorname{span}\left(\overline{\begin{pmatrix} i \\ 1 \end{pmatrix}}\right) = \operatorname{span}\left(\begin{pmatrix} -i \\ 1 \end{pmatrix}\right)$$

Damit haben wir die folgende Basis aus Eigenvektoren gefunden:

Отже, ми знайшли такий базис з власних векторів:

$$\begin{pmatrix} i \\ 1 \end{pmatrix}, \begin{pmatrix} -i \\ 1 \end{pmatrix}$$

Als Matrix des Basisübergangs erhalten wir:

В якості матриці базисного переходу отримуємо:

$$S = \begin{pmatrix} i & -i \\ 1 & 1 \end{pmatrix}$$

Damit können wir die Matrix D_φ diagonalisieren[1]:

Це дає можливість діагоналізувати[1] матрицю D_φ:

$$\Lambda = S^{-1} \cdot D_\varphi \cdot S = \begin{pmatrix} e^{i\varphi} & 0 \\ 0 & e^{-i\varphi} \end{pmatrix}$$

2. Fall: $\varphi = 0 \pmod{\pi}$

2-й випадок: $\varphi = 0 \pmod{\pi}$

In diesem Fall gilt $\sin\varphi = 0$. Damit ist die Matrix D_φ bereits diagonal.

У цьому разі $\sin\varphi = 0$. Це означає, що матриця D_φ вже є діагональною.

Für $\varphi = 0 \pmod{2\pi}$ erhalten wir:

Для $\varphi = 0 \pmod{2\pi}$ отримуємо:

$$D_\varphi = \begin{pmatrix} 1 & 0 \\ 0 & 1 \end{pmatrix} = \begin{pmatrix} e^{i\varphi} & 0 \\ 0 & e^{-i\varphi} \end{pmatrix}$$

Für $\varphi = \pi \pmod{2\pi}$ erhalten wir:

Для $\varphi = \pi \pmod{2\pi}$ отримуємо:

$$D_\varphi = \begin{pmatrix} -1 & 0 \\ 0 & -1 \end{pmatrix} = \begin{pmatrix} e^{i\varphi} & 0 \\ 0 & e^{-i\varphi} \end{pmatrix}$$

Geometrische Interpretation: Sei $A \in \mathbb{R}^{(n,n)}$ eine reelle Matrix, die ein Paar[1] konjugiert komplexer Eigenwerte $\lambda, \bar{\lambda}$ (mit komplexen Eigenvektoren $\mathbf{x}, \bar{\mathbf{x}}$) besitzt. Wir wollen die geometrische Wirkung auf reelle Vektoren interpretieren. Dazu bilden wir aus den beiden (komplexen) Eigenvektoren die folgenden reellen Linearkombinationen[2]:

Геометрична інтерпретація: нехай $A \in \mathbb{R}^{(n,n)}$ - це дійсна матриця, яка має пару[1] спряжених комплексних власних значень $\lambda, \bar{\lambda}$ (з комплексними власними векторами $\mathbf{x}, \bar{\mathbf{x}}$). Ми хочемо пояснити геометричний вплив на дійсні вектори. Для цього з двох (комплексних) власних векторів ми створюємо такі дійсні лінійні комбінації[2]:

$$\mathbf{v}_1 = \mathrm{Re}(\mathbf{x}) = \frac{1}{2}(\mathbf{x} + \bar{\mathbf{x}}) \in \mathbb{R}^n$$
$$\mathbf{v}_2 = \mathrm{Im}(\mathbf{x}) = \frac{1}{2i}(\mathbf{x} - \bar{\mathbf{x}}) \in \mathbb{R}^n$$

Dann wirkt die Matrix A im reellen Untervektorraum[1] $U = \mathrm{span}(\mathbf{v}_1, \mathbf{v}_2) \subseteq \mathbb{R}^n$ als Drehstreckung[2] mit dem Streckungsfaktor[3] $|\lambda|$ und dem Drehwinkel[4] $\arg(\lambda)$.

Тоді в дійсному векторному підпросторі[1] $U = \mathrm{span}(\mathbf{v}_1, \mathbf{v}_2) \subseteq \mathbb{R}^n$ матриця A діє як видовження з поворотом[2] з коефіцієнтом видовження[3] $|\lambda|$ та кутом повороту[4] $\arg(\lambda)$.

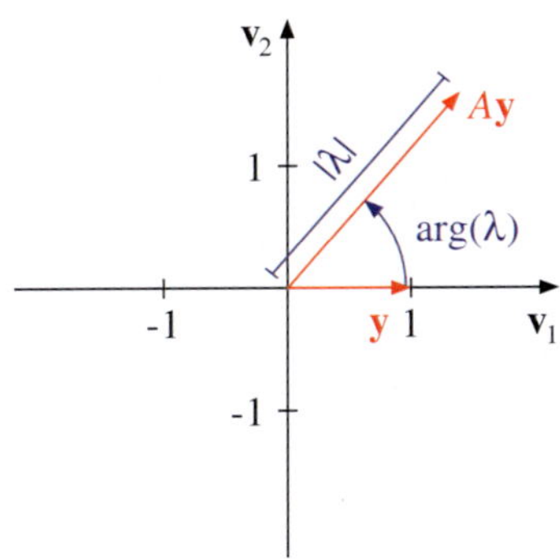

Abbildung / Рисунок 7.3
Komplexe Eigenwerte $\lambda, \bar{\lambda}$ lassen sich als Drehstreckung interpretieren
Комплексні власні значення $\lambda, \bar{\lambda}$ можна розуміти як видовження з поворотом

Beispiel:
Im Fall der obigen Drehmatrix D_φ erhalten wir als Streckungsfaktor:

Приклад:
У випадку наведеної вище матриці повороту D_φ ми отримуємо коефіцієнт видовження:

$$|\lambda_1| = |e^{i\varphi}| = 1$$

Als Drehwinkel erhalten wir:

В якості кута повороту отримуємо:

$$\arg(\lambda_1) = \arg\left(e^{i\varphi}\right) = \varphi$$

7.3 Hauptachsentransformation symmetrischer und hermitescher Matrizen Перетворення головної осі симетричної та ермітової матриць

Im Folgenden wollen wir die Diagonalisierung eines speziellen Typs von Matrizen behandeln, der in vielen Anwendungen vorkommt. Wir erinnern uns: Eine quadratische reelle Matrix $A \in \mathbb{R}^{(n,n)}$ heißt symmetrisch[1], falls $A = A^T$. Ganz entsprechend heißt eine quadratische komplexe Matrix $A \in \mathbb{C}^{(n,n)}$ hermitesch[2], falls $A = A^*$ (mit $A^* = \overline{A^T}$). Für reelle Matrizen stimmen beide Begriffe überein. Daher ist jede symmetrische Matrix immer auch hermitesch und wir können uns im Folgenden auf den Fall hermitescher Matrizen beschränken.

Надалі ми покажемо, як діагоналізувати матриці особливого типу, який зустрічається в багатьох застосуваннях. Нагадаємо: квадратну дійсну матрицю $A \in \mathbb{R}^{(n,n)}$ називають симетричною[1], якщо $A = A^T$. Відповідно, квадратну комплексну матрицю $A \in \mathbb{C}^{(n,n)}$ називають ермітовою[2], якщо $A = A^*$ (з $A^* = \overline{A^T}$). Для дійсних матриць обидва терміни збігаються. Тому кожна симетрична матриця завжди є ермітовою, і ми можемо у наступному обмежитися випадком ермітових матриць.

Beispiel:

Приклад:

$$A = \begin{pmatrix} 5 & -2 & -4 \\ -2 & 8 & -2 \\ -4 & -2 & 5 \end{pmatrix}$$

Die Matrix A ist quadratisch und reell. Es gilt:

Матриця A є квадратною і дійсною. Тоді:

$$A^T = \begin{pmatrix} 5 & -2 & -4 \\ -2 & 8 & -2 \\ -4 & -2 & 5 \end{pmatrix} = A$$

Daher ist A symmetrisch (und somit auch hermitesch).

Тому A є симетричною (а відтак, також ермітовою).

Beispiel:

Приклад:

$$B = \begin{pmatrix} 1 & -i & 1 \\ i & 2 & 3+i \\ 1 & 3-i & 0 \end{pmatrix}$$

Die Matrix B ist quadratisch und komplex. Es gilt:

Матриця B є квадратною та комплексною. Тоді є вірним таке:

$$B^* = \overline{B^T} = \overline{\begin{pmatrix} 1 & i & 1 \\ -i & 2 & 3-i \\ 1 & 3+i & 0 \end{pmatrix}} = \begin{pmatrix} 1 & -i & 1 \\ i & 2 & 3+i \\ 1 & 3-i & 0 \end{pmatrix} = B$$

Daher ist B hermitesch.

Отже, B є ермітовою.

Satz 7.7

Sei A eine symmetrische oder hermitesche Matrix. Dann gilt:

- *Alle Eigenwerte von A sind reell.*
- *Eigenvektoren zu unterschiedlichen Eigenwerten stehen senkrecht[1] aufeinander.*

Теорема 7.7

Нехай A - це симетрична або ермітова матриця. Тоді:

- *Усі власні значення A є дійсними.*
- *Власні вектори з різними власними значенями є перпендикулярними[1] один до одного.*

Beweis:

Sei $\mathbf{x} \in \mathbb{C}^n$ ein Eigenvektor der Matrix A zum Eigenwert $\lambda \in \mathbb{C}$. Dann gilt:

Доведення:

Нехай $\mathbf{x} \in \mathbb{C}^n$ - це власний вектор матриці A з власним значенням $\lambda \in \mathbb{C}$. Тоді є вірним таке:

$$\mathbf{x}^* \cdot A \cdot \mathbf{x} = \mathbf{x}^* \cdot \lambda \cdot \mathbf{x} = \lambda \cdot \mathbf{x}^* \cdot \mathbf{x} = \lambda \cdot \|\mathbf{x}\|_2^2$$
$$\mathbf{x}^* \cdot A^* \cdot \mathbf{x} = (A \cdot \mathbf{x})^* \cdot \mathbf{x} = (\lambda \cdot \mathbf{x})^* \cdot \mathbf{x} = \bar{\lambda} \cdot \mathbf{x}^* \cdot \mathbf{x} = \bar{\lambda} \cdot \|\mathbf{x}\|_2^2$$

Da A eine symmetrische oder hermitesche Matrix ist, gilt $A = A^*$. Damit stimmen die linken Seiten[1] beider Gleichungen überein und wir erhalten:

Оскільки A є симетричною або ермітовою матрицею, то $A = A^*$. Це означає, що ліві частини[1] обох рівнянь збігаються, і ми отримуємо:

$$\lambda \cdot \|\mathbf{x}\|_2^2 = \bar{\lambda} \cdot \|\mathbf{x}\|_2^2$$

$\mathbf{x}$ ist ein Eigenvektor. Daher gilt $\mathbf{x} \neq \mathbf{0}$ und wir erhalten:

$\mathbf{x}$ є власним вектором. Тому $\mathbf{x} \neq \mathbf{0}$ і ми отримуємо:

$$\lambda = \bar{\lambda}$$

Somit ist λ reell.

Відтак, λ є дійсним.

Nun zeigen wir, dass Eigenvektoren zu unterschiedlichen Eigenwerten senkrecht aufeinander stehen. Sei hierzu $\mathbf{x}$ ein Eigenvektor der Matrix A zum Eigenwert λ und $\mathbf{y}$ ein Eigenvektor zum Eigenwert μ. Wir haben bereits gezeigt, dass λ und μ reell sind. Dann gilt:

Тепер ми покажемо, що власні вектори з різними власними значеннями є перпендикулярними один до одного. Нехай $\mathbf{x}$ - це власний вектор матриці A з власним значенням λ та $\mathbf{y}$ - це власний вектор з власним значенням μ. Ми щойно показали, що λ та μ є дійсними. Тоді є вірним таке:

$$\begin{aligned}(\lambda - \mu) \cdot \mathbf{x}^* \cdot \mathbf{y} &= (\lambda \cdot \mathbf{x})^* \cdot \mathbf{y} - \mathbf{x}^* \cdot (\mu \cdot \mathbf{y}) \\ &= (A \cdot \mathbf{x})^* \cdot \mathbf{y} - \mathbf{x}^* \cdot (A \cdot \mathbf{y}) \\ &= \mathbf{x}^* \cdot A^* \cdot \mathbf{y} - \mathbf{x}^* \cdot A \cdot \mathbf{y} \\ &\underset{A=A^*}{=} 0\end{aligned}$$

Falls $\lambda \neq \mu$, muss somit das Skalarprodukt Null sein:

Якщо $\lambda \neq \mu$, то скалярний добуток має дорівнювати нулю:

$$\mathbf{x}^* \cdot \mathbf{y} = 0$$

Damit stehen die beiden Eigenvektoren $\mathbf{x}$ und $\mathbf{y}$ senkrecht aufeinander.

Отже, два власні вектори $\mathbf{x}$ та $\mathbf{y}$ є перпендикулярними один до одного.

■

Darüber hinaus gilt sogar:

Щобільше, вірним є навіть таке:

Satz 7.8 (Hauptachsentransformation)
Jede symmetrische oder hermitesche Matrix A ist diagonalisierbar[1].

Falls A symmetrisch ist, kann für die Matrix S des Basisübergangs[1] eine orthogonale[2] Matrix gefunden werden. Falls A hermitesch ist, kann eine unitäre[3] Matrix S gefunden werden.

Теорема 7.8 (Перетворення головної осі)
Кожну симетричну або ермітову матрицю A можна діагоналізувати[1].

Якщо A є симетричною, то для матриці S базисного переходу[1] можна знайти ортогональну[2] матрицю. Якщо A є ермітовою, то можна знайти унітарну[3] матрицю S.

Bemerkung: Es ist sehr praktisch, wenn die Matrix S des Basisübergangs orthogonal oder unitär ist. Dann müssen wir die inverse Matrix[1] S^{-1} nicht mit Hilfe des Gauß-Jordan-Algorithmus[2] berechnen, sondern können sie direkt angeben. Für orthogonale Matrizen S gilt:

Зауваження: дуже зручно, якщо матриця S базисного переходу є ортогональною або унітарною. Тоді нам не потрібно обчислювати обернену матрицю[1] S^{-1} за допомогою алгоритму Гаусса-Жордана[2], адже ж ми можемо вказати її безпосередньо. Для ортогональних матриць S маємо:

$$S^{-1} = S^T$$

Entsprechend gilt für unitäre Matrizen S:

Відповідно для унітарних матриць S маємо:

$$S^{-1} = S^*$$

Beispiel:
Wir betrachten die folgende symmetrische Matrix:

Приклад:
Ми розглядаємо таку симетричну матрицю:

$$A = \begin{pmatrix} 5 & -2 & -4 \\ -2 & 8 & -2 \\ -4 & -2 & 5 \end{pmatrix}$$

Nach Satz 7.8 ist A diagonalisierbar. Wir wollen im Folgenden eine orthogonale Matrix S des Basisübergangs bestimmen. Hierzu bestimmen wir zuerst die Eigenwerte und Eigenräume der Matrix A:

За теоремою 7.8 матрицю A можна діагоналізувати. Далі ми хочемо визначити ортогональну матрицю S базисного переходу. Для цього ми спершу визначаємо власні значення і власні простори матриці A:

$$\lambda_1 = 0 \qquad E_0 = \text{span}\left(\underbrace{\begin{pmatrix} 2 \\ 1 \\ 2 \end{pmatrix}}_{\mathbf{v}_1}\right)$$

$$\lambda_2 = 9 \qquad E_9 = \text{span}\left(\underbrace{\begin{pmatrix} 1 \\ 2 \\ -2 \end{pmatrix}}_{\mathbf{v}_2}, \underbrace{\begin{pmatrix} -1 \\ 2 \\ 0 \end{pmatrix}}_{\mathbf{v}_3}\right)$$

Da A diagonalisierbar ist, existiert eine Basis[1] aus Eigenvektoren. In unserem Beispiel besteht diese aus den drei Eigenvektoren $\mathbf{v}_1, \mathbf{v}_2, \mathbf{v}_3$. Wir bestimmen nun eine Orthonormalbasis[2] aus Eigenvektoren.

Оскільки матрицю A можна діагоналізувати, існує базис[1] із власних векторів. У нашому прикладі він складається з трьох власних векторів $\mathbf{v}_1, \mathbf{v}_2, \mathbf{v}_3$. Тепер ми визначаємо ортонормований базис[2] із власних векторів.

Nach Satz 7.7 stehen die Eigenvektoren zu unterschiedlichen Eigenwerten senkrecht aufeinander. Falls keine mehrfachen[1]

За теоремою 7.7 власні вектори різних власних значень є перпендикулярними один до одного. Якщо немає ба-

Eigenwerte vorkommen, stehen somit alle Eigenvektoren bereits senkrecht aufeinander. Dann müssen wir sie nur noch normieren[2].

гатократних[1] власних значень, то всі власні вектори вже є перпендикулярними один до одного. Тоді ми маємо їх просто нормалізувати[2].

Im Fall eines m-fachen Eigenwerts ist der zugehörige Eigenraum m-dimensional. Alle Vektoren aus diesem Eigenraum stehen bereits senkrecht auf den Eigenvektoren zu anderen Eigenwerten. Allerdings stehen Eigenvektoren zum gleichen Eigenwert nicht notwendig senkrecht aufeinander. Daher bestimmen wir mit Hilfe des Orthonormalisierungsverfahrens[1] nach Gram/Schmidt zu jedem Eigenraum eine Orthonormalbasis aus Eigenvektoren.

У випадку m-кратного власного значення відповідний власний простір є m-вимірним. Усі вектори з цього власного простору вже є перпендикулярними до власних векторів інших власних значень. Проте, власні вектори з однаковими власними значеннями не обов'язково є перпендикулярними один до одного. Тому, для кожного власного простору ми визначаємо ортонормований базис із власних векторів за допомогою методу ортонормування[1] Грама-Шмідта.

In unserem Beispiel ist der Eigenwert $\lambda_1 = 0$ einfach[1] und der zugehörige Eigenraum E_0 somit eindimensional[2]. Wir normieren den Eigenvektor $\mathbf{v}_1$:

У нашому прикладі власне значення $\lambda_1 = 0$ є простим[1], а тому відповідний власний простір E_0 є одновимірним[2]. Нормалізуємо власний вектор $\mathbf{v}_1$:

$$\mathbf{w}_1 = \frac{1}{\|\mathbf{v}_1\|_2} \cdot \mathbf{v}_1 = \frac{1}{\left\| \begin{pmatrix} 2 \\ 1 \\ 2 \end{pmatrix} \right\|_2} \cdot \begin{pmatrix} 2 \\ 1 \\ 2 \end{pmatrix} = \begin{pmatrix} \frac{2}{3} \\ \frac{1}{3} \\ \frac{2}{3} \end{pmatrix}$$

Der Eigenwert $\lambda_2 = 9$ ist doppelt[1] und der Eigenraum E_9 somit zweidimensional[2]. Wir bestimmen aus den beiden Eigenvektoren $\mathbf{v}_2, \mathbf{v}_3$ mit Hilfe des Orthonormalisierungsverfahrens nach Gram/Schmidt eine Orthonormalbasis von E_9:

Власне значення $\lambda_2 = 9$ є подвійним[1], а тому власний простір E_9 є двовимірним[2]. Ми визначаємо ортонормований базис власного простору E_9 з двох власних векторів $\mathbf{v}_2, \mathbf{v}_3$ за допомогою методу ортонормування Грама-Шмідта:

$$\mathbf{w}_2 = \frac{1}{\|\mathbf{v}_2\|_2} \cdot \mathbf{v}_2 = \frac{1}{\left\| \begin{pmatrix} 1 \\ 2 \\ -2 \end{pmatrix} \right\|_2} \cdot \begin{pmatrix} 1 \\ 2 \\ -2 \end{pmatrix} = \begin{pmatrix} \frac{1}{3} \\ \frac{2}{3} \\ -\frac{2}{3} \end{pmatrix}$$

$$\hat{\mathbf{w}}_3 = \mathbf{v}_3 - \langle \mathbf{v}_3, \mathbf{w}_2 \rangle \cdot \mathbf{w}_2 = \begin{pmatrix} -1 \\ 2 \\ 0 \end{pmatrix} - \left\langle \begin{pmatrix} -1 \\ 2 \\ 0 \end{pmatrix}, \begin{pmatrix} \frac{1}{3} \\ \frac{2}{3} \\ -\frac{2}{3} \end{pmatrix} \right\rangle \cdot \begin{pmatrix} \frac{1}{3} \\ \frac{2}{3} \\ -\frac{2}{3} \end{pmatrix} = \begin{pmatrix} -1 \\ 2 \\ 0 \end{pmatrix} - 1 \cdot \begin{pmatrix} \frac{1}{3} \\ \frac{2}{3} \\ -\frac{2}{3} \end{pmatrix} = \begin{pmatrix} -\frac{4}{3} \\ \frac{4}{3} \\ \frac{2}{3} \end{pmatrix}$$

$$\mathbf{w}_3 = \frac{1}{\|\hat{\mathbf{w}}_3\|_2} \cdot \hat{\mathbf{w}}_3 = \frac{1}{\left\| \begin{pmatrix} -\frac{4}{3} \\ \frac{4}{3} \\ \frac{2}{3} \end{pmatrix} \right\|_2} \cdot \begin{pmatrix} -\frac{4}{3} \\ \frac{4}{3} \\ \frac{2}{3} \end{pmatrix} = \begin{pmatrix} -\frac{2}{3} \\ \frac{2}{3} \\ \frac{1}{3} \end{pmatrix}$$

Damit haben wir eine Orthonormalbasis $\mathbf{w}_1, \mathbf{w}_2, \mathbf{w}_3$ aus Eigenvektoren bestimmt. Wir schreiben sie der Reihe nach in die Spalten[1] der Matrix S des Basisübergangs:

У такий спосіб ми отримали з власних векторів ортонормований базис $\mathbf{w}_1, \mathbf{w}_2, \mathbf{w}_3$. Записуємо їх по порядку в стовпці[1] матриці S базисного переходу:

$$S = \begin{pmatrix} \frac{2}{3} & \frac{1}{3} & -\frac{2}{3} \\ \frac{1}{3} & \frac{2}{3} & \frac{2}{3} \\ \frac{2}{3} & -\frac{2}{3} & \frac{1}{3} \end{pmatrix}$$

Die Matrix S ist orthogonal. Daher können wir die inverse Matrix durch Transposition[1] bestimmen:

Матриця S є ортогональною. Тому ми можемо визначити обернену матрицю шляхом транспонування[1]:

$$S^{-1} = S^T = \begin{pmatrix} \frac{2}{3} & \frac{1}{3} & \frac{2}{3} \\ \frac{1}{3} & \frac{2}{3} & -\frac{2}{3} \\ -\frac{2}{3} & \frac{2}{3} & \frac{1}{3} \end{pmatrix}$$

Mit Hilfe dieses Basisübergangs können wir die Matrix A diagonalisieren:

За допомогою цього базисного переходу, ми можемо діагоналізувати матрицю A:

$$\Lambda = S^{-1} \cdot A \cdot S = \begin{pmatrix} 0 & 0 & 0 \\ 0 & 9 & 0 \\ 0 & 0 & 9 \end{pmatrix}$$

Verzeichnis der Symbole
Довідник позначень

$\neg$	Negation — Заперечення
$\wedge$	Konjunktion — Кон'юнкція
$\vee$	Disjunktion — Диз'юнкція
$\Rightarrow$	Implikation — Імплікація
$\Leftrightarrow$	Äquivalenz — Еквівалентність
$\forall$	Allquantor — Квантор загальності
$\exists$	Existenzquantor — Квантор існування

$\in$	Elementzeichen — Належність до множини
$\{x_1, x_2, x_3, \ldots\}$	Menge in aufzählender Schreibweise — Множина елементів
$\{x \mid A(x)\}$	Menge in beschreibender Schreibweise — Множина елементів, що задовольняють умові
$\emptyset$	Leere Menge — Порожня множина
$=$	gleich — Рівний
$\neq$	ungleich — Нерівний
$:=$	wird per Definition gleich — Дорівнює за визначенням
$\stackrel{!}{=}$	soll gleich sein — Має бути рівним
$\widehat{=}$	entspricht — Відповідає
$\subseteq$	Teilmenge — Підмножина
$\subset$	Echte Teilmenge — Власна підмножина
$\supseteq$	Obermenge — Надмножина
$\supset$	Echte Obermenge — Власна надмножина
$\lvert A \rvert$	Mächtigkeit — Потужність множини
$\cap$	Durchschnittsmenge — Перетин множин
$\bigcap_{i \in I} A_i$	Durchschnittsmenge — Перетин множин
$\cup$	Vereinigungsmenge — Об'єднання множин
$\bigcup_{i \in I} A_i$	Vereinigungsmenge — Об'єднання множин
$\setminus$	Differenzmenge — Різниця множин
$\overline{A_B}$	Komplementmenge — Доповнення множини
$\sup(A)$	Supremum — Супремум, точна верхня межа
$\inf(A)$	Infimum — Інфімум, точна нижня межа

$\mathbb{N}$	Menge der natürlichen Zahlen — Множина натуральних чисел
$\mathbb{N}_0$	Menge der natürlichen Zahlen mit Null — Множина натуральних чисел з нулем
$\mathbb{Z}$	Menge der ganzen Zahlen — Множина цілих чисел
$\mathbb{Q}$	Menge der rationalen Zahlen — Множина раціональних чисел
$\mathbb{R}$	Menge der reellen Zahlen — Множина дійсних чисел
$\mathbb{R}^+$	Menge der positiven reellen Zahlen — Множина додатних дійсних чисел

A. Johann et al., *Höhere Mathematik auf Deutsch und Ukrainisch Вища математика німецькою та українською мовами*,
https://doi.org/10.1007/978-3-662-71575-8

$\mathbb{R}_0^+$	Menge der positiven reellen Zahlen mit Null — Множина додатних дійсних чисел з нулем
$\mathbb{R}^n$	Menge der reellen n-dimensionalen Spaltenvektoren — Множина дійсних n-вимірних векторів-стовпців
$\mathbb{R}_n$	Menge der reellen n-dimensionalen Zeilenvektoren — Множина дійсних n-вимірних векторів-рядків
$\mathbb{R}^{(m,n)}$	Menge der reellen Matrizen mit m Zeilen und n Spalten — Множина дійсних матриць з m рядками та n стовпцями
$\mathbb{C}$	Menge der komplexen Zahlen — Множина комплексних чисел
$\mathbb{C}^n$	Menge der komplexen n-dimensionalen Spaltenvektoren — Множина комплексних n-вимірних векторів-стовпців
$\mathbb{C}^{(m,n)}$	Menge der komplexen Matrizen mit m Zeilen und n Spalten — Множина комплексних матриць з m рядками та n стовпцями
$\mathrm{Abb}(\mathbb{R},\mathbb{R})$	Menge der Funktionen $f\colon \mathbb{R}\to\mathbb{R}$ — Множина функцій $f\colon \mathbb{R}\to\mathbb{R}$
e	Eulersche Zahl — Число Ейлера
π	Kreiszahl — Число π
i	Imaginäre Einheit — Уявна одиниця
∞	Unendlich — Нескінченність
δ_{ij}	Kronecker-Symbol — Символ Кронекера
$\|x\|$	Betrag — Абсолютне значення, модуль
$\mathrm{Re}(z)$	Realteil — Дійсна частина
$\mathrm{Im}(z)$	Imaginärteil — Уявна частина
$\bar{z}$	Konjugiert komplexe Zahl — Спряжене комплексне число
$\arg(z)$	Argument — Аргумент
$a = b \mod m$	Kongruenz modulo m — Конгруентний за модулем m
$n!$	Fakultät — Факторіал
x^r	Potenz — Степінь
e^x	Exponentialfunktion — Експоненційна функція
$\sqrt[r]{x}$	Wurzel — Корінь
$\sqrt{x}$	Quadratwurzel — Квадратний корінь
$\log_x(y)$	Logarithmus — Логарифм
$\log(y)$	Dekadischer Logarithmus — Десятковий логарифм
$\ln(y)$	Natürlicher Logarithmus — Натуральний логарифм
$\sin(\alpha)$	Sinus — Синус
$\cos(\alpha)$	Cosinus — Косинус
$\tan(\alpha)$	Tangens — Тангенс
$\cot(\alpha)$	Cotangens — Котангенс
$\arcsin(x)$	Arcussinus — Арксинус
$\arccos(x)$	Arcuscosinus — Арккосинус
$\arctan(x)$	Arcustangens — Арктангенс
$\mathrm{arccot}(x)$	Arcuscotangens — Арккотангенс
$\sum_{i=m}^{n} x_i$	Summe — Сума
$\prod_{i=m}^{n} x_i$	Produkt — Добуток
$g \circ f$	Komposition — Композиція, суперпозиція
$\mathbf{0}$	Nullvektor — Нульовий вектор
$\mathbf{e}_i$	Koordinateneinheitsvektor — Одиничний координатний вектор
$\lambda \cdot \mathbf{a}$	Skalares Vielfaches — Скалярне кратне
$\|\|\mathbf{a}\|\|$	Norm — Норма
$\|\|\mathbf{a}\|\|_1$	Betragssummen-Norm — Мангеттенська норма
$\|\|\mathbf{a}\|\|_2$	Euklidische Norm — Евклідова норма

$\|\mathbf{a}\|_p$	p-Norm — p-норма
$\|\mathbf{a}\|_\infty$	Maximumsnorm — Норма максимуму
$\sphericalangle(\mathbf{a},\mathbf{b})$	Winkel — Кут
$\mathbf{a}\perp\mathbf{b}$	senkrecht — Перпендикулярний
$\langle\mathbf{a},\mathbf{b}\rangle$	Skalarprodukt — Скалярний добуток
$\mathbf{a}\times\mathbf{b}$	Vektorprodukt — Векторний добуток
$[\mathbf{a},\mathbf{b},\mathbf{c}]$	Spatprodukt — Змішаний добуток
$\mathbf{x}\otimes\mathbf{y}$	Dyadisches Produkt — Діадний добуток

I_n	Einheitsmatrix — Одинична матриця
D_φ	Drehmatrix — Матриця повороту
A^T	Transponierte Matrix — Транспонована матриця
A^*	Adjungierte Matrix — Спряжена матриця
A^{-1}	Inverse Matrix — Обернена матриця
$A\cdot\mathbf{x}$	Matrix-Vektor-Produkt — Добуток матриці на вектор
$(A\|\mathbf{b})$	Erweiterte Matrixform — Розширена матрична форма
$\det(A)$	Determinante — Детермінант, визначник
$\operatorname{rang}(A)$	Rang — Ранг
$\operatorname{kern}(A)$	Kern — Ядро
dim	Dimension — Розмірність
$\operatorname{span}(\mathbf{v}_1,\ldots,\mathbf{v}_k)$	Lineare Hülle — Лінійна оболонка
E_λ	Eigenraum — Власний простір
$a(\lambda_k)$	Algebraische Vielfachheit — Алгебраїчна кратність
$g(\lambda_k)$	Geometrische Vielfachheit — Геометрична кратність

Index: Deutsch — Ukrainisch
Покажчик: німецька — українська

A. Johann et al., *Höhere Mathematik auf Deutsch und Ukrainisch Вища математика німецькою та українською мовами*,
https://doi.org/10.1007/978-3-662-71575-8

J

K

L

M

N

O

U

V

W

Z

Index: Ukrainisch — Deutsch
Покажчик: українська — німецька

A. Johann et al., *Höhere Mathematik auf Deutsch und Ukrainisch Вища математика німецькою та українською мовами*,
https://doi.org/10.1007/978-3-662-71575-8

Zeitfracht Medien GmbH
Ferdinand-Jühlke-Straße 7
99095 Erfurt, Deutschland
produktsicherheit@kolibri360.de